पर्यावरण भूगोल

इशिका पब्लिशिंग हाउस
ए –25, ''गणेश सदन'', गली न. 4, आदर्श बस्ती,
बी.एल. हाउस के पास, टोंक फाटक,
जयपुर–302018 (राजस्थान) भारत
फोन : 0141-2761280, Mob. 9887532741
Email: ishikapublishinghouse@yahoo.in

दिल्ली कार्यालय : 102, प्रथम मंजिल, 'सत्यम हाउस'
4324 / 3, अंसारी रोड़, दरियागंज, नई दिल्ली – 110 002
फोन : 011–45652440

ISBN: 9788189471217

Price: ₹ 1750.00

टाइपसेटिंग : बी.एस. कम्प्यूटर्स, जयपुर

मुद्रक : थॉमसन प्रेस, नई दिल्ली

पर्यावरण भूगोल

मनोज शर्मा

इशिका पब्लिशिंग हाउस
जयपुर दिल्ली

भूमिका

पर्यावरण भूगोल के तत्वों का अध्ययन सकारात्मक एवं नकारात्मक दोनों रूपों में अवश्य होता रहा। सन् 1950–70 के दौरान भूगोल की अवधारणा तथा विश्लेषण प्रणाली में बदलाव आया। फलस्वरूप इसमें सांख्यिकी, गणित, मॉडल आदि के प्रयोग द्वारा अवस्थितिक विश्लेषण, प्राकृतिक विश्लेषण, स्थानिक सम्बन्धों आदि का अध्ययन किया गया। पर्यावरण सम्बन्धी अध्ययन का तिरस्कार किया गया। विज्ञान की अनेक शाखाओं में पर्यावरण का अध्ययन वृहत्–स्तर पर किया गया। सन् 1970 ई. के पश्चात् भूगोल में पुनः परिवर्तन हुआ। भूगोलवेत्ता पर्यावरण अध्ययन की ओर उन्मुख हुए। स्नातक तथा स्नात्कोत्तर स्तर पर विश्वविद्यालय के पाठ्यक्रम में सम्मिलित किया गया। फलस्वरूप पर्यावरण भूगोल का एक पृथक शाखा के रूप में अध्ययन किया जाने लगा। वर्तमान समय में इसका विकास द्रुतगति से हो रहा है और इसके व्यावहारिक एवं सैद्धान्तिक पहलुओं का विश्लेषण किया जा रहा है। पर्यावरण भूगोल और भौतिक भूगोल के बीच सन्धि के रूप में अपने को उत्पन्न किया है।

किसी न किसी रूप में पर्यावरण का अध्ययन भूगोल का विषय अवश्य रहा है लेकिन 1950–70 के मध्य अवस्थितिक विश्लेषण भू–वैन्यासिक संगठन के अध्ययनों तथा भौगोलिक विश्लेषणों में सांख्यिकी तथा गणित की अमूर्त तकनीकी के प्रयोग में भूगोलविदों की अधिक रुचि के कारण पर्यावरण–अध्ययन थोड़ा नरम पड़ गया था। अतः पर्यावरण जो भूगोल का शुरु से ही एक महत्त्वपूर्ण विषय रहा है, जीव वैज्ञानिकों का धरोहर बन गया। सबसे खुशी या हर्ष का विषय यह रहा कि भूगोल वेत्ताओं में पुनरावलोकन के पश्चात 1970 से पर्यावरण की तरफ पुनः पलटकर देखना शुरु कर दिया है और भूगोल के तहत पर्यावरण विश्लेषण फिर से प्रभावी हो रहा है। वर्तमान समय में इसको विभिन्न नामों–पर्यावरण अध्ययन, पर्यावरण अवनयन एवं संविकास, पारिस्थितिकी एवं पर्यावरण प्रबन्धन, पर्यावरण प्रबन्धन का भूगोल, पर्यावरण भूगोल आदि से अध्ययन किया जाता है। भूगोल में मानव, पर्यावरण एवं इनके सम्बन्धों से उत्पन्न परिणामों का अध्ययन अतीत से किया जा रहा है, जिनमें एक पक्ष मानव का विस्तृत अध्ययन किया गया जबकि दूसरे पक्ष पर्यावरण को तिरस्कृत किया गया। पर्यावरण का अध्ययन मानव के सापेक्ष था। 20 वीं सदी के अन्तिम दौर में पर्यावरण के निरपेक्ष अध्ययन पर चिन्तन होने लगा। फलस्वरूप वर्तमान तक इसका एक स्वरूप स्पष्ट होने लगा है। आदि मानव में संस्कृत का अभाव था जिसके कारण उसमें चिन्तशीलता एवं क्रियाशीलता की विद्यमानता मौजूद नहीं थी। प्रारंभ से ही सुसंस्कृति एवं ज्ञान हीन मानव पर पर्यावरण का काफी प्रभुत्व था। वह उसे रहस्यमयी शक्ति के रूप में मानता था।

लेखक

अनुक्रमणिका

1

पर्यावरण भूगोल का स्वरूप

19वीं शताब्दी में पर्यावरण के अनेक पक्षों का बड़ी गहनता से विश्लेषण किया गया लेकिन इस दौरान इसके स्वरूप का निर्धारण नहीं हो सका। भूगोल की विश्लेषण पद्धतियों व अवधारणाओं में 20 सदी के पूर्वाद्ध में थोड़ा बदलाव आया जिनके कारण पर्यावरण के प्रति अवधारणा परिवर्तित होने लगी। इस काल में फ्रांसीसी भूगोलवेत्ताओं ने मानव की बुद्धि, शक्ति, क्रियाशीलता आदि को महत्त्व प्रदान करने लगे। फलस्वरूप मानव पर्यावरण की दासता से मुक्ति पाने लगा। वह एक अभिकर्ता के रूप में जाना जाने लगा। इसका तात्पर्य यह नहीं है कि पर्यावरण के अध्ययन का तिरस्कार किया गया बल्कि पर्यावरण के साथ मानव की क्रियाओं को महत्त्वपूर्ण मानकर अध्ययन किया गया।

लूसियन फैब्रे (1922) ने अपनी पुस्तक Geographical Introduction to History में मानवीय कार्यों एवं प्रयत्नों को पर्यावरण की अपेक्षा अधिक महत्त्व दिया। इसके अनुसार भूतल पर कहीं भी अनिवार्यता नहीं है, सर्वत्र सम्भावनाएँ विद्यमान हैं। मनुष्य इन सम्भावनाओं का स्वामी है। वह इनके प्रयोग के लिए स्वतन्त्र है।

रैटजेल प्रकृति के प्रति आस्थावान थे। ये मानव जीवन की समस्याओं का हल प्रकृति में ढूँढ़ते थे।

डी. ला. ब्लाश ने मानव एवं उसकी क्रियाओं को अत्यधिक महत्त्व दिया है। इसके अनुसार मनुष्य अपने आप में एक समस्या और उसका हल दोनों है तथा प्रकृति उसकी केवल उपदेशिका मात्र है। प्रकृति के समक्ष मानव बाध्य नहीं है। प्रकृति अन्यान्य सम्भावनाएँ एवं साधन प्रस्तुत करती है जिनका उपयोग मनुष्य अपने ढंग से करता है। ब्लाश ने स्पष्ट किया कि प्रकृति का स्थान एक सलाहकार से अधिक नहीं है।

डिमांजिया ने मानवीय गतिविधिओं को विशेष रूप से महत्त्व दिया है।

ब्रूंश ने मनुष्य एवं उसके कार्यों को महत्त्व प्रदान किया। मनुष्य एक क्रियाशील एवं बुद्धिमान प्राणी है। इन्हीं गुणों से पर्यावरण से वह परिवर्तन, परिमार्जन एवं संशोधन करता है।

ईशा बौमैन ने स्पष्ट किया कि मनुष्य प्रकृति के नियंत्रण को नहीं मानता है। यह अपने विवेक से पर्यावरण में क्रिया करता है। इन्होंने स्पष्ट किया कि मनुष्य ध्रुव पर भी आरामदेय एवं प्रकाशयुक्त पूर्ण नगर का निर्माण कर सकता है तथा वहाँ शिक्षा, रंगमंच, खेल आदि की व्यवस्था कर सकता है। इन सम्भववादी विचारधाराओं में पर्यावरण का अध्ययन किया जाता रहा। परन्तु पर्यावरण भूगोल का कोई व्यवस्थित स्वरूप सृजित नहीं हो पाया।

पर्यावरण के सन्दर्भ में विभिन्न विद्वानों के दृष्टिकोणों में बदलाव आने लगा **जार्ज टैथम** के शब्दों में मानव संस्कृति के विकास एवं सुरक्षा हेतु पर्यावरण की आलोचना न करके उससे मदद प्राप्त करना वांछित होगा।

एल्सबर्थ हंटिंगटन ने मनुष्य की आर्थिक, सामाजिक एवं सांस्कृतिक क्रियाओं पर पर्यावरण का विशेष योगदान होता है।

कार्ल सॉवर ने मनुष्य और पर्यावरण के मध्य समायोजन पर बल दिया है। इनके अनुसार मनुष्य को पर्यावरण के अनुकूल अपने को ढाल कर उसमें परिमार्जन एवं संशोधन करते हुए उससे समायोजन स्थापित कर लेना चाहिए।

हरबर्टसन के अनुसार पर्यावरणीय शक्तियों का प्रभाव इतना अधिक होता है कि वह मानव जीवन एवं उसकी क्रियाओं में परिलक्षित होता है।

फ्ल्यूर महोदय ने मानव एवं प्रकृति दोनों को प्राथमिकता प्रदान की है।

प्राचीन काल से लेकर आज तक भूगोल की अनेक भागों व शाखाओं के अन्तर्गत पर्यावरण भूगोल के तत्वों का अध्ययन सकारात्मक एवं नकारात्मक दोनों रूपों में अवश्य होता रहा। सन् 1950–70 के दौरान भूगोल की अवधारणा तथा विश्लेषण प्रणाली में बदलाव आया। फलस्वरूप इसमें सांख्यिकी, गणित, मॉडल आदि के प्रयोग द्वारा अवस्थितिक विश्लेषण, प्राकृतिक विश्लेषण, स्थानिक सम्बन्धों आदि का अध्ययन किया गया। पर्यावरण सम्बन्धी अध्ययन का तिरस्कार किया गया। विज्ञान

की अनेक शाखाओं में पर्यावरण का अध्ययन वृहत्–स्तर पर किया गया। सन् 1970 ई. के पश्चात् भूगोल में पुनः परिवर्तन हुआ। भूगोलवेत्ता पर्यावरण अध्ययन की ओर उन्मुख हुए। स्नातक तथा स्नात्कोत्तर स्तर पर विश्वविद्यालय के पाठ्यक्रम में सम्मिलित किया गया। फलस्वरूप पर्यावरण भूगोल का एक पृथक शाखा के रूप में अध्ययन किया जाने लगा। वर्तमान समय में इसका विकास द्रुतगति से हो रहा है और इसके व्यावहारिक एवं सैद्धान्तिक पहलुओं का विश्लेषण किया जा रहा है। पर्यावरण भूगोल और भौतिक भूगोल के बीच सन्धि के रूप में अपने को उत्पन्न किया है।

किसी न किसी रूप में पर्यावरण का अध्ययन भूगोल का विषय अवश्य रहा है लेकिन 1950–70 के मध्य अवस्थितिक विश्लेषण भू–वैन्यासिक संगठन के अध्ययनों तथा भौगोलिक विश्लेषणों में सांख्यिकी तथा गणित की अमूर्त तकनीकी के प्रयोग में भूगोलविदों की अधिक रुचि के कारण पर्यावरण–अध्ययन थोड़ा नरम पड़ गया था। अतः पर्यावरण जो भूगोल का शुरु से ही एक महत्त्वपूर्ण विषय रहा है, जीव वैज्ञानिकों का धरोहर बन गया। सबसे खुशी या हर्ष का विषय यह रहा कि भूगोल वेत्ताओं में पुनरावलोकन के पश्चात 1970 से पर्यावरण की तरफ पुनः पलटकर देखना शुरु कर दिया है और भूगोल के तहत पर्यावरण विश्लेषण फिर से प्रभावी हो रहा है। वर्तमान समय में इसको विभिन्न नामों–पर्यावरण अध्ययन, पर्यावरण अवनयन एवं संविकास, पारिस्थितिकी एवं पर्यावरण प्रबन्धन, पर्यावरण प्रबन्धन का भूगोल, पर्यावरण भूगोल आदि से अध्ययन किया जाता है। भूगोल में मानव, पर्यावरण एवं इनके सम्बन्धों से उत्पन्न परिणामों का अध्ययन अतीत से किया जा रहा है, जिनमें एक पक्ष मानव का विस्तृत अध्ययन किया गया जबकि दूसरे पक्ष पर्यावरण को तिरस्कृत किया गया। पर्यावरण का अध्ययन मानव के सापेक्ष था। 20 वीं सदी के अन्तिम दौर में पर्यावरण के निरपेक्ष अध्ययन पर चिन्तन होने लगा। फलस्वरूप वर्तमान तक इसका एक स्वरूप स्पष्ट होने लगा है।

आदि मानव में संस्कृत का अभाव था जिसके कारण उसमें चिन्तशीलता एवं क्रियाशीलता की विद्यमानता मौजूद नहीं थी। प्रारंभ से ही सुसंस्कृति एवं ज्ञान हीन मानव पर पर्यावरण का काफी प्रभुत्व था। वह उसे रहस्यमयी शक्ति के रूप में मानता था। विभिन्न प्रकार की होने वाली नैसर्गिक अथवा प्राकृतिक घटनाओं को पर्यावरण का प्रकोप मानकर उसकी पूजा करता था। कृतित्व, व्यक्तित्व एवं बुद्धि के विकास से वह इसके रहस्य को समझने लगा तथा अन्यान्य उपादानों की सहायता से इससे संघर्ष करने लगा। पर्यावरण की असीमित सम्भावनाओं से कुछ को ग्रहण कर अपने को सुसंस्कृति बना लिया। पर्यावरण के जैविक एवं अजैविक तत्त्व किसी–न–किसी रूप में मानव के लिए उपयोगी हैं। वह अपनी आवश्यकताओं की पूर्ति पर्यावरणीय तत्त्वों के द्वारा अतीत से वर्तमान तक करता चला आ रहा है। ये तत्त्व मानव को आदिम अवस्था से उठाकर सुसंस्कृति अवस्था तक पहुँचा दिये। सम्भवतः यही कारण है कि भूगोलवेत्ताओं के मस्तिष्क में पर्यावरण के निरपेक्ष

अध्ययन की प्रेरणा विकसित हुई और अन्त में पर्यावरण भूगोल का स्वतन्त्र अथवा निर्माण होना शुरु हो गया।

पर्यावरण में विभिन्न तत्व विद्यमान है जो पारस्परिक रूप से एक दूसरे से सम्बन्धित हैं। पर्यावरण में विद्यमान तत्व मानवीय जीवन को विशेष रूप से प्रभावित करते हैं। प्रकृति के अन्यान्य उपादान नितान्त उपयोगी हैं। इनकी एक निश्चित व्यवस्था है। मानव तथा प्राकृतिक क्रियाओं द्वारा इस व्यवस्था में कभी–कभी विचलन उत्पन्न हो जाता है। पर्यावरण आन्दोलित हो उठता है। फलस्वरूप अनेक घटनाएँ–उपघटनाएँ उत्पन्न हो जाती हैं जिनका प्रभाव पर्यावरणीय तत्त्वों के साथ मानव पर भी पड़ता है। पर्यावरण के जैविक–अजैविक तत्त्व, इनकी क्रिया–विधि, अन्तः एवं बाह्य प्रभाव आदि ऐसे हैं। जिनके विषय में चिन्तन करना भूगोलविदों का अभीष्ठ कर्त्तव्य है। इस दिशा में अतीत से भूगोलवेत्ता चिन्तनशील हैं परन्तु सन् 1950 के पूर्व इसे स्वतन्त्र रूप में विकसित नहीं कर पाया। सन् 1950 से 1970 के मध्य भूगोल दो दशकों तक अवस्थितिक विश्लेषण, सांख्यिकी एवं मॉडल, भूवैन्यासिक अध्ययन आदि में उलझा हुआ था। फलस्वरूप पर्यावरण सम्बन्धी अध्ययन पर विशेष ध्यान नहीं दिया गया। परन्तु सन् 1970 के पश्चात् इस दिशा में भूगोलवेत्ता एक नवीन चिन्तन प्रणाली, उपयुक्त तकनीक, असीम उत्साह आदि के साथ अग्रसर हुए। फलस्वरूप पर्यावरण भूगोल का एक क्षीण स्वरूप परिलक्षित है, वह सृजित होने लगा।

पर्यावरण भूगोल की परिभाषाः–

विभिन्न विद्वानों ने पर्यावरण भूगोल की भिन्न–भिन्न परिभाषाएं दी है जिनमें से कुछ प्रमुख विद्वानों दी गयी परिभाषा इस प्रकार है–

(1) वाटकिन एण्ड किलर के शब्दों में–अध्ययन जीवन एवं वातावरण के जीवन के अध्ययन से सम्बन्धित है। वास्तव में पर्यावरण अध्ययन के अन्तर्गत उन सभी जीवन का अध्ययन सम्मिलित किया गया है, जो जीव मण्डल में विद्यमान होते हैं। पृथ्वी की पपड़ी में कुछ मीटर की गहराई, समुद्रों की अधिक गहराई तथा पर्वतों की ऊँचाई में रहने वाले जीवों के जीवन के अध्ययन को पर्यावरण अध्ययन के अन्तर्गत स्वीकार किया गया। इस प्रकार इन विद्वानों के अनुसार पर्यावरण का अध्ययन जीवनमण्डल का अध्ययन है।

(2) जाट एवं गुर्जर के शब्दों में–पर्यावरण भूगोल, भूगोल की वह शाखा है जिसमें पारिस्थितिक तन्त्र के विभिन्न संघटकों की प्रकृति, कार्यों तथा उनकी परस्पर अन्तर्निर्भरता आदि का स्थानिक वितरण के सन्दर्भ में अध्ययन किया जाता है।

(3) प्रो. सविन्द्र सिंह के शब्दों में–पर्यावरण भूगोल, भूगोल की वह शाखा है जिसके अन्तर्गत प्राकृतिक पर्यावरण तन्त्र के विभिन्न संघटकों की विशेषताओं संगठन एवं कार्यों, विभिन्न संघटकों की पारस्परिक निर्भरता, संघटकों को आबद्ध करने वाले विभिन्न प्रक्रमों एवं प्रक्रियाओं, विभिन्न संघटकों की एक दूसरे के साथ

तथा आपस में अन्तः प्रक्रियाओं के स्थानिक एवं कालिक सन्दर्भ में परिणाम, प्रौद्योगिक स्तर पर विकसित आर्थिक मानव एवं भू–पारिस्थतिकीय तन्त्र के विभिन्न संघटकों के मध्य अन्तर्प्रक्रियाओं तथा उनसे भू–पारिस्थितिकीय तन्त्र में उत्पन्न परिवर्तनों तथा उनसे जनित पर्यावरण अवनयन तथा प्रदूषण एवं प्रदूषण नियंत्रण की तकनीकों एवं रणनीतियों तथा प्राकृतिक संसाधनों के प्रबन्धन का अध्ययन किया जाता है।

4. प्रो आर. एन सिंह तथा डा. डी मौर्य के शब्दों में–पर्यावरण भगोल, भूगोल की वह शाखा है जिसमें पारिस्थितिक तन्त्र के विभिन्न संघटकों की प्रकृति, कार्यों तथा पारस्परिक निर्भरता आदि का अध्ययन स्थानिक वितरण के सन्दर्भ में किया जाता है।

उपरोक्त परिभाषाओं का अध्ययन करने के बाद हम संक्षेप में यह कह सकते हैं कि पर्यावरण भूगोल, भूगोल की वह शाखा है जिसमें भू–मण्डलीय पारिस्थितिक तन्त्र के जैविक–अजैविक संघटक, उनकी अन्तः एवं बाह्य क्रियाओं–प्रतिक्रियाओं तथा तज्जनित परिणामों का वैज्ञानिक विश्लेषण एवं संश्लेषण किया जाता है।

वास्तव में पर्यावरण अपने भीतर विस्तृत विषय–वस्तु को समेटे हुए है, जिसका समुचित व स्पष्ट ज्ञान विभिन्न विद्वानों द्वारा दी गयी परिभाषा की ग्रन्थियों के विश्लेषण से सम्भव है। भूमण्डलीय पारिस्थितिक तन्त्र सम्पूर्ण आकार वाला है। इसके विभिन्न संघटक की संरचना, प्रकृति, क्रिया, प्रतिक्रिया एवं परिणाम में भिन्नता है। फलस्वरूप वृहत् आकारीय पारिस्थितिक तन्त्र में अनेक छोटे–छोटे पारिस्थितिक तन्त्र सृजित हो जाते हैं। एक छोटा सा पारिस्थितिक तन्त्र एक ठोस इकाई नहीं होता है, बल्कि इसमें भी अनेक लघु अथवा स्थानीय पारिस्थतिक तन्त्र बन जाते हैं। एक छोटा तन्त्र उससे छोटे तन्त्र, कई छोटे तन्त्र बड़े तन्त्र तथा कई बड़े तन्त्र भूमण्डलीय पारिस्थितिक तन्त्र से सम्बन्धित होते हैं एवं उसे प्रभावित करते हैं। भूमण्डलीय पारिस्थितिक तन्त्र स्थायी होता है, जबकि छोटे–छोटे तन्त्र अस्थायी होते हैं इनमें स्थान एवं काल सापेक्ष परिवर्तन होता है। भू–तल एवं इसके कुछ नीचे तक अन्यान्य जीव हैं जिनका उद्‌भव विकास एवं प्रसार होता है। इन पर पर्यावरण के जैविक–अजैविक संघटकों का प्रभाव पड़ता है, जिससे इनकी क्रियाएँ परिवर्तित हो जाती हैं। मानव भू–मण्डलीय पारिस्थितिक तन्त्र का एक ऐसा प्राणी है जो इस तन्त्र से बहुत कुछ प्राप्त कर उन्हीं की सहायता से इसकी मौलिकता को भंग कर रहा है, जिसका प्रभाव मानव एवं पारिस्थितिक तन्त्र दोनों पर पड़ रहा है। स्पष्ट है कि पर्यावरण भूगोल व्यापक कलेवर वाला भूगोल की प्रशाखा है, जिसके अन्तर्गत सम्पूर्ण जीव के जीवन की व्यापक रूप से अध्ययन किया जाता है।

पर्यावरण भूगोल का विषय–वस्तु

भूगोल के प्राचीन ढाँचा में पर्यावरण का विश्लेषण विभिन्न क्षेत्रों में न विस्तृत होकर बल्कि वाह्य ढांचा तक सीमित था। समयानुसार पर्यावरण अध्ययन में उत्कृष्टता

का समावेश होता गया। परन्तु ये अध्ययन भूगोल की विभिन्न शाखाओं में बिखरे पड़े थे। इनको संपुंजित कर पर्यावरण भूगोल का स्वरूप प्रदान किया गया। पर्यावरण के विभिन्न संघटक एवं उनकी क्रिया विधि, पर्यावरणीय संघटकों की अन्तः एवं बाह्य क्रियाएँ एवं प्रतिक्रियाएँ, भू–मण्डलीय पारिस्थितिकीय तन्त्र एवं उसकी विषमता, प्राणि–जगत एवं पादप–जगत, मानव एवं उसकी क्रियाएँ तथा पर्यावरण पर उसका प्रभाव आदि अध्ययन जो भूगोल की शाखाओं में किए गए थे, उनको एकत्रित कर पर्यावरण भूगोल का विषय क्षेत्र माना गया। स्पष्ट है पर्यावरण भूगोल का क्षेत्र अत्यन्त व्यापक है। साथ ही साथ मानव एवं पर्यावरण के अन्तर्सम्बन्धों तथा तज्जनित परिणामों के अध्ययन को इसका मूल उद्देश्य माना गया।

पर्यावरण भूगोल का वर्तमान विश्लेषण की अवधारणा के आधार पर उसके विषय वस्तु का निर्धारण किया गया हैं–

1. भू मण्डलीय पारिस्थितिक तत्व,
2. पारिस्थतिक मण्डल के तत्व,
3. पर्यावरण अवनयन तथा प्रदूषण,
4. पर्यावरण प्रबन्धन तथा,
5. पर्यावरण प्रकोप या संकट

उपर्युक्त पांचों तत्वों का क्रमशः उल्लेख नीचे किया गया है–

(1) भूमण्डलीय पारिस्थितिक तन्त्र

सम्पूर्ण भू–मण्डल एक इकाई है। इस पर विषम पर्यावरण विद्यमान है। मोटे तौर पर इसे एक पारिस्थितिक तन्त्र अथवा जीव मण्डल स्वीकार किया जाता है। इस पारिस्थितिक तन्त्र का यदि सूक्ष्म निरीक्षण किया जाए तो अनेक विषमताएं परिलक्षित होती हैं, जिसके आधार पर इसे अनेक छोटे पारिस्थितिक तन्त्र में विभाजित किया जाता है। इसका आधार जलवायु कटिबन्ध तथा महाद्वीप दोनों हो सकता है। **महाद्वीप** के आधार पर इसे अमेरिकी पारिस्थितिक तन्त्र, अफ्रीकी पारिस्थितिक तन्त्र, आस्ट्रेलियाई पारिस्थितिक तन्त्र, यूरोपीय पारिस्थितिक तन्त्र, एशियाई पारिस्थितिक तन्त्र आदि में विभाजित किया जाता है। इसी प्रकार **जलवायु कटिबन्धों** के आधार पर इसे भू–मध्यरेखीय पारिस्थितिक तन्त्र, मानसूनी पारिस्थितिक तन्त्र, भू–मध्य सागरीय पारिस्थितिक तन्त्र आदि में विभाजित किया जाता है। इन छोटे पारिस्थितिक तन्त्र का यदि सूक्ष्म निरीक्षण किया जाए तो अन्यान्य विषमताएँ परिलक्षित होती हैं। इनमें विद्यमान समानता के आधार पर इसे अनेक अपेक्षाकृत लघु पारिस्थितिक तन्त्र में पुनः विभाजित किया जाता है।

संक्षेप में हम यह कह सकते हैं कि भू–मण्डलीय परिस्थितिक तंत्र के अंतर्गत अनगिनत जीव मण्डल पाये जाते हैं। एक छोटे पारिस्थितिक के विभिन्न अवयव किस

प्रकार एक दूसरे से सम्बन्धित हैं, एक तन्त्र का दूसरे तन्त्र से क्या सम्बन्ध है, सभी छोटे तन्त्र मिलकर किस प्रकार एक भू–मण्डलीय पारिस्थितिक तन्त्र का निर्माण करते हैं, पारिस्थितिक तन्त्र में परिवर्तन की प्रक्रिया एवं कारक क्या है आदि का विश्लेषण पर्यावरण भूगोल के अन्तर्गत किया जाता है।

(2) पारिस्थितिक मण्डल के तत्वः–

पारिस्थितिक मण्डल के तत्वों को प्रमुख दो भागों में वर्गीकृत करके अध्ययन किया गया है–

(i) जैविक तत्व **(ii)** अजैविक तत्व

इन दोनों तत्वों पर संक्षिप्त प्रकाश नीचे डाला गया है–

(i) जैविक संघटक –जैविक तत्व के अन्तर्गत पादम तन्त्र, जन्तु तन्त्र तथा सूक्ष्म जीव तन्त्र आते हैं। पौध–उद्भव एवं विकास, प्रसार, वनस्पति प्रदेश, जीवों का उद्भव एवं विकास, प्रसार, प्राणि प्रदेश आदि का सूक्ष्म अध्ययन जैविक संघटक में किया जाता हैं।

(ii) अजैविक संघटक–इस तत्व के अन्तर्गत जलमण्डल, वायुमण्डल तथा स्थल मण्डल को शामिल किया गया है। इस प्रकार इसके अन्तर्गत प्रवाही जल, भूमिगत जल, समुद्री जल, गैस, जल वाष्प, धूल–कण, शैल, खनिज, मृदा आदि अभौतिक तत्त्व आते हैं। इसके अलावा सौर्यिक ऊर्जा एवं भू–तापीय ऊर्जा को भी सम्मिलित किया गया है।

पारिस्थितिक मण्डल के संघटक की क्रिया, पारस्परिक प्रभाव, समुच्चय द्वारा पारिस्थितिक तन्त्र का निर्माण, वनस्पति एवं प्राणि जगत आदि का विस्तृत अध्ययन पर्यावरण भूगोल में किया जाता है।

(3) पर्यावरण अवनयन और प्रदूषणः–

मानव के द्वारा किये गये विभिन्न क्रिया–कलापों ने पर्यावरण को काफी प्रभावित किया है मनुष्य की क्रियाओं के द्वारा पर्यावरणीय तत्त्व अपनी मौलिकता खो देते हैं, जिससे प्रदूषण उत्पन्न होता है। पारिस्थितिक तन्त्र में विभिन्न माध्यमों में प्रदूषण फैलकर जैविक तथा अजैविक संघटकों को प्रभावित करता है। जिससे पर्यावरण अवनयन उत्पन्न होता है। फलस्वरूप पर्यावरण अवनयन एवं प्रदूषण के विभिन्न प्रकार, उनके कारण, उनसे उत्पन्न समस्या, समस्या समाधान आदि का अध्ययन पर्यावरण भूगोल में किया जाता है।

(4) पर्यावरण प्रबन्धन

पर्यावरण की मौलिकता में दिन–प्रतिदिन कमियां व्याप्त होती जा रही है, जिसका प्रभाव पर्यावरण पर आधारित विभिन्न तत्वों पर पड़ रहा है। जीव–जन्तु,

वनस्पतियाँ तथा मनुष्य पर्यावरण के ह्रास से प्रभावित हैं, जिससे इनके अस्तित्व पर संकट उत्पन्न हो गया है। पर्यावरण प्रबन्धन की आवश्यकता, उपागम, क्षेत्र, संरक्षण आदि का अध्ययन पर्यावरण भूगोल में किया जाता है।

(5) पर्यावरण प्रकोप या संकट

यह नैसर्गिक एवं मानव के द्वारा किए गए कार्यो के परिणामस्वरूप विकसित होता है। मानव द्वारा किए गए कार्यों की इसके अन्तर्गत विशिष्ट रूप से महत्त्व है। मनुष्य की क्रियाओं के द्वारा पर्यावरणीय तत्त्व अपनी मौलिकता खो देते हैं जिससे प्रदूषण उत्पन्न होता है। पारिस्थितिक तन्त्र में विभिन्न माध्यमों में प्रदूषण फैल कर जैविक तथा अजैविक संघटकों को प्रभावित करता है, जिससे पर्यावरण अवनयन उत्पन्न होता है। फलस्वरूप पर्यावरण अवनयन एवं प्रदूषण के विभिन्न प्रकार, उनके कारण, उनसे उत्पन्न समस्या, समस्या समाधान आदि का अध्ययन पर्यावरण भूगोल में किया जाता है।

पर्यावरण आपदा

मानव जन्य एवं नैसर्गिक गतिविधियों के परिणामस्वरूप पर्यावरण के भीतर होने वाली घटनाओं को पर्यावरण संकट या आपदा कहा जाता है। मानव जन्य क्रिया–कलापों में वन विनाश, औद्योगिकरण, नगरीकरण, कृषि का वैज्ञानिकरण, बाँध निर्माण आदि तथा ज्वालामुखी, भू–स्खल, भूकम्प, तूफान, बाढ़, सूखा, शीत–लहरी, लू आदि प्राकृतिक कारणों से पर्यावरण में अनेक घटनाएँ घटित होती हैं जिनका प्रभाव मानव, जीव–जन्तु, वनस्पति आदि पर पड़ता है। फलस्वरूप पर्यावरण प्रकोप का विस्तृत अध्ययन आवश्यक हो जाता है। पर्यावरण भगोल के अन्तर्गत विभिन्न आपदाओं का अध्ययन किया जाता है जिनमें प्रमुख हैं पर्यावरण प्रदूषण, प्रदूषण के कारण, प्रदूषण नियंत्रण, प्रदूषण के प्रभाव, प्राकृतिक प्रकोप एवं प्रदूषण प्रकोप के कारण, प्रकोपों पर नियंत्रण, प्रकोपों से उत्पन्न समस्या आदि।

पर्यावरण भूगोल की विषय–वस्तु संकुचित न होकर बल्कि काफी विस्तृत है। भू–मण्डल के सभी तत्वों व प्रकरणों का सकारात्मक एवं नकारात्मक दोनों रूपों में मानव से जुड़ा हुआ है, इसी कारण पर्यावरण भूगोल की उपयोगिता एवं महत्त्व और अधिक बढ़ जाता है। पर्यावरण तथा मनुष्य, पारिस्थितिकी, पारिस्थितिकी उत्पादकता एवं ऊर्जा प्रवाह, भू–जैव रसायन चक्र, पादम तन्त्र, जन्तु जगत, बायोम, अपरदन, पर्यावरण अवनयन, पर्यावरण प्रकोप, प्रदूषण, पर्यावरण प्रबन्धन आदि का अध्ययन पर्यावरण भूगोल के अन्तर्गत किया जाता है।

पर्यावरण भूगोल का अन्य विज्ञानों से सम्बन्ध

जैसाकि स्पष्ट किया जा चुका है पर्यावरण भूगोल प्रमुख रूप से नैसर्गिक पर्यावरण तंत्र के जैविक एवं अजैविक तत्वों एवं प्रौद्योगिक स्तर पर विकसित मानव तथा भौतिक पर्यावरण के तत्वों के बीच आन्तरिक सम्बन्धों के स्थानिक विशेषताओं या

गुणों का अध्ययन है। इन देनों तत्वों का विश्लेषण मान पर्यावरण भूगोल में ही नहीं बल्कि अन्य विज्ञानों में भी इनका अध्ययन होता है। एक दूसरे के अध्ययनों से प्राप्त सूचनाओं को सभी विज्ञान अपनी आवश्यकतानुसार ग्रहण करते हैं। फलस्वरूप अनेक विज्ञान एक–दूसरे से सम्बन्धित हैं। पर्यावरण भूगोल में पर्यावरण के समग्र रूप का अध्ययन किया जाता है, जबकि अन्य विज्ञान केवल कुछ ही तत्त्वों का अध्ययन करते हैं। स्पष्ट है पर्यावरण भूगोल का प्रत्यक्ष अथवा अप्रत्यक्ष सम्बन्ध भौतिक एवं सामाजिक विज्ञानों से है।

भू–मण्डलीय पारिस्थितिक तन्त्र में जैविक एवं अजैविक संघटक हैं जिनका अध्ययन विभिन्न विज्ञानों में किया जाता है। इसी प्रकार **जैविक संघटक** भूगोल, रयायन शास्त्र, जीव विज्ञान, वनस्पति विज्ञान, जन्तु विज्ञान, पारिस्थितिकी विज्ञान आदि के अध्ययन का विषय है।

अजैविक संघटक भौतिक भूगोल, भौमिकी, भू–भौतिकी, जलवायु एवं मौसम विज्ञान के अध्ययन का विषय है। ये दोनों संघटक एक दूसरे से जुड़े है। इनमें अन्तर्क्रियाएँ होती हैं जिससे भू–पारिस्थितिक तन्त्र अथवा जीव मण्डल का स्वरूप तैयार होता है। भू–पारिस्थितिक तन्त्र को इन अन्तर्सम्बन्धों, अन्तर्कियाओं एवं परस्पर निर्भरता के आधार पर दो पारिस्थितिक तन्त्र में बांटा गया है–

(i) जैव तन्त्र **(ii) भू–जैव तन्त्र**

जैव तंत्र जीव विज्ञान का तथा भू–जैव–तंत्र पर्यावरण भूगोल का अध्ययन विषय है परन्तु इसका आशय यह नहीं होता कि ये दोनों विज्ञान पृथक–पृथक विषय को चुने हुए हैं दोनों विज्ञानों में उपर्युक्त दोनों का विश्लेषण किया जाता है। परन्तु प्रधानता विषय की प्रकृति के आधार पर निर्धारित है। दोनों तन्त्रों की संक्रमणता भूगोल एवं जीव विज्ञान में परिलक्षित होती है। वास्तव में जैविक एवं अजैविक संघटकों के अन्तर्सम्बन्ध, अन्तक्रिया एवं पारस्परिक निर्भरता का अध्ययन पर्यावरण भूगोल एवं जीव विज्ञान में द्रष्टव्य है।

अध्ययन की दृष्टि से जीव विज्ञान को प्रमुख दो भागों में बांटा गया है जो निम्नलिखित है–

जीवनरूपी मौलिक विशेषताओं के आधार पर–इस आधार पर जीव–विज्ञान आकरिकी/कायिकी विज्ञान, पारिस्थितिकी विज्ञान आदि शाखाओं में विभाजित है।

वर्गीकरण के आधार पर–इस आधार पर जीव विज्ञान वनस्पति विज्ञान, सूक्ष्म जीव विज्ञान, जन्तु विज्ञान आदि शाखाओं में विभाजित है।

इन उपयुक्त वर्णित दोनों भागों के अलावा इसे कई उपभागों में विभाजित किया गया है–प्रत्येक शाखाओं एवं प्राशाखाओं में किसी न किसी रूप में पारिस्थितिकी के संघटकों का अध्ययन अवश्य किया जाता है। पारिस्थितिकी विज्ञान तो इनके

अध्ययनों से ओत–प्रोत है। जीव विज्ञान में जैव इकाईयों का अध्ययन विभिन्न जैव–स्तरों में किया जाता है। जैविक–स्तर मुख्य रूप से दो प्रकार के हैं–(i) निम्न स्तरीय जैविक स्तर तथा (ii) उच्च स्तरीय जैविक स्तर। निम्न स्तरीय जैविक स्तर में जीवों का छोटे स्तर से शुरू कर उच्च स्तर तक अध्ययन किया जाता है। gene, cell, tissue, organ, organism आदि का अध्ययन इस प्रणाली के अन्तर्गत आता है।

gene सबसे छोटा स्तर है। इसकी संरचना का अध्ययन किया जाता है।

दूसरा स्तर cell का है जिसका निर्माण कई के मिलने से होता है।

तृतीय स्तर पर tissue आता है, जिसका निर्माण अन्यान्य cell के मिलने से होता है। इसी प्रकार की विभिन्न Tissue मिलकर एक Organ का निर्माण तथा अनेक Organ मिलकर एक जीव का निर्माण करते हैं। इसी भांति इसमें एक ही जीव के निर्माण प्रक्रिया का सम्पूर्ण अध्ययन किया जाता है। पर्यावरण भूगोल जीव पर पड़ने वाले प्रभावों एवं क्रियाओं का अध्ययन करता है। उच्च स्तरीय जैविक स्तर से जुड़े विज्ञानों में जीव, उनकी संख्या एवं समुदाय का अध्ययन किया जाता है। दोनों के अध्ययन अलग–अलग नहीं है, बल्कि अन्तर्सम्बन्धित है। पर्यावरण भूगोल जीवित जीवों का पर्यावरण में जीवन धारण करना, क्रिया करना, समायोजन करना आदि का अध्ययन करता है। प्रत्येक जैविक स्तर भौतिक पर्यावरण से अन्तर्क्रिया करते हैं। इनकी क्रियाओं के फलस्वरूप एक **जैव तन्त्र** का निर्माण होता है। इनके सम्मिलित स्वरूप से पारिस्थितिक इकाई होता है। इनके सम्मिलित स्वरूप से पारिस्थितिक जैव तन्त्र निर्मित होता है। इसे जीव विज्ञान में विभिन्न नामों–जीवीय तन्त्र, जीव संख्या तन्त्र, पारिस्थितिकी तन्त्र आदि से वर्णन किया जाता है परन्तु पर्यावरण भूगोल में भू–जैव तन्त्र के रूप में है। वर्णन की दृष्टि से जीव विज्ञान तथा इकाई क्षेत्र के आधार पर जीवों का भौगोलिक सन्दर्भ में उल्लेख किया जाता है।

पर्यावरण भूगोल तथा अन्य विज्ञानों के विश्लेषण सामग्री में एकरूपता है। किन्तु विश्लेषण प्रणाली, उद्देश्य अथवा लक्ष्य आदि में एक रूपता विद्यमान नहीं है जिसे निम्नलिखित पंक्तियों के द्वारा स्पष्ट किया जा सकता है–

(1) पर्यावरण भूगोल, पर्यावरण के समस्त तत्त्वों का भू–मण्डलीय पारिस्थितिक तन्त्र के सन्दर्भ में अध्ययन करता है, जबकि अन्य विज्ञान किसी विशिष्ट तत्त्व का विशिष्ट सन्दर्भ में अध्ययन करते हैं।

(2) पर्यावरण भूगोल प्राकृतिक तथा सामाजिक विज्ञानों के मध्य सेतु के रूप में है। इसका सम्पूर्ण अध्ययन किसी न किसी रूप में मानव के हित के लिए किया जाता है। प्राकृतिक विज्ञान सैद्धान्तिक हैं जिनके अध्ययनों का प्रभाव मानव पर बहुत बाद में पड़ता है।

(3) पर्यावरण भूगोल में महत्त्वपूर्ण तत्त्वों एवं पदार्थों के संगठन, उनकी क्रिया विधि तथा क्रियाओं के परिणामों का जीवों, वनस्पतियों तथा मानव के

सापेक्ष अध्ययन किया जाता है जबकि अन्य विज्ञान इसका पूर्ण तिरस्कार करते हैं।

(4) पर्यावरण भूगोल में भू–मण्डलीय परिस्थितिक तन्त्र का समग्र रूप में अध्ययन कर इराके स्वरूप को स्पष्ट किया जाता है जबकि अन्य विज्ञान किसी एक तन्त्र अथवा पदार्थ की समग्रता का अध्ययन करते हैं, जिससे पारिस्थितिक तन्त्र के स्वरूप का बोध नहीं होता है।

(5) पर्यावरण भूगोल, पर्यावरण, मानव एवं इनके अन्तर्सम्बन्ध तथा तज्जनित परिणाम का अध्ययन करता है। साथ–ही–साथ पर्यावरण पर बल देता है जबकि अन्य विज्ञान इस व्यावहारिक पक्ष का परित्याग किए हैं।

पर्यावरण भूगोल का सम्बन्ध सामाजिक विज्ञानों से भी है। पर्यावरण का विश्लेषण मानव शास्त्र, समाज शास्त्र, राजनीति तथा इतिहास के अन्तर्गत किया जाता है। यद्यपि भूगोल से हटकर उद्देश्यों की पूर्ति के लिए इन विषयों में पर्यावरण के विभिन्न पहलुओं का अध्ययन होता है। परन्तु इनकी प्राप्त सूचनाओं का उपयोग पर्यावरण भूगोल तथा पर्यावरण भूगोल की सूचनाओं को इन सामाजिक विज्ञानों में प्रयोग किया जाता है। मानव शास्त्र जीवाश्मों के आधार पर ऐतिहासिक पर्यावरण का विश्लेषण करता है जिसके आधार पर पर्यावरण भूगोल में पादम एवं जन्तु का उद्भव, प्रसार, विकास आदि का अध्ययन किया जाता है। प्राचीन संस्कृतियों के विश्लेषण के लिए इतिहास कालों का विभाजन करता है। प्रत्येक काल की संस्कृति तथा पर्यावरणीय दशाओं की व्याख्या प्रस्तुत करता है। साथ–ही–साथ पुरातात्विक सामग्रियों के आधार पर प्राचीन मानव के रहन–सहन, क्रिया–कलाप, अन्ध–विश्वास, देवी–देवता आदि को स्पष्ट करता है। पर्यावरण भूगोल में इन्हीं सूचनाओं के आधार पर अतीत के पारिस्थितिक तन्त्र का विश्लेषण एवं संश्लेषण किया जाता है।

संक्षेप में यह कहा जा सकता है कि पर्यावरण भूगोल का सम्बन्ध सामाजिक विज्ञानों से सकारात्मक एवं नकारात्मक दोनों रूपों में होता है। पारस्परिक रूप से एक दूसरे की सामग्रियों को अपने लक्ष्यों के आधार पर ग्रहण या अवशोषित कर उसका विश्लेषण किया जाता है।

पर्यावरण भूगोल की की आधारभूत संकल्पनाएं

पर्यावरण भूगोल प्रमुख रूप से जीवित ग्रह के रूप में पृथ्वी के सम्पूर्ण पर्यावरण का विश्लेषण या अध्ययन है। पर्यावरण भूगोल के अध्ययन की आधारभूत इकाई वायु मण्डलीय, स्थल मण्डलीय एवं जल मण्डलीय तत्वों से युक्त पृथ्वी की जीवन–पोषी परत है इसी परत को जीव मण्डल की संज्ञा प्रदान की जाती है जो सभी प्रकार के जीवन को सम्भव बनाती है पृथ्वी के उद्गम के शीतलन की क्रिया कालान्तर तक सक्रिय रही। वायुमण्डल का उद्भव तथा भू–तल पर ऊँचे–नीचे भागों का निर्माण हुआ। जलवायु के सृजन के पश्चात् नीचे के भागों को सागर तथा ऊँचे भागों को

महाद्वीप कहा गया। जल में जीवों एवं वनस्पतियों का उद्भव, स्थलीय भागों में इनका प्रसार एवं विकास होता रहा। कालान्तर से एक विरल पर्यावरण का निर्माण हुआ। धीरे–धीरे पर्यावरण की सघनता बढ़ती गई। फलस्वरूप एक ठोस एवं महत्त्वपूर्ण पर्यावरण का उद्भव हुआ। अनेक प्राकृतिक शक्तियाँ बीच–बीच में कार्य करती रहीं जिससे पर्यावरण में स्थानीय परिवर्तन होता रहा। परन्तु इसका मौलिक स्वरूप सदैव बना रहा। इसमें अन्यान्य प्रकार की वनस्पतियाँ एवं जीव–जन्तु विद्यमान थे। सभी जैविक एवं अजैविक तत्त्व भू–मण्डल पर थे परन्तु सभी निरर्थक थे। इनकी उपादेयता तब होती, जब इनके विषय में कोई चिन्तनशील प्राणी होता। परन्तु इस प्रकार के जीव का अभाव था। परमसत्ता ने अनुभव किया कि किसी ऐसे प्राणी की उत्पत्ति की जाए जो इस सम्पूर्ण पर्यावरण अथवा प्रकृति का द्रष्टा, भोक्ता एवं चिन्तक हो। फलस्वरूप मानव जैसे चिन्तनशील बुद्धिमान प्राणी का उद्भव किया। प्रकृति में मानव का उद्भव एक विलक्षण घटना थी। संस्कृति एवं सभ्यता की दृष्टि से मानव अविकसित अवस्था में था, तब वह छोटे–छोटे कबीलों च समूहों में अपना जीवन व्यतीत करता था। मानव अपनी प्रारंभिक अवस्था में पशु के समान था अथवा मानव संस्कृति एवं सभ्यता से बिल्कुल वंचित था। मानव अपने जीवन का निर्वाह जंगली जानवरों का शिकार जंगली फल–फूलों के द्वारा करता था। मानव को धीरे–धीरे ज्ञान विकसित होने लगा, ज्ञान संचयन की क्रिया निरन्तर सक्रिय रही। वह जंगली पौधों एवं पशुओं का उपयोग किसी–न–किसी रूप में करता रहा तथा इनको स्थायित्व प्रदान करने के विषय में सोचता रहा। इस समय वह प्राकृतिक पर्यावरण से भयभीत रहता था। इसे ही परमशक्तिशाली एवं सब कुछ मानता रहा। इसकी रहस्यात्मक शक्तियों को वह समझ नहीं पाया।

मानव अपनी आवश्यकताओं की पूर्ति करने हेतु लगातार पर्यत्नशील रहा है। पर्यावरण से प्रायः जुड़े रहने के कारण विभिन्न उपादानों को हासिल करता था। फलस्वरूप उसमें क्रियाशीलता एवं चिन्तनशीलता जैसे गुणों का विकास होता गया। इस समय वह गुफावासी एवं आखेटक था। पर्यावरण उसके लिए जटिल था। पर्यावरण की घटनाएँ–ज्वालामुखी, भूकम्प, वृष्टि, सूखा, आँधी–तूफान आदि से भयभीत वह पर्यावरणीय घटनाओं के कारणों की खोज करने लगा। यही वह समय था जब पर्यावरण के अध्ययन का सूत्रपात हुआ। मानव की क्रियाएँ पर्यावरण में निरन्तर बढ़ती गई। वह इसके स्वरूप को प्रभावित करने लगा। मानव को यह ज्ञान हुआ कि पर्यावरण में बदलाव लाया जा सकता है यह सब कुछ नहीं है। बल्कि कुछ है। **ग्रीक चिन्तकों** ने सर्वप्रथम इस दिशा में व्यवस्थित चिन्तन प्रारम्भ किया।

भारतीय दार्शनिकों के प्रकृति के विभिन्न तत्वों पर अध्ययन करना शुरू कर दिया। भारतीय एवं पाश्चात्य चिन्तकों ने प्रकृति को मात्र भौतिक माना तथा इसके परे एक सत्ता को स्वीकार किया। परसत्ता परमशक्तिशाली, सभी का कारण, स्वयं अकारण है का विचार उत्पन्न हुआ। इस समय पर्यावरण पर कम तथा पर्यावरण के

परे की सत्ता के विषय में अधिक चिन्तन किया गया। परन्तु पर्यावरण की घटनाओं के कारणों की वैज्ञानिक खोज की गई। पर्यावरण का अध्ययन 19वीं शताब्दी के पूर्व तक अव्यवस्थित एवं विभिन्न विषयों–दर्शन, इतिहास, भूगोल, समाजशास्त्र, राजनीतिशास्त्र आदि में समाहित था। अध्ययन का स्वरूप सृजित नहीं हो पाया था। 19वीं शताब्दी में एक व्यवस्थित चिन्तन भूगोल के अन्तर्गत किया जाने लगा।

19वीं सदी पर्यावरण भूगोल की जन्मावस्था का काल कहा जाता है। इसी काल में पर्यावरण की क्षमताओं को सर्वाधिक शक्तिशाली और मानवीय गतिविधियों का नियंत्रण कहा गया। मानव की गतिविधियों पर प्रकृति परिस्थितियां–स्थिति उच्चावच, जलवायु, मिट्टी एवं खनिज संसाधन, जलाशय, जीव–जन्तु एवं वनस्पतियों आदि के प्रभावों की व्याख्या की गई। पर्यावरण की दशाओं के सापेक्ष मनुष्य का सब कुछ विकसित होता है। मनुष्य की शारीरिक संरचना, भोजन–वस्त्र, आवास, भाषा, धर्म, वेश–भूषा, सामाजिक–सांस्कृतिक क्रियाओं, विचार, चिन्तन आदि सभी पर्यावरण के सापेक्ष हैं।

डार्विन (11859) की पुस्तक 'The Origin of Species' जब प्रकाशित हुई तब नियतिवादी विचारों में थोड़ा परिवर्तन प्रारम्भ हो गया। इन्होंने जीवों के अनुकूलन तथा प्राकृतिक चयन पर विशेष बल दिया। अस्तित्व के लिए संघर्ष तथा संघर्ष में सफलता पर्यावरण के सापेक्ष होती है। वही जीव अपना अस्तित्व बचा पाते हैं, जो निरन्तर संघर्ष कर पर्यावरण से अनुकूलन प्राप्त कर लेते हैं। इस सिद्धान्त के आधार पर पर्यावरण तथा मानव के सम्बन्धों को वैज्ञानिक व्याख्या की जाने लगी।

पर्यावरण की क्षमताओं एवं शक्तियों को नियतिवाद के विविध समर्थकों ने अत्यधिक महत्त्वपूर्ण बतलाया है। नियतिवाद के कुछ प्रमुख समर्थकों के विचारों को नीचे स्पष्ट किया गया है–

मान्टेस्क्यू ने मानव जीवन पर जलवायु तथा मिट्टी के प्रभावों की व्याख्या की। **एलेन चर्चिल सेम्पुल** की प्रमुख पुस्तक 'Influence of Geographic Environment' में मनुष्य पर पर्यावरण के प्रभावों को स्पष्ट किया गया है। इनके अनुसार–मानव भू–तल की उपज है। इसका अर्थ केवल इतना ही नहीं है कि वह पृथ्वी का बच्चा है, उसकी मिट्टी की धूल है बल्कि यह भी है कि पृथ्वी ने उसे जन्म दिया है, उसका पालन–पोषण किया है, उसके कार्य निर्धारित किया है, उसके विचारों को दिशा दी है, उसके समक्ष कठिनाइयाँ उपस्थित की है जिन्होंने उसके शरीर को शक्तिशाली एवं बुद्धि को तीव्र बनाया है, उसको सिंचाई एवं नौकायन की समस्याएँ प्रदान की है और इसके साथ ही इसके समाधान के लिए संकेत बता दिया है। वह उसकी हड्डी और ऊतक में, उसके मस्तिष्क और आत्मा में प्रविष्ट है। इस प्रकार इन्होंने मनुष्य की शारीरिक बनावट, उसकी कार्य–कुशलता, क्रिया–कलापों आदि पर पर्यावरण के प्रभावों को स्पष्ट किया।

थ्यूसीडाइड्स ने प्राचीन सभ्यताओं एवं संस्कृतियों की उन्नति में पर्यावरण की अनुकूलता को मुख्य कारक माना है।

स्ट्रैबो, वारेनियस तथा **कांट** ने मानव जीवन पर पर्यावरण की दशाओं के प्रभाव को स्वीकार किया था। इन चिन्तकों ने पर्यावरण को सर्वशक्ति तथा मानव जीवन का नियंत्रक माना था। वास्तव में मनुष्य ही प्रकृति का एक उपहार है।

अरस्तू ने स्पष्ट किया कि मानव जीवन पर प्राकृतिक दशाओं का प्रभाव पड़ता है। जहाँ का पर्यावरण अनुकूल होता है वहाँ के लोग बुद्धिमान एवं कुशल होते हैं।

हिप्पोक्रेट्स ने स्पष्ट किया कि मनुष्यों की प्रकृति में भिन्नता पर्यावरण के कारण उत्पन्न होती है। यही कारण है कि कुछ स्थानों के मनुष्य आराम करना तथा कुछ स्थानों के मेहनत करना पसन्द होते हैं।

हिरोडोट्स ने मिस्त्र के विकास का मुख्य कारण वहाँ की भौगोलिक परिस्थितियों को माना है।

हम्बोल्ट तथा **कार्ल रिटर** ने पर्यावरण के साथ–साथ मानव के महत्त्व को भी स्पष्ट किये है। इनके अनुसार पर्यावरण में मानव की क्रियाओं को भूलाया नहीं जा सकता है।

अर्नष्ट हैकेल ने पारिस्थितिकी का अध्ययन किया तथा बनावट, आचार–विचार, रहन–सहन आदि में भिन्नता उत्पन्न हो जाती है।

बकल ने भी मनुष्य पर पड़ने वाले प्राकृतिक तत्वों के प्रभावों की व्याख्या की।

फ्रेडरिक लिप्ले ने अपने स्थान–कार्य एवं लोक सिद्धान्त में पर्यावरण के प्रभावों का विश्लेषण किया।

डिमोलिन्स महान पर्यावरणविद् था। इसने मनुष्य की प्रत्येक क्रियाओं पर पर्यावरण के प्रभावों को स्पष्ट किया। इन्होंने में कहा कि समाज पर्यावरण की देन है।

फ्रेडरिक रैजटेल ने अपने अध्ययनों में पर्यावरण को प्रमुखता दी। साथ–ही–साथ मानव जीवन पर पड़ने वाले पर्यावरण प्रभावों की व्याख्या की।

हंटिंगटन ने पर्यावरण के एक तत्व जलवायु को लेकर इसके प्रभावों का विश्लेषण किया। इन्होंने मानव की सभी क्रियाओं पर जलवायु की अनिवार्यता को स्वीकार किया है।

▣▣▣

2

जनसंख्या एवं पर्यावरण

देश की जनसंख्या से तात्पर्य एक निश्चित समय पर देश में रहने वाले लोगों की कुल संख्या से होता है। हमारे देशों में प्रत्येक दस वर्ष के बाद जनगणना की जाती है। मिछली जन गणना सन् 1991 में की गई थी इसके पश्चात् 2001 में की गई जिसमें भारत की जनगणना 100 करोड़ को पार कर गई जो पूर्व में सन् 1991 में 84 करोड़ 43 लाख 24 हजार दो सो बाईस थी।

जनगणना का अर्थ देश में रहने वाले सभी लोगों की गिनती करना है। इसके लिए सभी परिवारों के सदस्यों की संख्या, उनकी आयु, लिंग, वैवाहिक स्थिति, शिक्षा का स्तर और अन्य सूचनाएँ एकत्र की जाती है। जो लोग इन सूचनाओं को एकत्रित करते हैं, उन्हें प्रगणक या गणनाकार कहते हैं।

जनगणना से देश की जनसंख्या के आकार, उसकी वृद्धि तथा सरंचना के बारे में जानकारी प्राप्त होती है। इससे सरकार को सामाजिक, आर्थिक समस्याओं को हल करने में सहायता मिलती है। विभिन्न प्रकार की नीतियों और कार्यक्रमों को बनाने में जन सहायता मिलती है।

भारत में जनसंख्या की समस्या–जनसंख्या की दृष्टि से भारत का विश्व में दूसरा स्थान है पहला स्थान चीन का है। हमारे देश के पास विश्व के कुल क्षेत्रफल

का केवल 2.42 प्रतिशत क्षेत्र हैं। जबकि जनसंख्या विश्व की कुल जनंसख्या का 16 प्रतिशत है। विश्व में जनसंख्या में प्रतिमिनट 173 लोगों की वृद्धि होती है और इसमें से 33 व्यक्ति प्रति मिनट हमारे देश में पैदा होते हैं इस प्रकार हमारे देश की जनसंख्या का केवल आकार ही बड़ा नहीं है बल्कि इसकी वृद्धि दर भी बहुत अधिक है इससे बहुत से सामाजिक व आर्थिक बुरे परिणाम भी उत्पन्न होंगे।

जनसंख्या स्थिति में परिवर्तन की प्रवृतियाँ–

सन 1901 से 2001 तक प्रत्येक दशक में जनंसख्या में वृद्धि हुई है सन् 1911 से 1921 के दशक में जनसंख्या घटी थी। इस दशक में इंफ्लुएंजा के कारण बहुत से लोगों की मृत्यु हुई थी। इस महामारी से पूरी जनसंख्या के लगभग 7 प्रतिशत लोगों की मृत्यु हो गई थी। इसलिए जनसंख्या बढ़ने के बदले घट गई थी।

सन् 1951 में जनसंख्या वृद्धि की रफ्तार तेज होती गई 1981–91 के दशक में भारत की जनसंख्या में जितनी वृद्धि हुई वह जापान की कुल जनसंख्या से अधिक है।

जनसंख्या की संरचना–

जनसंख्या को आयु, लिंग, वैवाहिक स्थिति, साक्षरता, शहरी व ग्रामीण आवास आदि के आधार पर विभिन्न वर्गो में बाटा जा सकता है। किसी भी देश की जनसंख्या को निम्नलिखित वर्गों के लोग शामिल रहते हैं।

;पद्धं बच्चे, युवा एवं बूढ़े ;पपद्ध पुरूष एवं स्त्री ;पपपद्ध विवाहित एवं अविवाहित ;पअद्ध साक्षर एवं निरक्षर ;अद्ध ग्रामीण एवं शहरी।

जनसंख्या के इस प्रकार के वर्गीकरण को जनसंख्या की संरचना कहते हैं।

(अ) आयु पर आधारित संरचना–

किसी भी देश का जनसंख्या में विभिन्न आयु वर्ग के लोग होते हैं। इन आयु वर्गो से उस देश की आयु संरचना निर्धारित होती है। सन् 1981 की जनगणना के अनुसार चौदह वर्ष के कम आयु (0–14) एवं 60 वर्ष तथा अधिक के वृद्धि लागों को अश्रित वर्ग कहा जाता है ये लोग श्रम के बीच आयु वर्ग (15–59) पर आश्रित होते हैं।

आश्रितों एवं श्रम योग्य लोगों के वर्गों के बीच के अनुपात को निर्भरता अनुपात कहते हैं।

$$\text{निर्भरता अनुपात} = \frac{\text{आश्रित जनसंख्या का प्रतिशत}}{\text{श्रम योग्य जनसंख्या का प्रतिशत}} \times 100$$

जैसे 1981 में 0–14 वर्ग के आयु का प्रतिशत 46.04 प्रतिशत व श्रम योग्य जनसंख्या का प्रतिशत 53.96 था तो निर्भरता अनुपात निम्न होगा

निर्भरता अनुपात

$$= \frac{46.04}{53.96} \times 100 \quad = \frac{4604}{53.96} = 85.3\%$$

भारत में सन् 1981 में निर्भरता अनुपात 85.3 प्रतिशत था जो कि बहुत अधिक है। इसका अर्थ है कि वास्तव में कार्यरत व्यक्तियों की अपनी आय का एक बहुत बड़ा भाग आश्रितों पर खर्च करना पड़ता है जिसके कारण उपयोगी वस्तुओं और सेवाओं की सुलभता में कम वृद्धि होती है। भारत की जनसंख्या में बच्चों की संख्या अधिक है। कुल जनसंख्या का 39.54 प्रतिशत बच्चे है। इन बच्चों के लिए भविष्य में रोजगार की आवश्यकता होगी।

(ख) लिंग पर आधारित जनसंख्या–कुल जनसंख्या का पुरूषों तथा में स्त्रियों वर्गीकरण के द्वारा लिंग पर आधारित जनसंख्या की सरंचना की जानकारी प्राप्त होती है। लिंग अनुपात जनसंख्या में प्रति हजार पुरूषों की संख्या होती है।

भारत में लिंग अनुपात स्त्रियों के प्रतिशत है। ऐसी स्थिति समाज में स्त्रियों को पुरूषों की तुलना में नीचा दर्जा दिए जाने के कारण है। समाज में लड़कों को प्राथमिकता देने के कारण लड़कियों के देखभाल में उपेक्षा की जाती है।

भारत में लिंग के आधार पर जनसंख्या की सरंचना की एक महत्त्वपूर्ण विशेषता यह है कि पूरे देश में लिंग अनुपात एक समान नहीं है। केरल राज्य ही एक मात्र राज्य है जहाँ 1991 में प्रति 1000 पुरूषों पर 1040 स्त्रियाँ थी। हिमाचल प्रदेश, आंध्र प्रदेश, उड़ीसा, तमिलनाडु गोवा और कर्नाटक ऐसे राज्य हैं जहाँ लिंग अनुपात राष्ट्रीय औसत से अधिक है। अरूणाचल प्रदेश, हरियाणा, उत्तर प्रदेश व पंजाब जैसे राज्यों में लिंग अनुपात राष्ट्रीय औसत से कम है।

(ग) वैवाहिक स्थिति–किसी व्यक्ति की वैवाहिक स्थिति का अर्थ है उसका विवाहित या अविवाहित होना। जनसंख्या को भी वैवाहिक स्थिति के आधार पर विवाहित तथा अविवाहित दो वर्गों में बाँटा जा सकता है तथा यह निर्धारित किया जाता है कि कितने व्यक्ति विवाहित है। भारत के स्थिति बहुत से देशों से भिन्न है यहाँ 15 से 40 आयु वर्ष के 75 प्रतिशत लोग विवाहित है।

कुछ ऐसे राज्य भी है जहाँ पुरूषों व स्त्रियों की विवाह की औसत आयु राष्ट्रीय औसत से बहुत अधिक है। ये पंजाब, तमिलनाडु, गुजरात और पश्चिम बंगाल राज्य है। राजस्थान, मध्यप्रदेश, बिहार, आंध्रप्रदेश व हरियाणा ऐसे राज्य है जहाँ विवाह की औसत आयु राष्ट्रीय औसत आयु से कम है।

भारत में स्त्रियों की विवाह की औसत आयु विश्व में सबसे कम है किसी देश में विवाहित व्यक्तियों का प्रतिशत और विवाह की आयु तथा विशेषकर स्त्रियों की आयु

जनसंख्या वृद्धि को प्रत्यक्ष रूप से प्रभावित करती है। भारत में लगभग सभी व्यक्ति विवाह करते हैं तथा विवाह भी कम उम्र में ही हो जाता है। विशेषकर लड़कियों का विवाह छोटी उम्र में ही हो जाता है इसलिए स्त्रियों की प्रजनन अवधि भी बहुत ही लम्बी होती है। इससे जनंसख्या में वृद्धि भी अधिक होती है। उन राज्यों में जनसंख्या की वृद्धि दर अधिक होती है जहाँ विवाह की औसत आयु कम होती है तथा उन राज्यों में कम होती है जहाँ विवाह की आयु ज्यादा होती है।

(घ) साक्षरता–जो व्यक्ति किसी भी भाषा को समझकर लिख पढ़ सकता है उसे साक्षर कहते हैं। इस आधार पर 7 वर्ष तथा इससे अधिक आयु वाली जनसंख्या को साक्षर और निरक्षर व्यक्तियों की श्रेणियों में विभाजित किया गया है। 1991 की जनसंख्या में 0–6 आयु वर्ग के बच्चों की संख्या को कुल जनसंख्या में से घटाकर साक्षरता की गणना की गई थी।

(ङ) शहरी एवं ग्रामीण आधार पर जनसंख्या की संरचना–

शहरी एवं ग्रामीण आवास के आधार पर जनसंख्या के वर्गीकरण को जनसंख्या की शहरी व ग्रामीण संरचना कहते हैं। शहर में रहने वालों की कुल संख्या शहरी जनसंख्या व गाँवों में रहने वाले लोगो की कुल संख्या ग्रामीण जनसंख्या कहलाती है।

1981 से 1991 की अवधि में 36.19 प्रतिशत की वृद्धि हुई जबकि ग्रामीण जनसंख्या में केवल 19.71 प्रतिशत की वृद्धि हुई जिसका मुख्य कारण बड़ी संख्या में ग्रामीण लोगों का शहरों में स्थानान्तरित होना है। गांवों में रोजगार के अवसर अपेक्षाकृत कम होते हैं। औद्योगिक एवं व्यावसायिक क्रियाएँ अधिकतर शहरों में ही केन्द्रित होती है। अतः नौकरी पाने के इच्छुक काम की तलाश में गांवों से शहरों में आते हैं। शहरों में यातायात, स्वास्थ्य व मनोरंजन की सेवाएँ भी ज्यादा अच्छी होती है। इन्हीं सब कारण से बड़ी संख्या में लोग गांवों से शहरों में आते हैं।

गांवो से शहरों में मुख्यतया पुरूष ही आते हैं इस कारण शहरी क्षेत्रों की तुलना में ग्रामीण क्षेत्रों में लिंग अनुपात ऊँचा है ग्रामीण क्षेत्र में यह अनुपात 941 है जबकि शहरी क्षेत्र में 893 है।

जनसंख्या की वृद्धि–किसी देश की जनसंख्या में समय के साथ परिवर्तन होता है। भारत की जनसंख्या में परिवर्तन के मुख्य घटक जन्म तथा मत्यु है। यहाँ प्रवसन का कम प्रभाव है। कनाड़ा, आस्ट्रेलिया और यूरोप के अधिकतर देशों में अप्रवासियों का प्रतिशत बहुत अधिक होता है।

(1) जनसंख्या में निरपेक्ष वृद्धि –किसी देश में निश्चित अवधि में लोगों की संख्या में हुई वृद्धि को जनंसख्या में निरपेक्ष वृद्धि कहते हैं। एक दशक में जनसंख्या पर पड़ने वाला प्रभाव उस दशक में कुल जन्म और कुल मृत्यु के अन्तर के बराबर होता है। इसे जनसंख्या की प्राकृतिक वृद्धि कहते हैं। यदि कुल जन्म कुल मृत्यु से

अधिक है तो जनसंख्या में वृद्धि होगी यदि कम जन्म एवं कुल मृत्यु का यह अन्तर कम है तो जनसंख्या में कमी अधिक होगी।

जनसंख्या की वृद्धि की दर–एक निश्चित अवधि में जिस दर से लोगों की कुल संख्या बढ़ती है तो उसे जनसंख्या की वृद्धि दर कहते हैं। इसी प्रकार जनसंख्या की वृद्धि दर भी जन्म दर व मृत्यु दर का अन्तर है। इस अन्तर को जनसंख्या की प्राकृतिक वृद्धि दर कहते हैं। जन्म दर में जितना अधिक अन्तर होगा जनसंख्या भी उतनी ही अधिक होगी।

$$\text{जन्म दर} = \frac{\text{एक वर्ष में कुल जन्म}}{\text{वर्ष के मध्य की जनसंख्या}} \times 100$$

$$\text{मृत्यु दर} = \frac{\text{एक वर्ष में कुल मृत्यु}}{\text{वर्ष के मध्य की जनसंख्या}} \times 100$$

भारत की जनसंख्या वृद्धि दर के सम्बन्ध मे निम्नलिखित बातें पता चलती है।

(1) 1921 तक भारत में जनंसख्या वृद्धि दर बहुत धीमी थी और धटती बढ़ती रही।

(2) 1921 से 1951 तक वृद्धि दर में बढ़ोतरी मामुली थी

(3) 1951 के बाद वृद्धि दर तेज हुई

(4) 1981 से 1991 की अवधि में वृद्धि दर में थोड़ी सी कमी हुई लेकिन फिर भी यह बहुत ऊँची थी

(5) 1921 तक जन्म दर और मृत्यु दर दोनों बहुत अधिक इसलिए जनसंख्या की वृद्धि दर बहुत ही धीमी थी।

(6) 1951 में जन्म दर में बहुत धीरे–धीरे कमी हुई और यह बहुत ही ऊँची रही लेकिन मृत्यु दर तेजी से घटती रही। अतः जन्म दर बहुत तेजी से बढ़ी। इस प्रकार भारत में जनसंख्या का आकार तो बढ़ा है, इसकी वृद्धि दर भी बढ़ी है।

जनसंख्या वृद्धि में क्षेत्रीय विभिन्नताएँ–

भारत के विभिन्न राज्यों एवं केन्द्र प्रशासित क्षेत्रों में जनंसख्या वृद्धि एक समान नहीं है। वृद्धि दर की विवधता अनोखी है 1981–94 में पूरे देश की जनसंख्या की दशक वृद्धि दर 23.5 प्रतिशत थी। न्यूनतम केरल (13.98प्रतिशत) व अधिकतम नागालैण्ड (56.86) में थी । एक राज्य की जनसंख्या वृद्धि दर उस राज्य की जन्म दर व मृत्यु दर से ही निर्धारित नहीं होती बल्कि उस राज्य में हुए विशुद्ध प्रवसन पर भी निर्भर करती है।

विशुद्ध प्रवसन का अर्थ है एक राज्य से दूसरे राज्यों से आने वाले और उस राज्य से दूसरे राज्य में जाने वाले की जसंख्या का अन्तर होता है। परन्तु विशुद्ध प्रवसन से पूरे देश की जनसंख्या वृद्धि दर पर कोई प्रभाव नहीं पड़ता है। अन्त राज्यीय प्रवसन के मुख्य कारण विवाह, रोजगार के अवसर, जनसंख्या का दबाव आदि है सन् 1981–91 के मध्य हरियाणा में फरीदाबाद, उत्तर प्रदेश में गाजियाबाद, मध्यप्रदेश में भोपाल महाराष्ट्र में थाने, दिल्ली, पाण्डचेरी कुछ ऐसे शहर है जिनकी जनंसख्या वृद्धि दर 50 प्रतिशत हो गयी। गुजरात, कर्नाटक, पंजाब, उड़ीसा, हिमाचल प्रदेश, गोवा तमिलनाडु और केरल इन आठ राज्यों में जनंसख्या वृद्धि दर, राष्ट्रीय औसत से कम थी अर्थात् 30 से कम तथा उत्तर प्रदेश, बिहार महाराष्ट्र, पश्चिम बंगाल आंध्र प्रदेश व मध्य प्रदेश ऐसे 6 राज्यों में जनसंख्या के 59 प्रतिशत से कुछ अधिक है अर्थात् इनकी जनसंख्या वृद्धि दर बहुत ऊँची है।

उत्तर प्रदेश, बिहार, मध्यप्रदेश राजस्थान और हरियाणा ऐसे राज्य है जहाँ जन्म दर बहुत ऊँची है वही दर केरल तमिलनाडु, कर्नाटक, महाराष्ट्र पंजाब और व आन्ध्रप्रदेश ऐसे राज्य है जहाँ जन्म दर राष्ट्रीय औसत से कम है। केरल में जन्म दर व जनसंख्या वृद्धि दर सबसे कम है। उत्तर प्रदेश, मध्यप्रदेश और राजस्थान में जन्म दर व मृत्यु दर दोनों अधिक है। वर्तमान में मृत्युदर मे तेजी से कमी हो रही है तथा जन्म दर में धीरे–धीरे कमी होने की प्रवृति बनी हुई है। यदि ऐसा होता है तो भविष्य में जनसंख्या वृद्धि दर अवश्य कम हो जायेगी।

जन्मदर और मृत्यु दर में विभिन्नताएँ –

सरकार की सभी कार्यक्रम व नीतियाँ जन कल्याण के लिए है। राष्ट्रीय स्तर पर चेचक, प्लेग जैसी बीमारियों की रोकथाम के प्रयासों, स्वास्थ्य सेवाओं में वृद्धि के कारण मृत्यु दर में तजी से कमी आदि है। लेकिन जन्म दर उतनी तेजी नहीं घटी। भारत मे जन्म दर अन्य देशों की तुलना में अधिक है। जहाँ चीन की 22 प्रति हजार, जापान की 11 हजार व आस्ट्रेलिया की 15 प्रतिशत हजार है।

जन्म दर को प्रभावित करने वाले कारक–जन्म दर को प्रभावित करने वाले कारक निम्न

(1) शिक्षा (2) परिवार की आर्थिक स्थिति (3) व्यवसाय की प्रकृति (4) महिलाओं को रोजगार मिलना (5) सामाजिक सांस्कृतिक कारक

(1) शिक्षा–लोगों की शिक्षा का स्तर प्रत्यक्ष रूप से जन्म दर को प्रभावित करता है। साक्षरता दर तथा विशेष रूप से स्त्रियों की साक्षरता दर में वृद्धि के कारण जन्म दर में कमी आती है इसका प्रत्यक्ष उदाहरण केरल राज्य है जहाँ जन्मदर बहुत ही कम है। सन् 1981 में 25 यहाँ पर साक्षरता दर 90 प्रतिशत तथा स्त्री साक्षरता दर 87 प्रतिशत है। इसके विपरित उत्तर प्रदेश है जहाँ साक्षरता दर केवल 42 प्रतिशत

है और स्त्रीयों की साक्षरता दर केवल 26 प्रतिशत है, वहा 1981 के अनुसार 39 है जो बहुत अधिक है।

(2) परिवार की आर्थिक स्थिति—परिवार की आर्थिक स्थिति भी जन्म दर को प्रभावित करती है। कम आय वाले परिवारों का आधार बहुत बड़ा होता है अपेक्षाकृत उच्च आय वाले परिवारों के उच्च आय होने के कारण व्यक्ति अपने बच्चों के रहन–सहन के स्तर को ऊँचा रखते हैं तथा शिक्षा एवं स्वास्थ्य की देखभाल पर अधिक व्यय करते हैं। जब उन्हें यह विश्वास हो जाता है कि उनके बच्चे जीवित रहेंगे तो वे परिवार नियोजन को अपना लेते हैं तथा जब तक शिक्षा पूरी नहीं कर लेते तब तक लम्बी अवधि तक परिवार पर निर्भर करते हैं। इसके कारण भी परिवार का आकार छोटा होता है इसके विपरित गरीब परिवारों का रहन–सहन का स्तर नीचा होता है तथा ऐसे परिवार शिक्षा एवं स्वास्थ्य सेवाओं पर ज्यादा खर्च नहीं कर सकने के कारण इनमें मृत्युदर अधिक होती है परन्तु मनोरंजन के साधन व अशिक्षा के कारण वेसे समझते हैं कि बच्चे अधिक होने पर कम आयु में ही कार्यरत रहकर परिवार की आय बढ़ाने में योगदान देंगे फलस्वरूप गरीब दम्पत्ति अधिक बच्चों को जन्म देती है।

(3) व्यवसाय की प्रकृति—प्रायः यह देखा गया है उच्च पद पर कार्यरत पति जैसे डाक्टर, इंजीनियर वकील आदि कम बच्चे पैदा करते हैं जबकि निचले पदों पर कार्यरत पति के परिवार में बच्चों की संख्या अपेक्षाकृत अधिक होती है। गांवों में जन्मदर के ऊँचे होने का मुख्य कारण अधिक बच्चे की संख्या होने पर कृषि कार्यों में अधिक योगदान से है।

(4) महिलाओं को रोजगार मिलना—यदि महिलाएँ घर से बाहर कार्य करती है तो जन्म दर में कमी आती है। यदि माता–शिक्षा, चिकित्सा या कानूनी व्यवसाय चाहे वह सरकारी हो या गैर सरकारी नौकरी में हो तो उस परिवार में कम बच्चे पैदा होते हैं।

(5) सामाजिक सांस्कृतिक कारक—उपरोक्त आर्थिक कारणों के अतिरिक्त कुछ सामाजिक व सांस्कृतिक कारण भी होते हैं जो जन्म दर को प्रभावित करते हैं।

हमारे समाज में बच्चों का विवाह करना माता–पिता का एक महत्त्वपूर्ण कर्त्तव्य माना जाता है। इस कारण प्रायः सभी व्यक्तियों का विवाह हो जाता है सर्व व्यापक विवाह जन्म दर को बढ़ाने में सहायक होती है।हमारे देश में विवाह की औसत आयु भी बहुत ही कम है विशेष रूप से लड़कियों का विवाह बहुत ही कम उम्र में हो जाता है 1981 में लड़कियों के विवाह की औसत आयु 18 वर्ष थी। ग्रामीण क्षेत्र में तो यह आयु 18 वर्ष से भी कम होती है। विवाह की आयु जितनी कम होगी। प्रजनन अवधि उतनी ही लम्बी होने के कारण ज्यादा बच्चे पैदा होगे। जिन लड़कियों का विवाह 20 वर्ष की आयु के बाद होता है उनके बच्चे कम होते हैं। सरकार ने जनसंख्या नीति के अन्तर्गत पुरूष की न्यूनतम आयु 21 वर्ष व लडकियों की 18 वर्ष निर्धारित की है।

परम्परागत मूल्य तथा विश्वास–हमारे समाज में आज भी ऐसे मूल्य तथा विश्वास है, जिनका प्रभाव परिवार के आकार के सम्बन्ध में लिऐ गये निर्णय पर पड़ता है। धर्म ऐसे मूल्यों व विश्वास का प्रमुख स्त्रोत है आज भी लोग बच्चा ईश्वर का उपहार मान कर चलते हैं।

अतः बच्चे के जन्म को रोकना नहीं चाहिए। पुत्र के जन्म की सभी दम्पत्ति इच्छा रखते हैं। पुत्र को जन्म देने से माता का परिवार एवं समुदाय में सम्मान बढ़ जाता है। तीन चार बेटियों के बाद भी पुत्र की कामना को लेकर परिवार का बढ़ाते रहते हैं।

संयुक्त परिवार में ऐसे सामाजिक व्यवहारों का अनुसरण किया जाता है जिससे परिवार बड़ा होती है। संयुक्त परिवार मे लालन पोषण का बोझ दम्पत्ति पर नहीं पड़ता इस कारण भी दम्पत्ति के बच्चे अधिक होते हैं।

महिलाओं की स्थिति–परिवार के आकार एवं जीवन की गुणवत्ता पर महिलाओं की स्थिति का बहुत गहरा असर पड़ता है चूंकि भारत में लिंग अनुपात महिलाओं के पक्ष में नहीं है, इनकी साक्षरता की दर कम है, तथा बेटे के लिए समाज में प्राप्त प्राथमिकता से सम्बन्धित मूल्यों का महिलाओं को स्थिति पर बुरा प्रभाव पड़ता है। महिलाओं का सामाजिक महत्त्व पुरूषों की अपेक्षा कम माना जाता है यदि महिलाएँ शिक्षित हो तथा आर्थिक दृष्टि से स्वतत्रंत हो तो, निश्चित रूप से परिवार का आकार छोटा होता है।

भारत में तीव जनसंख्या वृद्धि के कारण–भारत में जनसंख्या के काफी तेजी से बढ़ने का देश के सामाजिक–आर्थिक विकास की गति पर बुरा प्रभाव पड़ा है जनसंख्या के बढ़ने से भोजन, वस्त्र, आवास एवं अन्य सुविधाओं की माँग मे काफी बढ़ोत्तरी हुई है। इन बढ़ती हुई माँग को पूरा करने के लिए संसाधनों का अधिक उपयोग होता है। इस बढ़ती माँग को भी तभी पूरा किया जा सकता है जब उत्पादन पर्याप्त हो तथा लोगो के पास खरीदने की क्षमता हो खरीदने की क्षमता लोगों की आय पर निर्भर करती है। आय तभी प्राप्त होगी जब रोजगार, के पर्याप्त अवसर उपलब्ध होंगे इस प्रकार तेजी से जनसंख्या बढ़ने के कारण संसाधनों पर दबाव बढ़ जाता है चूंकि हमारे देश में संसाधन पहले से ही कम है तो उन पर अतिरिक्त दबाव पड़ता है।

चूंकि बढ़ती हुई जनसंख्या की माँगों को पूरा करने के लिए रोजगार के पर्याप्त पर्यावरण की गुणवत्ता व लोगों के जीवन की गुणवत्ता पर पढ़ता हैं। चूंकि बढ़ती हुई जनंसख्या की मांगों को पूरा करने के लिए रोजगार के पर्याप्त अवसर उपलब्ध नहीं है इससे बेरोजगारी की विकट समस्या उत्पन्न हो रही है और यदि जनसंख्या इसी तरह से बढ़ती रही तो ये बेरोजगारी की समस्या आगे चलकर एक विकट रूप धारण कर लेगी।

जनसंख्या की वृद्धि दर में कमी से गरीबी उन्मूलन, शिक्षा तथा स्वास्थ्य की सुविधाओं की उपलब्धि, रोजगार के पर्याप्त अवसरों का सृजन जैसी सामाजिक आर्थिक विकास के लक्ष्यों की प्राप्ति की कठिनाईयाँ दूर होगी तथा लोगों के जीवन की गुणवत्ता बेहतर हो सकेगी।

भारत में जनसंख्या की तीव्र वृद्धि दर के परिणाम—भारत में तेजी से विकास के फलस्वरूप देश के सामाजिक और आर्थिक की गति पर प्रतिकूल प्रभाव पड़ा है। देश की निर्धनता, बेरोजगारी, नीचा रहन सहन का स्तर आदि काफी सीमा तक जनसंख्या विस्फोट का ही परिणाम है। जो निम्न है—

(1) जनसंख्या वृद्धि के कारण भोजन वस्त्र आवास और अन्य सुविधाएँ की मांग बढ़ रही है।

(2) जनसंख्या वृद्धि के कारण प्रतिव्यक्ति आय कम होने लगती है।

(3) संसाधनों का दबाव—जनसंख्या के तेजी से बढ़ने से संसाधनों पर दबाव बढ़ जाता है। बढ़ती हुई माँग को पूरा करने के लिए अधिक संसाधनों का प्रयोग किया जाता है। यदि उत्पादन बढ़ जाता है तो लोग उसे खरीदते हैं लोगो की क्रय शक्ति अर्थात् आय तभी प्राप्त होती है जब रोजगार के साधन पर्याप्त मात्रा में उपलब्ध हो।

(4) पर्यावरण पर प्रभाव—जनसंख्या के तेजी से बढ़ने से पर्यावरण पर बुरा प्रभाव पड़ता है। बढ़ी हुई आवश्यकता के कारण अधिक उत्पादन हेतु अधिक मशीनों, यातायात के साधनों जगंल को काटने व खेती के लिए जमीन तैयार करने से पर्यावरण की गुणवत्ता और लोगों के जीवन की गुणवत्ता पर प्रभाव पड़ता है।

(5) बेरोजगारी—बढ़ती हुई जनसंख्या के कारण बेरोजगारी की विकट समस्या का सामना करना पड़ता है यदि जनसंख्या वर्तमान दर से बढ़ती रही तो बेरोजगारी की समस्या ओर भी विकट हो जायेगी।

जनसंख्या की वृद्धि दर—एक निश्चित अवधि में जिस दर से लोगों की संख्या बढ़ती है उसे जनसंख्या की वृद्धि दर कहते हैं। यह जन्म दर और मृत्यु दर के अन्तर से ज्ञात की जाती है।

जनगणना—एक निश्चित समय पर किसी देश में रहने वाले देशवासियों की संख्या जनसंख्या कहलाती है। जब इसकी गणना एक निश्चित दिन की जाती है तो यह जन गणना कहलाती है। प्रत्येक दस वर्षों में जनगणना की जाती है। सन् 1991 की जनगणना 1 मार्च 1991 को सूर्योदय के समय 84 करोड़ 43 लाख थी।

निर्भरता दर—आश्रितों और श्रम योग्य लोगों के वर्गों के अनुपात को निर्भरता दर या अनुपात कहते हैं। 14 वर्ष से कम आयु के बच्चों और 60 वर्ष से अधिक आयु को वृद्धि को आश्रित कहा जाता है ये लोग 15—59 वर्ष के बीच के व्यक्तियों जिन्हें श्रम योग्य आयु वर्ग कहते पर आश्रित होते हैं।

भारत में साक्षरता–भारत में साक्षरता दर कम है विशेष तौर पर महिलाओं की साक्षरता दर तो और भी कम है। जिन राज्यों में साक्षरता दर अधिक होती है वहाँ जनवृद्धि की दर कम है। केरल राज्य में सबसे अधिक साक्षरता दर 90 प्रतिशत है तथा स्त्रियों की साक्षरता दर 87 प्रतिशत है। उत्तर प्रदेश में 42 प्रतिशत व स्त्रियों की केवल 26 प्रतिशत साक्षरता दर है। भारत के विभिन्न राज्यों में साक्षरता दर में भिन्नता पाई जाती है।

भारत में जनसंख्या की स्थिति –देश की जनसंख्या से तात्पर्य एक निश्चित समय पर देश में रहने वाले लोगों की कुल संख्या से होता है। हमारे देशों में प्रत्येक दस वर्ष के बाद जनगणना की जाती है। मिछली जन गणना सन् 1991 में की गई थी इसके पश्चात् 2001 में की गई जिसमें भारत की जनगणना 100 करोड़ को पार कर गई जो पूर्व में सन् 1991 में 84 करोड़ 43 लाख 24 हजार दो सो बाईस थी।

जनगणना का अर्थ देश में रहने वाले सभी लोगों की गिनती करना है। इसके लिए सभी परिवारों के सदस्यों की संख्या, उनकी आयु, लिंग, वैवाहिक स्थिति, शिक्षा का स्तर और अन्य सूचनाएँ एकत्र की जाती है। जो लोग इन सूचनाओं को एकत्रित करते हैं, उन्हें प्रगणक या गणनाकार कहते हैं।

जनगणना से देश की जनसंख्या के आकार, उसकी वृद्धि तथा सरंचना के बारे में जानकारी प्राप्त होती है। इससे सरकार को सामाजिक, आर्थिक समस्याओं को हल करने में सहायता मिलती है। विभिन्न प्रकार की नीतियों और कार्यक्रमों को बनाने में जन सहायता मिलती है।

जनसंख्या और विकास

भूमि तथा प्राकृतिक ससांधन विश्व के विभिन्न देशों में समान रूप से नहीं बंटे हुए है। इसी प्रकार विश्व के विभिन्न देशों में जनसंख्या भी समान रूप से बटी हुई नहीं है। विभिन्न देशों की जनसंख्या का आकार व उसकी वृद्धि दर भी भिन्न–भिन्न है। उनके विकास स्तरों से भी भिन्नता है। विकसित देशों की जनसंख्या विश्व की जनसंख्या की केवल 25 प्रतिशत है जबकि वे विश्व के संसाधनों के 75 प्रतिशत भाग का उपयोग करते हैं। संयुक्त राज्य अमरीका की जनसंख्या विश्व की जनसंख्या की केवल 5 प्रतिशत है परन्तु यह विश्व के संसाधनों के लगभग एक तिहाई भाग का उपयोग करता है।

इससे यह स्पष्ट होता है कि विकसित व अल्पविकसित देशों के रहन सहन स्तर और जीवन की गुणवत्ता में काफी अन्तर है। अल्प विकसित देशों की समस्याऐं उनकी जनसंख्या के आकार व वृद्धि दर के कारण और यदि गम्भीर हो जाती है। अतः यदि इन देशों के विकास का वर्तमान स्तर बनाए रखने हेतु अति तीव्रगति से उन्नति करने की आवश्यकता है। विभिन्न देशों की जनसंख्या में भिन्नता देखी जा सकती है जनसंख्या की दृष्टि से भारत का चीन के बाद दूसरा स्थान है। चीन में जनसंख्या

वृद्धि दर 1.4 प्रतिशत है जबकि भारत में यह लगभग 21 प्रतिशत है। चीन की जनसंख्या में प्रति मिनट 30 व्यक्ति जुड़ते हैं जबकि भारत में प्रति मिनट 33 व्यक्तियों की बढ़ोत्तरी होती है। विकसित देशों की तुलना में सभी अन्य अल्प विकसित देशों की भाति भारत में जन्म दर व मृत्यु दर दोनों ऊँची है तथा दोनों के मध्य अन्तर नहीं है मृत्यु दर को एक सीमा तक ही कम किया जा सकता है। तो यदि हम विभिन्न देशों के रहन–सहन के स्तर को देखे तो विकसित देशों में जनंसख्या वृद्धि दर बहुत ऊँची होती है व रहन–सहन का स्तर अपेक्षाकृत नीचा होता है। सभी देशों में प्रतिव्यक्ति आय के सहन–सहन को सूचक के रूप में प्रयोग किया जाता है।

परिवार में प्रतिव्यक्ति आय बढ़ने से प्रति दम्पत्ति जन्मे बच्चों की संख्या घटती है। यह प्रवृति ग्रामीण व शहरी दोनों ही क्षेत्रों में दिखाई पड़ती है।

ऊँची आय वाले परिवारों का रहन–सहन का स्तर ऊँचा होता है, उन्हें पौष्टिक आहार व अच्छे स्वास्थ्य तथा रहने की सुविधाएँ उपलब्ध है अतः इन परिवारों में शिशु–अवस्था में मृत्यु की सम्भावना कम हो जाती है तथा माता पिता का यह विश्वास रहता है कि उनके बच्चे जीवित रहेंगे अतः ऐसे परिवारों में श्रम बच्चों का जन्म होता है तथा बच्चे उच्च शिक्षा प्राप्त करते हैं। इसलिए एक लम्बे समय तक अपने माता–पिता पर निर्भर करते हैं अतः माता–पिता चाहते हैं कि उनका परिवार का आकार छोटा रहे। यही कारण है कि अधिक आय वाले, छोटे परिवार वाले आदर्श को अपनाते हैं।

इसके विपरित कम आय वाले परिवारों का आकार बड़ा होता है। परिवारों के रहन–सहन का स्तर भी नीचा होता है। इनके सदस्य प्रायः निरक्षर होते हैं। बच्चो के भरण–पोषण में कोई विशेष लागत नहीं लगती, बच्चे छोटी उम्र में ही परिवार के कार्य में सहायता करने लगते हैं। इसलिए इन परिवारों में शिशु मृत्यु दर ऊँची होती है तथा अधिक बच्चों को जन्म देते हैं।

विकास का अर्थ–विकास की परिभाषा कई प्रकार से दी जा सकती है। इसे निरन्तर प्रगति और बढ़ती हुई संवृद्धि, रहन–राहन के ऊँचे स्तर, शिक्षा के स्तर, स्वास्थ्य की स्थिति, पर्यावरण की गुणवत्ता के ऊँचे स्तर से परिभाषित किया जाता है। विकास का आधार भूत उद्देश्य मानव कल्याण है। अल्प विकसित देशों के रहन–सहन का स्तर ऊँचा उठान के लिए तीव्र गति से विकास करना आवश्यक है।

आर्थिक विकास–आर्थिक विकास से अभिप्राय केवल उत्पादन करना, व साथ–साथ उत्पादन का समान वितरण करना ही नहीं बल्कि उत्पादन करने के समान अवसर उत्पन्न करना है। अल्पविकसित देशों में आर्थिक विकास का मुख्य उद्देश्य गरीबी दूर करना, बेरोजगारी को कम करना, और लोगो के जीवन की गुणवत्ता को उन्नत बनाना है इसके लिए उन्हें संसाधन चाहिए, लेकिन वहा संसाधनों की बहुत अधिक कमी होती है। उत्पादन में लोगों को कम हिस्सा मिलता है। प्रतिव्यक्ति आय कम होती है।

आर्थिक विकास की माप करना कठिन है प्रायः प्रतिव्यक्ति आय के स्तर को आर्थिक विकास व आर्थिक कल्याण का सूचक माना जाता है।

$$\text{प्रतिव्यक्ति आय} = \frac{\text{कुलराष्ट्रीय आय}}{\text{कुल जनसंख्या}}$$

एक वर्ष की अवधि में उत्पादित सभी अन्तिम वस्तुओं व सेवाओं के मैट्रिक मुल्य का जोड़ उस देश की राष्ट्रीय आय कहलाती है इसलिए एक अवधि विशेष में कीमत में होने वाली वृद्धि के कारण राष्ट्रीय आय में वृद्धि हो सकती है इसलिए किसी देश की राष्ट्रीय आय व प्रतिव्यक्ति आय में होने वाली वास्तविक वृद्धि को जानने के लिए एक वर्ष की आय की गणना कियी आधार वर्ष की कीमत के आधार पर की जाती है।

प्रति व्यक्ति वास्तविक राष्ट्रीय आय

$$= \frac{\text{कुल राष्ट्रीय आय (आधार वर्ष की कीमतों पर)}}{\text{कुल जनसंख्या}}$$

सामाजिक और सांस्कृतिक विकास—मनुष्य से समाज बनता है। सामाजिक विकास जीवन की गुणवत्ता को बेहतर बनाता है। बेहतर स्वास्थ्य, शिक्षा और आवास की सुविधाएँ तथा गुणात्मक पर्यावरण, सामाजिक विकास के सूचक है। ये कारक आर्थिक विकास को प्रभावित करते हैं। सामाजिक सांस्कृति विकास के विभिन्न घटक निम्नलिखित है।

(1) स्वास्थ्य—स्वास्थ्य जीवन का सच्चा सुख है। पौष्टिक आहार, स्वच्छ पीने का पानी, स्वच्छ पर्यावरण, स्वास्थ्य संबंधी सेवाओं की उपलब्धता आदि अच्छे स्वास्थ्य के लिए आवश्यक है। स्वास्थ्य संबंधी सेवाओं में अस्पताल, निदान गृह, विभिन्न बीमारियों के उन्मूलक के कार्यक्रम तथा प्रतिरक्षण कार्यक्रम को शामिल किया जाता है। भोजन की मात्रा एवं सम्बन्धी आदतों व परिवारों के आकार पर निर्भर करती है। कम आय वाले परिवारों अल्प–पोषण और कुपोषण से पीड़ित होते हैं।

इनसे काफी संख्या में ऐसे परिवार है जो प्रायः भूख के शिकार रहते हैं। ये सभी परिवार गरीबी रेखा के नीचे होते हैं। गरीबी रेखा का निर्धारण व्यक्तियों द्वारा प्रतिदिन किये जाने वाले भोजन की कैलोरीज की मात्रा के आधार पर किया जाता है। गाँवों के वे परिवार जिनके प्रत्येक सदस्य 2400 कैलोरीज ग्रहण नहीं करते, गरीबी रेखा के नीचे माने जाते हैं जबकि शहरी क्षेत्र के लिए 2100 कैलोरीज ही निर्धारित की गई है। कम आय वाले परिवारों के सदस्यों को प्रोटीन, विटामिन, खनिज एवं कार्बोहाइड्रेट

युक्त भोजन नहीं मिलता अतः उन्हें उपयुक्त कैलोरीज नहीं मिल पाती। इन परिवारों में विशेषकर बच्चे व महिलाएँ कुपोषण से पीड़ित होते हैं। यदि जनसंख्या की वृद्धि दर घट जाए तो समाज को विभिन्न स्वास्थ्य संबंधी सेवाएं अधिक मात्रा मे उपलब्ध कराई जा सकती है। स्वच्छ पानी और सफाई प्रबन्ध की स्थिति भी ऐसी है। बढ़ती जनसंख्या में तीव्र वृद्धि होने से इन सेवाओं के वर्तमान स्तर को बनाए रखने के लिए भी अधिक संसाधनों की आवश्यकता पड़ती हैं

2 शिक्षा–शिक्षा देश के सामाजिक–आर्थिक विकास में महत्त्वपूर्ण भूमिका निभाती है। यह रूढीवादी दृष्टिकोण में परिवर्तन लाती है तथा अंध विश्वास को दूर कर, विवेक पूर्ण मनोवृति का विकास करती है। इससे जीवन की गुणवत्ता बेहतर होती है तथा कुशलता बढ़ती है।

शिक्षा उपलब्ध कराने हेतु समान को विद्यालयों, महाविद्यालयों, शिक्षकों तथा पुस्तकालायों आदि की व्यवस्था करनी पड़ती है इन शैक्षिक सुविधाओं को वर्तमान स्तर परिणात्मक एवं गुणात्मक दोनों ही दृष्टिकोण से अपर्याप्त है। देश की लगभग आधी जनसंख्या अपनढ़ है तथा देश की दो–तिहाई महिलाएँ पढ़ी–लिखी नहीं है, विद्यालय जाने की आयु योग्य बच्चो को प्राथमिक शिक्षा नहीं मिल पा रही है, अनपढ़ लोगो की संख्या प्रतिवर्ष बढ़ रही है, सरकार के सभी प्रयासों के बावजूद उपरोक्त समस्याओं को निराकरण नहीं हो सकने का मुख्य कारण तेजी से बढ़ती हुई जनसंख्या है। यद्यपि महाविद्यालयों, विद्यालयों आदि की संख्या बढ़ी है परन्तु इनकी गुणवत्ता अच्छी नहीं है। लगभग 50 प्रतिशत विद्यालयों में पानी और शौचालयों आदि की उचित व्यवस्था नहीं है। ग्रामीण क्षेत्रों में शिक्षकों की कमी है वहाँ के भवन पक्के भवन नहीं है तथा कहीं पर तो ब्लैक बोर्ड भी उपलब्ध नहीं है।

(3) आवास–कम से कम स्थान में बना हवादार और रोशनी युक्त मकान एक मौलिक मानवीय आवश्यकता है। मकान का विस्तार उसमें रहने वाले परिवार के आकार पर निर्भर करता है। जनसंख्या में वृद्धि के साथ–साथ आवास के लिए भूमि की आवश्यकता बढ़ती जाती है। अनेक नए भवन बनाने पडते हैं। इसका प्रभाव कृषि भूमि व वनों पर पड़ता है। ससांधनो की कमी के कारण निम्न स्तर के मकान बनाए जाते हैं। शहरीकरण के कारण गन्दी बस्तियों में वृद्धि हो रही है। भारत सरकार प्रतिवर्ष आवास के लिए अधिकाधिक व्यय करती है परन्तु बढ़ती जनसंख्या के कारण इन व्यय का प्रभाव कम दिखाई पड़ता है।

4. परम्परावादी मूल्य तथा विश्वास–मूल्य एवं विश्वास सभी मनुष्यों के निर्णयों तथा व्यवहारों को प्रभावित करते हैं। धर्म, मूल्यों तथा विश्वासों का एक प्रमुख स्त्रोत है। जो मूल्य एवं विश्वास उस समय के तात्कालिक मानव आवश्यकताओं के अनुकूल थे आज वर्तमान में वे ही प्रतिकूल है परन्तु फिर भी प्रचलित है। जैसे बच्चों को ईश्वर की देन मानना, जन्म की प्रक्रिया को एक दैवी प्रक्रिया मानना आदि। जिस

प्रकार दवाइयों के माध्यम से असाध्य जैसे रोगों का निवारण किया जा सकता है वैसे ही आधुनिक तकनीक से बच्चों के जन्म को भी घटाया जा सकता है। आज के युग में पुत्र तथा पुत्री दोनों का सामाजिक महत्त्व है। बुढापे का सहारा पुत्र ही नहीं, पुत्री भी बनती है। संयुक्त परिवार की व्यवस्था भी बड़े परिवार के आकार को बढ़ावा देती है क्योंकि बच्चों के लालन पोषण का बोझ माता–पिता पर नहीं पड़ता तथा विवाह भी कम उम्र में हो जाते हैं। इसलिए माता–पिता संयुक्त परिवार में अधिक बच्चे पैदा करते हैं। इस प्रकार हम कह सकते हैं कि आर्थि विकास तथा सामाजिक –सांस्कृतिक विकास एवं जनसंख्या के बीच गहरा सम्बन्ध होता है। सामाजिक सांस्कृतिक विकास जहाँ आर्थिक विकास को गति प्रदान करता है। आर्थिक विकास जीवन की गुणवत्ता उतनी बहतर होगी परन्तु भारत की जनसंख्या में तेजी से ही रही वृद्धि का सीमित संसाधनों पर अतिरिक्त दबाव पड़ता है इसलिए आर्थिक विकास की गति बहुत ही धीमी है प्रतिव्यक्ति आय बेहतर जीवन की गुणवत्ता जीवन की गुणवत्ता की सूचक है। ऊँची आय से रहन–सहन का स्तर अच्छा होता है और शिक्षा तथा स्वास्थ्य की बेहतर सुविधाएँ उपलब्ध होगी बीमारियों की रोकथाम होगी। और शिशु तथा बाल मृत्यु दर कम होगी।

स्वच्छ पर्यावरण भी जीवन को बेहतर बनाता है। विश्व के सीमित संसाधनों पर दबाव बढ़ता जा रहा है। वे धीरे–धीरे समाप्त प्रभाव पड़ रहा है। जीवन की गुणवत्ता को प्रभावित करने वाले सभी सूचक जनसंख्या के आकार और उसकी वृद्धि दर से प्रभावित होते हैं अधिक जन्म दर के साथ शिशु–मृत्यु दर भी ऊँची होगी। जनसंख्या के बड़े आकार के कारण प्रति व्यक्ति आय कम होगी। तेजी से बढ़ती हुई जनंसख्या, शिक्षा, स्वास्थ्य और पेयजल की सुविधाओं पर बुरा प्रभाव जायेगी। यह पर्यावरण के भी प्रभावित करेगी। भारत के लोगों के जीवन की गुणवत्ता को बेहतर बनाने के लिए यह आवश्यक है कि जन्म दर में कमी लाई जाये और जनसंख्या में तीव्र वृद्धि दर को रोका जावे।

आर्थिक वृद्धि एवं जनसंख्या वृद्धि में सम्बन्ध

आर्थिक विकास लोगों की आर्थिक स्थिति में सुधार लाता है। यह शिक्षा, स्वास्थ्य के स्तर एवं अन्य सुविधाओं को बेहतर बना कर सामाजिक परिवर्तन प्रारम्भ करता है। यह लोगों के अपने रहन–सहन के स्तर को ऊँचा बनाएं रखने के लिए प्रेरित कर जीवन की गुणवत्ता में सुधार लाता है।

1. प्रतिव्यक्ति आय में धीमी गति–किसी भी देश की जनसंख्या उपलब्ध संसाधनों एवं सुविधाओं को विभाजित करती है। अल्पविकसित देशों में संसाधनों व सुविधाओं की कमी होने कारण जब इन्हें विशाल जनसंख्या के मध्य विभाजित किया जाता है तो प्रत्येक व्यक्ति का हिस्सा बहुत ही कम हो जाता है। देश में अधिक वस्तुओं व सेवाओं को उपलब्ध कराने के प्रयास किये जाते हैं लेकिन इनका विभाजन

विशाल जनसंख्या के मध्य होने के कारण तेजगति से विकसित होने के बावजूद प्रत्येक व्यक्ति के हिस्से में वस्तुओं एवं सेवाओं की मात्रा में बहुत ही धीमी गति से वृद्धि होती है। यही कारण है कि राष्ट्रीय आय में ऊँची वृद्धि दर के बावजूद प्रति व्यक्ति आय की वृद्धि दर रहती है।

2. गरीबी–जनसंख्या में तीव्र वृद्धि के कारण निर्भरता दर बढ़ती है। इससे बचत कम होती जाती, बचत कम होने से निवेश कम हो जाता हैं इस कारण आय का स्तर नीचा हो जाता है। इस प्रकार जनंसख्या के सभी उपाय विफल हो जाते हैं। गरीब लोगो का परिवार का आकार बड़ा होने के कारण उनकी गरीबी को दूर नहीं किया जा सकता और इस प्रकार गरीबी तथा अत्यधिक जनसंख्या का यह चक्र चलता रहता है।

3. बेरोजगार–आर्थिक संसाधनों की सीमितता के कारण तथा जनसंख्या का आकार बड़ा होने के कारण, सभी लोगों को रोजगार नहीं दिया सकता है। आर्थिक विकास के द्वारा यदि रोजगार के नये अवसरों की तुलना में रोजगार चाहने वालों की संख्या में अधिक होने कारण प्रतिवर्ष बेरोजगारों की संख्या बढ़ती रहती है। बेरोजगारी से गरीबी एवं तंगी की हालत बढ़ती है और जीवन की गुणवत्ता पर प्रतिकूल प्रभाव पड़ता है। इसलिए यदि भारत जैसे देशों में जनसंख्या वृद्धि दर को कम करके श्रम शक्ति में वार्षिक वृद्धि को कम करना आवश्यक है।

4. जीवन की गुणवत्ता में मंद गति से सुधार–जितनी अधिक और अच्छी शैक्षिक, स्वास्थ्य सम्बन्धी, आवास सम्बन्धी तथा अन्य सुविधाएँ होगी जीवन की गुणवत्ता का स्तर उतना ही ऊँचा होगा। इन सुविधाओं को प्रदान करने के लिए व्यय करना होता है जो जनसंख्या के आकार पर निर्भर करता है। इन सुविधाओं को उपलब्ध करना तभी सम्भव होता है। जब जनसंख्या का आकार उपलब्ध संसाधनों पर दबाव ना डाले।

भारत जैसे देशों के पास बहुत ही सीमित संसाधन होते हैं। जबकि जनसंख्या का आकार बड़ा तथा जनसंख्या वृन्द्धि दर ऊँची होती है। इस कारण संसाधनों का एक बहुत बडा हिस्सा तो तेजी से बढ़ रही जनसंख्या की मूलभूत आवश्यकताओं का पूरा करने के लिए खर्च हो जाता है। कृषि तथा औद्योगिक विकास के कारण उत्पादन में वृद्धि होने एवं सुविधाओं के बढ़ते रहने के बावजूद लोगां के जीवन की गुणवत्ता अच्छी नहीं हुई है।

5. पर्यावरण–सामान्य आवश्यकताओं को पूरा करने हेतु कृषि भूमि का उपयोग किया जाता है। तथा वन नष्ट किए जाते हैं इसी प्रकार अन्य आवश्यकताओं हेतु वन नष्ट किये जा रहे है इससे पर्यावरण में गिरावट आ रही है इससे अधिक जनसंख्या और ऊँची वृद्धि दर का सीमित संसाधनों पर बहुत दबाव पड़ता है।

जन्म दर को नियत्रिंत करने की आवश्यकता–

भारत में जनंसख्या की तीव्र वृद्धि का कारण जन्म दर का ऊँचा रहना तथा मृत्यु दर का नीचा रहना है। चूंकि जन्म दर का नीचा होना अच्छी बात है। इसलिए जनसंख्या वृद्धि दर को कम करने के लिए जन्म दर को कम करना आवश्यक है।

जन्म दर के कम होने से परिवार छोटा होगा। परिवार के सदस्यों को भोजन, कपड़ा, आवास, स्वास्थ्य सेवाएँ आदि मूलभूत आवश्यकताओं की पूर्ति अधिक अच्छी तरह करने के दो लाभ होंगे। एक तो परिवार के सदस्यों के जीवन स्तर में सुधार होगी व परिवार सुखी रहेगा दूसरा, इससे परिवार के सदस्यों की आय को बढ़ाने की क्षमता है कि देश के विकास का कार्य लोगों के जीवन स्तर को बेहतर बना सकेगा।

जन्म दर को कम करने के लिए निवारक उपाय अपनाने जरूरी हैं। अपेक्षाकृत अधिक आयु में विवाह करना एक ऐसा उपाय है यह लड़कियों के लिए अधिक प्रभावी होता है। क्योंकि देर से शादी होने कारण उनकी प्रजनन अवधि कम हो जाती है जिससे कम बच्चों को ही जन्म दे पाती है परन्तु इतना ही करना पर्याप्त नहीं होगा। परिवार के आकार को सीमित रखने के लिए नसबन्दी , बन्धीकरण उपायों को भी अपनाना होगा। गर्भ निरोधकों का भी प्रयोग किया जा सकता है। इससे बच्चों के जन्म को नियोजित किया जा सकता है। तथा दो बच्चों के मध्य अन्तराल को बढ़ाया जा सकता है।

आर्थिक विकास व जनसंख्या वृद्धि में सम्बन्ध–जनसंख्या और आर्थिक विकास में गहरा सम्बन्ध है। आर्थिक विकास के फलस्वरूप लोगों की आर्थिक स्थिति में सुधार आता है। यह स्वास्थ्य, शिक्षा, आवास के स्तर अन्य सुविधाओं को बेहतर बनाकर सामाजिक परिवर्तन आरम्भ करता है। इससे लोग अपने रहन–सहन के स्तर को ऊँचा रखने के लिए तैयार रहते हैं और जीवन की गणुवत्ता में सुधार लाते हैं।

आर्थिक विकास के प्रथम चरण में जन्म व मृत्युदर दोनों ही ऊँची होती है। इसलिए जनसंख्या की विकास दर भी कम होती है भारत में सन् 1921 तक जनसंख्या इसी प्रकार की थी। आर्थिक विकास के दूसरे चरण में जन्म व मृत्युदर दोनों ही ऊँची होती है। इसलिए जनसंख्या की विकास दर भी कम होती है। भारत में सन् 1921 तक जनसंख्या इसी प्रकार की थी।

आर्थिक विकास को दूसरे चरण मे राष्ट्रीय आय में वृद्धि के साथ–साथ प्रतिव्यक्ति आय में वृद्धि होती है। लोगों के रहन–सहन का स्तर ऊँचा उठता है। चिकित्सा सुविध ाओं में वृद्धि होती है। भूखमरी दूर होती है। मृत्यु दर में कमी जन्म दर में कमी से अधिक होने के तीसरे कारण जनसंख्या की वृद्धि दर बढ़ती है। आर्थिक विकास के तीसरे चरण में औद्योगिक विकास होने से जनसंख्या का अधिक भाग नगरों में रहने लगता है। छोटे परिवार का पहत्त्व बढ़ जाता है। जन्म दर में कमी हो जाती है। लोगों की जीवन की गुणवत्ता में तेजी से सुधार होता है।

जनसंख्या की ऊँची वृद्धि दर आर्थिक विकास को प्रभावित करती ह–

(1) जनसंख्या वृद्धि से प्रतिव्यक्ति आय पर प्रतिकूल प्रभाव पड़ता है।

(2) जनसंख्या वृद्धि के कारण आय का एक बड़ा भाग बच्चों के लालन पोषण पर खर्च करना पड़ता हैं फलस्वरूप बचत और पूंजी निमार्ण की दर कम होती है। आय का नीचा स्तर होने से निर्धनता बढ़ती है।

(3) जनसंख्या वृद्धि के कारण बेरोजगारी में वृद्धि होती है। जनसंख्या की तीव्र वृद्धि के कारण रोजगार के नये अवसर चाहने की तुलना में रोजगार चाहने वाले लोगों की संख्या अधिक बढ़ती है।

(4) जनसंख्या वृद्धि से जीवन की गुणवत्ता में धीरे –धीरे सुधार होता है। क्योंकि देश के संसाधनों का एक बड़ा भाग जन आवश्यकतओं को पूरा करने के लिए खर्च हो जाता है।

(5) बढ़ती हुई जनसंख्या का दबाव किसी देश के पर्यावरण पर प्रभाव डालता है। आवास व्यवस्था हेतु वन काटे जाते हैं साथ ही खेती योग्य भूमि में वृद्धि करने के लिए तैयार रहते हैं।

भारत में जन्म व मृत्युदर दोनों में कमी आई है परन्तु मृत्यु दर में कमी जन्म दर की अपेक्षा ज्यादा कमी आई फलस्वरूप जनसंख्या में अति तीव्र गति से वृद्धि हो रही है यदि हमे जनसंख्या वृद्धि की दर को कम करना है। तो जन्म को कम करना होगा। इस हेतु निवारण उपाय अपनाने चाहिए, महिला साक्षरता की दर को बढ़ाना होगा, प्रजनन अवधि को कम करने के लिए विवाह आयु अधिक निर्धारित करनी चाहिए, गर्भ निरोधकों को प्रयोग करके जन्म दर को कम किया जा सकता है।

सामाजिक एवं सांस्कृतिक विकास का अर्थ है बेहतर स्वास्थ्य शिक्षा तथा आवास सुविधाओं की उपलब्धि और रूढिवादी दृष्टिकोणों में परिवर्तन लाना। जनसंख्या वृद्धि की दर को सामाजिक–सांस्कृति कारक निम्न प्रकार से प्रभावित करते हैं।

1. स्वास्थ्य–पौष्टिक आहार, स्वच्छ पानी, स्वच्छ पर्यावरण, स्वास्थ्य सेवाओं की उपलब्धता आदि विभिन्न कारण जनसंख्या की दर को प्रभावित करते हैं अल्प विकसित देशों में स्वास्थ्य सेवाओं का स्तर अच्छा नहीं होने के कारण जनसंख्या वृद्धि दर अधिक होती है।

(2) शिक्षा–शिक्षा से जीवन की गुणवत्ता बेहतर होती है। अल्पविकसित देशों में साक्षरता की दर नीची होती है। विशेष कर महिला साक्षरता दर अशिक्षित व्यक्ति अपने परिवार को बड़ा रखना चाहते हैं जिससे आय प्रति के साधन ज्यादा बढ़े इसलिए भी जनसंख्या वृद्धि दर अधिक होती है।

3. आवास–जनसंख्या वृद्धि रो आवास की बढ़ती हुई आवश्यकताओं को पूरा करने के लिए जनसंख्या को अधिक दबाव एवं रोजगार के अवसर कम होने के कारण

लोग शहरों में आकर रहने लगते हैं जिससे शहरों में आवास सुविधाओं की कमी हो जाती है।

4. परम्परावादी मूल्य और विश्वास—संयुक्त परिवार में बच्चों का लालन–पोषण का बोझ परिवार पर रहने के कारण बच्चे भी अधिक होते हैं तथा कम आयु में भी विवाह होते हैं जनसंख्या वृद्धि में सहायक होते हैं।

जनसंख्या का विकास कैसे हुआ स्पष्ट करें।

उत्तर—भूमि तथा प्राकृतिक ससांधन विश्व के विभिन्न देशों में समान रूप से नहीं बंटे हुए है। इसी प्रकार विश्व के विभिन्न देशों में जनसंख्या भी समान रूप से बटी हुई नहीं है। विभिन्न देशों की जनसंख्या का आकार व उसकी वृद्धि दर भी भिन्न–भिन्न है। उनके विकास स्तरों से भी भिन्नता है। विकसित देशों की जनसंख्या विश्व की जनसंख्या की केवल 25 प्रतिशत है जबकि वे विश्व के संसाधनों के 75 प्रतिशत भाग का उपयोग करते हैं। संयुक्त राज्य अमरीका की जनसंख्या विश्व की जनसंख्या की केवल 5 प्रतिशत है परन्तु यह विश्व के संसाधनों के लगभग एक तिहाई भाग का उपयोग करता है।

इससे यह स्पष्ट होता है कि विकसित व अल्पविकसित देशों के रहन सहन स्तर और जीवन की गुणवत्ता में काफी अन्तर है। अल्प विकसित देशों की समस्याऐं उनकी जनसंख्या के आकार व वृद्धि दर के कारण और यदि गम्भीर हो जाती है। अतः यदि इन देशों के विकास का वर्तमान स्तर बनाए रखने हेतु अति तीव्रगति से उन्नति करने की आवश्यकता है। विभिन्न देशों की जनसंख्या में भिन्नता देखी जा सकती है जनसंख्या की दृष्टि से भारत का चीन के बाद दूसरा स्थान है। चीन में जनसंख्या वृद्धि दर 1.4 प्रतिशत है जबकि भारत में यह लगभग 21 प्रतिशत है। चीन की जनसंख्या में प्रति मिनट 30 व्यक्ति जुड़ते हैं जबकि भारत में प्रति मिनट 33 व्यक्तियों की बढ़ोत्तरी होती है। विकसित देशों की तुलना में सभी अन्य अल्प विकसित देशों की भाति भारत में जन्म दर व मृत्यु दर दोनों ऊँची है तथां दोनों के मध्य अन्तर नहीं है मृत्यु दर को एक सीमा तक ही कम किया जा सकता है। तो यदि हम विभिन्न देशों के रहन–सहन के स्तर को देखे तो विकसित देशों में जनंसख्या वृद्धि दर बहुत ऊँची होती है व रहन–सहन का स्तर अपेक्षाकृत नीचा होता है। सभी देशों में प्रतिव्यक्ति आय के सहन–सहन को सूचक के रूप में प्रयोग किया जाता है।

परिवार में प्रतिव्यक्ति आय बढ़ने से प्रति दम्पत्ति जन्मे बच्चों की संख्या घटती है। यह प्रवृति ग्रामीण व शहरी दोनों ही क्षेत्रों में दिखाई पड़ती है। ऊँची आय वाले परिवारों का रहन–सहन का स्तर ऊँचा होता है, उन्हें पौष्टिक आहार व अच्छे स्वास्थ्य तथा रहने की सुविधाएँ उपलब्ध है अतः इन परिवारों में शिशु–अवस्था में मृत्यु की सम्भावना कम हो जाती है तथा माता पिता का यह विश्वास रहता है कि उनके बच्चे जीवित रहेंगे अतः ऐसे परिवारों में श्रम बच्चों का जन्म होता है तथा बच्चे उच्च शिक्षा

प्राप्त करते हैं। इसलिए एक लम्बे समय तक अपने माता–पिता पर निर्भर करते हैं अतः माता–पिता चाहते हैं कि उनका परिवार का आकार छोटा रहे। यही कारण है कि अधिक आय वाले, छोटे परिवार वाले आदर्श को अपनाते हैं।

इसके विपरीत कम आय वाले परिवारों का आकार बड़ा होता है। परिवारों के रहन–सहन का स्तर भी नीचा होता है। इनके सदस्य प्रायः निरक्षर होते हैं। बच्चो के भरण–पोषण में कोई विशेष लागत नहीं लगती, बच्चे छोटी उम्र में ही परिवार के कार्य में सहायता करने लगते हैं। इसलिए इन परिवारों में शिशु मृत्यु दर ऊँची होती है तथा अधिक बच्चों को जन्म देते हैं।

समाज में आर्थिक विकास

परिवार समाज की बुनियादी इकाई है यहाँ हम मिलकर रहना सीखते हैं, हम सभी परिवार के अंग हैं। परिवार के मध्य ही मनुष्य नैतिक मूल्य और सामाजिक तौर तरीके तरीके हैं समाज के कुछ नियम या तरीके भी होते हैं जिसे सामाजिक मानक या नियम कहते हैं और जिनका हमें पालन करना जरूरी है। भारतीय संस्कृति में पहले संयुक्त परिवार का ही चलन था पर अब पाश्चात्य समाज के भाँति यहाॅ भी एकाकी परिवारों की अधिकता बढ़ रही है।

परिवार के लाभ– संयुक्त परिवार के बहुत से लाभ है यहॉ छोटे बच्चे, बड़ें–बूढ़े, कमजोर व बीमार की अच्छी देखभाल होती हैं वहॉ ये सभी बहुत सुरक्षित महसूस करते हैं। और उनके सही ढंग से विकास के लिए संयुक्त परिवार एक समग्र परिवेश उपस्थित करता है। बच्चों के विकास में परिवार के माहौल एक महत्त्वपूर्ण भूमिका है, परिवार ही शारीरिक, मानसिक व भावनात्मक विकास में सहायक होता है। उनमें आत्मविश्वास उत्पन्न होता है। अभिभावक बच्चों की जिज्ञासा को ध्यानपूर्वक सुनतें है और धीरजपूर्वक उत्तर– देते हैं। परिवार का निर्माण तब हुआ जब स्त्री–पुरूष और अन्य लोगों का आपसी आत्म–निर्भरता का अहसास हुआ। परिवार का स्वरूप व ढाँचा समय के अनुसार बदलता रहा है, आज वह और तेजी से बदल रहा है परतुं परिवार की भूगिका नही है।

समुदायः–जैसे–बालक वृद्धि करता हैं वह पड़ौस के बच्चे और दूसरे लोगों के संपर्क में आता हैं यह बड़ा समूह समुदाय या सामाजिक परिवेश बनाता हैं हमारे मित्र समान धर्म मानने वाले, हमारी जाति के लोग सब हमारे समुदाय का हिस्सा है। और बालक के विकास को प्रभावित करते हैं। विद्यालय में बच्चा अलग–अलग पृष्ठभूमि से आते हैं यह सभी बच्चे सामाजिक माहौल बनाते हैं परिवार के बाद बच्चें पर सबसे अधिक प्रभाव शिक्षकों और संगी साथियों का पड़ता है। ये साथी पड़ौस के व समान आयु वाले होते हैं।

स्कूल का प्रभावः– बच्चे के जीवन में परिवार के बाद यह महत्त्वपूर्ण स्थान हैं स्कूल एवं कॉलेज को एलमा मेटर भी कहते हैं अर्थात मां की तरह पोषण करने वाला।

बच्चें शिक्षक की बात मानते हैं, इन्हें प्यार करते हैं,डरते हैं व आदर भी करते हैं स्कूल में बच्चों की क्षमता व योग्यता का विकास होता है वह मित्र बनाकर मिलजुलकर, अनुशासन में रहना और एक जिम्मेदार नागरिक बनता है। शिक्षा के अन्तर्गत ज्ञान, प्रशिक्षण व मार्गदर्शन शामिल हैं इस सतत प्रक्रिया द्वारा जन्मजात क्षमताओं और प्रतिभावों को विकसित करते हैं। बालक का चरित्र निर्माण होता है। वह घर व संस्कृति के बारे मे जानता है। सामाजिक गुण जैसे–समाज व देश की निस्वार्थ सेवा भाव, समाज की बुराईयों को दूर करना, बेहतर समाज का निर्माण, नेतृत्व गुण विकसित करना बराबरी का व्यवहार, सेवा कर विकसित होना, समाज से वे भावनात्मक रूप से जुड़ते हैं। वैज्ञानिक व तकनीकी विकास होता है। ज्ञान से बालक में आत्मविश्वास, परिपक्वता आती है। बालक का संर्वागीण विकास होता है।

संस्कृति और उसका प्रभाव– हर समाज की एक संस्कृति होती हैं। इसमें कला, साहित्य, शिष्टाचार या किसी भी क्षेत्र में विद्वता हासिल करना शामिल है। यह पीढी दर पीढ़ी चलती है। हमारी सस्कृति हर क्षेत्र में काफी सपन्न है। चाह धार्मिक ग्रंथ हो, सुन्दर भव्य इमारतें, संगीत, नृत्य, चित्र, मूर्ति कला, हमें उन्हें भावी पीढ़ी के लिए बचा कर रखना है।

हम अपनी सांस्कृतिक विरासत से बहुत कुछ सीखते हैं ये धर्म हमें एक पहचान देते हैं, धार्मिक शिक्षा, रीति रिवाज हम पर प्रभाव डालते हैं और इस से भाईचारा, एकजुटता की भावना पनपती है। धर्म अनुशासन सीखाता है और इससे हमें बल मिलता है जिससे कि हम जीवन की कठिन समस्याओं का सामना कर पाते हैं। बच्चें के ज्ञान पर प्रभाव आज के दृश्य श्रव्य साधनों का भी पड़ता है। टेलिविजन, कम्प्यूटर इत्यादि का भी प्रभाव बालक पर पड़ता है और इनके चयन का उत्तर–दायित्व अभिभावको पर है कि वे बच्चों को क्या दिखा–सिखा रहे हैं।

इन सभी का प्रभाव बच्चें के विकास पर प्रभावी रूप से दिखता है। परंतु बच्चा एक स्वतंत्र इकाई है उसका व्यक्तित्त्व इन सबके परस्पर आदान–प्रदान से ही बनता है। एक से वातावरण, परिवार में पलने वाले बच्चे को अलग–अलग व्यक्तित्त्व देखने में आता है। ये उसके देखने, पढ़ने सुनने व अनुभव करने पर निर्भर करता हैं यह उसके अपने नजरिए व ग्रहण करने पर निर्भर करता है।

आज का बालक बुद्धिमान व जागरूक है वे सही गलत की पहचान कर सकता है और उम्मीद है कि पहले की पीढ़ी के बालक की अपेक्षाकृत ज्यादा प्रगति करेंगें।

समूह की परिस्थितियों में मानव व्यवहार

समूह, दल, परिषद् आदि का कुछ लक्ष्यों की प्राप्ति के लियें निर्माण करते हैं। अपने लक्ष्यों को पाने के लिए सामाजिक जीवन का एक सामान्य लक्षण बन गया है। इस तरह समूह हमारें साझे के मानव स्वभाव के लिए आधार प्रदान करते हैं।

एक समूह दो या अधिक परस्पर अंतःक्रिया करने वाले व्यक्तियों से बनता है जो एक से लक्ष्य रखने हैं और स्थायी या लम्बें समय तक सम्बन्ध बनायें रखनें हैं और किसी न किसी तरह परस्पर निर्भर रहते हैं और यह अनुभव करते हैं कि वह एक समूह के अंग है।

समूह हमारी महत्त्वपूर्ण मनोवैज्ञानिक तथा सामाजिक आवश्यकताओं की पूर्ति करते हैं। ध्यान और स्नेह देने और पाने और जुड़ने के भाव की पूर्ति करते हैं। समूह उन लक्ष्यों की प्राप्ति के लिए है जो अकेले नही पाये जा सकते। दूसरों के साथ काम करके हम प्रायः ऐसे काम कर पाते हैं जिन्हें अकेले नहीं कर पाते। समूह के सदस्य प्रायः ऐसी जानकारी और सूचना प्रदान करते हैं जो हम किसी और तरह से नहीं पा सकते या केवल कठिनाई से ही पा सकते हैं। समूह हमारी सुरक्षा की आवश्यकता को पूरा करते हैं, कई बार सुरक्षा हमारी संख्या में निहित होती हैं, विशेष रूप से जब हम खतरनाक शहरी वातावरण में रहते हैं। समूह की सदस्यता हमारी सकारात्मक पहचान स्थापित करती है।

समूह अपने सदस्यों पर महत्त्वपूर्ण प्रभाव डालता है। और सदस्यों को प्रभावित करते हैं एक समूह के विभिन्न व्यक्ति अलग–अलग कार्य करते हैं और विभिन्न लक्ष्यों को पाने की प्रत्याशा रखते हैं। वे भिन्न–भिन्न भूमिकायें अदा करते हैं। व्यक्ति की समूह के अंदर स्थिति या प्राप्त पद भी महत्त्वपूर्ण हैं। समूह में विभिन्न भूमिकायें या पद प्रायः भिन्न–भिन्न संस्थितियों से जुड़ी होती हैं क्योंकि संस्थिति अक्सर व्यापक वांछित परिणामों से जुड़ी होती हैं। जैसे–वेतन व अन्य लाभ! संसक्ति उन सभी शक्तियों को इंगित करती है जो समूह के सदस्यों को समूह में बने रहने के लिए उत्तर–दायी हैं, इसमें अन्य सदस्यों के लिये पसंद भी सम्मिलित है। इसमें समूह को बनायें रखने या समूह से जुड़े रहने की इच्छा सम्मिलित है।

सामाजिक मानकः समाज या एक समूह के प्रतिनिधि व्यवहार संरूप को व्यक्त करता हैं। ऐसे व्यवहार जो समाज के सदस्यों को स्वीकृत हो उन्हें प्रतिबिम्बित करता है। मानक सामाजिक परिस्थिति मे व्यक्त और अव्यक्त नियम होते हैं जो यह बताते हैं कि हमें कैसा आचरण करना चाहिए ये नियम या सामाजिक मानक विस्तृत और सटीक होतें हैं। जैसे–लिखित कानून–पार्किंग निषेध, फूल–पत्ते न तोडें इत्यादि। इसकें विपरित कुछ मानक अनकहे या प्रच्छन्न होते हैं जैसे–दूसरों के घर जाने से पहले घंटी बजायें। अधिकांश लोग अधिकतर इनका पालन करते हैं।

वर्णनात्मक मानक वे होते हैं जो मात्र यह बताते हैं कि अधिकांश लोग एक परिस्थिति में कैसा व्यवहार करते हैं। बाधक मानक ये बताते हैं एक परिस्थिति विशेष में स्वीक त या अस्वीकृत व्यवहार क्या है। ये दोनों ही हमारे व्यवहार पर प्रभाव डालते हैं। लोगों के व्यवहार को बदलने का प्रयास उन मानकों को सक्रिय करने के दिशा में केन्द्रित होने चाहिए जिनके सफल होने की संभावना ज्यादा होती हैं।

समूह की दशा के लोग धीरे–धीरे कुछ समूह मानकों का निर्माण करते हैं, समूह के सभी सदस्य, समूह विशेषताओं के अनुरूप एक सीमित क्षेत्र में अपने निर्णय लेते हैं ये मानक दूसरे समूह के मानक जैसे–या भिन्न भी हो सकते हैं।

समूह व्यक्तियों के निष्पादन को सहज बना सकते हैं या बाधित कर सकते हैं। जैसे–हम डरावनी फिंल्म समूह में सहज कर देख सकते हैं परंतु समूह में अध्ययन करने में बाधा आ सकती है।

सामाजिक अनुत्तरदायित्व– प्रयास तथा प्रेरणा में सभी जो उस स्थिति में घटित होती हैं। जब लोग मिलकर एक समूह में कार्य करते हैं अपेक्षाकृत तब जब वे अकेले स्वतंत्र रूप से कार्य करते हैं। सामाजिक अनुत्तरदायिन्व पुरूषों और स्त्रियों दोनों में पाया जाता हैं और बच्चों और प्रौढों में, भी समूह की दशा–बड़ा या छोटों के अनुसार जोखिम लेने का निर्णय का धुव्रीकरण हो जाता है।

मूल्य का संरूप– मूल्य उच्चस्तरीय सांस्कृतिक तथा तकनीकी विकास को व्यक्त करती है और सभ्य बनाने का अर्थ है उन्नत तथा तार्किक दृष्टि से व्यवस्थित करना। सभ्यता मानकों और नियमों की व्यवस्था है जो व्यक्तियों के आचरण को नियमित करती है। ताकि वों अच्छी तरह काम और प्रगति कर सकें। सामाजिक मानक ऐसे समझौते होते हैं जो समाज को सतुलित करतें है। वे ऐसी परिस्थितियों को रोकते हैं। जिसमें कुछ लोग अपनी आवश्यकताओं को दूसरों की कीमत पर स्वंतत्रतापूर्वक पूरा करते हैं।

मूल्य, सामाजिक मानकों के परि कार को व्यक्त करते हैं जो नैतिक अर्थ में पुनःपरिभाषित होते हैं तथा समाज के सदस्यों के द्वारा अपनायें जाते हैं मूल्य वांछित व्यवहार के ऐसे मानकों को व्यक्त करते हैं जो समाज या समुदाय द्वारा स्वीकृत होते हैं। कानून इन मानकों को व्यक्त करता है। इन मानकों को आत्मसात करना मूल्य व्यवस्था के रूप में व्यक्त होता है। जो समाज मूल्य दृष्टी के समाजीकरण में जितना सफल होता है उसे अपने मानकों को बनायें रखने के लिए पुलिस (कानून) की आवश्यकता उतनी ही कम पड़ती है।

समाजीकरण की प्रक्रिया में सीखना और व्यापक रूप से शिक्षा, दोनों ही सम्मिलित है। सीखनें में प्रमुख ज्ञान का अर्जन और बौद्धिक उपलब्धि सम्मिलित है जबकि शिक्षा में मूल्य और मूल्य दृष्टि का अर्जन निहित है। आरंभिक समाजीकरण में प्रमुख व्यवहारों को सिखाया जाता है। परंतु लोग जैसे–जैसे–प्रौढ़ होते हैं उनसे सामाजिक मानदंडों को आत्मसात करनें और मूल्यों की एक व्यवस्था बनाने की आशा की जाती है। एक मूल्य दृष्टि को प्राप्त करना व्यक्ति को प्रभावी और सभ्य ढंग से स्वनिर्देशित रूप से व्यवहार हेतु सक्रिय कारक है। मूल्य मानव जीवन के सभी पक्षों में केन्द्रीय और प्रभावी भूमिका निभाते हैं और हमारा दैनिक व्यवहार अन्तर्निहित मूल्यों को व्यक्त करता है और हम चेतन रूप से उनसे अवगत भी नही रहते। मूल्य व्यक्ति

के सम्पूर्ण विश्वास व्यवस्था के अंतर्गत केन्द्रीय रूप से स्थित है। वे अमूर्त आदर्श या सामानीकृत विश्वास है जो किसी खास अभिवृत्ति वस्तु या दशा से प्रत्यक्ष रूप से संबंधित नहीं होते मूल्यों का उदाहरण है– सत्य, सुन्दरता, स्वतंत्रता, संतोष, दायित्व, कर्त्तव्य, व्यवस्था आदि।

अनुरूपता वह परिस्थिति है जब आप मानको को न अपनाना चाहे, परिस्थितियों के अनुरूप व्यवहार में परिवर्तन करते हैं। अनुपालन का तात्पर्य दूसरों के द्वारा अपने अनुरोध को मनवाना इसके लिए कभी–कभी कुछ तकनीकों का भी प्रयोग किया जाता है। जैसे–मित्रता में अनुरोध मानना, प्रतिबद्धता या स्थिरता, अभावग्रस्तता, पारस्परिकता, सामाजिक वैधीकरण, प्रभुता।

मानव तथा पर्यावरण के मध्य पाये जाने वाले सम्बन्धों का विश्लेषण किसी न किसी रूप में हमेशा एक प्रमुख विषय रहा है, लेकिन पर्यावरण विज्ञान के रूप में भूगोल की अवधारणा तथा मानव–पर्यावरण सम्बन्ध के विभिन्न स्तरों में मानव समाज तथा पर्यावरण के आयाम में विकास के साथ बदलाव होता रहा। मानव की सम्पूर्ण गतिविधियों पर पर्यावरण का प्रभाव अवश्य पड़ता है मानव इसी पर्यावरण में जन्म लेता है और विभिन्न क्रिया–कलापों को सम्पन्न करते हुए अन्त में इसी पर्यावरण में विलीन हो जाता है। अतः हम यह कह सकते हैं कि मानव पर्यावरण का एक प्रमुख अंग है। पर्यावरण तथा मानव के बीच पाये जाने वाले सम्बन्धों को वर्तमान विद्वानों ने विशेष रूप से प्राथमिकता प्रदान कर रहे हैं। क्योंकि वर्तमान मानव अपने असीम ज्ञान भंडार से पर्यावरण पर प्रभाव विघटित ही नहीं किया है, बल्कि उसे नियत्रित करने की शक्ति भी हासिल कर रहा है। पर्यावरण को परिवर्तित करने वाले तत्वों की तरफ ध्यान देने का वक्त ही नहीं रहा जिसका परिणाम यह निकल रहा है कि पर्यावरण सम्बन्धी विभिन्न समस्याएं कम होने के बजाए और बढ़ती जा रही है। वर्तमान मानव विभिन्न क्षेत्रों में काफी प्रगति की है। औद्योगिक क्रान्ति के कारण उद्योग के क्षेत्र में क्रान्तिकारी परिवर्तन हुए। औद्योगिकरण के परिणामस्वरूप नगरीकरण की प्रवृत्ति बढ़ी, जिससे जनसंख्या की वृद्धि में और अधिक बढ़ोतरी होने लगी। मनुष्य ने अपनी सुख–सुविधा के लिए, प्राकृतिक आपदाओं से सुरक्षित रहने के लिए बड़े–बड़े बाँध बनाए और सिंचाई के साधनों में भी परिवर्तन व वृद्धि किया। कृषि अनुसंधान के कारण पर्यावरण व्यापक रूप से प्रभावित हुआ है। फसल–चक्र के कारण भूमि की उत्पादकता में वृद्धि हुई है। फलस्वरूप मनुष्य की खाद्यान्न समस्या का बहुत हद तक हल निकला है, परन्तु इससे मनुष्य का स्वास्थ्य कुप्रभावित हुआ है। फसलों के उत्पादन में प्रयुक्त अनेक प्रकार के रासायनिक उर्वरकों एवं कीटनाशक दवाओं के कारण उत्पादित खाद्य पदार्थों के उपयोग से मनुष्य अनेक प्रकार के घातक रोगों का शिकार बन गया है। स्पष्ट है कि पर्यावरण के संसाधनों के दोहन में मनुष्य अतिवादी होने लगा है।

वर्तमान समय में पर्यावरण काफी प्रदूषित हो चुका है। जिसमें पारिस्थितिकी असंतुलन की स्थिति उत्पन्न हो रही है। पर्यावरण के सन्तुलन को विघटित करने में

मानव का प्रमुख योगदान है। बढ़ती हुई जनसंख्या के कारण विकसित जटिल समस्याओं से छुटकारा पाने हेतु खाद्यान्नों के अधिकाधिक उत्पादन के लिए रासायनिक उर्वरकों व दवाओं का प्रयोग किया जा रहा है। जिसका परिणाम यह हुआ कि कृषि भूमि की उर्वरता धीरे–धीरे क्षीण होने लगी, खाद्य पदार्थों के उपयोग से गम्भीर रोग उत्पन्न होने लगे हैं। इस समय अन्धाधुन्ध वनों व वन्य जीवों का विनाश हो रहा है। दस लाखीय नगरों में जनसंख्या के अत्यधिक घनत्व के कारण भूमिगत जल का इतना अधिक दोहन हो चुका है कि अनेक नगरों में भूमि भी धँसने लगी है। औद्योगिक–तकनीकी विकास के परिणामस्वरूप मानव प्रदूषण का शिकार हो चुका है। अतएव अब हर स्तर पर यह प्रयास किया जाने लगा है कि किस प्रकार हम अपने बिगड़े हुए प्राकृतिक संतुलन को पुनःस्थापित कर सकते हैं। वस्तुतः हमें अब अपने तकनीकी ज्ञान का उपयोग खोए हुए पर्यावरणीय संतुलन को पुनः प्राप्त करने में करना होगा, जिससे पर्यावरण संरक्षण की दिशा में समुचित कदम उठाए जा सकें।

विभिन्न देशों की दृष्टिकोण में पर्यावरण से सम्बन्धित अनावश्यक परिवर्तन का अन्त होना चाहिए और ज्यादा–ज्यादा मानव की भौतिक भागों को प्राप्त करने की बेफजूल दौड़ की रफ्तार को ढीला करना होगा ताकि विकासशील देशों के लोग जो गरीबी एवं बेरोजगारी के नीचे दबते जा रहे हें, वे अपने जीवन स्तर को, उन्नत करने के लिए विश्व के संसाधनों का समुचित भाग प्राप्त कर सकें। जनसंख्या की वृद्धि का राष्ट्रीय एवं विश्व के संसाधनों की माँग पर भी दबाव पड़ता है। विकसित देशों में कम विकसित देशों की अपेक्षा उपभोग का औसत–स्तर बहुत ऊँचा होता है। फलस्वरूप विकसित देशों में जनसंख्या वृद्धि के कारण राष्ट्रीय संसाधनों की अपेक्षाकृत अधिक माँग की जाती है। मिसाल के तौर पर खाद्यान्न, जल, वस्त्र और मकान के रूप में भौतिक आवश्यकताओं अर्थात् एक स्वस्थ पर्यावरण सभी विकास की अवस्था से सम्बन्धित हैं। विकसित देशों के प्रति व्यक्ति अधिक खाद्य, प्रोटीन, पानी व इस्पात का उपयोग करते हैं, क्योंकि चिरस्थायी उपभोग वस्तुओं के बड़े पैमाने पर प्रयोग में इस्पात की अधिक खपत होती है। अतः संसाधनों का उपभोग केवल जनसंख्या पर ही निर्भर नहीं करता, बल्कि यह प्रतिव्यक्ति उपभोग की मात्र पर निर्भर क़रता हैं

अत्यधिक या बढ़ती हुई जनसंख्या का भी प्रभाव पर्यावरण पर पड़ता है। किसी भी देश के विकास के लिए पूंजी की एक अहम भूमिका होती है। विकास के लिए पूंजी का होना अतिआवश्यक है लेकिन पूंजी का एक विशाल भाग बढ़ती आबादी के जीवनस्तर के पोषण पर खर्च हो जाता है। भारतवर्ष में जनसंख्या–वृद्धि की वर्तमान–दर 2.13 प्रतिशत है। अर्थव्यवस्था के लिए पूँजी उत्पाद अनुपात 5.5 आँका गया है, जिसका अर्थ यह है कि उत्पाद की एक इकाई की वृद्धि के लिए पूँजी की 5.5 इकाइयाँ चाहिए। इस प्रकार राष्ट्रीय आय की कम–से–कम 2.5 प्रतिशत की वृद्धि करना चाहिए, ताकि वर्तमान जीवनस्तर को कायम रखा जा सके। भारत में पूँजी निर्माण की वर्तमान दर लगभग 20 प्रतिशत से स्पष्ट है कि जनसामान्य का जीवनस्तर

उठाने के लिए बहुत कम पूँजी शेष रह जाती है। जन सामान्य का कल्याण इस तथ्य पर निर्भर करता है कि व्यक्तियों का जो भी अहार व भोजन हो वह प्रोटीनयुक्त होना चाहिए। अधिकतर विकसित देशों में 3,000 कैलोरी प्रति व्यक्ति औसत उपभोग की अपेक्षा औसत भारतीय को औसतन 1990 कैलोरी प्राप्त होती है, जबकि जीवन को बनाए रखने के लिए न्यूनतम् 1850 कैलोरी आवश्यक है।

भारत में लगभग 25 से 40÷ आबादी कुपोषण का शिकार है हमारे देश में आहार में प्रोटीन औसत सीमा 40 ग्राम रोजाना है, उसके विपरीत विकसित राष्ट्रों में ये दो गुना से भी ज्यादा है। 1960 ई. में दूध प्रति व्यक्ति को प्रतिवर्ष 48 किग्रा मिलता था जो आज घटकर 40 किग्रा. प्रतिवर्ष हो गया है। एक प्रमुख विरोधाभास विद्यमान है जिसमें एक तरफ निर्वलता एवं निर्धनता है तो दूसरी तरफ सम्पत्ति का संकेन्द्रण। रिजर्व बैंक ऑफ इण्डिया के ग्राम परिवारों की परिसम्पत्ति वितरण के आँकड़ों से विदित होता है कि लगभग 20÷ परिवार ऐसे हैं, जिनके पास 2,000 रुपए से भी कम परिसम्पत्ति उपलब्ध है, जो कुल परिसम्पत्ति का केवल 0.7÷ भाग है। लगभग 4÷ परिवार ऐसे हैं, जिनके पास लगभग 50,000 रुपया से अधिक परिसम्पत्ति है, जो कुल परिसम्पत्ति का 31÷ है। इससे यह स्पष्ट हो जाता है कि इस देश के लगभग 60÷ परिवारों का संसाधन आधार इतना कमजोर है कि उनका इसके सहारे जीवनस्तर में सुधार कठिन है।

औद्योगिक क्षेत्र में बड़े व्यापारिक घरानों के पास परिसम्पत्तियों के संकेन्द्रण की भारी मात्र पाई जाती है। सन् 1963–64 में बड़े व्यापारिक घरानों के पास कुल 1,326 करोड़ रुपये की परिसम्पत्ति थी, जो बढ़कर 1979 में 6,618 करोड़ हो गई। यदि दो बड़े घरानों (बिड़ला और टाटा) को एक साथ मिला लिया जाए, तो इनके पास कुल परिसम्पत्ति का 40÷ भाग रहा।

भारत में सन् 1980–81 के करीब 50÷ आबादी गरीबी रेखा के नीचे जीवनयापन कर रही थी और देश में बेरोजगारी की विकट समस्या थी। पूंजीपति परिवार अपने सदस्यों के लिए रोजगार प्राप्त कराने में सफल हो जाते हैं, किन्तु गरीब, भूमिहीन और गन्दी बस्तियों में रहने वालों को अगले दिन की रोटी की ही चिन्ता रहती है। गरीब परिवार अत्यन्त विकट परिस्थितियों में रहते हैं, उन्हें पीने के लिए पानी की व्यवस्था अत्यधिक दूरी से करनी पड़ती है। उनके अधिवास बहुत अस्वास्थ्यकर होते हैं, तथा बहुत–सी जनसंख्या बिना मकान के ही अपना जीवन व्यतीत करते हैं। उन्हें रोगों और मौत का सामना करना पड़ता है। छोटे व्यापारी और महाजन उनका अनेकानेक प्रकार से शोषण करते रहते हैं। उनमें से अधिकांश तो बँधुआ मजदूर बन जाते हैं। आर्थिक पर्यावरण से वे असुरक्षित दिखाई पड़ते हैं। झुग्गी–झोपड़ियों वाली बस्तियों के नजदीक खुबसूरत अथवा आलीशान घरों की बनावट से निर्धनों के भीतर हीन भावना विकसित होती है।

प्राकृतिक असंतुलन–मनुष्य के दैनिक जीवन में प्रयुक्त होने वाली सभी वस्तुएँ किसी न किसी रूप में प्रकृति से ही प्राप्त होती हैं। अतः पर्यावरण का संतुलन एक आवश्यक पक्ष है। लेकिन अनेकानेक कारणों से पर्यावरण का संतुलन बिगड़ने लगा है, जिससे विविध प्रकार की आपदाएँ जन्म लेने लगी हैं। बिगड़ते प्राकृतिक असंतुलन के लिए विकसित देशों को अधिक जिम्मेदार बताया जा रहा है, लेकिन वे इसे स्वीकार करने के लिए तैयार नहीं है।

प्राकृतिक सम्पदाओं को प्रधानतः दो वर्गों में बाँटा जाता है–

पुनः न प्राप्त होने वाली सम्पदा (खनिज पदार्थ, कोयला, तेल आदि)।

दोबारा प्राप्त होने वाले पदार्थ

प्राकृतिक सम्पदा के अनियंत्रित दोहन के फलस्वरूप जहाँ एक ओर कुछ सम्पदाओं की तेजी से कमी हो रही है, वहीं अनेक प्रकार के प्रदूषण के कारण अपनी गुणवत्ता खो रही है। प्रदूषित जल, भूमि, हवा आदि का संकट गहराने लगा है। वहीं वन विनाश का व्यापक कुप्रभाव भी प्रकट होने लगा है।

प्राचीन काल की अपेक्षा आज वन क्षेत्र में काफी गिरावट आयी है क्योंकि मानव प्रारंभ से लेकर आज तक मानव जंगलों का काट कर उस पर कृषि का कार्य कर रहा है। आज विश्व में सम्पूर्ण वन क्षेत्रों में से लगभग आधे से अधिक भाग को काट डाला है। आज हमारे देश में मात्र 18÷ से भी कम भाग पर वन का अस्तित्व रह गया है। मनुष्य प्रारम्भ में वन्यजीवों का शिकार अपने शिकारी प्रवृत्ति के कारण करता था। इससे अधिक संख्या में वन्यपशुओं का ह्रास हुआ है। उस समय कुछ लोग व्यापारिक लाभ के लिए वन्यपशुओं का शिकार करते थे, तो उन जानवरों की खाल व हड्डी से वस्तुएँ बनाकर ऊँची दरों पर बेचते थे। आज भी वन्यपशुओं का विनाश इस प्रकार हो रहा है कि अनेक जीवों की प्रजातियाँ लुप्त हो गई हैं। इस विनाश के कारण प्राकृतिक असंतुलन की समस्या उत्पन्न हो गई है।

जनसंख्या विस्फोट से आज प्राकृतिक सन्तुलन पर अत्याधिक प्रभाव पड़ा है आबादी–संसाधन के बीच व्याप्त गहन असंतुलन की वजह से भोजन, आवास आदि की समस्या आज विश्व के समक्ष उपस्थित हैं। मानव इन समस्याओं से निपटने के लिए वनों व पहाड़ों को काटकर तथा जानवरों का शिकार करके अपनी मूलभूत आवश्यकताओं की पूर्ति करने में लगा है। साथ ही साथ औद्योगिक तकनीकी के विकास के कारण अनेक प्रकार के प्रदूषणों का फल आज मनुष्य भोग रहा है। औद्योगिक सभ्यता ने सामाजिक तन्त्र को भी शिथिल बना दिया है तथा अनेक प्रकार के सामाजिक प्रदूषण उत्पन्न हो रहे हैं। मनुष्य की इन गतिविधियों का परिणाम यह हुआ है, कि पेड़–पौधों के अभाव में मृदा–अपरदन बढ़ा, वायुमण्डल में कार्बन–डाई–ऑक्साइड की मात्र बढ़ गई। प्राकृतिक असंतुलन के कारण हरे–भरे उर्वरशील क्षेत्र रेगिस्तान होने की प्रक्रिया में दिखाई दे रहे हैं।

3

मानव पर्यावरण में समन्वय

मानव अपनी प्रारंभिक अवस्था से लेकर आज तक पर्यावरण का एक कारक होकर पर्यावरण से स्वयं प्रभावित होता रहा है और पर्यावरण को स्वयं प्रभावित करता रहा है। वर्तमान मानव पर्यावरण का सृजनकर्ता तथा संशोधनकर्ता दोनों है। प्राचीन काल में मानव के पास पर्याप्त ज्ञान का अभाव था लेकिन मानव संस्कृति का विकास जैसे–जैसे होने लगा वैसे–वैसे उसके ज्ञान का विकास भी होता गया। आज एक ऐसा समय आ गया कि मानव सम्पूर्ण क्षेत्रों में अपना अधिकार जमा लिया है। अति विकसित मस्तिष्क के कारण मनुष्य समस्त प्राणियों में श्रेष्ठ और सर्वोच्च स्थान प्राप्त कर लिया। आधुनिक मानव ने विज्ञान और तकनीकी कौशल में इतनी उन्नति कर लिया है कि वह प्राकृतिक पर्यावरण के तत्त्वों को अपनी आवश्यकता, अभिरुचि तथा कौशल के अनुसार परिवर्तित या संशोधित कर लेता है। आधुनिक काल में आर्थिक मानव पर्यावरणीय परिवर्तन का सर्वाधिक शक्तिशाली कारक बन गया है। मनुष्य पृथ्वी पर स्थित प्राकृतिक भू–दृश्यों को परिवर्तित एवं संशोधित करने तथा उसके स्थान पर सांस्कृतिक भूदृश्य के निर्माण में सतत क्रियाशील है। बीसवीं शताब्दी के पूर्वाद्ध में ब्लाश, ब्रूंश, डिमांजियाँ आदि फ्रांसीसी भूगोलवेत्ताओं ने मानव को प्रमुख क्रियाशील शक्ति मानते हुए सम्भववाद (possibilism) का समर्थन किया था। जिसके अनुसार मनुष्य प्राकृतिक पर्यावरण के प्रभावों को निष्क्रिय होकर सहन नहीं कर लेता है बल्कि वह अपनी आवश्यकता तथा चातुर्य (कौशल) के अनुसार उसे परिवर्तित तथा संशोधित करने में सतत क्रियाशील रहता है। इस प्रकार मनुष्य प्राकृतिक पर्यावरण में परिवर्तन करके सांस्कृतिक पर्यावरण का निर्माण करता है।

प्रसिद्ध भूगोल विशेषज्ञ ईसा बोमैन के अनुसार "प्राकृतिक पर्यावरण मानव समाज के स्वरूप को निर्धारित नहीं कर सकता। पर्यावरण के तत्त्व मनुष्य के सम्पर्क से परिवर्तित हो जाते हैं जिस प्रकार मानवता स्वयं भी परिवर्तनशील है।"

मनुष्य के सम्पर्क से प्राकृतिक पर्यावरण के विभिन्न तत्त्वों जैसे स्थलाकृति, वायुमण्डलीय तत्त्व (तापमान, वर्षा, आर्द्रता, वायु आदि), मिट्टी, जलाशय, वनस्पति, जीव–जन्तु आदि में उल्लेखनीय मात्र में परिवर्तन हो जाते हैं। आधुनिक मानव का प्रभाव केवल उसके आवासित क्षेत्र (भू–तल) तक ही सीमित नहीं है, बल्कि भूगर्भ और वायुमण्डल पर भी मानवीय प्रभाव रूप दिखाई पड़ती है। वास्तव में मनुष्य के पैर जहाँ–जहाँ पड़े हैं वहाँ के प्राकृतिक तत्त्व अपने मूलरूप ही रह गए हैं और उनमें कुछ न कुछ परिवर्तन अवश्य हुए हैं। हिमालय की हिमाच्छदित चोटियाँ तथा आर्कटिक पर्यावरण को निश्चित रूप में प्रभावित किया है। मानव कृत्यों से वायुमण्डल, जलमण्डल और भूगर्भ पर भी अनेक दुष्प्रभाव पड़े हैं।

भौतिक पर्यावरण के कारक अथवा तत्त्व अधिकतर असंतुलित अवस्था में नहीं रहते, बल्कि सन्तुलित अवस्था में रहते हैं और यदि कभी संतुलन उत्पन्न होता है तो वह क्षणिक होता है और प्राकृतिक प्रक्रिया द्वारा शीघ्र ही पुनः संतुलन स्थापित हो जाता है। किन्तु मानवीय हस्तक्षेप से उत्पन्न पर्यावरणीय असन्तुलन सामान्यतः बढ़ता ही जाता है और पर्यावरण को प्रदूषित कर देता है। वर्तमान समय में आर्थिक मानव के क्रिया–कलापों तथा प्राकृतिक साधनों के अंधाधुंध विदोहन (शोषण) से प्राकृतिक संतुलन व्यवस्था में बाधाएँ उत्पन्न होने लगी हैं, जिससे प्राकृतिक असंतुलन और पर्यावरण प्रदूषण में निरन्तर वृद्धि होती जा रही है। मानवीय कृत्यों से उत्पन्न पर्यावरण प्रदूषण के प्राणघातक दुष्प्रभाव से स्वयं मानवता खतरे में पड़ती जा रही है। प्रमुख पर्यावरणीय तत्त्वों पर आधुनिक सभ्य मानव (आर्थिक मानव) का क्या प्रभाव पड़ा है उसे निम्नलिखित शीर्षकों के अन्तर्गत स्पष्ट किया गया है–

भूमि पर प्रभाव

मानव विभिन्न प्रकार के उबड़ खाबड़ भू–स्थलों को अपनी आवश्यकता के आधार पर काफी परिवर्तन किया है ऐसे भू–स्थलों में परिवर्तन करने उसे कृषि योग्य बनाया है। जिसमें विभिन्न प्रकार की फसलों को उगाता है। मानव ने अपने रहने, काम करने तथा अन्य सामाजिक– सांस्कृतिक–आर्थिक–राजनीतिक उद्देश्यों से भवनों (गृहों) का निर्माण किया है और पृथ्वी के तल पर असंख्य ग्रामों और नगरों को बसाया है। विभिन्न उद्देश्यों से विश्व के अनेक भागों में मानव समूह ने बहुत से टीलों और लघु पहाड़ियों को काटकर समतल भूमि का सृजन किया है। ग्रामों तथा नगरों को बसाने, रेल और सड़क मार्गों के निर्माण के लिए मानव ने स्थल रूपों के स्वरूप में उल्लेखनीय परिवर्तन करने में सफलता प्राप्त की है। मनुष्य ने पहाड़ी ढालों पर भूमि

को काटकर पगडंडी तथा कच्ची एवं पक्की सड़कों का निर्माण किया है। निचले पहाड़ी भागों में चक्करदार सड़के तथा रेलमार्ग बनाए जाते हैं। अनेक पहाड़ी क्षेत्रों से गुजरने वाले सड़क एवं रेलमार्ग के लिए पहाड़ियों में सुरंगे बनाई जाती हैं। इस प्रकार आधुनिक मानव ने भूमि तथा स्थलाकृतियों के भौतिक स्वरूप में काफी परिवर्तन किया है और प्राकृतिक भूदृश्य के स्थान पर सांस्कृतिक भूदृश्य का निर्माण किया है।

जलाशयों पर प्रभाव

जल ही जीवन है जल के अभाव में मानव जीवन का अस्तित्व सम्भव नहीं है। अतः जल और मानव में काफी नजदीकी का सम्बन्ध है। मानवीय गतिविधियों से झील, नदी, तालाब आदि के अलावा समुद्र या सागर तथा महासागर भी इससे प्रभावित होते हैं। मानवीय कारणों से विभिन्न जलाशयों के जल के भौतिक तथा रासायनिक गुणों में परिवर्तन होने से जल प्रदूषित हो जाता है और वह जनस्वास्थ्य, मनुष्यों तथा पशुओं के पीने के लिए और फसलों की सिंचाई आदि के अयोग्य, हानिकारक तथा रोगजनक बन जाता है। नदियों, झीलों, तालाबों आदि में नगरों से निकलने वाले गन्दे जल तथा कारखानों से निकलने वाले विषाक्त पदार्थों (प्रदूषणों) के मिलने, जल में मृत पशुओं, मनुष्यों आदि के सड़ने–गलने तथा अन्य कारणों से जल के भौतिक स्वरूप, रंग, स्वाद आदि में परिवर्तन हो जाता है और प्रदूषित हो जाता है। पिछले 50 वर्षों में बढ़ती हुई जनसंख्या, औद्योगिकरण, नगरीकरण आदि के परिणामस्वरूप जल प्रदूषण में अत्यधिक वृद्धि हुई है।

मानव ने अपनी कुछ आर्थिक आवश्यकताओं को पूरा करने के लिए विभिन्न प्रकार के जलाशयों का निर्माण किया है। विभिन्न उद्देश्यों की शर्तों के लिए नदियों के प्रवाहित जल को रोका जाता है जिससे विशद कृत्रिम जलाशय का उदगम होता है। इन कृत्रिम जलाशयों तथा नदियों, झीलों आदि से नहरें निकाली जाती हैं जिसके जल का उपयोग अपेक्षाकृत् दूरवर्ती क्षेत्रों में सिंचाई के लिए किया जाता है। भारत, चीन, पाकिस्तान, संयुक्त राज्य अमेरिका, ब्राजील, रूस, यूक्रेन आदि अनेक देशों में नहरे सिंचाई की महत्त्वपूर्ण साधन हैं। भूगर्भिक जल को कुओं तथा नलकूपों के माध्यम से निकालकर उसका उपयोग पीने और सिंचाई से लेकर औद्योगिक कार्यों में किया है। इस प्रकार मानव ने धरातली, भूगर्भिक तथा सागरीय सभी प्रकार के जल स्रोतों को अपने क्रियाकलापों द्वारा उल्लेखनीय रूप से प्रभावित किया है। प्रभावों का विवरण अग्रांकित है–

मौसम तथा जलवायविक तत्त्वों पर प्रभावः–

बढ़ते हुए औद्योगिकरण एवं नगरीयकरण से आवागमन के माध्यमों में सराहनीय विकास हुआ है। इन यातायात अथवा आवागमन साधनों के विकास से पर्यावरण की विशेषताओं में भी कमी आयी है। आर्थिक मानव ने अनेक क्रिया–कलापों द्वारा वायु प्रदूषण को जन्म दिया है। प्राकृतिक तथा मानव जनित स्रोतों से उत्पन्न अनपेक्षित

तत्त्व जब वायुमण्डल में मिल जाते हैं तब वायु असंतुलित हो जाती है और वह मानव सहित अन्य प्राणियों तथा वनस्पतियों के लिए हानिकारक बन जाती है। वायु प्रदूषण मुख्यतः ठोस, गैसीय तथा तरल कणों वाले प्रदूषणों के वायु (वायुमण्डल) में मिश्रित होने से उत्पन्न होता है। वायु प्रदूषण के लिए मुख्यतः मानव जनित स्रोत ही अधिक महत्त्वपूर्ण होते हैं, क्योंकि प्राकृतिक स्रोतों (ज्वालामुखी उद्‌गार, आँधी, तूफान आदि) द्वारा उत्पन्न वायु प्रदूषण प्राकृतिक प्रक्रिया द्वारा स्वतः समाप्त हो जाते हैं।

कारखानों की चिमनियों, रेल इंजनों, स्वचालित वाहनों, वायुयानों, रसोईघरों, तापशक्ति गृहों आदि में जीवाश्म ईंधनों (कोयला, पेट्रोलियम, गैस आदि) तथा परमाणु खनिज के दहन से कार्बन डाई ऑक्साइड, कार्बन मोनो ऑक्साइड, नाइट्रोजन ऑक्साइड, अमोनिया, मिथेन आदि गैसे निकलती हैं जो अधिक मात्र में वायुमण्डल में पहुँचकर वायु को असंतुलित और प्रदूषित कर देती हैं। वायु प्रदूषण के कारण निचले वायुमण्डल ही नहीं बल्कि ऊपरी वायुमण्डल में भी असंतुलन के लक्षण उत्पन्न होने लगे हैं। कारखानों की चिमनियों, मशीनों, स्वचालित वाहनों, वायुयानों, राकेटों, परमाणु विस्फोटों आदि द्वारा उत्सर्जित कॉर्बन तथा नाइट्रोजन ऑक्साइड के प्रभाव को समताप मण्डल के ओजोन परत में क्षीणता प्रकट होने लगी है। ओजोन परत की क्षीणता के कारण धरातल पर सूर्य की पराबैगनी किरणें अधिक मात्र में पहुँचेंगी जिससे निचले वायुमण्डल तथा धरातलीय सतह के तापमान में वृद्धि होगी और वायुमण्डल तथा पृथ्वी का ऊष्मा संतुलन बिगड़ जाएगा।

कार्बन डाई–ऑक्साइड आदि हरितगृह गैसों के वायुमण्डल में बढ़ जाने के कारण इसमें हरितगृह प्रभाव में बढ़ोतरी होगी। जिनके कारण निचले वायुमण्डल में तापमान में बढ़ोतरी होगी। इस तरह वैश्विक स्तर पर उत्पन्न होने से महाद्वीपीय हिमनद पर हिमटोपियाँ पिघलने लगेंगी और समुद्रों में जल की मात्र बढ़ने से सागर तल में उत्थान होगा जिसके परिणामस्वरूप समुद्र तटीय निचले भू–भाग और असंख्य द्वीप जलमग्न हो सकते हैं। जीवाश्म ईंधनों के जलने तथा अन्य कारणों से निःसृत धुआँ तथा प्रदूषणों के जमाव से नगरों तथा औद्योगिक क्षेत्रों के ऊपर **धूम कोहरा** (smoke) उत्पन्न होता है, जिसमें सल्फर डाई–ऑक्साइड, कार्बन डाई–ऑक्साइड, ओजोन आदि विषाक्त गैसों के मिश्रण से वह मानव के लिए रोग जनक तथा प्राणघातक हो जाता है। वर्षा जल के साथ कॉर्बन डाई–ऑक्साइड के विलयन से वर्षा का जल अम्लीय तथा क्षारीय हो जाता है। अम्ल वर्षा का मानव जीवन पर प्रतिकूल प्रभाव पड़ता है और इससे अनेक प्रकार के रोग तथा बीमारियाँ उत्पन्न होती हैं।

पशुओं पर प्रभाव

अतीत काल से ही किसी न किसी रूप में मानव और पशुओं के मध्य गहरा सम्बन्ध रहा है। प्राचीन काल में मानव पशुओं का शिकार करके उसके मांस को भोजन के रूप में ग्रहण करता था। सर्वप्रथम पाषणयुग में मानव ने कुत्ता को पालना

प्रारभ किया था। उसके पश्चात पश्चिम एशिया के अर्द्ध शुष्क प्रदेशों में भेड़ बकरी आदि अहिंसक पशुओं को पालना शुरू किया गया। इसके बाद दक्षिण एशिया में गाय, भैस, बकरी आदि जानवरों को पालतू बनाया गया। अतः मानव संस्कृति का जैसे–जैसे विकास हुआ वैसे–वैसे पशु व्यवसाय अग्रसर होता गया।

पशु जनजीवन पर मनुष्य का सबसे अधिक असर पशुपालन के रूप में था। जलवायु दशाओं तथा प्राकृतिक वनस्पतियों के अनुसार विश्व के विभिन्न भागों में विविध प्रकार के पशुओं को पाला जाता है। उष्ण कटिबंधीय घास प्रदेशों तथा मानसूनी आर्द्र प्रदेशों में दूध के लिए गायें और भैसें अधिक पाली जाती हैं। सवारी तथा सामान ढोने के लिए घोड़े, ऊँट, हाथी, खच्चर आदि भारवाही पशु पाले जाते हैं। माँस के लिए बकरी, सूअर, भेंड़ तथा अण्डे के लिए मुर्गियों का पालन छोटे–बड़े स्तरों पर किया जाता है। शीतोष्ण घास प्रदेशों में दूध तथा माँस के लिए गायों को तथा माँस, चमड़ा, ऊन आदि के लिए भेड़ों और बकरियों को व्यापारिक स्तर पर पाला जाता है। टुण्ड्रा प्रदेश में आदिम जातियाँ रेन्डियर, कैरीबो आदि पशुओं को पालती हैं, जिनका उपयोग मुख्यतः माँस प्राप्त करने तथा स्लेज गाड़ी खींचने के लिए किया जाता है।

वर्तमान मानव का लगभग सभी पशुओं पर एकाधिकार हो गया है विभिन्न जानवरों एवं पक्षियों का दिन–प्रतिदिन संख्या कम होती जा रही है। यहां तक की कुछ पक्षियों एवं जानवरों का इस भूमण्डल से अस्तित्व ही समाप्त होता दिखाई दे रहा है। इसका प्रमुख कारण है–व्यापक स्तर पर वनों का विनाश तथा अत्यधिक शिकार अथवा आखोट ज्ञातव्य है कि पारिस्थितिक संतुलन में प्राकृतिक वनस्पतियों की भाँति (जन्तुओं) का भी महत्त्वपूर्ण योगदान है। यही कारण है कि विभिन्न प्रकार के पशुओं तथा पक्षियों की संख्या में अत्यधिक ह्रास होने या उनकी प्रजातियों के विलुप्त हो जाने से अनेक प्रकार की पर्यावरणीय (पारिस्थितिक) समस्याएँ उत्पन्न हो रही है जिसका मानव जीवन पर दूरगामी प्रतिकूल प्रभाव पड़ेगा। पशु जगत के महत्त्व को ध्यान में रखते हुए अब अधिकांश विकसित तथा विकासशील देशों में वन्य जीव संरक्षण पर बल दिया जा रहा है।

मृदा पर प्रभाव

मृदा मानव की अन्नदायी है क्योंकि मृदा में सभी अन्नों की उपज होती है। मृदा निर्माण प्राकृतिक निर्माण है। मानव अपनी बौद्धिक क्षमता के आधार पर मृदा रचना,उसकी उर्वरता प्रदूषण आदि को अत्यधिक सीमा में विघटित किया है। कृषि कार्य के लिए खेतों की जुताई करके, अधिक उत्पादन के लिए मिट्टी में कृत्रिम उर्वरकों, कीटनाशी तथा रसायनों का प्रयोग करके मानव ने मिट्टी के गुणों में उल्लेखनीय परिवर्तन किया है। खेतों की खाई, निर्वनीकरण, अतिचारण आदि से मृदा अपरदन में वृद्धि होती है। मृदा अपरदन मुख्यतः प्राकृतिक कारकों जैसे प्रवाही वर्षा जल तथा हवाओं द्वारा होता है किन्तु इसमें मानव क्रिया कलापों का भी महत्त्वपूर्ण

आदान है। मृदा अपरदन से ऊपरी परत की उपजाऊ मिट्टी कटकर अन्यत्र चली जाती है और भूमि अनुपजाऊ हो जाती है।

वर्तमान समय में मृदा को प्रदूषित करने में मानव की विभिन्न गतिविधियां अत्यधिक जिम्मेदार हैं। मृदा में पोषक तत्त्वों की कमी, आवश्यक सूक्ष्म तत्वों की कमी, आवश्यकता से अधिक आर्द्रता या शुष्कता का होना, मृदा के भौतिक तथा रासायनिक गुण में बदलाव, प्रदूषक तत्त्वों का मिश्रण आदि मृदा प्रदूषण के लक्षण मानव द्वारा भूमि के प्रयोग में विशद एवं भारी पैमाने पर परिवर्तन, फसलों में रासायनिक उर्वरकों, कीटनाशक एवं कीटनाशक रसायनों के अतिशय एवं अंधाधुंध प्रयोग, नगरीय तथा औद्योगिक क्षेत्रों के अपशिष्ट एवं विषाक्त जल का फसलों की सिंचाई के लिए प्रयोग, जल भराव, मिट्टी में नष्ट न होने वाले पालीथीन आदि ठोस पदार्थों की डम्पिंग (जमाव) आदि से मृदा प्रदूषण की उत्पत्ति होती है। मृदा प्रदूषण से मिट्टी की गुणवत्ता तथा उर्वरता में कमी आती है और वह कृषि के लिए अनुपयुक्त हो जाती है।

प्राकृतिक वनस्पति पर प्रभाव

प्राकृतिक वनस्पतियों में वन, झाड़ियां घासे आदि पेड़ पौधों को सम्मिलित किया जाता है। वन किसी भी देश की एक प्रमुख सम्पदा होती है। वन मानव के लिए विभिन्न दृष्टियों से काफी महत्त्वपूर्ण है। वनों से उद्योगों के लिए कच्ची सामग्री, घरेलू ईंधन के लिए लकड़ी, भवन निर्माण तथा फर्नीचर आदि के लिए उपयोगी लकड़ी तथा फल, फूल, कन्दमूल आदि भोज्य पदार्थ प्राप्त होते हैं। वनों द्वारा पशुओं तथा विविध पशु–पक्षियों को अनुकूल आवास प्राप्त होते हैं। वन पारिस्थितिक तंत्र का एक अत्यन्त महत्त्वपूर्ण घटक है जो पर्यावरण को स्थिरता और पारिस्थितिक संतुलन प्रदान करता है। किसी देश एवं समाज के स्वास्थ्य, आर्थिक विकास तथा समृद्धि के लिए वनों का सर्वोच्च स्थान है।

तीव्र गति से बढ़ती हुई जनसंख्या, औद्योगीकरण, नगरीयकरण कृषि का फैलता हुआ क्षेत्रफल आदि कारणों से वनों का क्षेत्रफल कम हो रहा है। उष्ण कटिबंधीय घास प्रदेशों (सवाना प्रदेशों) तथा शीतोष्ण कटिबंधीय घास प्रदेशों (प्रेयरी तुल्य प्रदेशों) में घासों को साफ करके विस्तीर्ण भू–भागों पर कृषि फार्म बनाकर यांत्रिक कृषि की जाती है। उष्णार्द्र तथा मानसूनी वन क्षेत्रों में आदिम जनजातियाँ स्थानांतरणशील खेती करते हैं जिससे वनों का विनाश होता है। विश्व के शीतोष्ण कटिबंधीय घास के मैदानों में प्राकृतिक वनस्पतियों (घासों) को साफ करके उन पर चारागाह के रूप में घासें तथा फसलें उगाई जाती हैं और उनका उपयोग डेरी कृषि के लिए किया जाता है। विश्व के अनेक देशों में जल विद्युत परियोजनाओं तथा बहुउद्देशीय परियोजनाओं को संचालित करने के लिए विस्तृत भू–भाग से वनों को साफ कर दिया जाता है। इनके लिए निर्मित विशाल जलाशयों के जल में निमग्न होने के कारण वन वृक्ष सूख जाते हैं और अपार वन सम्पदा का विनाश होता है।

वर्तमान परिस्थिति में वनों का मानव द्वारा विदोहन करने से विभिन्न प्रकार की पर्यावरणीय समस्याएं खड़ी हो गयी है। वन वृक्षों की उपयोगिता तथा वन विनाश से उत्पन्न हानियों को देखते हुए वन संरक्षण अनिवार्य हो गया है। भारत सहित विश्व के अनेक विकसित एवं विकासशील देशों में वनों के समुचित प्रबंधन तथा संरक्षण के लिए राष्ट्रीय वन नीतियाँ बनाई गई हैं। आधुनिक मानव ने प्राकृतिक बनस्पतियों का घरेलूकरण कर लिया है और विश्व के अनेक उष्णार्द्र भागों में प्राकृतिक वनों को साफ करके वहाँ विविध प्रकार के बागान लगाए गए हैं। ऐसे बागानों में चाय, कहवा, रबड़, कोको, नारियल, गरम मसाले आदि के बागान उल्लेखनीय हैं।

खनिज पर प्रभाव

खनिज धरातल प्र पाये जाने वाले रासायकि पदार्थ होते हैं। यह पदार्थ भू–गर्भ में सम्पादित नैसर्गिक गतिविधियों में दीर्घ काल में होता है। मानव उपयोग के आधार पर खनिजों को विभिन्न भागों में विभाजित किया गया है। लौह अयस्क, मैंगनीज, चूना पत्थर, बाक्साइड, टिन, अभ्रक आदि को औद्योगिक खनिज कहते हैं क्योंकि इनका प्रयोग औद्योगिक कारखानों में कच्चेमाल के रूप में किया जाता है। कोयला, पेट्रोलियम, प्राकृतिक गैस, यूरेनियम, थोरियम आदि खनिज पदार्थ शक्ति संसाधन कहलाते हैं। सोना, चाँदी, प्लैटिनम, पन्ना, हीरा आदि की गणना बहुमूल्य खनिज की श्रेणी में की जाती है।

विभिन्न प्रकार के औद्योगिक निर्माण के पश्चात प्रमुख रूप से औद्योगिकीकरण के परिणामस्वरूप अनेक औद्योगिक तत्वों की भूगर्भ से खनिज तत्वों की खुदाई होनी प्रारंभ हो गयी खुदाई होने के कारण कई राष्ट्रों के भीतर लौह अयस्क, बाक्साइड, कोयला पेट्रोलियम आदि के संचित भण्डार समाप्त हो चुके हैं या शीघ्र ही समाप्त होने वाले हैं। ज्ञातव्य है कि सभी खनिज पदार्थों की संचित राशि निश्चित और सीमित है। आर्थिक मानव ने अपने त्वरित् लाभ के लिए अत्यधिक विदोहन से जिन महत्त्वपूर्ण खनिज भण्डारों को समाप्त कर लिया है उनकी क्षतिपूर्ति कई शताब्दियों में सम्भव नहीं है। इसीलिए अब विभिन्न देशों द्वारा खनिज संसाधनों का संरक्षण पर बल दिया जाने लगा है। पृथ्वी पर मानव का जन्म प्रकृति की एक अनुपम घटना है। बुद्धि विकल्प, कृतित्व एवं व्यक्तित्व जैसी विशेषता मानव को प्रकृति के अन्य तत्वों से पूर्ण रूप से पृथक एवं विशिष्ट बना दिया है। उन्हीं विशेषताओं के कारण वह अपनी प्राथमिक भागों को पूरा करने के लिए चिन्तनशील हुआ है वह नैसर्गिक पर्यावरण से प्राप्त तत्वों पर अपना जीवन व्यतीत करने लगा। विभिन्न प्रकार की मानवीय गतिविधियां पर्यावरण के अन्तर्गत सम्बद्ध होने लगी। बाद में उन गतिविधियों का हल भी दिखाई देने लगा। पर्यावरण के मध्य मानव एक विवेकशील एवं क्रियाशील जीव के रूप में प्रतिष्ठित सगस्त जीवों से पृथक हो गया। मानव अपनी जंगली अवस्था से चलक एक सभ्य अवस्था प्रवेश किया। मानव ने उसी पर्यावरण में रहकर एक विशिष्ट संस्कृति का निर्माण किया और उसी के मूल्यों एवं आदर्शों का पालन भी किया। अतः

हम कह सकते हैं कि पर्यावरण मानव को कुछ ही नहीं बल्कि बहुत कुछ प्रदान किया है परिणामस्वरूप मानव का यह कर्तव्य बनता है कि पर्यावरण को संरक्षण प्रदान करे जिनसे भावी मानव पीढ़ी के अस्तित्व पर संकट पैदा न हो।

जहां तक उन दोनों के समन्वय की बात है तो यह स्पष्ट रूप से कहा जा सकता है कि उन दोनों का सम्बन्ध चोली–दामन का सम्बन्ध है। मानवीय तथा भौतिक परिस्थितियों का पूर्ण मिश्रण जो मनुष्य के चारों तरफ विद्यमान होता है और सम्पूर्ण रूप से उसे प्रभावित करता है, तो उसे पर्यावरण की संज्ञा प्रदान किया जाता है मानव इस मानवीय रूपी संसार में जहाँ भी निवास करता है, वहाँ वह अपने चतुर्दिक विद्यमान नैसर्गिक एवं मानवीय दशाओं से वंचित नहीं रह सकता। मनुष्य की प्राथमिक आवश्यकताओं–भोजन, वस्त्र, आश्रय आदि से लेकर उसके व्यवसाय, कार्यक्षमता, स्वास्थ्य तथा ज्ञान–विज्ञान, धर्म, भाषा, संस्कृति आदि के निर्धारण में स्थानीय पर्यावरणीय तत्त्वों की महत्त्वपूर्ण भूमिका होती है। मनुष्य अन्य जीवों की भाँति अपने को प्राकृतिक पर्यावरण के अनुकूल बनाने का प्रयत्न करता है जिसे अनुकूलन कहते हैं। इसके साथ ही वह अपनी शक्ति, कार्यकुशलता तथा आवश्यकता एवं अभिरुचि के अनुसार पर्यावरणीय दशाओं या तत्त्वों में महत्त्वपूर्ण परिवर्तन भी करता है जिसे रूपांतरण कहते हैं। इस प्रकार किसी स्थान या क्षेत्र विशेष में रहने वाला मानव समूह अपने स्थानीय पर्यावरण के साथ समायोजन करता है।

विश्व के किसी भी भाग में जनसंख्या वितरण के अध्ययन से मानव और पर्यावरण के मध्य स्थापित सम्बन्धों का ज्ञान प्राप्त होता है। मानव पृथ्वी के जिस क्षेत्र में पर्यावरणीय तत्त्वों का जितना अधिक अनुकूलतम प्रयोग करने में समर्थ हो सका है, वहाँ आर्थिक संसाधनों का उतना ही अधिक विकास सम्भव हुआ है तथा जनसंख्या की सघनता अधिक पाई जाती है। इसके विपरीत अज्ञानता तथा प्रौद्योगिकी के पिछड़ने के कारण जिस भू–भाग में मानव समूह स्थानीय संसाधनों का भली प्रकार विदोहन करने तथा उनका आर्थिक उपयोग करने में समर्थ नहीं हो पाया है, वहाँ बहुत कम लोगों का निवास है, यथा वर्षा वनों से आच्छादित मध्य अफ्रीका का कांगो बेसिन और दक्षिण अमेरिका का आमेजन बेसिन।

मानव पर पर्यावरण का प्रभाव

प्राकृतिक पर्यावरण के सम्पूर्ण तत्वों के अन्तर्गत सकारात्मक एवं नकारात्मक दोनों में अत्यधिक समन्वय देखने को मिलता है। मानव एवं पर्यावरण एक दूसरे पर प्रभाव डालने में काफी सहयोग करते हैं। ये तत्त्व अलग–अलग तथा सामूहिक रूप से मानव जीवन को प्रभावित करते हैं। किसी विशिष्ट पर्यावरण में रहने वाले मनुष्यों का सामाजिक, आर्थिक, राजनीतिक एवं सांस्कृतिक जीवन वहाँ के पर्यावरणीय तत्त्वों के सामूहिक प्रभाव तथा अन्तर्क्रिया का परिणाम होता है। यहाँ नैसर्गिक अथवा प्राकृतिक पर्यावरण के सम्पूर्ण कारकों को निम्न श्रेणियों में विभाजित करके मानवीय

जीवन को प्रभावित करने वाले सामान्य प्रभावों की विवेचना किया गया है। प्राकृतिक पर्यावरण के प्रमुख तत्वों को निम्नलिखित शीर्षकों के अन्तर्गत उल्लेख किया गया है।

स्थल रूपों का प्रभाव

मानवी जीवन को प्रभावित करने वाले स्थलाकृतियों या स्थल रूपों पर संक्षिप्त प्रकाश नीचे के बिन्दुओं में डाला गया है–

1. पठार–सपाट भूमि वाला ऊँचा भू–भाग पठार कहलाता है, जिसके किनारे तीव्र ढाल वाले होते हैं। पठार प्रायः प्राचीन कठोर शैलों द्वारा निर्मित होते हैं। प्राचीन शैलों से निर्मित होने के कारण विश्व के अनेक पठारी भागों में महत्त्वपूर्ण खनिजों के विशाल भंडार पाए जाते हैं। पठार खनिजों के प्रमुख स्रोत माने जाते हैं। भारत के दक्षिणी पठार पर लौह अयस्क, मैग्नीज, अभ्रक, बाक्साइट, चूना पत्थर, कोयला आदि के विशाल भण्डार हैं। खनिज स्रोतों (खदानों) के समीपवर्ती भागों में खनिजों पर आधारित उद्योग धन्धे स्थापित किए गए हैं, जिसमें लोहा–इस्पात, सीमेंट, एल्युमिनियम आदि के उद्योग प्रमुख हैं।

जिन पठारी क्षेत्रें में कृषि योग भूमि होती है उन क्षेत्रों में विभिन्न प्रकार की फसलों का उत्पादन किया जाता है। भारत में दकन (दक्षिणी प्रायद्वीपीय) पठार पर उत्तर में गुजरात से लेकर दक्षिण में कर्नाटक तक अत्यन्त उपजाऊ काली मिट्टी का विस्तार है, जिस पर कपास, मूँगफली, गन्ना, तम्बाकू आदि कई महत्त्वपूर्ण नकदी फसलों की खेती की जाती है। काली मिट्टी (लावा मिट्टी) के दक्षिण और पूर्व में लाल–पीली तथा लेटराइट मिट्टियाँ मिलती हैं जो कम उपजाऊ हैं। पठारों के कम उपजाऊ भूमियों पर पशुचारण का व्यवसाय प्रमुख होता है।

आबादी का बसाव पठारी क्षेत्रें में कम पाया जाता है। इन क्षेत्रों में सड़क निर्माण में वित्त खर्च कम होता है। यही कारण है कि यहाँ सड़कों का विकसित रूप पाया जाता है।

1. पर्वतीय क्षेत्र–इस क्षेत्र में मानव निवास, यातायात के साधन उद्योग धन्धों व नगरों का विकास समुचित रूप से नहीं हो पाता इसका प्रमुख कारण है विषम धरातल। पर्वतीय क्षेत्रों में समतल भूमि बहुत कम पाई जाती है तथा पहाड़ी मिट्टी प्रायः उथली और कम उपजाऊ होती है। दो पहाड़ियों के मध्य जहाँ घाटियाँ मिलती है, वहाँ ही सीमित समतल भूमि देखी जा सकती है। तीव्र ढाल के कारण मृदा अपरदन की समस्या बनी रहती है। पहाड़ी कृषक पहाड़ी ढालों पर सीढ़ीदार खेत बनाकर कुछ फसलें उगाते हैं। चीन, जापान, भारत, हिन्देशिया, फ्रांस, यूनान, इटली आदि देशों के पर्वतीय भागों में सोपानी कृषि की जाती है। आल्पस के पर्वतीय ढालों पर अंगूर, अंजीर, सेब आदि के बागान पाए जाते हैं। एशिया के उष्णकटिबंधीय पर्वतीय ढालों पर चाय, कहवा, गरम मसालों के बागान लगाए गए हैं। भारत में

कश्मीर तथा शिमला के पर्वतीय ढालों पर सेब की बागानी–कृषि की जाती है। जलवायु तथा मिट्टी की गहराई तथा उर्वरता के अनुसार विश्व के विभिन्न पर्वतीय भागों में बनाए गए सीढ़ीदार खेतों में गेहूँ, मक्का, चावल, आलू, राई आदि फसलों को उगाया जाता है। विषम परिस्थितियों के कारण पर्वतीय क्षेत्रों के कृषकों को कठिन परिश्रम करना पड़ता है, किन्तु उत्पादन अपेक्षाकृत् कम प्राप्त होता है।

पर्वतीय क्षेत्रों में पशुपालन व्यापक स्तर पर किया जाता है। इन क्षेत्रों में वृक्ष की अपेक्षा नरम घासें अत्यधिक पायी जाती है, जो पशुओं के चारे के रूप में प्रयोग किया जाता है। भेड़ बकरियां, गायें, याक आदि पशु उस क्षेत्र में अधिक पाये जाते हैं। पर्वतीय क्षेत्रों की घास भूमि पर पशुपालन मुख्य व्यवसाय होता है। पशुओं से दूध, ऊन, चमड़ा आदि प्राप्त होता है जिनसे अनेक प्रकार की उपयोगी सामग्रियों को निर्मित किया जाता है। उपोष्ण तथा शीतोष्ण भागों के पर्वतीय ढालों पर मौसमी प्रवास की प्रथा है। ग्रीष्म ऋतु में अधिक गर्मी के कारण निचली घाटियों में घासें सूख जाती हैं किन्तु ऊपरी पर्वतीय ढालों पर घासें खूब पनपती हैं, जिससे पशुओं के लिए चारा उपलब्ध रहता है। इसके विपरीत शीत ऋतु में उच्च पर्वतीय भागों में हिमपात होने से घासें बर्फ से ढक जाती हैं तथा निचली घाटियाँ गर्म रहती हैं और वहाँ चारागाह भी उपलब्ध रहता है। इन कारणों से ग्रीष्म ऋतु आरम्भ होते ही पहाड़ी पशुचारक अपने पशुओं और परिवार के साथ उच्चवर्ती चारागाहों के लिए प्रस्थान करते हैं और पूरे ग्रीष्म ऋतु में ऊपरी पर्वतीय भागों में पशुओं को चराते हैं। शीतऋतु आरम्भ होने पर वे पशुओं और परिवार के साथ निचली घाटी के लिए प्रस्थान कर देते हैं और शीत ऋतु में निचली घाटियों में रहते हैं। इस प्रकार इनका मौसमी प्रवास होता रहता है। इस प्रकार के मौसमी प्रवास आल्पस, हिमालय, क्यूनलन, खिंगन आदि अनेक पर्वतीय भागों में पाया जाता है।

पर्वतीय क्षेत्रों में खनिज पदार्थों की उपलब्धता का अत्यधिक महत्त्वपूर्ण खनिज पदार्थो में जैसे–अपलेशियन, यूराल, एण्डीज, राकी आदि पर्वतीय भागों में अनेक महत्त्वपूर्ण खनिजों के विशाल भण्डार हैं। अपलेशियन क्षेत्र में खनिज लौह, कोयला, खनिज तेल आदि के विशाल भण्डार हैं। राकी पर्वत में कोयला, पेट्रोलियम, सोना आदि की खानें है। एण्डीज पर्वत में सोना, चाँदी, ताँबा आदि अनेक प्रकार के महत्त्वपूर्ण खनिज पदार्थ मिलते हैं। यूराल क्षेत्र में कोयला, लोहा, मैंगनीज आदि कई महत्त्वपूर्ण खनिज संसाधनों के प्रचुर भण्डार हैं। दक्षिण अफ्रीका के डेकन्सबर्ग पर्वतीय क्षेत्र में विश्व प्रसिद्ध स्वर्ण खदानें हैं। पर्वतीय भागों में महत्त्वपूर्ण खदानों के निकट नगर बस जाते हैं। खनिज भण्डार समाप्त हो जाने पर खनन कार्य बन्द हो जाता है और वहा के क्षेत्र वीरान लगने लगते हैं।

पर्वतीय क्षेत्रों में पर्यावरण परिस्थितयों में विभिन्नता के आधार पर कई तरह के पेड़–पौधे विकसित होते हैं, मैदानी क्षेत्रों में खेत भूमि का फैलाव होने के कारण ज्यादातर जंगल कृषि कार्य में प्रयोग की जा रही हैं, किन्तु पर्वतीय भागों में अधिकांश

वन सुरक्षित हैं। किन्तु मैदानी भागों में लकड़ी की बढ़ती माँग के कारण अब पर्वतीय वनों का भी तीव्रगति से विदोहन होने लगा है और व्यापक निर्वनीकरण (वन–विनाश) के कारण भूमि क्षरण तथा अन्य पर्यावरणीय समस्याएँ उत्पन्न हो रही हैं। ऊँचे–नीचे धरातल तथा तीव्र ढाल के कारण पर्वतीय भागों में सड़क तथा रेल मार्गों का निर्माण अत्यन्त कठिन और अधिक ऊँचे भागों में असम्भव होता है। निचले भागों में भी सड़कों तथा रेलमार्गों को घुमावदार (चक्करदार) बनाना पड़ता है जिससे दूरी काफी बढ़ जाती है।

पर्वतीय इलाकों में जनसंख्या का घनत्व कम पाया जाता है, क्योंकि इन क्षेत्रों में अनुपजाऊ भूमि, आवागमन साधनों, उद्योगों आदि का अभाव पाया जाता है। पर्वतीय भागों में जहाँ उपयोगी खनिज पदार्थ निकाले जाते हैं अथवा उपयुक्त चारागाह या कृषि योग्य भूमि मिलती है, वहाँ काफी जनसंख्या पाई जाती है। उष्ण कटिबंधीय पर्वतीय भागों में जलवायु ग्रीष्म ऋतु में शीतोष्ण तथा सुहावनी रहती है जो जनसंख्या को आकर्षित करती है। किलिमंजारो (अफ्रीका), एण्डीज (इक्वेडोर), हिमालय (भारत) इसके उदाहरण हैं। लैटिन अमेरिका के मैक्सिको, कोलम्बिया, इक्वेडोर, बोलीविया आदि देशों के निचले (मैदानी) भागों में दलदल तथा अस्वास्थ्यकर जलवायु पाई जाती है, जिसके कारण अधिकांश जनसंख्या पर्वतीय क्षेत्रों में पाई जाती है। विभिन्न प्रकार की बाधाओं तथा असुविधाओं के कारण पर्वतीय क्षेत्रों में जनसंख्या बिखरी हुई और कम पाई जाती है।

2. **मैदान क्षेत्र**–अधिकतर मैदान समतल पाये जाते हैं। उत्पति के आधार पर उसके कई रूप होंते हैं जैसे–जलोढ़ क्षेत्र या मैदानी क्षेत्र, हिमानीकृत मैदान, तटीय मैदान आदि। मैदानी भागों में कृषि, सिंचाई, यातायात, कारखानों तथा बस्तियों के निर्माण आदि के लिए विस्तृत भूमि उपलब्ध होती है। इसके कारण मैदानी भागों में जनसंख्या का सर्वाधिक संकेन्द्रण पाया जाता है।

मैदानी क्षेत्र में मिलने वाली कुछ प्रमुख सुविधाओं को निम्नलिखित पंक्तियों के अन्तर्गत स्पष्ट किया जा सकता है–

(i) विस्तृत बस्ती–ग्राम या नगर के विकास तथा कारखानों आदि की स्थापना के लिए मैदानी भागों में पर्याप्त भूमि उपलब्ध होती है। मैदानों की समतल भूमि कृषि के अतिरिक्त उद्योग, यातायात आदि क्रियाओं के लिए भी सर्वोत्तम होती है। इसीलिए विश्व के अनेक महत्त्वपूर्ण औद्योगिक केन्द्र और विशाल नगर मैदानी भागों में स्थित हैं।

(ii) मैदानों का धरातल समतल होने के कारण यहाँ सिंचाई के लिए नहरें तथा कुआँ खोदना, यातायात के लिए सड़कों या रेल मार्गों का निर्माण सुगम होता है।

(iii) मैदानी भागों की मिट्टी सामान्यतः उपजाऊ होती है। अतः मैदानों में अनेक प्रकार की फसलें उत्पन्न की जाती है।

मैदानी क्षेत्रों में आबादी का घनत्व अत्यधिक पाया जाता है। मानव विकास के आधार पर नदियों के निक्षेपों द्वारा बने जलोढ़ मैदान का प्रमुख स्थान है। पाकिस्तान में सिन्धु का मैदान, भारत में सतलज–गंगा–ब्रह्मपुत्र का मैदान, बांग्लादेश में गंगा–ब्रह्मपुत्र का मैदान, चीन में ह्वांगहो, यांगटिसीक्यांग और सीक्यांग नदियों के मैदान, म्यांमार में ईरावदी का मैदान, थाईलैण्ड में मीनाम तथा वियतनाम में मीकांग का मैदान, संयुक्त राज्य में मिसीसिपी–मिसौरी का मैदान, यूरोप में पो घाटी एवं डेन्यूब घाटी, मिस्र में नील नदी घाटी आदि विश्व के अधिक सघन बसे हुए क्षेत्र है। मिस्र की लगभग 90 प्रतिशत जनसंख्या देश के मात्र 3 प्रतिशत भाग में पाई जाती है जो नील घाटी के उत्तरी भाग में स्थित है। समुद्री परिवहन तथा व्यापारिक क्रियाओं की सुविधा के कारण सागर तटीय मैदान समुद्र पतनों के विकास के लिए उत्तम होते हैं। संसार के विशालतम नगर और नगरीय क्षेत्र समुद्र तटीय मैदानों में ही स्थित हैं।

प्राचीन मानव सभ्यता का विकास नदियों के समतल क्षेत्रों में माना जाता है भारत में सिंधु घाटी, मेसोपोटामिया की दजला–फरात घाटी, चीन में ह्वांगहो घाटी, मिस्र में नील घाटी, इटली में पो घाटी आदि अतीत मानव संस्कृति एवं सभ्यता के विकास अथवा उद्‌भव का केन्द्र बिन्दु रहा है आज के दौर में भी आबादी के बड़े–बड़े जन समूह मैदानी क्षेत्रें में निवास कर रहे हैं। विश्व के विशाल जनसमूहों–एशियाई, यूरोपीय तथा अमेरिकी जनसमूहों की अधिकांश जनसंख्या उनके समतल उपजाऊ मैदानी भागों में पाई जाती है जहाँ कृषि, उद्योग, व्यापार, यातायात आदि के लिए उत्तम दशाएँ पाई जाती हैं।

स्थानिक सम्बन्ध का प्रभावः–

स्थानिक सम्बन्ध को प्रभावित करने वाले प्रमुख तत्वों को निम्नलिखित बिन्दुओं के अन्तर्गत स्पष्ट किया जा सकता हैं–

1. आकृति–देश के आर्थिक, सामाजिक एवं राजनैतिक जीवन पर विशेष रूप से प्रभाव पड़ता है, किसी देश या प्रदेश की आकृति गोलाकार, वर्गाकार, लम्बाकार आदि कई प्रकार की हो सकती है। अधिक लम्बे और संकरे दशों में सुरक्षा तथा प्रशासन सम्बन्धी कठिनाई होती है। लम्बाई और चौड़ाई में कम और अंतर वाले देश सुसम्बद्ध (compact) होते हैं। चीन, भारत, जर्मनी, फ्रांस, पोलैण्ड, बेलारूम, स्पेन, रोमानिया, संयुक्त राज्य अमेरिका आदि इसके उदाहरण हैं। सुसम्बन्ध देशों की आकृति आर्थिक, सामाजिक एवं राजनीतिक सभी प्रकार से उत्तम मानी जाती है। चिली, अर्जेनटाइना, नार्वे, स्वीडेन, इटली, फिनलैण्ड, नेपाल आदि लम्बाकार देश है। चिली की लम्बाई (4000 किमी.) चौड़ाई (178 किमी.) की तुलना में 20 गुना से भी अधिक है।

(i) भौगोलिक स्थिति–किसी देश की भौगोलिक स्थिति अन्य देश भू–भाग आदि के विषय में निश्चित की जाती है इसके कई रूप हो सकते हैं जैसे

(क) केन्द्रीय स्थिति

(ख) परिधीय स्थिति

(ग) सामरिक स्थिति,

(घ) आसन्न स्थिति आदि।

भौगोलिक स्थिति के आधार पर किसी, स्थान, क्षेत्र या देश के आर्थिक, सामाजिक, राजनीतिक तथा सामरिक महत्त्व का निर्धारण होता है। प्रशासनिक दृष्टि से केन्द्रीय स्थिति उत्तम मानी जाती है। उत्तर प्रदेश में लखनऊ, मध्य प्रदेश में भोपाल, कर्नाटक में बंगलौर, महाराष्ट्र में मुम्बई आदि नगरों की केन्द्रीय स्थिति है। एशिया महाद्वीप में टर्की, सीरिया, इजराइल, यमन, ओमान, वियतनाम आदि परिधीय स्थिति वाले देश हैं। जिब्राल्टर, स्वेज, सिंगापुर, पोर्ट ब्लेयर, होनूलुलू आदि सामरिक महत्त्व के नगर हैं। चीन, तिब्बत, पाकिस्तान, नेपाल, भूटान, बांग्लादेश, म्यांमार और श्रीलंका भारत के आसन्न (संलग्न) देश हैं। दो आसन्न देशों के मध्य सामान्यतः अधिक घनिष्ट सम्बन्ध पाए जाते हैं, किन्तु कई बार पड़ोसी देशों में सीमा विवाद आदि कारणों से कटुता और शत्रुता भी पाई जाती है जैसे भारत और पाकिस्तान के मध्य।

(ii) नैसर्गिक स्थिति—महाद्वीप महासागर, झील, नदी पहाड़ आदि प्राकृतिक या नैसर्गिक तत्वों के विषय में किसी क्षेत्र की स्थिति को नैसर्गिक स्थिति कहा जाता है। इसका मानवीय क्रिया—कलापों, आर्थिक विकास तथा सामाजिक एवं राजनीतिक दशाओं के निर्धारण में महत्त्वपूर्ण भूमिका होती है। महाद्वीप तथा महासागर के संदर्भ में स्थिति को दो वृहत् वर्गों में रखा जा सकता है—जैसे सामुद्रिक स्थिति और महाद्वीपीय स्थिति। सामुद्रिक स्थिति भी कई प्रकार की होती है जिनमें प्रमुख हैं—तटीय स्थिति, प्रायद्वीपीय स्थिति, द्वीपीय स्थिति, जलसंधि स्थिति, स्थल संधि स्थिति आदि। समुद्री स्थिति जल यातायात, मत्स्योद्योग, अन्तर्राष्ट्रीय व्यापार, जलयान निर्माण आदि के लिए उपयुक्त होती है। समुद्रतटीय जलवायु प्रायः सम रहती है और दैनिक या ऋत्विक तापांतर कम पाया जाता है।

2. आकार या स्वरूप—स्थानीय स्वरूप अथवा आकार देश के अंर्थिक एवं सामाजिक विकास, संसाधनों की प्राप्ति, आत्मनिर्भरता, सैन्य एवं श्रम शक्ति आदि पर विशेष रूप से प्रभाव पड़ता है। सामान्य तौर पर व्यापक स्तर आकार वाले देशों में संसाधनों की प्राप्ति विस्तृत स्वर पर मापी जाती है। जिसके कारण उनका अर्थ प्रबन्ध सुदृढ़ एवं आत्मनिर्भर होती है और वे आर्थिक एवं राजनीतिक दृष्टि से सबल होते हैं। उदाहरण के लिए विशाल आकार वाले देश संयुक्त राज्य अमेरिका, रूस, कनाडा, ऑस्ट्रेलिया, चीन, भारत ब्राजील आदि विशाल संसाधन से पूर्ण और शक्तिशाली राष्ट्र हैं। इसके विपरीत लघु आकार वाले देशों की अर्थव्यवस्था प्रायः अन्तर्राष्ट्रीय व्यापार पर निर्भर होती है, क्योंकि यहाँ संसाधनों की सीमितता पाई जाती है। विश्व का सबसे छोटा देश यूरोप में वैटिकन सिटी है जिसका क्षेत्रफल मात्र 0.4 वर्ग कि.मी. है।

जलवायु का प्रभाव

जलवायु का प्रभाव मानव के रहन–सहन एवं उसकी गतिविधियों पर विशेष रूप से परिभाषित होता है। मानव के शारीरिक बनावट एवं रूप रंग से लेकर उसके भोजन, वस्त्र निवास आदि पर भी जलवायु का प्रभाव पड़ता है। आज के विकसित वैज्ञानिक युग में भी मनुष्य जलवायविक तत्त्वों जैसे तापमान, वर्षा, हिमपात, आँधी–तूफान आदि पर नियंत्रण पाने में अपने को असमर्थ पाता है। मानव जलवायु या मौसम के दुष्प्रभावों से बचाव के लिए पर्यावरण में कृत्रिम परिवर्तन लाने का प्रयत्न करता है किन्तु यह अत्यन्त सूक्ष्म स्तर जैसे प्रयोगशाला, हरितगृह आदि तक ही सम्भव है और वृहत् स्तर पर सम्भव नहीं है। सूर्य प्रकाश, तापमान, आर्द्रता एवं वर्षा, प्रचलित हवाएँ आदि जलवायु के प्रमुख तत्त्व हैं जो अलग–अलग और सामूहिक रूप से मानव जीवन को प्रभावित करते हैं। जलवायु के विभिन्न तत्त्व वनस्पतियों के विकास तथा कृषि उत्पादन के साथ ही मनुष्य के शारीरिक गठन, रूप–रंग, स्वास्थ्य, कार्यक्षमता, व्यवसाय तथा मानवीय क्रियाशीलता को प्रभावित करते हैं।

जिस देश व क्षेत्र में उपयुक्त जलवायु पायी जाती है उस क्षेत्र में जनसंख्या का घनत्व भी अन्य क्षेत्रों की अपेक्षा ज्यादा पाया जाता है। किसी प्रदेश की वनस्पति और जीवमण्डल का निर्धारण तापमान, आर्द्रता एवं वर्षा के सम्मिलित प्रभाव से ही होता है। अधिक आर्द्रता और अधिक शुष्कता दोनों का कृषि उत्पादनों तथा मानव के बसाव पर प्रतिकूल प्रभाव पड़ता है। अति उष्णार्द्र जलवायु वाले भूमध्य रेखीय वन प्रदेशों में वर्षपर्यंत उच्च तापमान, अत्यधिक आर्द्रता एवं वर्षा, और प्रायः शांत हवाओं वाला ऊमसपूर्ण वातावरण पाया जाता है, जो मानव स्वास्थ्य के लिए अनुपयुक्त तथा अहितकर होता है। विश्व के बड़े–बड़े शुष्क मरूस्थल जैसे सहारा, कालाहारी, अरब, थार, अटाकामा, पश्चिमी आस्ट्रेलिया आदि लगभग जनरिक्त हैं। वर्षा के वितरण और जनसंख्या घनत्व में प्रत्यक्ष और सीधा सम्बन्ध पाया जाता है। विश्व की अधिकांश जनसंख्या उपोष्ण मानसूनी तथा शीतोष्ण प्रदेशों में निवास करती है।

जलवायु का पूरा–पूरा प्रभाव मानवीय गतिविधियों एवं व्यवस्था पर भी पड़ता हैं,। जलवायु का फसलों की प्रजातियों एवं उत्पाद पर भी विशेष रूप से प्रभाव पड़ता है। अधिक जल चाहने वाली फसलें जैसे चावल, जूट, गन्ना, रबड़, कहवा, चाय, नारियल आदि का उत्पादन उष्ण एवं आर्द्र भागों में किया जाता है। कम वर्षा वाले प्रदेशों में गेहूँ, जौ, मक्का, रागी, चना, मटर, अलसी, सरसों आदि की कृषि की जाती है। भारत जैसे मानसूनी प्रदेशों में ग्रीष्म ऋतु में उष्ण कटिबंधीय फसलों को और शीत ऋतु में शीतोष्ण कटिबंधीय फसलों को उगाया जाता है। दक्षिणी चीन, जापान, भारत आदि मानसूनी प्रदेशों में वर्ष में सामान्यतः दो से पाँच फसलें तक उगाई जाती हैं, जबकि शीत प्रधान टुण्ड्रा प्रदेश और शुष्क सहारा मरूस्थल में एक भी फसल सफलतापूर्वक नहीं उगाई जा सकती। इतना ही नहीं, उत्पादन की मात्र और कृषि पद्धतियों पर भी जलवायु का प्रभाव पाया जाता है। चीने में चीनी के लिए उष्ण

कटिबंधीय (दक्षिणी) भाग में गन्ना की खेती और शीतोष्ण (उत्तरी) भाग में चुकन्दर की खेती की जाती है। पश्चिम बंगाल और बांग्लादेश में चावल की कृषि प्रमुख है जबकि पंजाब और हरियाणा में गेहूँ की प्रमुखता पाई जाती है, जिसका प्रमुख कारण जलवायु की भिन्नता का पाया जाना ही है।

विभिन्न उद्योग पर भी जलवायु का प्रभाव पड़ता है सूती वस्त्र उद्योग का विकास उष्ण एवं शीतोष्ण दोनों प्रदेशों में हो सकता है। किन्तु ऊनी वस्त्र उद्योग सामान्यतः शीतोष्ण प्रदेशों में ही विकसित होता है। अन्तर्राष्ट्रीय व्यापार तथा यातायात के साधनों पर भी जलवायु का व्यापक प्रभाव पाया जाता है। ठण्डे प्रदेशों में शीत ऋतु में हिमपात के कारण सड़कें तथा दर्रे बर्फ से ढक जाते हैं और यातायात अवरूद्ध हो जाता है। मानसूनी प्रदेशों में वर्षा ऋतु में अधिक वर्षा होने पर नदियों में बाढ़ें आ जाती हैं जिनसे सड़क और रेल यातायात बाधित होता है। शीत ऋतु में घने कुहरे के कारण रेल एवं सड़क यातायात के साथ ही वायु यातायात में अधिक कठिनाई होती है।

जलवायु के प्रभाव से मानव विकास एवं अधिवासों की संरचना की अछूती नहीं है। तापमान एवं वृष्टि में बदलाव के आधार पर गृह निर्माण सामग्री, दीवालों की मोटाई, छतों के ढाल आदि में परिवर्तन देखने को मिलता है। पूर्वोत्तर भारत में वर्षा अधिक होती है और ढालू छत वाली झोपड़ियों का सर्वाधिक प्रचलन है। पश्चिम बंगाल से पश्चिम की ओर जैसे–जैसे वर्षा की मात्र घटती जाती है सामान्यतः गृहों के छत के ढाल कम होते जाते हैं और छप्पर के स्थान पर खपरैल के गृह प्रमुख होते जाते हैं। पश्चिमी उत्तर प्रदेश और हरियाणा में सपाट मिट्टी के छतों वाले गृह बनाए जाते हैं। अत्यन्त शीतल जलवायु वाले हिमाच्छादित टुण्ड्रा प्रदेश के वासी एस्किमो बर्फ के गोलाकार गृह (इगलू) में हैं जिसमें प्रवेश के लिए एक छोटा सा द्वार बनाया जाता है।

प्राचीन युग में विश्व के जिन क्षेत्रों में मानव सभ्यता का विकास हुआ था, उस क्षेत्र की जलवायु वहां के अनुकूल थी। पश्चिमोत्तर भारत में सिन्धु घाटी सभ्यता, चीन में ह्वांगहो घाटी सभ्यता, मेसोपोटामिया की सभ्यता और मिस्र की सभ्यता के विकास में अनुकूल जलवायु का प्रमुख योगदान था। ग्रीक और रोमन सभ्यताओं का विकास भूमध्य सागरीय जलवायु प्रदेशों में हुआ था। आधुनिक काल में विश्व के सभी विकसित देश जैसे संयुक्त राज्य अमेरिका, कनाडा, पश्चिमी यूरोपीय देश (यूनाइटेड किंगडम, जर्मनी, फ्रांस, नीदरलैण्ड, रूस, यूक्रेन आदि), आस्ट्रेलिया, न्यूजीलैण्ड आदि शीतोष्ण कटिबंध में स्थित हैं जहाँ की जलवायु मनुष्य के स्वास्थ्य और कार्यक्षमता के लिए सर्वोत्तम है।

मृदा का प्रभाव

मानव की गतिविधियों तथा मृदा में गहरा समन्वय पाया जाता है। मृदा से ही मानव अपनी आहार सम्बन्धी जरूरतों को पूरा करता है। मृदा संरचना एवं विकास में

मूल शैलों, जलवायु, वनस्पति, भूमि के ढाल, समयावधि आदि का योगदान होता है। जुताई आदि क्रियाओं द्वारा मिट्टी के निर्माण में मनुष्य का भी योगदान होता है। भौतिक तथा रासायनिक गुणों के अनुसार मिट्टी की उर्वरता का निर्धारण होता है। कृषि फसलों का उत्पादन मिट्टी के गुण पर अधिक निर्भर होता है, क्योंकि विभिन्न प्रकार की मृदाओं में अलग प्रकार की वनस्पतियों या फसलें सुगमता से पनपती हैं। उदाहरण के लिए गेहूँ के लिए दोमट मिट्टी, चावल के लिए चिकनी मिट्टी, शकरकंद के लिए बलुई मिट्टी और कपास के लिए लावा वाली काली (रेगड़) मिट्टी अधिक उपजाऊ होती है। मृदा में ही विभिन्न प्रकार की वनस्पतियों का जन्म एवं उनका विकास है तथा समस्त शाकाहारी जीवों को आहार मृदा से ही प्राप्त होता है। माँसाहारी जन्तु जिन प्राणियों के माँस को खाते हैं वे वनस्पतियों पर आश्रित होते हैं। इस प्रकार शाकाहारी और माँसाहारी दोनों प्रकार के प्राणियों को भोजन प्रत्यक्ष या परोक्ष रूप से मिट्टी से ही प्राप्त होता है। उपजाऊ मिट्टी कृषि का मूलाधार है। कृषि कार्यों द्वारा अनेक प्रकार के खाद्यानों, खाद्य तेलों, दालों, पेय पदार्थों का उपयोग उद्योग–धन्धों में कच्च`माल के रूप में किया जाता है। कृषि आधारित उद्योगों में सूती वस्त्र, रेशमी वस्त्र, जूट उद्योग, आटा पीसने, धान कूटने, दाल बनाने आदि के कार्य अधिक महत्त्वपूर्ण हैं।

इस भू–जंगल पर जिन क्षेत्रें में कृषि योग्य मृदाएँ उपलब्ध होती हैं उन क्षेत्रें में मनुष्य की क्रियाकलापों की अधिकता पायी जाती है और आबादी का बसाव भी अधिक होता है। इसके विपरीत अनुपजाऊ मिट्टी वाले प्रदेश प्रायः वीरान और जनरिक्त पाए जाते हैं। मानव सभ्यता के विकास और मिट्टी में घनिष्ट सम्बन्ध दिखाई पड़ता है। **विलकाक्स** (Wilcox) ने लिखा है कि **''सभ्यता का इतिहास मृदा का इतिहास है और व्यक्ति की शिक्षा मृदा से शुरू होती है।** सभी प्राचीन मानव सभ्यताओं का विकास ऐसे प्रदेशों में हुआ है जहाँ कृषि के लिए उपजाऊ मृदाएं उपलब्ध थीं। सिन्धु घाटी, मेसोपोटामिया, मिस्र और ह्वांगहो घाटी की सभ्यताओं का विकास जलोढ़ मैदानों में ही हुआ था।

जलाशय का प्रभावः

मानव ही नहीं बल्कि विश्व के समस्त जीवों को जल की आवश्यकता पड़ती है। जल के अभाव में जीवन का अस्तित्व सम्भव नहीं है। जल मात्र पीने के काम नहीं लाया जाता बल्कि इसे विभिन्न कार्यों व क्षेत्रों में प्रयोग किया जाता है। जैसे–भोजन बनाने, सफाई करने, फसल की सिचाई करने, पशुओं को पीने के लिए, नहाने आदि के लिए जल का प्रयोग किया जाता है। जलविहीन क्षेत्रों में मानव का अधिवास नहीं पाया जाता है। जिन क्षेत्रों में सागर नदी झील तालाब, कुंआ आदि प्रमुख जल स्रोत पाये जाते है लगभग उन्हीं क्षेत्रों में मानव का निवास मिलता है। ये स्रोत मानव जीवन के लिए काफी महत्त्वपूर्ण व उपयोगी है जलाशय मानव के समक्ष विभिन्न प्रकार की सुविधाएं और असुविधाएं दोनों प्रकट करते हैं और मानव जीवन पर प्रभाव डालते हैं।

महासागरीय बाधाओं के कारण दो भिन्न प्रदेशों में रहने वाले मानव समाजों में भिन्नता पाई जाती है, जिससे भिन्न–भिन्न संस्कृतियों का जन्म होता है। प्रशांत महासागर के पश्चिम में चीनी संस्कृति और पूर्व में अमेरिकी संस्कृति का विकास एक–दूसरे से भिन्न प्रकार से हुआ है। आधुनिक काल में जल यातायात के विकास में महासागर अवरोधक के स्थान पर महाद्वीपों के पारस्परिक सम्बन्ध को सुगम बनाने में सहायक है। वर्तमान समय में स्थल यातायात की तुलना में समुद्री यातायात अधिक सस्ता और सुगम हो गया है और समुद्र के किनारे स्थित देश अन्तर्राष्ट्रीय व्यापार की दृष्टि से लाभप्रद स्थिति में हैं। आज अधिकांश अन्तर्राष्ट्रीय व्यापार समुद्री मार्गों से होता है। जल यातायात के विकास से समुद्री बाधाओं का अंत हो गया है और समुद्र यातायात के सुगम साधन बन गए हैं। मानव जीवन पर नदी जल का भी प्रभाव विशेष रूप से पड़ता है नदियों के निक्षेपों से बना जलोढ़ क्षेत्र या मैदान कृषि–योग्य होते हैं तथा उन पर विभिन्न प्रकार की कृषि की जाती है। विश्व की अनेक नदी घाटियाँ कृषि उत्पादनों के लिए प्रसिद्ध हैं और वहाँ जनसंख्या का संकेन्द्रण अधिक हुआ है। सिन्धु गंगा, ब्रह्मपुत्र, मिसीसिपी, मिसौरी, ह्वांगहो, यांग टिसीक्यांग, सीक्यांग, ईरावदी आदि नदियों के मैदानों में जनसंख्या का घनत्व अधिक पाया जाता है। नदियों का जल स्वच्छ या मीठा (fresh) होता है। जो मनुष्यों तथा पशुओं के पीने और फसलों की सिंचाई के लिए उपयोगी होता है। अनेक नौगम्य नदियों का उपयोग परिवहन के लिए किया जाता है। बड़ी–बड़ी झीलों से निकलने वाली नदियों में वर्ष पर्यंत जल प्रवाह बना रहता है। खारी झीलों (salt lake) के जल का उपयोग पीने या सिंचाई के लिए नहीं हो पाता है किन्तु ऐसी झीले नमक (लवण) की प्रमुख स्रोत होती हैं। राजस्थान की सांभर झील इसका उदाहरण है। मीठे जल वाली झीलों से नहरें निकाल कर उनके जल का उपयोग फसलों की सिंचाई के लिए किया जाता है। मिस्र सहारा मरूस्थल का ही एक अंग है, किन्तु इसके उत्तरी भाग में नील नदी से नहरें निकाल कर निकटवर्ती भागों में सिंचाई द्वारा विविध प्रकार की फसलें उगाई जाती हैं जो नील नदी से प्राप्त जल के कारण ही सम्भव हुआ है। इसी प्रकार निर्जन मरुस्थलीय दिखाई पड़ती है। मरुस्थलों में ऐसे हरे भरे भू–भाग को **मरुद्यान** या **नखलिस्तान** (oasis) कहते हैं। गंगा नहर बन जाने के पश्चात् उत्तरी राजस्थान में विविध प्रकार की कृषि फसलें उगाई जाने लगी हैं। विश्व के अनेक देशों में नदियों के ऊपरी भाग में बाँध बनाकर बहुउद्देशीय योजनाएँ संचालित की गई हैं जिनसे बाढ़ नियंत्रण, जलविद्युत उत्पादन, मत्स्य पालन, सिंचाई आदि उद्देश्यों की पूर्ति की जाती है।

समुद्री तथा स्थलीय जल कुण्डों अथवा जलाशयों से मछलियों को पकड़कर उन्हें खाने एवं भोज्य सामग्री तथा तेल, औषधि आदि के उपयोग में लिया जाता है। विश्व के कई क्षेत्रें में मछलियां प्रमुख खाद्य वस्तु है। सागरों, झीलों तथा अन्य जलाशयों से भी नमक, सीपें तथा कई प्रकार के कॉर्बनिक पदार्थ जैसे पोटाश, सल्फेट आदि प्राप्त होते हैं जिनका उपयोग उर्वरकों के निर्माण में किया जाता है।

खनिज पदार्थों का प्रभाव

वैश्विक स्तर पर अनेक प्रकार के खनिज पदार्थों की बाहुल्यता देखने को मिलती है जो मानवीय वन के लिए विशेष रूप से उपयोगी है धातुगत गुण के आधार पर खनिज के दो रूप होते है–

(i) धात्विक खनिज

(ii) अधात्विक खनिज।

प्रयोग के आधार पर खनिज पदार्थों को निम्नालिखित भागों में बाटा गया है–

1. औद्योगिक खनिज जैसे लौह अयस्क, चूना पत्थर, बाक्साइट, मैंगनीज, जिप्सम, ताँबा, टिन आदि। इनका उपयोग औद्योगिक उत्पादनों के लिए कच्चे माल के रूप में होता है।

2. बहुमूल्य खनिज जो अधिक कीमती होते हैं जैसे–सोना, चाँदी हीरा, पन्ना, प्लैटिनम आदि।

3. शक्ति खनिज जैसे कोयला, पेट्रोलियम, यूरेनियम, थोरियम, प्राकृतिक गैस आदि।

खनिज पदार्थों के प्रयोग से मानव सभ्यता का विकास जुड़ा हुआ है। पाषण काल में मानव पत्थर निर्मित हथियारों जंगली जानवरों का आखेट करते थे। इसके पश्चात ताम्रयुग कास्य युग तथा लौह युग अपने अस्तित्व में आया, जिनमें धातुओं के उपयोग में बदलाव होते गये विभिन्न धातुओं के उपयोग का ज्ञान, मानव सभ्यता के विकास के साथ–साथ होता रहा प्रमुख रूप से लोहे के यंत्रों तथा उपकरणों के प्रयोग से कृषि, उद्योग, परिवहन, संचार, प्रौद्योगिकी आदि क्षेत्रों में आशातीत प्रगति हुई है। विश्व की आधुनिक वैज्ञानिक एवं तकनीकी प्रगति का आधार खनिजों का उपयोग है। खनिज पदार्थों के अभाव में वर्तमान आर्थिक एवं प्रौद्योगिकीय प्रगति सम्भव नहीं थी। उद्योग धन्धों में प्रयुक्त होने वाले उपकरण एवं मशीनें, यातायात के सभी साधन–रेलगाड़ी, मोटरगाड़ी, जलयान, वायुयान आदि सभी विभिन्न प्रकार की धातुओं तथा खनिज पदार्थों से ही निर्मित हैं। आधुनिक कारखानों में प्रयुक्त मशीनों को चलाने के लिए तथा यातायात के साधनों को चलाने के लिए शक्ति की आवश्यकता होती है। इसके लिए कोयला, पेट्रोलियम, प्राकृतिक गैस, जल विद्युत आदि का प्रयोग किया जाता है। कोयले को भट्टियों में जलाकर ताप विद्युत बनाई जाती है। इस प्रकार आधुनिक उद्योग धन्धों के लिए कच्चा माल और शक्ति दोनों खनिजों से प्राप्त होते हैं।

किसी भी राष्ट्र के आर्थिक विकास में खनिज पदार्थ की महत्त्वपूर्ण भूमिका होती है, जिस देश में खनिज पदार्थ की मात्र जितनी अधिक होगी इस देश का विकास भी अत्याधिक होगा। अतः खनिज पदार्थ को वर्तमान उद्योग एवं आर्थिक विकास के मूलभूत स्तम्भ कहा जाता है। किन्तु उपयोगी खनिज पदार्थों के विश्व वितरण में

अधिक विषमता पाई जाती है। जिन प्रदेशों में लोहा और कोयला जैसे भारी खनिज पदार्थ पाए जाते हैं वहाँ सामान्यतः लौह इस्पात का विकास होता है। हल्के औद्योगिक खनिजों का उपयोग दूरवर्ती उद्योगों (कारखानों) में भी किया जाता है। जिन देशों में प्रमुख खनिज पदार्थों का अभाव है वहाँ औद्योगिक विकास तथा आर्थिक विकास की गति मंद होती है। पहीड़ी क्षेत्रों में तथा अन्य बेकार भूमि क्षेत्रों में अगर कोई खनिज पदार्थ की खान मिल जाती है तो उसे खोदने हेतु वहां मानव का निवास बन जाता है। खनिज पदार्थों के खनन के लिए स्थापित बस्तियाँ या नगर तभी तक आबाद रहते हैं जब तक वहाँ खनन कार्य होता है। खनन कार्य के बन्द हो जाने या खनिज सम्पत्ति के समाप्त हो जाने पर ऐसे अधिवास या नगर उजड़ जाते हैं और पूरा क्षेत्र वीरान हो जाता है। दक्षिण–पश्चिम एशिया में सउदी अरब, कुवैत, संयुक्त अरब अमीरात, ईराक आदि देशों की अर्थव्यवस्था का मूलाधार वहाँ निकाला जाने वाला पेट्रोलियम (खनिज तेल) है।

प्राकृतिक वनस्पति का प्रभावः–

प्राकृतिक वनस्पति एवं मानव के बीच अत्याधिक समीप का सम्बन्ध है। प्राकृतिक वनस्पतियों की ही देन है जो मानव सांस लेता है। वायु ही मनुष्य का जीवन है अतः वनस्पति के बिना मानव जीवन असम्भव है। पारिस्थितिक तंत्र के संतुलन में वनस्पतियों का सर्वाधिक महत्त्वपूर्ण योगदान है। विभिन्न प्रदेशों में रहने वाले मानव समूहों को भोजन, वस्त्र, आश्रय आदि अनिवार्य आवश्यकताओं की पूर्ति स्थानीय रूप से प्राप्त पेड़–पौधों से होती है। प्राकृतिक वनस्पतियों पर मुख्यतः जलवायु और मिट्टी का प्रभाव पाया जाता है। सामान्यतः समान प्रकार के जलवायु प्रदेश में समान प्रकार की प्राकृतिक वनस्पतियाँ पाई जाती है। विभिन्न जलवायु प्रदेशों में भिन्न–भिन्न वनस्पतियाँ विकसित होती हैं, जिसके कारण मानव व्यवसाय में भी अन्तर पाया जाता है। प्राकृतिक वनस्पतियों का मानवीय आर्थिक व्यवस्था पर विशेष रूप से प्रभाव पड़ता है। प्राकृतिक सम्पदाओं व वनस्पतियों का मानव व्यापार पर पड़ने वाले कुछ प्रमुख प्रभावों को बिन्दुगत रूप में किया गया है–

(1) कम वर्षा वाले क्षेत्रों में घास के मैदान पाए जाते हैं। घास के मैदानों की दो पेटियाँ हैं–(i) **उष्ण घास के मैदान** (सवाना घास प्रदेश) जिनमें कठोर और लम्बी घासें उगती हैं जो पशुओं के चारे के लिए सर्वोत्तम होती हैं। विश्व के शीतोष्ण घास के मैदान यूरेशिया (स्टेपीज), उत्तरी अमेरिका (प्रेयरी), दक्षिणी अमेरिका (पम्पास), दक्षिण अफ्रीका (वेल्ड) और ऑस्ट्रेलिया (डाउन्स) के शीतोष्ण भागों में स्थित हैं जहाँ भेड़, बकरियाँ, गायें आदि पशु दूध, माँस, ऊन, चमड़े आदि के लिए पाले जाते हैं। शीतोष्ण घास मैदानों के बड़े भाग पर घासों को साफ करके आधुनिक कृषि यंत्रों तथा वैज्ञानिक विधियों से गेहूँ, जौ, कपास आदि की कृषि बड़े–बड़े फार्मों पर की जाती है।

(2) शीत प्रधान टुण्ड्रा प्रदेशों में बर्फ के पिघलने पर लाइकेन, शैवाल जैसी कुछ रंग–बिरंगे फूलों वाली अत्यन्त लघु वनस्पतियों उगती हैं किन्तु वर्ष के अधिकांश महीनों में वहाँ बर्फ जमी रहती है। इन प्रदेशों के निवासी–एस्किमो, लैप, समोपद, चुकची आदि मछलियों तथा अन्य जीवों के शिकार से भोजन प्राप्त करते हैं।

(3) शुष्क तथा अर्द्ध शुष्क प्रदेशों में छोटे वृक्ष या कंटीली झाड़ियाँ उगती हैं। इन भागों में पशुचारण ही मुख्य व्यवसाय होता है और चरवाहे अपने पशुओं के साथ चारागाहों की खोज में भ्रमणशील रहते हैं।

(4) भूमध्य रेखीय प्रदेशों में वर्षा प्रचुर सघन वन पाए जाते हैं, जिनकी लकड़ी कठोर और मजबूत होती है किन्तु इनका उपयोग औद्योगिक कार्यों में कम होता है। इन कठोर लकड़ियों का उपयोग सामान्यतः रेल के स्लीपर, डिब्बे, लकड़ी के लट्ठे तथा भवन निर्माण सामग्री के रूप में किया जाता है। इसके विपरीत शीतोष्ण कटबंधीय वनों की लकड़ियाँ कोमल होती हैं जिनका उपयोग कागज, लुग्दी, दियासलाई (माचिस) आदि विविध औद्योगिक कार्यों में किया जाता है। अतः इन वनों की लकड़ी का प्रयोग औद्योगिक कच्चे माल के रूप में किया जाता है।

(5) मानसूनी प्रदेशों के आर्द्र भागों में चौड़ी पत्ती वाले वर्णपाती वन उगते हैं। मैदानी भागों में वन को साफ करके खेती की जाती है। ये वन अब दुर्गम तथा पर्वतीय भागों में ही सुरक्षित रह गए हैं। साल, सागौन, आम, नीम, पीपल, बरगद, महुआ शीशम, जामुन आदि मानसूनी वन के वृक्ष हैं जिनसे उपयोगी फल और लकड़ियाँ प्राप्त होती हैं।

प्राच्य युग के मानव सभ्यता का विकास उस क्षेत्रों में हुआ जहां वन क्षेत्रों की बाहुल्यता नहीं थी अर्थात् आर्द्र क्षेत्रों में हुआ था। सिन्धु घाटी, मेसोपोटामिया, बेबीलोनिया, असीरिया, मिस्र आदि की सभ्यताएँ ऐसे ही अर्द्धशुष्क में विकसित हुई थीं। आदि कालीन मानव के लिए वन प्रायः अवरोधक के रूप में थे। आज भी मध्य रेखीय सघन वन प्रदेश विश्व के सर्वाधिक पिछड़े हुए और अल्प–जनसंख्या वाले प्रदेश हैं। मानव और वनों के पारस्परिक सम्बन्धों की व्याख्या करते हुए **राफेल जोन** (Raphel Zone) महोदय ने मानव उद्‌भव की प्रमुख तीन समस्याओं पर प्रकाश डाला है जो निम्नलिखित है–

वनों पर शासित सभ्यता–इसके अन्तर्गत संयुक्त राज्य व उत्तरी पश्चिमी यूरोप के विकसित देश सम्मिलित हैं जहाँ वन मानव द्वारा नियंत्रित हैं।

वनों पर हाबी सभ्यता–ऐसे प्रदेश जहाँ मैदानी लोगों में वनों को साफ करके भूमि का उपयोग कृषि के लिए किया जाता है किन्तु पर्वतीय तथा दुर्गम लोगों में नन संरक्षित हैं। एशिया और मध्य अमेरिका के अधिकांश भाग इसके अन्तर्गत आते हैं।

वनों द्वारा शासित सभ्यता–जहाँ मानव क्रियाएँ वनों द्वारा नियंत्रित हैं जैसे कांगो बेसिन और आमेजन बेसिन के वन प्रदेश।

पशुओं का प्रभावः–

वर्तमान काल में पशु पालन का जो रूप विद्यमान है, वह अतीत के अनेक संघर्षों का प्रतिफल है। मानव तथा पशुओं का अनन्य समन्वय प्राचीन काल से रहा है। मानव को जब वाह्य संसार का ज्ञान नहीं था। तब वह निकटवर्ती पर्यावरण से पशुओं को भोज्य के रूप में उपलब्ध करता था। फलस्वरूप मानव विभिन्न पशुओं पक्षियों मछलियों तथा अन्य छोटे–छोटे जीव–जन्तुओं के कच्चे मांस को भोजन के रूप में सेवन करता था। आज भी टुण्ड्रा प्रदेश में एस्किमो तथा भूमध्य रेखीय वनों की आदिम जातियाँ पशुओं के शिकार द्वारा ही जीवन यापन करती हैं। कुछ समय के पश्चात पशुओं के पालने की प्रथा प्रारम्भ हुई और उनका उपयोग मानव विभिन्न कार्यों के लिए करने लगा जैसे बोझा ढोने, सवारी करने, कृषि करने आदि। अतीत काल से ही मानव के द्वारा दूध के लिए विभिन्न पशु जैसे–गाय, बकरी, भैंस आदि पशुओं को पाला जाता रहा है। सवारी के लिए घोड़ा, हाथी, ऊँट आदि पशु पाले जाते हैं। विभिन्न प्रदेशों की प्राकृतिक दशाओं के अनुसार बोझा ढोने के लिए खच्चर, गधे, ऊँट, याक आदि पशु प्रयोग में आते हैं। भेंड़, बकरी, याक आदि के बालों से ऊन प्राप्त होता है जिससे विविध प्रकार के वस्त्र बनाए जाते हैं। विभिन्न प्रदेशों में सूअर, भेड़, बकरी, गाय आदि की माँस का प्रयोग भोजन के रूप में किया जाता है। इस प्रकार पालतू पशुओं को उपयोग अलग–अलग उद्देश्यों तथा आवश्यकता की पूर्ति के लिए किया जाता है। इस प्रकार मानव जीवन में पशुओं का विविध उपयोग है जिनमें प्रमुख हैं–गोबर के रूप में उर्वरक की प्राप्ति, रक्षात्मक उपयोग (कुत्ता आदि), स्वच्छता के लिए (सूअर आदि), मनोरंजन के लिए (पशु एवं पक्षी पालन)। भोजन, माँस, अण्डा, दूध आदि की प्राप्ति, ऊन, चमड़ा आदि (वस्त्र) की प्राप्ति, सवारी तथा भारवहन के लिए पशुओं का उपयोग, औद्योगिक कच्चे माल (दूध, ऊन, चमड़ा आदि) की प्राप्ति, पशुओं का आखेट, प्रमुख है।

शेर, चीता, भालू, भेड़िया, तेंदुआ, जंगली कुत्ते आदि काफी खतरनाक पशु होते हैं। उन पशुओं से बचने के लिए मानव को काफी सतर्क रहना पड़ता है तथा अपनी सुरक्षा के लिए विभिन्न प्रकार के उपाय करने पड़ते हैं। हिंसक पशु अन्य अहिंसक होते हैं जिनमें बन्दर, नीलगाय, हिरन, खरगोश आदि उल्लेखनीय हैं। विभिन्न पर्यावरणीय दशाओं में कई प्रकार के विषैले साँप और कीड़े–मकोड़े भी पाए जाते हैं, जिनके काटने से मानव जीवन संकट में पड़ जाता है। भूमध्य रेखीय वनों तथा अन्य आर्द्र एवं दलदली भागों में भी विषैले जानवरों, कीड़े–मकोड़ों, मक्खियों की बहुतायत के कारण मानव बसाव बहुत कम पाया जाता है।

जलवायु और वनस्पतियों में विभिन्नता होने की वजह से विश्व के कई क्षेत्रों में अनेक प्रकार के मानव उपयोगी जानवर मिलते हैं। इन पशुओं व जानवरों का प्रयोग मुख्य रूप से मानव दो प्रकार से करता है जो निम्नलिखित हैं–

(i) पशुओं को पालतू बनाकर, (ii) पशुओं का शिकार करके।

इस तरह अनेक प्रकार के जानवरों का प्रभाव जुड़े क्षेत्रों में निवास करने वाले मानव समुदाय के आहार, वस्त्र, निवास, आर्थिक गतिविधि, आवागमन के साधन तथा सभ्यता आदि पर पाया जाता है। मानव कुछ पशु ऐसे होते हैं जिनकी पूजा करता है जबकि कुछ पशुओं को अशुद्ध मानता है कुछ आदिवासी जंगली पशुओं का आखेट करके अपने आहार की व्यवस्था या अपना जीवन निर्वाह करते हैं। ये पशुपालन से बिल्कुल अनभिज्ञ थे। सवाना तुल्य प्रदेशों तथा मानसूनी प्रदेशों में दूध के लिए गाय, भैंस, बकरी आदि को पाला जाता है। भार ढोने के लिए खच्चर और गधे सूअर, मूर्गी, बत्तख आदि-भी पाले जाते हैं।

मुलायम घासों वाले शीतोष्ण कटिबंधीय घास के मैदानों में दूध तथा माँस के लिए भेड़ों तथा गायों को पाला जाता है।

मरुस्थलीय तथा अर्द्ध मरुस्थलीय भागों में पशुचारण का व्यवसाय प्रमुख होता है और घुमक्कड़ जातियों के लोग भेड़ बकरियों के झुण्ड चराते हैं तथा सवारी के लिए घोड़े और ऊँट भी पालते हैं। शीत प्रधान टुण्ड्रा प्रदेश के आदिम जातियों का भोजन माँस होता है जो स्थानीय रूप से पाए जाने वाले पशुओं-रेन्डियर, ध्रुवीय भालू, खरगोश, कैरीबू तथा समुद्री जीवों से प्राप्त होता है। जलीय जीवों-सील, वालरस, ह्वेल आदि के शिकार से माँस, हड्डी चमड़ा आदि प्राप्त होता है।

4

मानव एवं पर्यावरण

मानव जीवन में जल का महत्त्वपूर्ण स्थान है। जल के अभाव में मानव जीवन का अस्तित्व सम्भव नहीं है। मानव पुल का प्रयोग विभिन्न रूपों में करता है जैसे–भोजन, खाने, पीने के लिए, सिंचाई के लिए, बर्तन धुलने के लिए, स्नान करने के लिए, हाथ–मुंह व पैर धुलने के लिए आदि। जलराशियों में जैसे–समुद्र तालाब, कुआं तथा नदियां प्रमुख है। मानव जीवन पर नदियों का प्रभाव भी पड़ता है। नदियों से हमे जल प्राप्त होता है। तथा घर के काम–काजों में वे उद्योगों हेतु जल मांग की पूर्ति होती है बड़ी–बड़ी नदियों पर बांध बनाकर हम विद्युत उत्पन्न करते हैं जिनका प्रयोग आज पूरा विश्व कर रहा है नदियों के जल से फसलों की सिंचाई करते है। मनुष्य सभ्यताओं का प्रादुर्भाव नदी–घाटियों में हुआ है। भारत–पाक की सिन्धु सभ्यता, चीन की कनफुशियस सभ्यता, मध्य पूरब की असीरियन, बेबीलोनियन तथा मिस्र की सभ्यताओं का प्रादुर्भाव एवं विकास नदी घाटियों में हुआ है। इस प्रकार नदियां एवं झीलें मनुष्य के भोजन, आवास तथा दूसरी आवश्यकताओं को प्रभावित करती हैं, जिससे मनुष्य जीवन के स्तर भी प्रभावित होते हैं। महासागर तथा समुद्रों का प्रभाव बहुत व्यापक है। ये जल के प्रमुख स्रोत हैं जो जीवन के लिए अनिवार्य होता है। आदिकाल से मनुष्य इनसे मछलियाँ प्राप्त करता रहा है अपने भोजन की पूर्ति करता है। ये मछलियों के अक्षय भण्डार हैं जो अनन्त काल तक मनुष्यों के भोजन की समस्या का

समाधान प्रस्तुत करेंगे। यूरोप में तो एक कहावत प्रचलित है कि **एमस्टर्डम** नगर का निर्माण हेरिंग मछली के कारण हुआ। महासागरों से नमक, पोटाश, मैग्नीशियम, मोती, मूँगा, सीप आदि खनिज प्राप्त होते हैं। अब तो खनिज तेल एवं गैस के भण्डार के रूप में महासागरों के उपयोग की तैयारी बड़े पैमाने पर की जा रही है। अरब सागर में 'सागर सम्राट' की बेधन क्रिया सफल सिद्ध हुई है जो भारत के लिए बहुमूल्य उपहार है महासागर परिवहन के महत्त्वपूर्ण मार्ग हैं। प्राचीनकाल में भी इसी मार्ग के परिणामस्वरूप तटीय राष्ट्रों के निवासी साम्राज्य स्थापित करने में सफल हुए। पहले तो कहा जाता था और आज भी कहा जाता है कि जो महासागर पर अधिकार कर लेता है वह राष्ट्रों पर भी राज्य करता है।

प्राचीन काल से लेकर आज भी सागरों का प्रयोग मानव कर रहा है, अर्थात यह यातायात के प्रमुख साधन है। समुद्री मार्गों से अन्तराष्ट्रीय स्तर पर व्यापार किया जाता है। पश्चिमी यूरोपीय देशों की सभ्यता व संस्कृति इन्हीं मार्गों से ही अमरीका, आस्ट्रेलिया तथा अफ्रीका पहुँची। यही कारण है कि ब्रिटेन की भाषा अंग्रेजी संसार की सम्पर्क भाषा बन गयी है, क्योंकि महासागरों के माध्यम से संसार में ब्रिटेन ने एक विस्तृत साम्राज्य स्थापित कर लिया था, जिसमें कभी भी सूर्य नहीं डूबता था। सभ्यता एवं संस्कृति के समन्वय में महासागरों की महत्त्वपूर्ण भूमिका है जो एक सभ्यता एवं संस्कृति को स्थापित करने में सहायक सिद्ध हुई है।

मृदा का मानव जीवन पर प्रभाव

मृदा और मानव के बीच अटूट सम्बन्ध है। मृदा के जरिये मानव अपनी विभिन्न आवश्यकताओं को पूरा करता है उदाहरण के रूप में हम कह सकते हैं कि कपड़ा, रोटी और मकान। उन् तीनों आवस्थाओं को पूरा करने के लिए मानव हमेशा कुछ न कुछ कारगर प्रयास करता रहता या चिन्तन करता रहता है। यह कृषि, पशुपालन तथा जंगल के भौगोलिक समायोजन का आधार होती है। इसी के कारण विभिन्न प्रदेशों में भिन्न–भिन्न प्रकार की उपजें होती हैं, जिससे मनुष्य विभिन्न प्रकार के आहार प्राप्त करता है। मिट्टी के कारण शैल, अपरदन कारकों तथा रासायनिक तत्त्वों का महत्त्व होता है। इन्हीं के आधार पर मिट्‌टी के गुण बन जाते हैं। नदियों द्वारा लायी गयी उर्वरा मिट्टी में अधिक उपज होती है और वहाँ की जनसंख्या में बढ़ोत्तरी एवं घनत्व बढ़ जाता है। गंगा सतलज का मैदान यांग्ट्सीकिआंग का मैदान तथा अन्य नदी मैदानों में मिट्टी की उत्पादकता के आधार पर ही मनुष्य का आर्थिक जमाव मिलता है। भारत की कृषि उपजें तो मिट्टियों से पूर्णतया प्रभावित हैं जैसे–चिकनी मृदा या मिट्‌टी में चावल, जूट; दोमट मिट्टी में गेहूँ, मक्का, गन्ना, काली मिट्‌टी में कपास, गेहूँ, तिल, बलुई मिट्टी में ज्वार, बाजरा, मूँगफली तथा लाल–पीली मिट्टी में ज्वार एवं मूँगफली की अच्छी खेती होती है। **विलकाक्स** नामक भूगोलविद् ने कहा है कि मृदा का इतिहास उस सभ्यता का इतिहास है और प्रत्येक व्यक्ति की शिक्षा मृदा से ही प्रारम्भ होती है।

खनिज पदार्थों का मानव जीवन पर प्रभाव

खनिज राष्ट्र की सम्पदा होती है जो अर्थव्यवस्था को मजबूती प्रदान करती है। जिस राष्ट्रों में खनिज पदार्थों की प्रचुर मात्र विद्यमान है वह अन्य राष्ट्रों की अपेक्षा काफी विकसित होगा। मानव और खनिज पदार्थों में गहरा समन्वय पाया जाता है। मानव अपने जीवन में खनिज पदार्थों को भरपूर प्रयोग में लाता है। खनिज किसी न किसी रूप में मनुष्य के लिए बहुत जरूरी हैं। पाषाण युग, धातु युग तथा यन्त्र युग खनिजों की देन हैं और भविष्य का अणु युग भी खनिज पर निर्भर होगा। खनिज किसी राष्ट्र की शक्ति का मापक होते हैं। खनिजों पर ही आज के सभी उद्योग एवं मनुष्य क्रिया–कलाप निर्भर करते हैं। आधुनिक शक्ति और यन्त्रों की सभ्यता में सभी कल–कारखाने कोयला, खनिज तेल और विद्युत से संचालित हो रहे हैं और आणविक खनिजों ने जो मनुष्य के हाथों में अपार शक्ति प्रदान की है। खनिज ईंधनों में कोयला, खनिज तेल तथा प्राकृतिक गैस तथा आणविक खनिज आवश्यक है।

वैश्विक स्तर पर कोयला एक शक्ति का प्रमुख माध्यम है। कोयले से विभिन्न उद्योग संचालित किये जाते हैं। विद्युत उत्पादन में कोयला का प्रमुख योगदान होता है। खनिज तेल का भी प्रयोग शक्ति के रूप में किया जाता है विभिन्न प्रकार की मोटरगाड़िया जलयान रेलगाड़ी उसी से संचालित होता। आणविक ईंधनों के महत्त्व से लगभग आज सभी मानव परिचित ही हो गये। आणविक ईंधनों में यूरोनियन तथा थोरियम का अन्य ईंधन की अपेक्षा सबसे प्रमुख स्थान है। एक किलोग्राम यूरेनियम, 80 लाख किलोग्राम कोयले के बराबर होता है। जिन राष्ट्र में यूरेनियम का भण्डार है वह राष्ट्र अन्य राष्ट्रों की भांति सबसे अधिक शक्तिशाली व सम्पन्न है।

खनिजों का आर्थिक महत्त्व

खनिज पदार्थों का अर्थव्यवस्था के विकास में महत्त्वपूर्ण योगदान होता है। उसके कुछ महत्त्व एवं उपयोगिताओं को निम्नलिखित पंक्तियों के अन्तर्गत स्पष्ट किया गया है–

1. खनन उद्योग को लुटेरी अर्थव्यवस्था कहा जाता है। भूगर्भ में खनिजों की उत्पत्ति दीर्घकाल में हुई लेकिन मनुष्य जिस गति से इसका उपयोग कर रहा हैं उससे एक समय ऐसा भी आ सकता है कि खनिजों के भण्डार भूगर्भ से लुप्त जायेंगे। ऐसी स्थिति में आज का मनुष्य भविष्य के मनुष्य के प्रति अपने को दोषी प्रमाणित करेगा।
2. जिन क्षेत्रों में किसी खनिज का भण्डार मिल जाता है उस क्षेत्र या राष्ट्र की अर्थव्यवस्था शीघ्र ही मजबूत हो जाती है। कुवैत खनिज तेल की प्राप्ति के बाद देखते–देखते ही एक राष्ट्र के रूप में उभर गया।

3. आज विकसित राष्ट्रों की श्रेणी में गिने जाने वाले संयुक्त राज्य अमेरीका, सोवियत संघ तथा विभिन्न पश्चिमी यूरोपीय राष्ट्र अपनी खनिज सम्पदा के कारण ही वैज्ञानिक, राजनीतिक तथा आर्थिक उन्नति कर सके हैं।
4. कोयला और लोहे जैसे खनिज किसी राष्ट्र की शक्ति के भाप–दण्ड माने जाते हैं। इन दोनों खनिजों के मिश्रित सहयोग से बनने वाला लोहा तथा इस्पात किसी राष्ट्र के आर्थिक एवं औद्योगिक उन्नति के लिए मेरुदण्ड माना जाता है।

मानव और पर्यावरण में सम्बन्ध

मानव तथा पर्यावरण के मध्य सम्बन्धों का अध्ययन सकारात्मक एवं नकारात्मक दोनों रूपों में भूगोल में हमेशा प्रमुख विषय रहा है, लेकिन पर्यावरण विज्ञान के रूप में भूगोल की अवधारणा तथा मानव–पर्यावरण सम्बन्ध के विभिन्न स्तरों में मानव–समुदाय तथा पर्यावरण के आयाम में विकास के साथ–साथ बदलाव भी आता रहा। मानव एवं उसके समाज की प्रक्रिया के प्रथम चरण में इस ग्रहीय पृथ्वी के विभिन्न भौतिक तत्वों से मानव के पर्यावरण का निर्माण होता था। मानव मूल रूप में भौतिक मानव था क्योंकि इसकी आवश्यकताएं कुछ खास नहीं थी तथा वह सम्पूर्ण रूप से प्रकृति पर निर्भर होता था परन्तु जैसे–जैसे मानव में संस्कृति व सभ्यता का विकास होता गया वैसे–वैसे इसकी आवश्यकताएं भी बढ़ती गयी इस प्रकार मनुष्य के पर्यावरण का क्षेत्र विस्तृत होता गया। आज का मानव मात्र प्रकृति पर निर्भर नहीं रहता बल्कि उसने अपने पर्यावरण का निर्माण भी कर लिया है तथा पर्यावरण प्रकृति पर प्रभाव डालना शुरू कर दिया। इस प्रकार मानव–पर्यावरण के मध्य सम्बन्धों में क्रमानुगत बदलाव आता रहा अतः पूर्ण रूप से या बिना किसी हिचक से यह कह सकते हैं कि दोनो के मध्य एक गहरा सम्बन्ध है।

पर्यावरण सभी से सम्बद्ध है तथा सभी के लिए आवश्यक भी। कोई व्यक्ति चाहे किसी भी व्यक्ति से जुड़ा हो तथा किसी भी अवस्था का हो पर्यावरण से समान रूप से प्रभावित होता रहता है तथा अपने कार्यों के द्वारा इसे भी प्रभावित करता रहता है। इस प्रकार पर्यावरण एक ऐसा विषय है, जिसका स्वभाव वास्तव में सार्वभौमिक होता है। उदाहरण के लिए वायुमण्डल हेतु कोई सीमा रेखा निर्धारित नहीं है और किसी एक स्थान पर उत्पन्न होने वाले प्रदूषण तत्व सरलता से अन्य स्थानों तक पहुंच सकते हैं। किसी स्थान पर शहरों या कारखानों के गन्दे पानी द्वारा दूषित की गयी नदी के जल का प्रवाह इसके निचले भागों में विद्यमान जल जीवन को अवश्य ही प्रभावित करता है पर्यावरण के सन्दर्भ में कुछ विद्वानों ने अपने मत को प्रस्तुत किया है जो निम्नवत हैं–

एच. फिटिंग ने अपनी पुस्तक 'Tasks and Aims of Comparative Physilogy on a Geographical Basis' में पर्यावरण का अर्थ जीव के परिस्थिति कारकों का

योग बताया है। इसका आशय है कि जीवन की परिस्थिति के समस्त तथ्य मिलकर पर्यावरण कहलाते हैं।

ए. जी. तासले ब्रिटिश वनस्पति परिस्थिति वैज्ञानिक ने बताया है कि प्रभावकारी दशाओं का सम्पूर्ण योग जिसमें जीव रहता है, पर्यावरण कहलाता है।

अमरीकी वैज्ञानिक **निकोलस** ने भी फिटिंग एवं तांसले से सहमति प्रकट की। अमरीकी मानवशास्त्री हर्सकोविट्ज ने अपनी पुस्तक 'Man and His Works' में लिखा है कि पर्यावरण उन सभी बाहरी दशाओं एवं प्रभावों का योग है जो प्राणी के जीवन तथा विकास पर प्रभाव डालते हैं। इस प्रकार पर्यावरण वह प्राकृतिक व्यवस्था है जो सभी जैव व अजैव घटकों के चारों ओर से घेरे हैं। पर्यावरण को वातावरण या परिवेश भी कहते हैं।

प्रमुख रूप से भौगोलिक पर्यावरण को दो भागों विभाजित किया गया है जो निम्नलिखित है–

(1) प्राकृतिक पर्यावरण

(2) सास्कृतिक पर्यावरण

इन दोनों पर्यावरण को तीन भागों में विभाजित किया गया है–

1. शक्तियां

2. प्रकियाएं

मानव भूगोल में पर्यावरण के तत्त्वों का सर्वाधिक महत्त्व होता है। प्राकृतिक तत्त्वों का सम्बन्ध सांस्कृतिक तत्त्वों के साथ होता है। भौतिक या प्राकृतिक पर्यावरण के विभिन्न कारक या तत्त्व होते हैं जिनका विस्तृत रूप से वर्णन इस पुस्तक में विभिन्न प्रकरणों के अंतर्गत किया गया है लेकिन यहाँ इन तत्त्वों के संक्षिप्त निम्न बिन्दुओं के तहत किया गया है–

जलवायु का मानवीय जीवन पर प्रभाव

मनुष्य, जीव–जन्तु, पेड़–पौधे एवं अन्य सभी जीवों को जीवन के लिए उचित जलवायु की अवश्यकता होती है। जलवायु पर्यावरणीय कारक एक प्रमुख कारक है, जिसका मानव जीवन पर अत्यधिक प्रभाव पड़ता है। इस संदर्भ में हंटिंगटन भहोदय का मानना है कि जलवायु का पृथ्वी की समस्त दशाओं पर प्रभाव पड़ता है। जमीन के आकार व उसकी वनावट, मृदाओं के रासायनिक तत्व, पेड़–पौधे एवं पशु और जलराशि जलवायु की ही देन कहा जा सकता है। जलवायु का पड़ने वाले कुछ प्रभावों की निम्नलिखित शीर्षकों के अन्तर्गत स्पष्ट किया जा सकता है

1. आबादी पर प्रभाव–जहाँ न अधिक शीत रहती है और न अधिक गर्मी रहती है, वहाँ जनसंख्या का घनत्व अधिक मिलता है क्योंकि जीविका के स्रोत सहज

ही उपलब्ध हो जाते हैं और मनुष्य जलवायु की विषमता की विभीषिका से सुरक्षित रहता है। उष्णार्द्र दलदली जलवायु में विषैले कीड़े–मकोड़े तथा खतरनाक जानवरों के भय से कम जनसंख्या रहती है। सुविधाओं के मिलने पर भी खराब जलवायु के स्थान उजाड़ पड़े रहते हैं लेकिन असुविधाओं के रहने पर भी स्वास्थवर्द्धक स्थान बस जाते हैं, जैसे–नैनीताल, मसूरी, दार्जिलिंग, जहाँ स्वास्थ्य सुधार के लिए यात्रियों के जाने से अच्छे नगर बस गये हैं।

2. मानव निवास पर प्रभाव–मानव जीवन को प्रभावित करने वाले कारकों में तापमान, वायु तथा आर्द्रता प्रमुख हैं। तापमान की अधिकता तथा न्यूनता का असर मानव के क्रिया–कलापों पर पड़ता है। ताप की कमी या घोर शीत के कारण ग्रीनलैण्ड, उत्तरी साइबेरिया, उत्तरी कनाडा तथा अण्टार्कटिका मानव निवास के लिए अनुपयोगी हैं। तापमान की अधिकता के कारण पृथ्वी पर विस्तृत मरुस्थल मिलते हैं जो मानव निवास के लिए अनुपयुक्त होते हैं।

3. सूती वस्त्र उद्योगों पर प्रभाव–आर्द्र जलवायु में सूती वस्त्रेद्योग अच्छा चलता है। फिल्म उद्योग के लिए उन्मुक्त प्रकाश का वातावरण लाभप्रद एवं उत्तम होता है। इसी कारण कैलिफोर्निया घाटी के होलीवुड क्षेत्र में फिल्म उद्योग का सर्वोत्तम विकास हुआ है। मुम्बई में सूती वस्त्रेद्योग विकसित है।

4. कृषि पर प्रभाव–जलवायु के विभिन्न कारक कृषि को अत्यधिक प्रभावित करते हैं। ऊष्णार्द्र जलवायु कृषि के अनुकुल होती है। बहुत कम तापमान तथा बहुत कम वर्षा खेती के लिए हानिकारक होती है। टुण्ड्रा में अत्यन्त कम तापमान है, अतः कृषि–कार्य नहीं हो सकता है। बहुत कम वर्षा के क्षेत्रों में शुष्क कृषि की जाती है या सिंचाई की व्यवस्था करनी पड़ती है। वर्षा की मात्र के अनुसार फसलें उत्पन्न होती हैं। भारत में अधिक वर्षा के क्षेत्रों में धान, गन्ना तथा जूट की खेती अधिक की जाती है। मध्यम वर्षा के क्षेत्रों में गेहूँ, मक्का और इससे कम वर्षा के क्षेत्रों में ज्वार एवं बाजरा अत्यधिक उत्पन्न होता है। अनेक उपजें मनुष्य के भोजन एवं कार्यक्षमता में अन्तर कर देती हैं। जलवायु का असर पौधों एवं जन्तुओं पर भी पड़ता है। ऊष्णार्द्र जलवायु में ताकतवर पशु या उड़ने वाली चिड़ियाँ एवं कीड़े–मकोड़े पैदा होते हैं। उष्णार्द्र जलवायु में घी वनस्पति तथा ऊँचे पेड़ मिलते हैं। कम वर्षा के क्षेत्रों में कंटीले वृक्ष तथा घासें मिलती हैं। इनका प्रभाव मनुष्य के पशुपालन व्यवसाय तथा कृषि पर पड़ता है। मनुष्य निवास को भी जलवायु प्रभावित करती है।

5. मानव के शारीरिक एवं बौद्धिक विकास पर प्रभाव–जलवायु का सीधा प्रभाव मनुष्य के स्वास्थ्य, उसकी क्षमता तथा भौतिक शक्ति पर पड़ता है। उष्ण जलवायु के निवासी सुस्त, टालमटोल तथा आरामतलब प्रवृत्ति के होते हैं। ठण्डी जलवायु के निवासी, स्फूर्तिवान, परिश्रमी तथा बहादुर होते हैं। **हंटिंगटन ने** बताया है कि मानसिक कार्य के लिए न्यूनतम तापमान 4.5^0 सेग्रे. तथा अधिकतम **तापमान**

7.20 सेग्रे. आदर्श होता है। शारीरिक श्रम के लिए 130 सेग्रे से 160 सेग्रे. तापमान उत्तम होता है। यही कारण है कि भारत के निवासी आलसी एवं कम परिश्रमी होते हैं और सं. रा. अमरीका, सोवियत रूस के अधिक भाग तथा पश्चिमी–उत्तरी यूरोप के निवासी परिश्रमी, बहादुर तथा मानसिक क्षमता वाले होते हैं। **ए. जी. प्राइस** ने बताया है कि उच्च तापमान से मस्तिष्क की स्मरण शक्ति कम हो जाती है।

6. संस्कृति एवं सभ्यता पर प्रभाव–ज्यादा सर्द तथा ज्यादा गर्म प्रदेशों में सभ्यता का विकास नहीं हो पाता है। इसी कारण टुण्ड्रा तथा भूमध्यवर्ती जंगली प्रदशों और मरुस्थलों के निवासी अपेक्षाकृत असभ्य हैं। सभ्यता के विकास के लिए शीतोष्ण कटिबन्ध अच्छे होते हैं। भारत, यूनान, मिस्र, इराक तथा रोम की प्राचीन सभ्यताओं का जन्म इसी कटिबन्ध में हुआ था। जलवायु भिन्नता के कारण शीत प्रदेशों में ग्रीष्म काल में और उष्ण प्रदेशों में शीतकाल के व्यापार में तीव्रता आती है। **कुमारी एलेन चर्चिल सेम्पुल** ने लिखा है कि, "आर्थिक विकास तथा सभ्यता के विकास में जलवायु एक क्षमता सम्पन्न भौगोलिक तत्त्व है।"

हंटिंगटन ने जलवायु को मनुष्य संस्कृति का कारक एवं द्योतक बताया है। अमरीकी विद्वान **हंटिंगटन एवं डब्ल्यू. डी.** मैथ्यू तथा ब्रिटिश मानवशास्त्री **सी. डी. पी. ब्रूक्स** ने एशिया महाद्वीप के जीवधारियों के विकास के विश्लेषण से पुष्टि किया है कि प्राकृतिक शक्तियों में सबसे अधिक असरदार जलवायु है। इसका असर शरीर में रस निकालने वाली ग्रन्थियों पर भी होता है। उपर्युक्त तथ्यों एवं विवरणों से निष्कर्ष निकलता है कि जलवायु मनुष्य के कार्य–कलापों की सामान्य सीमाएँ निश्चित करती हैं।

स्थलाकृतियां का मानवीय जीवन पर प्रभाव

मानवीय जीवन पर भू–आकृति का भी प्रभाव पड़ता है। इसके प्रभाव से मानव की आर्थिक एवं संस्कृति स्थिति भी वंचित नहीं है। ऊबड़–खाबड़ एवं ढाल के अनुसार पहाड़, पठार तथा मैदान मुख्य भू–आकृतियां अथवा स्थलाकृतियां है जो भौतिक दृष्टि से एक दूसरे से काफी जुड़े हुए हैं। इन तीनों का अर्थात पर्वत पठार तथा मैदान का मानव जीवन पर पड़ने वाले प्रभावों को नीचे स्पष्ट किया गया है–

1. मैदान का प्रभाव:–मानव अधिकांश निवास स्थान समतल मैदानों में ही होता है, क्योंकि वह विभिन्न दृष्टियों से उपयोगी होता है। इसके यातायात एवं सिंचाई का विकास प्रमुख उदाहरण है–अतः कृषि तथा दूसरे उद्योग पनप जाते हैं और मनुष्य का आर्थिक क्रिया–कलाप अच्छा हो जाता है। जीविकोपार्जन की सुलभ सुविधाओं के परिणामस्वरूप मैदान में अधिक जनंसख्या निवास करती है। इसी कारण विश्व की 97÷ जनसंख्या मैदानों में मिलती है। नदियों के अवसाद से निर्मित मैदान उपजाऊ होते हैं। साथ ही नदियाँ सुगम एवं कम व्ययशील यातायात मार्ग का कार्य सम्पादित करती हैं, जिनसे व्यापार में सुविधा होती है। उद्योग एवं व्यापार के लिए कारखानों,

व्यापारिक कार्यालयों आदि के निर्माण के मैदान में अधिक सुविधा होती है। इसी कारण विश्व का सघनतम् आबादी क्षेत्र मैदानों में हैं। मैदानों में कृषि के साथ अन्य उद्यम भी चलते हैं। कृषि से कच्चे मालों के उपलब्ध हो जाने पर विभिन्न तरह के उद्योग स्थापित हो जाते हैं, जैसे कपास से सूती उद्योग, गन्ना से चीनी उद्योग आदि। उद्योगों के लिए सस्ते एवं पर्याप्त श्रमिक मिल जाते हैं। सभी सुविधाओं के कारण व्यापार भी विकसित होता है। मैदान में सभी तरह के यातायात मार्ग विकसित हो जाते हैं। इसलिए विश्व के सभी बड़े नगर मैदान में मिलते हैं।

नदी घाटी की सभ्यताएँ भी मैदान में विकसित हुई थीं। रेतीले मैदानों में कम लोग रहते हैं। यहाँ बस्तियां मात्र जल–स्रोत के निकट रहती है। यहाँ निवासियों को प्रकृति से सतत संघर्ष करना पड़ता है। यही कारण है कि मरुस्थली मैदान के निवासी शक्तिशाली तथा घुमक्कड़ प्रकृति के हो जाते हैं। बाह्य प्रभाव से वंचित रहने के कारण पहाड़ी लोगों के समान ये भी कम सभ्य होते हैं इनकी आवश्यकताएँ सीमित होती है। ऊँट इनकी जीविका होता है। शीत प्रदेश के हिमाच्छादित मैदान के लोग हिम तथा मिट्टी के मकान बनाते हैं। इनका जीवन भी वहाँ के जानवरों पर निर्भर होता है। उपर्युक्त विवरण से स्पष्ट ज्ञात होता है कि मैदानों का प्रभाव मनुष्य के जीवन के प्रत्येक पहलू पर पड़ता है।

2. **पठार का प्रभाव**–पठार का निम्नलिखित प्रभाव पड़ता है–

(i) उद्योग पर प्रभाव–यातायात मार्गों की कमी, धरातल पर अनुपजाऊ मिट्टी का आधिक्य, मिट्टी का अपरदन, सिंचाई की कमी आदि कारणों से पठारों पर कृषि की उन्नति नहीं हो पाती है। उपजाऊ मिट्टी के क्षेत्रों में अच्छी खेती होती है। भारत के दक्षिण पठार पर काली मिट्टी के क्षेत्रों में अच्छी कृषि होती है। शेष लाल या राइट मिट्टी के क्षेत्रों में अल्प कृषि होती है। खनिजों का उत्पादन मुख्य उद्यम होता है। भारत में छोटा नागपुर का पठार खनिज सम्पन्न है। अतः यहाँ का मुख्य खनन उद्योग है। अल्प वर्षा के घास क्षेत्रों में पशुपालन महत्त्वपूर्ण उद्यम होता है।

(ii) यातायात पर प्रभाव–पठारी प्रदेशों में रेल एवं सड़क मार्ग कम होते हैं क्योंकि ऊबड़–खाबड़ भूमि पर मार्गों का निर्माण कठिन एवं व्ययशील होता है। सड़कें अधिक होती है। क्योंकि पक्की सड़कों के लिए पहाड़ों एवं मैदानों की तुलना में सस्ती सामग्री मिल जाती है। इस तरह पर्वतों से अधिक और मैदानों से बहुत कम यातायात के मार्ग पठारों पर मिलते हैं।

(iii) आबादी पर प्रभाव–आबादी पर भी स्थलाकृतियों का प्रभाव दृष्टिगोचर होता है। जहाँ पर संसाधन होते हैं वहाँ अधिक जनसंख्या निवास करती है। शेष भागों में जनसंख्या कम रहती है। यहां जनसंख्या का घनत्व पर्वतीय भागों से अधिक और बस्तियों का आकार विशाल होता है। मनुष्य परिश्रमी, बहादुर, तथा हृष्ट–पुष्ट होते हैं। खनिजों से सम्बन्धित उद्योग धीरे–धीरे विकसित हो जाते हैं।

3. पर्वत का प्रभावः–

पर्वत भू–आकृति का एक रूप है, जिसका मानव जीवन पर विशेष रूप से प्रभाव पड़ता है। उसका मानव जीवन पर पड़ने वाले कुछ प्रभावों को निम्नलिखित बिन्दुओं के अन्तर्गत स्पष्ट किया जा सकता है–

(i). जनसंख्या पर प्रभाव–इस प्रदेश में मनुष्य की आर्थिक क्रियाओं में अनेक बाधाएँ मिलती हैं जैसे–यातायात के साधनों की कमी, कृषि अनुपयुक्त ऊबड़–खाबड़ असमान भूमि, नदियों से भूमि एवं खेतों का अपरदन, निर्धनता तथा अन्य परिस्थितियों के कारण पूंजी निवेश की कठिनाई, शिक्षा की कमी, दुर्गमता के कारण खनिजों एवं जंगलों के शोषण के घोर असुविधाएँ आदि। इस प्रदेश में मात्र खनिज क्षेत्रों तथा स्वास्थ्यवर्द्धक स्थानों में जनसंख्या का अधिक बसाव है, जहाँ कुटीर उद्योग चलते हैं। प्रायः निवासी पिछड़े हैं और बिखरी बस्तियों में रहते हैं।

(ii) उद्यम पर प्रभाव–पर्वतीय क्षेत्रों के निवासी कृषि कम करते हैं क्योंकि उनको ढालों पर सीढ़ीदार खेत बनाने पड़ते हैं जिनमें अधिक भूमि कटाव होता है। ये बहुधा कन्द–मूल फल एकत्र करके जीविका चलाते हैं और शिकार करके अपना पेट भरते है। ये जंगलों में लकड़ियां काटते हैं और पशुपालन करते हैं और इन्हीं के उत्पादों पर निर्भर कुटीर उद्योग चलाते हैं। यहाँ ऊनी वस्त्रों तथा लकड़ी के सामानों का निर्माण होता है। पहाड़ी लोगों का मुख्य उद्यम निर्वहन कृषि, पशुपालन तथा बागवानी है। पर्वतों पर जलविद्युत उत्पादन की पूरी सुविधा है। अतः इस सुविधा के फलस्वरूप जापान, स्विट्जरलैण्ड, स्वीडन, स्काटलैण्ड आदि राष्ट्रों ने यन्त्र घड़ी, कागज, दियासलाई, कृत्रिम रेशम, उर्वरक, आदि उद्योगों को स्थापित कर लिया है।

(ii) सुरक्षा पर प्रभाव–पर्वतीय प्रदेश शत्रुओं से अपेक्षाकृत सुरक्षित होते हैं। हाइड्रोजन बम्ब, मिसाइल, आदि घातक हथियारों के युग में भी अपेक्षाकृत सुरक्षित हैं। इसी भावना से प्रायः राष्ट्रों की राजनीतिक सीमाएँ पर्वतीय पायी जाती हैं।

राष्ट्र सम्बन्ध का मानव जीवन पर प्रभाव

राष्ट्र सम्बन्ध का मानवीय जीवन पर विशेष रूप से प्रभाव पड़ता है। इस सम्बन्ध में किसी क्षेत्र की स्थिति उसकी संरचना पर विचार–विमर्श किया जाता है। यह विचार–विमर्श राष्ट्र की शक्ति का निर्धारण करते हैं। स्थिति के विभिन्न प्रकार होते हैं जिनमें कुछ प्रमुख प्रकारों को नीचे के शीर्षकों में स्पष्ट किया गया है–

1. केन्द्रीय स्थिति–महाद्वीपों के मध्य में स्थित, राष्ट्रों को केन्द्रीय स्थिति कहा जाता है। अफगानिस्तान एवं स्वीटजरलैंण्ड इसका प्रमुख उदाहरण है।

2. तटीय स्थिति–महासागरों एवं सागरों के तट की स्थिति जैसे मिस्र, फ्रांस तुर्की है। समुद्रतटवर्ती स्थिति लाभदायक होती है। इसमें व्यापार की सुविधा होती है। चारों ओर समुद्र से आवृत्त स्थिति **द्वीपीय** (Insular) कही जाती है। इसी प्रकार की

स्थिति ब्रिटेन की है जो सबसे अच्छी है। भारत के तीन ओर समुद्र है। अतः इसकी **प्रायद्वीपीय** (Penisular) स्थिति है। यदि राष्ट्र का तट समुद्र को छूता है तो **तटवर्ती** (Coastal) स्थिति होती है। यूगोस्लाविया की स्थिति इसी तरह की है। समुद्र से दूर स्थित राष्ट्र जैसे अफगानिस्तान की **महाद्वीपीय** (Continental) स्थिति है।

3. ज्यामितीय स्थिति–यह भी व्यापार में सहायक सिद्ध होती है। डेनमार्क का दूध विकसित पड़ोसी राष्ट्रों में खप जाता है। व्यापारिक मार्गों में स्थित राष्ट्र की उन्नति कर जाते हैं। स्वेज से मिस्र को यह लाभ मिल रहा है। ग्लोब पर किसी राष्ट्र की स्थिति अक्षांश–देशान्तर से व्यक्त की जाती है इसे ज्यामितीय स्थिति कहते हैं। अति ऊँचे अक्षांश की स्थिति विकास में बाधक तथा मध्य अक्षांशों की स्थिति विकास में सहायक होती है। किसी राष्ट्र की आकृति का असर मनुष्य के कार्य–कलापों पर पड़ता है। कई अक्षांशों में फैले लम्बे राष्ट्र में कई तरह की जलवायु तथा कृषि होती है, जैसे जापान राष्ट्र। किन्तु लम्बाई के अनुपात में चौड़ाई के कम हो जाने पर यह आकृति राष्ट्र के लिए हानिकारक सिद्ध होती है। चिली बहुत लम्बा तथा कम चौड़ा प्रदेश है। यह स्थिति उसके लिए हानिकारक है। वर्गाकार या आयताकार आकृति लाभदायक होती है। फ्रांस तथा जर्मनी का आकार ऐसा ही है। विश्व में कई राष्ट्र बड़े आकार या क्षेत्रफल वाले हैं, जैसे सोवियत रूस, सं. रा. अमेरिका, भारत। कुछ देश अत्यन्त छोटे आकार वाले हैं जैसे श्रीलंका, मॉरीशस। छोटा आकार हानिकारक होता है क्योंकि ऐसे राष्ट्र आत्मनिर्भर नहीं बन सकते हैं। उनका असर भी अन्तरराष्ट्रीय संस्थाओं में न के बराबर होता है। इस प्रकार राष्ट्र सम्बन्ध का गहरा प्रभाव मनुष्य जीवन पर पड़ता है।

नैसर्गिक वनस्पतियों का मानवीय जीवन पर प्रभावः

पृथ्वी पर पायी जाने वाली विभिन्न प्रकार के पेड़ पौधे व वन का मानव जीवन के लिए विशेष रूप से उपयोगी है। पृथ्वी पर उपस्थित हरियाली की यह चादर न केवल लकड़ी, ईधन और भोजन का माध्यम है बल्कि वनस्पति पृथ्वी पर स्वस्थ व स्वच्छ पर्यावरण की बुनियाद भी है। पृथ्वी का लगभग 1/2 भाग वनों व विभिन्न प्रकार की वनस्पतियों से ढ़का हुआ है परन्तु यह चिन्ता का विषय है कि पिछले कुछ वर्षों के वन क्षेत्रों में भारी कमी आयी है। सबसे अधिक नुकसान उष्ण कटिबंधीय एशिया में हुआ है। वनों से हमें लकड़ी ईंधन, रबर, बांस, चारा औषधियाँ व अन्य उत्पाद मिलते है जिनका राष्ट की अर्थव्यवस्था में महत्त्वपूर्ण योगदान है। वर्तमान कृषि उपजें जैसे गेहूँ, चावल गन्ना आदि नैसर्गिक वनस्पति के परिवर्तित रूप हैं जिनकी कृषि से हमें भोजन मिल रहा है।

पशुओं का मानव जीवन पर प्रभाव

समस्त प्राकृतिक परिस्थितियों का प्राकृतिक सम्पदा पर मिश्रित रूप से प्रभाव पड़ता है। जीव–जन्तु भी इसके प्रभाव से वंचित नहीं है। जीव जन्तु चर है जबकि वनस्पति अचर है। जीव–जन्तु प्राकृतिक परिवेश की जटिलता से अपनी रक्षा करते

हैं। शीत प्रदेश के पशु शीत ऋतु में कटिबन्ध के दक्षिणी क्षेत्रों में प्रस्थान कर जाते हैं, क्योंकि इन क्षेत्रों में ठण्ड कम पड़ती है। पशुओं को प्रकृति ने विशेष रूप से शारीरिक गुण प्रदान किया है जिनसे वे सर्दी, गर्मी एवं वृष्टि से रक्षा करते हैं।

पर्वतीय याक के कन्धों में अपूर्व शक्ति होती है जो माल को कन्धों पर लेकर दुर्गम पहाड़ों पर चढ़ सकता है। घास के मैदानों में हिरनों के पैर हल्के एवं मजबूत होते हैं जिससे अपनी रक्षा के लिए तीव्र छलांगें मार सकें। मरुस्थल के ऊँट का गद्देदार पैर, शीत प्रधान प्रदेशों के पशुओं को घने एवं लम्बे समूरदार बाल तथा बर्फ पर दौड़ने के लिए सशक्त रेण्डियर प्रकृति के उपहार हैं जो मनुष्य के जीवन को गम्भीर रूप से प्रभावित एवं नियन्त्रित करते हैं। प्राचीन काल का सबसे घनिष्ठ सम्बन्ध पशु जगत से है। ये दोनों प्राचीन काल में एक –दूसरे के सहयोगी हैं। शुरू में पशुओं के आखेट से मनुष्य का भोजन, वस्त्र तथा घरेलू सामग्रियाँ प्राप्त होती थीं। पशु सवारी एवं माल ढोने में बड़े सहायक रहे हैं। इनकी खाल एवं हड्डियों से निवास–स्थान बनाये जाते हैं और मांस एवं दूध भोजन की सामग्री हैं। ऊन से वस्त्र बनाये जाते हैं।

अधिकांश पालतू पशुओं को कृषि कार्य में लाया जाता है। कुत्ता मानव का प्रथम पालतू पशु है। इसका प्रमुख कारण यह है कि प्राचीन युग में कुत्ता मानव की सुरक्षा करता था या यह मानव द्वारा किये गयें विभिन्न पशुओं के शिकार में भी विशेष भूमिका निभाता था। इसके बाद घोड़े को पालतू बनाया गया जिनसे माल ढोया जाता था। वर्तमान समय में देखा जाय तो गाय, भेड़, बकरी, ऊंट, भैस, मछली मुर्गी आदि पशु पक्षी पाले जा रहे हैं। इनमें कुछ पशुओं का व्यापार भी किया जा सकता है।

मत्स्य पालन से तेल व्यवसाय एवं उद्योग तथा खाद्य उद्योग संचालित करते हैं। पशुओं की खाल एवं हड्डियों से छोटे–छोटे सामान बनते हैं। पशुओं की खाल एवं सींग से अमीरों का बैठक कक्ष सजाया जाता है। ये तो शिकार करने वाले लोगों के विजय एवं साहस का प्रतीक माने जाते रहे हैं। इस तरह पर्यावरण के एक तत्त्व के रूप में पशुओं का महत्त्वपूर्ण प्रभाव मनुष्य जीवन पर पड़ता है। पशु हिंसक एवं हानिकारक रूप में मनुष्य के जीवन को दूभर बना देते हैं। सांप की तरह प्राण घातक तथा विषैली मक्खियों की तरह रोगप्रदायिका प्राणी मनुष्य के लिए खतरा है। लेकिन ये वायुमण्डल के प्रदूषण को भी कम करते हैं और वायु के विषैले प्रदूषण को अपनी सांस द्वारा खींच लेते हैं।

▣▣▣

5

भू-तल पर जीवमण्डलीय तत्व

फॉस्फोरस न्युक्लिक गैस का एक प्रमुख तत्व कहलाता है। इसके कई रूप होते हैं जिनमें—कैल्शियम, फास्फेट, लौह फास्फेट एल्युमीनियम फास्फेट, शैल एपेटाइप आदि प्रमुख है। शैल फास्फेट से निख्रमत मिट्टी में फॉस्फोरस अधिक पाया जाता है। फॉस्फोरस के पाँच रूप स्थिर जैविक, अस्थिर जैविक, अस्थिर अजैविक, घोल और खनिज होते हैं। पौधों हेतु फॉस्फोरस अत्यधिक लाभदायक है। कोशिका विभाजन, श्वसन क्रिया, कार्बोहाइड्रेट्स के अपघटन में, फलों के पकने इत्यादि में यह तत्व सहायता करता है। फास्फेट शैलों में फॉस्फोरस अधिक पाया जाता है, लेकिन वायुमण्डल में इसकी मात्र काफी कम तथा अस्थिर होती है। वायुमण्डल को फॉस्फोरस की प्राप्ति जलीय भागों में नमक बौछारों से, स्थलीय फास्फेट क्षेत्रों में तथा फास्फेट की खानों में पवन द्वारा उड़ाने से होती है। फॉस्फोरस चक्र निम्नलिखित रूपों में सम्पादित होता है—

1.भौतिक प्रक्रियाओं जैसे अवसादीकरण तथा अप्रक्षालन के कारण फॉस्फोरस का ज्यादा भाग विनिष्ट हो जाता है। लेकिन जैविक प्रक्रियाओं यथा दाँतों व हड्डी निर्माण में होने के कारण फॉस्फोरस कुछ समय तक चक्र के लिए उपलब्ध नहीं हो पाता है। लेकिन दाँतों व हड्डियों के वियोजन के पश्चात् फॉस्फोरस मिट्टी में मिलकर चक्र में सम्मिलित हो जाता है।

2.जब फास्फेट युक्त शैलों का अपक्षय होता है तो अपक्षय से उत्पन्न फॉस्फोरस बहते जल के साथ जलीय भागों में पहुँचता है और तली में निक्षेपित हो जाता है लेकिन कुछ फॉस्फोरस जल में तैरता रहता है, जिसे मछलियाँ तथा अन्य जलीय जीव ग्रहण करते हैं। मछलियों को भोजन बनाने के उपरांत फॉस्फोरस मानव के शरीर में पहुँचता है जो मानव मल–मूत्र या मृत शरीर को वियोजकों द्वारा वियोजित कर मिट्टी में मिला दिया जाता है जिसे पौधे ग्रहण करते हैं। इस प्रकार फॉस्फोरस चक्र पुनः प्रारम्भ हो जाता है।

3. फॉस्फोरस अंश फास्फेट युक्त शैलों के अपक्षय से अवसादी मिट्टी में मिलता है। इस मिट्टी से पौधे फॉस्फोरस अंश ग्रहण् करते हैं। यह फॉस्फोरस अंश भोजन श्रृंखला में शाकाहारी व मांसाहारी जीवों से होकर सर्वाहारी जीवों तक पहुँचता है। पौधों से गिरी पत्तियों, पौधों की जड़ों के सड़ने–गलने तथा जन्तुओं के मल–मूत्र व मृत जीवों के वियोजक से फॉस्फोरस अंश मिट्टी में पहुँचता है, जिन्हें पौधे ग्रहण करते हैं और फॉस्फोरस चक्र पुनः प्रारम्भ हो जाता है।

जीवमण्डल एक जीवन दायी अथवा जीवन–पोषक परत होती है, जो पृथ्वी के चतुर्दिक व्याप्त है। अन्य शब्दों में यह मण्डल सामान्य तौर पर पृथ्वी की सतह के चारों तरफ व्याप्त एक परत है जिनके तहत पेड़ पौधे तथा जन्तुओं का जीवन बिना किसी रक्षक साधन के सम्भव होता है। J. Tivy का मानना है कि जीवमण्डल पृथ्वी का वह भाग कहलाता है, जिसमें जीव निवास करते हैं। जीवनमण्डल के सन्दर्भ में A. N. Stranler and A.H Stranler का मानना है कि पृथ्वी के समतल जीवित जीव तथा वे पर्यावरण जिनसे उन जीवों की पारस्परिक क्रिया होती है मिलकर जीव मण्डल का निर्माण करते हैं इस प्रकार स्पष्ट होता है कि जीवन मण्डल में समस्त जीवित जीव तथा भौतिक पर्यावरण को शामिल किया जाता है। इस जीव मण्डल में भौतिक एवं अभौतिक जीवों के मध्य अतः क्रिया होती रहती है। इस प्रकरण के अन्तर्गत हम जीव मण्डल के भौतिक एवं अभौतिक दोनों पर विस्तृत रूप से अध्ययन करेंगे।

जीवमण्डल के प्रमुख तत्व–जीवमण्डल में दो तत्व पाये जाते हैं–(i) भौतिक तत्व, (ii) जैविक तत्व।

भौतिक तत्व

भौतिक तत्व के अन्तर्गत सूर्य ऊर्जा, स्थलाकृति, वायु, जल, शैल मृदा, खनिज पदार्थ आदि आते हैं। इस भौतिक तत्वों को प्रमुख तीन भागों में विभाजित किया किया गया है जो निम्नलिखित हैं–

(i) जलमण्डल

(ii) वायुमण्डल तथा

(iii) भू–मण्डलीय

1. जलमंडल के तत्व–जलमंडल के अन्तर्गत विभिन्न प्रकार के जल को सम्मिलित किया जाता है जैसे–भू–पृष्ठीय जल, भूमिगत जल और समुद्री जल आदि। भू–पृष्ठीय जल का प्रमुख स्रोत वर्षण (हिमपात वर्षा आदि) है। भू–तल पर जल मुख्यतः वर्षा के द्वारा और हिमद्रवण द्वारा प्राप्त होता है। भू–पृष्ठीय जल झील, तालाब आदि जलाशय के रूप में स्थिर होता है और नदी, झरना आदि के रूप में गतिशील होता है। भूमिगत जल को कुओं, कूपों, नलकूपों आदि के द्वारा उ+पर भूसतह पर लाया जाता है और विविध रुपों में उसका उपयोग किया जाता है।

महासागरीय जल जलीय संघटकों में सबसे अधिक महत्त्वपूर्ण एवं वृहत्तम जलस्रोत है। पृथ्वी की सतह का लगभग 71 प्रतिशत भाग महासागरीय जल द्वारा घिरा है। महासागरों में कई तरह के जीव पाये जाते हैं। सागरों का जल नमकीन होता है। महासागरीय जल में ज्वार, लहरें, धाराएं आदि जलीय गतियाँ होती हैं, जो जीवमंडल तथा उसके जीवों को विविध रूपों में प्रभावित करती हैं।

2. वायुमण्डल के तत्व–इसमें उन तत्वों को सम्मिलित किया जाता है जो तत्व वायुमण्डल से जुड़े होते हैं और उनका पर्यावरण दाब एवं गैसें, पवने, वर्षण, नमी आदि वायु मण्डल के प्रमुख तत्व कहे जाते हैं। सम्पूर्ण वायुमण्डलीय परिस्थितियों का मूल स्रोत रवि अथवा सूर्य ही है और यही जीवमंडल में अनेक प्रकार के जीवों का जीवन संभव बनाता है। सूर्य से निकलने वाली उ+ष्मा लघु तरंगों द्वारा विकीर्ण होती है और इसका मात्र 1/2 अरबवां भाग ही भू–तल को मिलता है। यह उ+ष्मा दीर्घ तरंगों के रूप में वायुमण्डल से होती हुई पुनः अंतरिक्ष में चली जाती है। इस तरह पृथ्वी की सतह और वायुमण्डल का उ+ष्मा संतुलन बना रहता है।

सागर तल पर औसत वायुदाब 29.92 इंच (76 सेमीॉ) अथवा 1013.25 मिलीबार होता है। भू–तल से उ+पर जाने पर वायुदाब क्रमशः कम होता जाता है। भू–तल पर वायुदाब के वितरण में भिन्नता पायी जाती है। दो जगहों के वायुदाब में भिन्नता के कारण हवाएं चलती हैं। अधिक असमानता अथवा उच्च दाब प्रवणता के कारण आंधी–तूफान, चक्रवात आदि उत्पन्न होते हैं। आर्द्रता और वर्षण भी जीवमंडल के प्रमुख संघटक हैं, जिनके द्वारा पौधों तथा प्राणियों का जीवन और क्रिया–कलाप निर्धारित होता है। वर्षण (precipitation) के तहत ओला, ओस, जल, हिम आदि को शामिल किया जाता है।

नाइट्रोजन, ऑक्सीजन, कॉर्बन–डाई–ऑक्साइड और आर्गन वायुमण्डल में अधिक मात्र में पायी जाती है तथा नियान, हाइड्रोजन, ओजोन हिलियम, आदि अल्प मात्र में पायी जाने वाली गैसों में से हैं। पादप श्वसन के रूप में कॉर्बन–डाई–ऑक्साइड को लेते हैं और ऑक्सीजन छोड़ते हैं। मानव सहित सभी प्राणी ऑक्सीजन लेते हैं और कॉर्बन–डाई–ऑक्साइड निकालते हैं। इस तरह गैसें जीवों के जीवन की अनिवार्य और मूलाधार तत्व हैं।

3. भू–मंडलीय तत्व–भू–मण्डलीय तत्वों में जैंसे मृदा, खनिज शैलें, भू–आकृति आदि को शामिल किया जाता है। जैसे–लोहा, डालोमाइट, बाक्साइट, मैंगनीज आदि खनिज पदार्थ हैं। खनिज कणों के इकट्ठा होने से निर्मित ठोस पदार्थ जिससे भूपृष्ठ का निर्माण हुआ हैं, शैल कहलाता है। रचना के अनुसार शैलों को मूलतः तीन भागों में रखा जाता है–अवसादी, आग्नेय और रूपांतरित। जैसे चीका, बलुआ पत्थर, शैल आदि अवसादी शैल के, ग्रेनाइट, बेसाल्ट आदि आग्नेय शैल के और संगमरमर स्लेट, सिस्ट आदि रूपांतरित शैल हैं। मूल शैलों के उ+पर भूपृष्ठ पर स्थित ढीले तथा बारीक कणों से बनी पतली परत को मृदा कहते हैं। इसका निर्माण शैलों के अपरदन और अपक्षय से मिले पदार्थों से होता है। सभी तरह के पेड़–पौधें, घासें आदि मिट्टी में ही पैदा होते हैं।

जीवमंडल इस तत्व के अन्तर्गत स्थल आकृतियों का महत्त्वपूर्ण स्थान होता है पृथ्वी की सम्पूर्ण भू–रचनाओं एवं आकृतियों को प्रमुख तीन श्रेणियों में वर्गीकृत किया है। प्रथम श्रेणी के स्थल रूपों के तहत महासागरीय और महाद्वीपों को सम्मिलित क़िया जाता है। इनके उ+पर बने भू–आकृतियों को द्वितीय श्रेणी के अन्तर्गत रखा जाता है जैसे पर्वत, पठार, मैदान, महाद्वीपीय मग्नतट, महाद्वीपीय मग्नढाल, महासागरीय कटक, गहरे सागरीय मैदान, गर्त, खाई, आदि। तृतीय वर्ग के स्थलरूपों का निर्माण प्रथम तथा द्वितीय श्रेणी के स्थल रूपों के उ+पर आंतरिक तथा बाहरी शक्तियों द्वारा होता है जैसे–प्रपात, नदी, घाटी, नदी सोपान, पेडीमेंट, बालुका स्तूप, प्लेया, बजाडा, कन्दरा, सर्क, भृगु आदि।

जैविक तत्व

जैविक तत्व में विभिन्न तत्व सम्मिलित होते हैं। जिनमें–सूक्ष्म जीव तन्त्र, पादप तंत्र तथा जन्तु तंत्र प्रमुख हैं जन्तु तंत्र में सर्वाहारी जीव, शाकाहारी जीव तथा मांसाहारी जीव को शामिल किया गया है। उपरोक्त तीनों पर नीचे प्रकाश डाला गया है–

1. सूक्ष्म जीव तंत्र–इस तंत्र में वे जीव आते हैं जो जैविक पदार्थों को सड़ा गलाकर अति छोटे–छोटे जीवों के लिए खाने योग्य हैं तथा मृत पादपों व जन्तुओं वियोजित करके अपना भोजन प्राप्त करते हैं तथा जटिल कार्बनिक पदार्थों को अलग–अलग करके उन्हें सामान्य या सरल बना देते हैं। इस प्रकार पृथक् किये गये पोषक पदार्थों का उपयोग स्वपोषित जीव या पादप करते हैं। इसीलिए सूक्ष्मजीवों को वियोजक या अपघटक भी कहा जाता है।

2. पादप तंत्र–पादप या पौधे की प्रजातियां असिमित है। सामूहिक दृष्टि से उन्हें वनस्पति की संज्ञा प्रदान की गयी है। विभिन्न पौधे के समूह को पादप समुदाय या समूह कहा जाता है। पौधे सूर्य के प्रकाश से अपना भोजन बनाते है। उसी कारण उन्हें स्वपोषित कहा गया है। यह जीवमंडल के प्रारंभिक उत्पादक होते हैं। जिनसे

मानव सहित समस्त स्थलीय तथा सागरीय प्राणी परोक्ष अथवा प्रत्यक्ष रूप से अपना आहार अर्जित करते हैं। हरे पौधे श्वसन प्रक्रिया में वायुमण्डल में कार्बन–डाई–ऑक्साइड ग्रहण करते हैं और ऑक्सीजन का उत्सर्जन करते हैं जो वायुमण्डल में मिल जाती है। ऑक्सीजन सभी प्राणियों द्वारा श्वसन में प्रयोग की जाती है जिसके कारण इसे प्राण वायु भी कहते हैं।

3. **जन्तु तंत्र**–किसी एक क्षेत्र व स्थल पर निवास करने वाले सम्पूर्ण प्राणियों को उस तंत्र में सम्मिलित किया जाता है, जो एक दूसरे पर निर्भर होते हैं। ऐसे जन्तुओं को पारिपोषित जन्तु की संज्ञा प्रदान की जाती है यह अपने भोजन के लिए नकारात्मक या सकारात्मक आश्रित होते है। इसी कारण जन्तुओं को उपभोक्ता कहा गया है। आहार पोषण की दृष्टि से उन्हें प्रमुख तीन भागों में बांटा गया है जिनका उल्लेख इस प्रकार है–

(i) सर्वाहारी जन्तु–ये जीव भोजन के लिए पौधों व अन्य जीवों दोनों पर निर्भर करते हैं। यह जीव जो मांसाहारी एवं शाकाहारी होते हैं। इस जीव का प्रमुख उदाहरण मानव स्वयं है।

(ii) शाकाहारी जन्तु–वे जन्तु शाकाहारी वर्ग के अन्तर्गत आते हैं जो पौधों की पत्तियों, तने, टहनियों, फूलों, फलों को खाते हैं जैसे बंदर, गाय, भैंस, उ+ँट, हाथी, घोड़ा, बकरी, हिरन, खरगोश आदि। शाकाहारी जन्तुओं को प्राथमिक उपभोक्ता (primary consumer) भी कहा जाता है।

(iii) मांसाहारी जन्तु–जो जीव अपने भोजन के लिए शाकाहारी या अन्य जीवों पर निर्भर करते हैं, मांसाहारी कहलाते हैं। जैसे–शेर, चीता, भेड़िया, मेढ़क आदि मांसाहारी जन्तु में शामिल किया जाता है। इन्हें द्वितीयक उपभोक्ता भी कहा जाता है।

पोषण स्तर, आहार शृंखला तथा आहार जाल

जीवमंडल में आहार पोषण का पदानुक्रम (hierarchical order) पाया जाता है, जिसे पोषण स्तर कहते हैं। उ+र्जा तथा आहार का संचार या स्थानांतरण एक पोषण स्तर से अन्य पोषण स्तर में क्रमबद्ध रूप में सम्पन्न होता है इसे आहार शृंखला (food chain) कहते हैं। आहार शृंखला विभिन्न प्रकार के जीवों का क्रम है जिसके द्वारा एक जीवमंडल में खाद्य उ+र्जा का प्रवाह होता है। पारिस्थितिक तंत्र होता है। एक जीवमंडल की सभी खाद्य शृंखलाएं परस्पर सम्बन्धित होती हैं और एक खाद्य शृंखला के जीवों को संबंध अन्य खाद्य शृंखलाओं के जीवों से होता है। इस प्रकार की अनेक खाद्य शृंखलाओं के पारस्परिक सम्बन्ध को आहार जाल (food web) कहते हैं। आहार शृंखला को जिस स्तर या केन्द्र पर आहार या भोजन का स्थानान्तरण एक जीव से दूसरे जीव में होता है, इसे पोषण स्तर के नाम से जाना जाता है। एक आहार जाल या शृंखला को विशेष रूप से चार पोषण स्तरों में बांटा जा सकता है जो निम्नलिखित हैं–

प्रथम पोषण स्तर–इस स्तर में स्वपोषित जीव को सम्मिलित किया जाता है। यह जीव अपना भोजन स्वयं बनाते है। इसमें प्रकाश संश्लेषण विधि द्वारा ये जीव अपना भोजन स्वयं तैयार करते हैं। हरे पौधें प्रमुख उदाहरण हैं।

द्वितीय पोषण स्तर–इस स्तर में सभी शाकाहारी जन्तुओं को शामिल किया जाता है। यह अपना आहार प्रथम पोषण स्तर के जीव हरे पादपों से प्राप्त करते हैं। इस प्रकार शाकाहारी जन्तु प्राथमिक उपभोक्ता (primary consumers) माने जाते हैं। बकरी, हिरन, गाय, हाथी, बन्दर, जिराफ आदि शाकाहारी जन्तु इसी वर्ग के अन्तर्गत आते हैं।

तृतीय पोषण स्तर–इस स्तर में उन जन्तुओं को शामिल किया जाता है जो मांसाहारी होते हैं जो द्वितीय पोषण स्तर के प्राणियों का मांस खाकर अपना जीवनयापन करते हैं जैसे–चीता, शेर, तेंदुआ, गिद्ध मेढक आदि उसके मांसाहारी जीवों के उदाहरण है। उन्हें द्वितीयक उपभोक्ता भी कहा जाता है।

चतुर्थ पोषण स्तर–मानव एक सर्वाहारी प्राणी है जो उपर्युक्त तीनों पोषण स्तरों से भोजन प्राप्त करता है।

जीवमंडल पिरामिड

एक खाद्य–शृंखला में कई खाद्य स्तर होते हैं–जैसे उत्पादक स्तर, प्राथमिक उपभोक्ता स्तर तथा द्वितीय उपभोक्ता स्तर आदि। ऊष्मा–गतिकी के दूसरे सिद्धान्त के आधार पर देखा गया है कि एक खाद्य–शृंखला में एक स्तर का जैविक–भार उससे पिछले स्तर का मात्र दसवाँ भाग रह जाता है। इसका अर्थ यह हुआ कि उत्पादकों से शुरू होकर अगले स्तरों की ओर संख्या, जैविक–भार एवं ऊर्जा, में निरन्तर बदलाव आते रहते हैं। जब इस पूरे क्रम को एक चित्र के रूप में प्रस्तुत करते हैं तो ये एक पिरामिड का आकार लेती हैं उत्पादकों को इस प्रकार बनने वाले पिरामिड के आधार पर रखा जाता है तथा उपभोक्ताओं को क्रमशः आधार के ऊपर। इस प्रकार बनने वाले पिरामिड को पारिस्थितिक पिरामिड कहा जाता है। पर यह कोई जरूरी नहीं कि ये पिरामिड नीचे से चौड़े व ऊपर से नुकीले हों। विशेषता व पारिस्थितिक–तंत्र के आधार पर इनकी शक्ल बदल जाती है।

पारिस्थितिक पिरामिड एक ग्राफिक चित्र होता है जिसमें एक पारिस्थितिक–तंत्र की किसी खाद्य–प्रणाली में जैविक गणना, जैविक–भार एवं एकत्रित ऊर्जा को विभिन्न खाद्य–स्तरों पर दर्शाया जाता है। एक अंग्रेजी जीव विज्ञानी, चारलूस ऐल्टन (1929) ने पारिस्थितिक पिरामिड का विचार प्रस्तुत किया था। इसीलिए इन पिरामिडों को ऐल्टोनियन पिरामिड भी कहा जाता है। ऐल्टोनियन पिरामिड एक धारणा है जिसका सम्बंध खाद्य–उपयोग क्षमता के साथ है।

पारिस्थितिक पिरामिड के प्रभावः–इस पिरामिड को प्रमुख तीन भागों बाटा गया है जिन्हें बिन्दुगत नीचे स्पष्ट किया गया है–

1. **संख्या पिरामिड**—इस पिरामिड के अन्तर्गत किसी पारिस्थिति तंत्र की खाद्य—पद्वति के विविध चरणों पर जीवों की संख्या—व्यवस्था को दर्शाया जाता है, यह पिरामिड सामान्य अथवा उल्टे हुए रूप के होते हैं और यह इस पर आधारित है कि क्या उत्पादक जीव संख्या में अधिक हैं (जैसे पादप—तंत्र का पेड़) जिस पर कहीं अधिक संख्या में उपभोक्ता जीव निर्भर करते हैं।

एक खाद्य—शृंखला में, संख्या पिरामिड एक सीधा पिरामिड होता है यहाँ जीवों की संख्या स्तर पर (उत्पादक से लेकर ऊपरी मांसाहारी तक) खाद्य—शृंखला में कम होती जाती है (जैसे घास—स्थल में घास से लेकर शिकारी पक्षियों की ओर, अथवा तालाब में पादप—प्लवकों से लेकर बड़ी मछलियों की ओर)। इन खाद्य—शृंखलाओं में उत्पादक आकार में सबसे छोटे पर संख्या में सर्वाधिक होते हैं, जबकि ऊपरी माँसाहारी आकार में सबसे बड़े पर संख्या में सब से कम होते हैं। यदि एक तालाब पारिस्थितिक—तंत्र का उदाहरण लें तो पादप—प्लवक (उत्पादक) संख्या में सर्वाधिक होते हैं। इसके आगे, पर कम संख्या में, प्राणी—प्लवक। इससे भी कम छोटे मांसाहारी (बड़ी मछलियाँ) जो छोटे मांसाहारियों (छोटी मछलियाँ) पर निर्भर करते हैं। वन पारिस्थितिक—तंत्र में पेड़ों की प्रजातियाँ उत्पादक हैं, जिनकी संख्या उन पर निर्भर कीट—पतंगों, पक्षी आदि उपभोक्ताओं से कहीं कम है। ये शाकाहारी उपभोक्ता संख्या में सबसे अधिक होते हैं और उनको खाने वाले माँसाहारी उपभोक्ताओं की संख्या क्रमशः घटती जाती है। ये पिरामिड ऊपर व नीचे से संकरे तथा बीच से चौड़े होते हैं।

2. **उ+र्जा पिरामिड**—आहार या भोजन शृंखला के हर पोषण स्तर पर उपभोक्ता केवल 10÷ ऊर्जा को ही अपने शरीर में भार के अनुसार परिवर्तित करता है। अतः किसी भी तत्व में सबसे अधिक ऊर्जा हरे पौधों में पायी जाती है। प्राथमिक वर्ग या समूह के जीवों में उससे कम तथा सर्वश्रेष्ठ जीवों में न्यूनतम ऊर्जा विद्यमान होती है। अतः इस पिरामिड का निर्माण सीधा ही होता है। एक वानिकी तंत्र में हरे वृक्ष की संख्या अत्यधिक अल्प होती है और शीर्ष उपभोक्ताओं (मक्खियों, कीट पंतगों आदि) की संख्या में ज्यादा होती हैं। एक पेड़ के उ+पर उस पर आश्रित बहुत सी चिड़ियाँ रहती हैं और उनके शरीर पर बहुत से लघु कीटाणु होते हैं। मूल उत्पादक से शीर्ष उपभोक्ता की तरफ बढ़ रही संख्या को प्रदर्शित करने वाले पिरामिड की स्थिति विपरीत होती है अतः उसे उल्टे पिरामिड द्वारा दिखाया जाता है।

3. **बायोमास पिरामिड**—इस पिरामिड में प्रत्येक परिस्थितिक तंत्र में प्रति इकाई क्षेत्र में जीवित प्राणियों के सभी शुष्क भार को प्रदर्शित करने वाले पिरामिड को बायोमास पिरामिड कहते हैं। स्थलीय पारिस्थितिक तंत्र में मौलिक उत्पादक (हरे पादप) का जीव भार सर्वाधिक होता है जो हर पोषण स्तर (उपभोक्ता श्रेणी) पर क्रमशः कम होता जाता है। वन में वृक्षों का जीव भार सबसे ज्यादा होता है और उस पर निर्भर प्रथम श्रेणी के उपभोक्ता का उससे कम। इसी तरह तृतीय एवं द्वितीय श्रेणी

के उपभोक्ताओं का जीव भार क्रमशः घटता जाता है। इस तरह वन पारिस्थितिक तंत्र का बायोमास पिरामिड सीधा निर्मित करता है।

जलीय पारिस्थितिक तंत्र में मौलिक उत्पादन डायटम और प्लैंकटन का भार सर्वाधिक अल्प होता है। उन पर निर्भर प्रथम श्रेणी के उपभोक्ता शाकाहारी जीवों (मछलियों) का वजन मौलिक उत्पादक से अधिक होता है। बड़ी मांसाहारी मछलियों का जीव–भार सबसे अधिक होता है। इस प्रकार जलीय पारिस्थितिक तंत्र का बायोमास पिरामिड उल्टा बनता है।

जीवमंडल में उ+र्जा का प्रभाव या संचार

जीवमण्डल के अन्तर्गत ऊर्जा का प्रवाह, प्रवेश तथा संचार अथवा प्रवाह उष्मा गतिक नियम के तहत होता है, जिसके कुछ विशिष्ट नियम होते हैं। यहां पर उसके कुछ प्रमुख नियमों का उल्लेख किया गया है–

1. उ+र्जा का निर्माण और विकास नहीं होता है अपितु इसका सिर्फ रूपांतरण होता है।
2. उ+र्जा रुपांतरण की प्रक्रिया में कुछ उ+र्जा बदले हुए रूप में तंत्र से परिक्षेपित अवस्था में विसरित होकर बाहर चली जाती है।

एक जीवमंडल की सम्पूर्ण शक्ति अथवा ऊर्जा सूर्य से प्राप्त होती है। जीवमंडल में सौर उ+र्जा का मात्र एक प्रतिशत ही हरे पादप प्रकाश संश्लेषण प्रक्रिया के माध्यम से संचय करते हैं। यह जीवमंडल में जैविक पदार्थों के रूप में सम्पूर्ण बायोमास (जीव–भार) में संचित समस्त उ+र्जा के बराबर होती है। सौर उ+र्जा की यह न्यूनतम मात्र भी जीवमंडल के सभी जीवित प्राणियों के लिए पूरी होती है। किसी जीवमंडल मौलिक उत्पादक प्रकाश संश्लेषण के नियम द्वारा सौर उ+र्जा को रासायनिक उ+र्जा में बदलते हैं जिसका एक बड़ा भाग हरे पादपों द्वारा श्वसन के रूप में निकल कर वायुमण्डल में प्रविष्ट करता है और शेष रासायनिक उ+र्जा पादपों में जीव–भंडार के रूप में एकत्रित हो जाती है। शाकाहारी जन्तु जब आहार के रूप में शाकीय उत्पादों का भक्षण करते हैं तब उन्हें खाद्य के रूप में एकत्रित उ+र्जा मिलती है। शाकाहारी जन्तु जो प्राथमिक उपभोक्ता होते हैं, खाद्य के रूप में प्राप्त उ+र्जा का लगभग 90÷ अपनी जैविक गतिविधियों में व्यय कर देते हैं और लगभग 10÷ अपने शरीर में एकत्रित करते हैं। शाकाहारी जानवरों को जब मांसाहारी जानवर खाते हैं तब वह एकत्रित उ+र्जा मांसाहारी जन्तुओं को प्राप्त होती है। मांसहारी जीव भी इस ग्रहीत ऊर्जा का लगभग 10 प्रतिशत ऊर्जा अपने शरीर में संचित करते हैं। इस प्रकार वानस्पतिक जीव–भार के रूप में संचित ऊर्जा का एक पोषण स्तर से अन्य पोषण स्तरों के लिए स्थानांतरण होता रहता है। ज्ञातव्य है कि जीवमंडल (पारिस्थितिक तंत्र) में ऊर्जा का गमन (प्रवाह) एक ही दिशा में होता है और एक बार खर्च होने वाली ऊर्जा पुनः उपयोग के लिए प्राप्त नहीं हो पाती है।

पोषक तत्वों का चक्रीय संचार

ऊर्जा प्रवाह के अलावा पर्यावरण में विभिन्न खनिज लवण एवं पोषण तत्वों का चक्रण भी महत्त्वपूर्ण है। खनिज तत्वों के भूमि एवं जीवों के माध्यम से होने चक्रीय संचार या भ्रमण को पोषण तत्त्वों का चक्रीय संचार अथवा पदार्थ चक्रण कहा जाता है। इन खनिज तत्वों से स्रोत एवं उपस्थिति तत्व जैविक एवं अजैविक दोनों होते हैं, अतः इन्हें एकीकृत रूप से जैव–भौम तत्व या पदार्थ परिसंचरण भी कहा जाता है। आहार श्रृंखला से गुजरते हुए सभी पदार्थ या तत्व अंततः सूक्ष्म जीवों के द्वारा अपघटित किये जाते हैं जिनके फलस्वरूप इन पदार्थों की जटिल संरचना टूट कर अजैविक रूप से बदल जाती है। यह प्रक्रिया पदार्थों को पुनः चक्रण के लिए स्वतन्त्र कर देती है। पर्यावरण में होने वाले प्रमुख पोषण तत्वों का चक्रीय संचार या प्रवाह को निम्नलिखित बिन्दुओं के अन्तर्गत स्पष्ट किया जा सकता है–

1. भू–जैव रासायनिक चक्र–जीवनमंडल में भूमंडल, जलमंडल और वायुमण्डल से होकर रासायनिक तत्वों के चक्रीय प्रवाह की व्यवस्था को भू–जैव रासायनिक चक्र की संज्ञा प्रदान किया जाता है। यह एक बृहत् स्तरीय चक्र है जिसके अन्तर्गत अजैविक तत्वों का रूपांतरण जैविक अवस्था में होता है और अंततः ये तत्व अजैविक अवस्था में वापस लौट जाते हैं। सविन्द्र सिंह (1991) के अनुसार, "अजैविक (रासायनिक) तत्वों के जैविक प्रावस्था में परिवर्तन तथा इन जैविक तत्वों के अजैविक रूप में पुनरागमन के प्रारूप को भू–जैव रासायनिक चक्र कहते हैं।" शैलों के अपरदन एवं अपक्षय के माध्यम से प्राप्त रासायनिक एवं भौतिक तत्वों का तथा वर्षा के माध्यम से प्राप्त वायुमण्डलीय तत्वों का मिट्टियों में एकीकरण होता है। हरे पौधे मिट्टी में एकत्रित रासायनिक पोषक तत्वों को अपनी जड़ों द्वारा घोल रूप में ग्रहण करते हैं जिसे जड़ परासरण क्रिया कहते हैं।

जीवमंडल के प्राथमिक उत्पादक हरे पौधे प्रकाश संश्लेषण विधि तथा रासायनिक संश्लेषण विधि के माध्यम से अजैविक (रासायनिक) पोषक तत्वों को ग्रहण करते हैं और उसके द्वारा अपना विकास और सम्वर्द्धन करते हैं। हरे पौधों द्वारा ग्रहण की गयी सभी ऊर्जा का लगभग 90 प्रतिशत श्वसन आदि क्रियाओं द्वारा निर्गत होकर वायुमण्डल में चला जाता है और शेष 10 प्रतिशत ऊर्जा उनमें जीव–भार (बायोमास) के रूप में एकत्रित होती है। इसी रासायनिक ऊर्जा का प्रसार उपभोक्ता प्राणियों (शाकाहारी, मांसाहारी, सर्वाहारी) में क्रमिक पोषण स्तरों से होकर संचारित होता है। जैविक तत्वों (पादप, जन्तु, सूक्ष्म जीव) के मृत हो जाने पर जैविक अवस्था में मौजूद तत्वों का रूपांतरण पुनः अजैविक अथवा भौतिक (वायुमण्डलीय या मृदीय) अवस्था में हो जाता है। इस तरह तत्वों का संचरण अजैविक अवस्था (मृदीय एवं वायुमण्डलीय अवस्था) से जैविक अवस्था में और जैविक अवस्था से पुनः अजैविक अवस्था में एक चक्रीय प्रक्रिया के तहत होता है जिसे भू–जैव रासायनिक चक्र कहते हैं। भू–जैव रासायनिक चक्र में विभिन्न ऊर्जा और तत्वों का प्रसार अत्यंत जटिल रूप में होता है

क्योंकि वे परस्पर अन्योन्याश्रित रूप से जुड़े होते हैं।

इस चक्रण का अध्ययन प्रमुख दो प्रकार से किया जा सकता है, जिसमें पहला–पारिस्थितिक तंत्र के विभिन्न कारकों का मिश्रित चक्रण जो काफी जटिल क्रिया है तथा दूसरा, एकाकी तत्वों का चक्रण जो पहले की अपेक्षा बहुत ही सरल प्रक्रिया है। इस चक्रण में जैसे जलीय चक्रण, नाइट्रोजन चक्रण, फास्फोरस चक्रण, ऑक्सीजन चक्रण नाइट्रोजन चक्रण, सल्फर चक्रण, खनिज चक्रण आदि को शामिल किया जाता है।

2. **कार्बन चक्र**–पृथ्वी पर जीवों के लिए कार्बन का स्रोत वायुमण्डल की CO_2 है। कार्बन का ठोस तरल तथा गैसीय रूप में वायुमण्डल के विभिन्न भागों में स्थानांतरण होता है। गैसीय रूप में कार्बन का संचार कॉर्बन–डाई–ऑक्साइड (CO_2) के रूप में होता है। यह वायुमण्डल में गैस के रूप में और जल में घोल के रूप में विद्यमान होता है। जैविक तत्वों में कार्बोहाइड्रेट और भूपटल की शैलों में कैल्शियम कार्बोनेट तथा खनिज कार्बोनेट के रूप में विद्यमान होता है। मनुष्य तथा अन्य जन्तु श्वसन क्रिया द्वारा ऑक्सीजन ग्रहण करते हैं और कॉर्बन–डाई–ऑक्साइड का उत्सर्जन करते हैं जो वायुमण्डल में मिल जाती है। जीवमंडल (परिस्थितिक तंत्र) में कॉर्बन का स्थानांतरण ऊर्जा प्रवाह के साथ होता है।

हरे पौधे वायुमण्डल से कार्बन–डाई–ऑक्साइड को श्वसन क्रिया द्वारा ग्रहण करते हैं और कार्बोहाइड्रेड का निर्माण करते हैं। उनकी श्वसन क्रिया में काबोहाइड्रेट का विघटन होता है, जिससे कार्बन–डाई–ऑक्साइड मुक्त होकर पुनः वायुमण्डल में चली जाती है। शुष्क पौधों तथा मृत प्राणियों के अवयवों का विघटन होने पर, शैलों का अनाच्छादन होने पर उनमें विद्यमान कार्बन–डाई–ऑक्साइड मुक्त होकर वायुमण्डल में विलीन हो जाती है। इसी प्रकार जीवाश्म ईंधनों (कोयला, पेट्रोलियम आदि) के जलने से कार्बन डाई–ऑक्साइड निर्गत और गुक्त होकर वायुमण्डल में मिल जाती है। सामान्य रूप से जिस गति से कार्बन वायुमण्डल से अलग होता है और विविध क्रमों से गुजरता हुआ यह उसी गति से वायुमण्डल में प्रविष्ट कर जाता है। इस तरह यह चक्र पूरा होता है।

3. **नाइट्रोजन चक्र**–वायुमण्डल में नाइट्रोजन की मात्र लगभग 78÷ पायी जाती है। नाइट्रोजन का यौगिकीकरण भौतिक प्रक्रिया जैसे असमानी बिजली चमकने अथवा जैविक प्रक्रिया जैसे बैक्टीरियां एवं नील–हरित शैवाल द्वारा होता है। नाइट्रोजन पौधों द्वारा ग्रहण किये जाने के बाद ॲमीनों एसिड, प्रोटीन, विटामिन आदि के संघटन में प्रयोग होती है, पौधों एवं जीवों के मृत होने के बाद मृत जैविक ऊतकों में उपस्थिति जैविक नाइट्रोजन और नाइट्रेट में परिवर्तित कर दी जाती है तथा यह पौधों के लिए

पुनः उपलब्ध हो जाती है। कुछ वैक्टीरिया नाइट्रेट को आण्विक नाइट्रोजन के रूप में भी बदल देती है।

4. ऑक्सीजन चक्र–पारिस्थितिक तंत्र में ऑक्सीजन कई रासायनिक रूपों में पायी जाती है। यह आणविक (O_2) में विद्यमान होती है जिसके अधिकांश भाग का निर्माण पौधे प्रकार संरश्लेषण विधि द्वारा करते हैं और आंशिक भाग का निर्माण कुछ खनिज ऑक्साइड के अपचयन (reduction) द्वारा होता है।

हरे पौधे प्रकाश संश्लेषण क्रिया के माध्यम से ऑक्सीजन का उत्सर्जन और निर्माण करते हैं जो वायुमण्डल में पहुँचकर आणविक ऑक्सीजन (O_2) का रूप ले लेती हैं लेकिन यह जल्द ही परिवर्तित होकर अन्य तत्वों के साथ संयुक्त हो जाती है। जीवित मनुष्य सहित सभी जन्तु श्वसन क्रिया द्वारा वायुमण्डल से ऑक्सीजन ग्रहण करते हैं। ऑक्सीजन का कुछ भाग भू–पृष्ठीय जल में लुप्त हो जाता है। प्राणियों तथा जल से मुक्त होने पर ऑक्सीजन फिर से वायुमण्डल में पहुँच जाती है। यह ऑक्सीजन अंततः भू–पृष्ठीय मृदाओं में एकत्रित होती है तथा भूगर्भिक जल में लुप्त हो जाती है।

5. जलीय चक्र–धरातल के लगभग 1/3 भाग पर जल का प्रसार पाया जाता है। जल सम्पूर्ण जव–जन्तुओं व प्राणियों का जीवन है। जल के अभाव में किसी भी जीव का अस्तित्व सम्भव नहीं है। जल का सूत्र (H_2O) है जिसमें दो भाग हाइड्रोजन और एक भाग ऑक्सीजन का पाया जाता है। जल ठोस, द्रव तथा गैस उन तीन रूपों में पाया जाता है। जल के उन तीनों स्वरूपों में तापमान परिवर्तन के साथ–साथ बलदता रहता है। एक जलीय चक्र के तहत जल महासागर से जलवाष्प के रूप में वायुमण्डल में, वायुमण्डल से वर्षण के रूप में भू–तल पर और भू–तल से नदियों के माध्यम से फिर से महासागर में पहुँच जाता है। वाष्पीकरण के माध्यम से सागरों एवं महासागरों का जल वाष्प के रूप में वायुमण्डल में ऊपर उठता है। तापमान में कमी से जलवाष्प का संघनन होता है और बादलों का निर्माण होता है। बादलों के द्रवीभूत होने से हिमवर्षा अथवा जलवर्षा के रूप में जल भू–तल पर आ जाता है। बर्फ, हिम और वर्षा जल के पिघलने से मिला जल नदियों से होता हुआ पुनः महासागर में चला जाता है। इस तरह एक सामान्य जल चक्र पूर्ण होता है। ज्ञातव्य है कि जल का कुछ भाग भू–तल पर बर्फ (हिमनद) के रूप में संचित रहता है और तापमान में बढ़ोत्तरी होने पर वह पिघल कर फिर से जल के रूप में परिवर्तित हो जाता है। भू–पृष्ठीय जल का कुछ भाग रिसकर भूपृष्ठ की शैलों तथा मृदाओं में एकत्रित होता रहता है और भूगर्भिक जल के भंडार के रूप में मौजूद होता है। भूगर्भिक जल झरने, कुओं नलकूपों आदि के माध्यम से धरातल पर आत्ता है और जल चक्र में शामिल हो जाता है।

जीव–जन्तुओं के शरीर में जल का कुछ अंश विद्यमान होता हैं भूमि से पौधे

जल को ग्रहण करते हैं तथा वाष्पोत्सर्जन द्वारा जल का उत्सर्जन करते हैं जो वायु मण्डल में चला जाता है। भूपृष्ठ तथा इसके जलाशयों में स्थित जल भी वाष्पीकरण के माध्यम से वायुमण्डल में चला जाता है और जल अथवा हिम के रूप में रूपांतरित होकर अंततः भू–तल पर आ जाता है तथा नदियों से होते हुए सागरों में चला जाता है। इस तरह जल के प्रमुख क्षेत्र महासागर का जल वायुमण्डल और स्थलमंडल से होता हुआ अंततः महासागर में चला जाता है जिससे एक जलचक्र पूरा होता है।

जैव भू–रसायन चक्र

जीव के विकास के लिए अनेक पोषण तत्वों की जरूरत पड़ती है। इन तत्वों का चक्रण प्रायः जारी रहता है अजैव तत्वों से जैव तत्वों में मिश्रित होते रहते हैं तथा चक्रण या भ्रमण के रूप से पुनः अपने–अपने स्थान पर ये दोनों तत्व चले आते हैं इसी को जैव भू–रसायन चक्र कहा जाता है। प्रसिद्ध भूगोल वेत्ता ई. ए केलर तथा डी.बी बोटकिन का मानना है कि पृथ्वी के वायुमण्डल, सागरों एवं अवसादों से होकर रासायनिक तत्वों के चक्रण या भ्रमण को जैव–भू–रसायन की संज्ञा प्रदान किया है।

जैव–भू–रसायन चक्र का स्वरूप

जैव–भू–रासायन के प्रमुख स्वरूपों या प्रकारों को निम्नलिखित शीर्षकों के अन्तर्गत स्पष्ट किया गया है–

जल चक्र

जल का विकास एवं निर्माण ऑक्सीजन के एक परमाणु और दो हाइड्रोजन के दो परमाणु मिश्रण से होता है। जीवमण्डल में जल मुख्य रासायनिक तत्व है क्योंकि–अनेक तत्वों को घुलाने की क्षमता इनमें होती है, आवश्यक हाइड्रोजन की प्राप्ति प्राणियों में जल से होती है, जल द्वारा ही पोषक तत्वों का अनेक पोषण स्तरों पर विनिमय होता है। इससे जीव मण्डल में तत्वों का संचरण होता है, ऊष्मा भण्डारण की क्षमता इसमें होती है। जल के प्रमुख तीन रूप होते हैं जैसे ठोस जल, गैसीय, तथा तरल आज जल की सम्पूर्ण मात्र 150 करोड़ 2.15÷ हिमनदियों, 0.620÷ भूमिगत जल, 0.005÷ मृदा की आर्द्रता, 0.017÷ स्थलीय जल, 0.001÷ वायुमंण्डील आर्द्रता में उपस्थित है।

जीवों तथा उनके पर्यावरण के मध्य, स्थल, समुद्र एवं वायुमण्डल के बीच जल का परस्पर आदान–प्रदान जल चक्र द्वारा सम्पन्न होता है। इस चक्र में जल का वाष्पीकरण, वाष्पोत्सर्जन, बादलों का निर्माण, वायु संचार द्वारा बादलों का समुद्रों तथा स्थलीय भागों के ऊपर परिवहन, संघटन, वर्षण आदि क्रियाएँ सम्पन्न होती हैं। सबसे पहले समुद्र का जल सूर्याताप के कारण गरम होता है। जिससे समुद्री जल का वाष्पीकरण होता है। वाष्पीकरण के कारण जल वाष्प के रूप में वायुमण्डल में पहुँचता है। जल वाष्प का परिवहन पवनों द्वारा समुद्री व स्थानीय भागों में होता है। जल वाष्प से लदे बादलों के पवन के साथ ऊपर उठने से नमी का संघटन होता है तथा वर्षण

होने लगता है। यह वर्षण, यथा–जल वर्षा, ठोस जैसे ओला और ओस, कुहरा इत्यादि तीन रूपों में होता है। धरातल का वर्षा जल नदियों द्वारा समुद्र में पहुँचता है जहाँ वाष्पीकरण द्वारा आगे की क्रियाएँ सम्पन्न होने लगती हैं तथा जल का पुनःचक्रण शुरू हो जाता है। इसी क्रिया को जल चक्र कहते हैं।

अतः यह कहा जा सकता है कि सागर, वायुमण्डल स्थल मण्डल और जीवों के मध्य जल का प्रवाहित अथवा क्रमण को ही जल चक्र की संज्ञा दी गयी है। वास्तविक रूप से वृष्टि जल का कुछ अंश जमीन के नीचे प्रविष्ट कर जाता है जिसे भूमिगत जल की संज्ञा प्रदान की जाती है और जल का कुछ अंश मृदा सोख या अवशोषित कर लेती है जिसे मृदा जल की संज्ञा दी जाती है तथा वर्षा का कुछ जल वाष्पीकरण द्वारा वायुमण्डल में चला जाता है और वर्षा का कुछ जल, पौधों द्वारा ग्रहण किया जाता है। इस प्रकार वर्षा का शेष जल ही नदियों द्वारा समुद्र में पहुँच जाता है।

इस व्यापक जल चक्र में कई लघु जल चक्र चलते रहते हैं। भूमिगत जल समुद्र में पहुँचकर चक्र में शामिल होता है। सागरों, झीलों तथा तालाबों का जल भी वाष्पीकरण द्वारा वायुमण्डल में जल वाष्प के रूप में पहुँचकर जल चक्र में शामिल हो जाता है। पौधों की जड़ों द्वारा अवशोषित जल वाष्पोत्सर्जन द्वारा वायु मण्डल में पहुँचकर जल चक्र में मिल जाता है। समुद्री सतह पर लहरों, ज्वरों व धाराओं द्वारा भी जल चक्र का प्रवाह होता है जिससे समुद्री जीवों के लिए पोषण पदार्थ उपलब्ध होते हैं। समुद्र के काफी गहरे भागों में जल का आवर्तन एक हजार वर्षों में होता है। मानव अपने आख्रथक क्रियाकलापों के माध्यम से जल चक्र को दुष्प्रभावित करने में लगा हुआ है, जो जीवमण्डल के लिए खतरे का सूचक है।

ऑक्सीजन चक्र

वायुमण्डल के अन्तर्गत ऑक्सीजन प्रमुख रूप से दो परिस्थितियों जिनमें पहला उन्मुक्त और दूसरा जल में मिश्रित रूप में उपास्थित है। हरे पौधे प्रकाश संश्लेषण क्रिया के तहत उप–उत्पाद के रूप में ऑक्सीजन छोड़ते हैं जिसको सभी पौधे व मनुष्य सहित सभी जन्तु श्वसन में उपभोग करते हैं। जब जीव श्वांस छोड़ता है तो कार्बन–डाई–ऑक्साइड बाहर निकलता है। पौधे कार्बोहाइड्रेट संश्लेषण के लिए जरूरी कच्चे पदार्थ को ग्रहण करते हैं। इस तरह पारिस्थितिकी तंत्र में आणविक ऑक्सीजन चक्र व्यवस्थित रहता है। साधारण भाषा में कहा जाता है कि हरे पौधे ऑक्सीजन का निर्माण करते हैं। इसका वायुमण्डल में सान्द्रण होता रहता है। इस प्रकार ऑक्सीजन चक्र चलता रहता है। भौतिक क्रिया में आणविक ऑक्सीजन अन्य तत्वों के साथ–साथ जल तथा खनिज मिश्रित रूप से जीवों तक पहुँचता है और पुनः चक्कर काटता वायुमण्डल में चला जाता है। यह अति जटिल प्रक्रिया है तथा एक ऑक्सीजन चक्र के पूरा होने में लगभग दो हजार वर्ष लग जाते हैं।

ऑक्सीजन चक्र की उपयोगिता एवं महत्त्व

जीव मण्डलीय पारिस्थितिकी तंत्र में ऑक्सीजन चक्र का विशेष महत्त्व हैं। नीचे की पंक्तियों में उसके कुछ प्रमुख महत्व एवं उपयोगिताओं को स्पष्ट किया गया है–

1. इससे जीवमण्डल में अनेक तत्वों का संचरण होता है।
2. इससे कार्बोहइड्रेट, प्रोटीन तथा चर्बी के निर्माण में मदद मिलती है।
3. यह स्वस्थ जीवन के लिए जरूरी होता है।
4. मानव शरीर में रुधिर का संचार इसी से होता है।
5. मानव, पशु तथा पौधे श्वसन में इसी का प्रयोग करते हैं।

ऑक्सीजन का उद्भव:

जीवमण्डल में ऑक्सीजन का विशेष महत्व है। वैज्ञानिकों के अनुसार जीवों के विकास के क्रम में प्रकाश संश्लेषण क्रिया के समय पौधों की कोशिकाओं द्वारा जलीय अणुओं के विखण्डन की वजह से ऑक्सीजन की उत्पत्ति हुई। इस तरह प्रकाश संश्लेषी पौधों के उद्भव के बाद ऑक्सीजन का निर्माण हुआ। वायुमण्डल में तब से अब तक ऑक्सीजन की मात्र 21÷ ही हो पाई है। पौधों की इस गुणवत्ता के कारण ही ऑक्सीजन की इस मात्र को संजोए के लिए विश्व स्तर पर वृक्षारोपण और वन बचाओ अभियान चलाया जा रहा है।

ज्वालामुखी उद्गार के समय एवं खनिज, ऑक्साइड के न्यूनीकरण जल और कार्बन–डाई–ऑक्साइड के निकलने से भी ऑक्सीजन विकसित होती है जो पारिस्यितिक तन्त्र अथवा वायुमण्डल में प्रवेश कर जाता है।

वायुमण्डल ऑक्सीजन विहीन नहीं होता अर्थात् वायुमण्डल में ऑक्सीजन की मात्र पायी जाती, परन्तु अत्यधिक ऊँचाई पर ऑक्सीजन की मात्र अत्यधिक कम पायी जाती है। इसी वजह से ऊँचे पहाड़ों पर जाने से श्वांस लेने में परेशानी होती है। जलीय सतह पर तापमान बढ़ने पर जल में ऑक्सीजन की मात्र कम हो जाती है। ज्यादा आर्द्रतायुक्त मिट्टी में इसकी मात्र कम होती है। ऑक्सीजन के कई रासायनिक रूप होते हैं, जैसे–आणविक ऑक्सीजन आदि।

कॉर्बन चक्र

वायुमण्डल में कार्बन डाई आक्साइड की मात्र 0.03÷ है। जैविक मण्डल में हरित पौधों द्वारा प्रकाश संश्लेषण की क्रिया से वायुमण्डल को कार्बन डाईआक्साइड की प्राप्ति होती है। यह चक्र गैसीय व अर्गसीय दोनों रूपों में होता है।

पेड़–पौधे कार्बन को अर्जित करते हैं। भोजन शृंखला के माध्यम से ये पौधे कॉर्बन को शाकाहारी मांसाहारी व सर्वाहारी जीवों को दिया करते हें। ये जीव श्वेदन के माध्यम से कुछ कॉर्बन वायुमण्डल को प्रदान करते हैं, तथा मल–सूत्र के रूप में शेष भाग मिट्टी में मिल जाता है। पौधों की जड़ों के सड़ने–गलने तथा सूखी पत्तियों

व अपशिष्ट पदार्थों से मिट्टी में कार्बन की आपूर्ति होती है। कार्बन मृत जीवों के वियोजन से भी मिट्टी में पहुँच जाता है। वियोजन की प्रक्रिया में कॉर्बन वायुमण्डल, मिट्टी तथा जल में चला जाता है जिसे पौधे अर्जित करते हैं। इस तरह जैविक कार्बन व वायुमण्डलीय का आदान–प्रदान होता रहता है और कार्बन चक्र चलता रहता है।

कार्बन चक्र का महत्त्व एवं उपयोगिता

यह वायुमण्डल में एक विशिष्ट तत्व माना जाता है यह भी तीन प्रकार का होता है जैसे ठोस, तरल, और गैसीय अवस्था है। कार्बन–डाई–ऑक्साइड सभी जैविक यौगिकों का आधारभूत संघटक है। चूँकि हरे पौधे प्रकाश संश्लेषण क्रिया द्वारा कार्बन–डाई–ऑक्साइड, हाइड्रोजन व ऑक्सीजन को मिश्रित करके जैविक यौगिकों का निर्माण करते हैं, जिसे रासायनिक ऊर्जा अथवा आहार ऊर्जा कहते हैं। इससे भोजन शृंखला बनती है। कॉर्बन पौधों के विकास व संवर्द्धन के लिए जरूरी होती है। कॉर्बन के कारण ही वायुमण्डल में ताप का नियमन व अवशोषण होता है। इसके अनुपस्थिति में पृथ्वी पर तापमान इतना अधिक हो जाता कि सभी वस्तुयें झुलस जाती। कार्बन से मिली ऊर्जा मानव जीवन का आधार होती है। वायुमण्डल की संघटक गैसों में कार्बन– डाई–ऑक्साइड गैस की मात्र केवल 0.03÷ है।

नाइट्रोजन चक्र

वायुमण्डल के समस्त तत्वों जैसे–जीव–जन्तु, पेड–पौधे व वनस्पतियों, तथा सूक्ष्म जीवों आदि के लिए नाइट्रोजन की आवश्यकता पड़ती है। पौधे नाइट्रोजन को अवशोषित करके अपना विकास कहते हैं। अमीनो अम्ल, प्रोटीन, एन्जाइम्स, पर्ण हरित, न्यूक्लीक अम्ल आदि के संश्लेषण के लिए नाइट्रोजन जरूरी होता है। वायुमण्डल की गैसों में इस गैस का अंश 78÷ है, लेकिन पौधे या स्वपोषी प्राणी इसको वायुमण्डल से सीधे प्राप्त नहीं कर सकते हैं। इसके अपवादस्वरूप नील हरित पौधे तथा नाइट्रोजन स्थिरीकरण बैक्टीरिया इसे वायुमण्डल से सीधे प्राप्त करते हैं। हर पौधे मिट्टी घोल से अमोनिया, नाइट्रेट, नाइट्राइट आयन्स आदि के रूप में नाइट्रोजन को प्राप्त करते हैं। इनको अन्य जीव पौधों और प्राणियों को आहार बनाकर प्राप्त करते हैं। मृत पौधों व प्राणियों के वियोजन के बाद नाइट्रोजन वायुमण्डल में चली जाती है और पुनः वायुमण्डलीय नाइट्रोजन मिट्टी में वापस आ जाती है। इसे ही नाइट्रोजन चक्र कहा जाता है। यह चक्र कई चरणों में सम्पन्न होता है जैसे–नाईट्रीकरण, अनाइट्रीकरण, अवसादीकरण, अमोनीकरण नाइट्रोजन स्वांगीकरण तथा नाइट्रोजन का स्थरीकरण। नाइट्रोजन के स्थिरीकरण को दो भागों में बांटा गया है–(i) जैविक नाइट्रोजन स्थिरीकरण (ii) भौतिक रासायनिक स्थिरीकरण।

1. **नाइट्रीकरण**–अमोनिया लवण में नाइट्रेट एवं नाइट्राइट में रुपान्तरण की प्रक्रिया को नाइट्रीकरण कहते हैं। बैक्टीरिया अपने उपापचय में मृत जैव पदार्थों की

ऊर्जा को प्रमुख रूप से प्रयोग करते हैं। नाइट्रेटयुक्त शैलों के अपक्षय से भी कुछ नाइट्रेट मिलता है।

2. अनाइट्रीकरण—नाइट्रीकरण की विपरीत प्रक्रिया को अनाइट्रीकरण कहते हैं। अनाइट्रीकरण का अर्थ होता है नाइट्रेटों का गैसीय नाइट्रोजन में रूपान्तरण/मिट्टियों मे कुछ वैक्ट्रीरिया अथवा कवक ऐसे होते हैं जो बिना ऑक्सीजन के जीवित रहते हैं। इस तरह निर्मुक्त नाइट्रोजन, गैस रूप में वायुमण्डल में चली जाती है।

3. अवसादीकरण—नाइट्रेट, परिवहन के साधनों द्वारा अथवा रिसकर नीचे जाते हुए मृदा जल के साथ पृथ्वी के गहरे भागों में पहुँचता है। यह नाइट्रेट शैलों में सुरक्षित रहता है। इसे नाइट्रोजन का अवसादीकरण कहा जाता है। जब शैलों ाक अपरदन हो जाता है तो शैल से निर्मुक्त नाइट्रोजन वायुमण्डल में मिल जाती है। अर्थात वायुमण्डलीय नाइट्रोजन गैस के हरे पौधे और जन्तुओं के उपभोग के लिए नाइट्रोजन यौगिकों में बदलाव और उन यौगिकों के विघटन के बाद नाइट्रोजन गैस के वायुमण्डल में दुबारा वापसी की क्रिया को नाइट्रोजन चक्र कहा जाता है। सूक्ष्म जीव ही एक चक्र के नियामक व नियंत्रक होते हैं, चूँकि ये ही वायुमण्डल से नाइट्रोजन गैस के निष्कासन व दुबारा उसे वायुमण्डल को वापस पहुँचाने में सहायक होते हैं।

4. अमोनी करण—मृत पौधों और मृत जीवों के शरीर विशेष तथा पशुओं के मल—मूत्र पर अनेकों सूक्ष्म जीव क्रिया करते हैं और ये सूक्ष्म जीव उपापचय में जैव यौगिकों का उपयोग करते हैं और अमोनिया निर्मुक्त करते हैं।

5. नाइट्रोजन स्वांगीकरण—हरित वन—पत्तियां व पौधे अजैविक नाइट्रोजन को नाइट्रेट, नाइट्राइट्स तथा अमोनिया ने रूप में अवशोषित करते हैं तथा उसे नाइट्रोजन जैविक यौगिकों में परिवर्तित करते रहते हैं। नाइट्रेट पहले अमोनिया में परिवर्तित होता है और जैविक अम्ल से मिलकर अमोनिया अम्ल का निर्माण होता है। प्रोटीन, अम्ल, अमीनो एन्जाइम्स तथा पर्ण हरित के संश्लेषण में उपयोग होता है। जन्तु प्रोटीनयुक्त पौधे का उपयोग कर नाइट्रोजन अर्जित करते हैं, लेकिन जन्तुओं को पौधों वाली प्रोटीन प्रत्यक्ष नहीं मिलती है।

6. नाइट्रोजन का स्थिरीकरण—वायुमण्डलीय नाइट्रोजन को नाइट्रोजन यौगिकों या जीवों द्वारा गाह्य रूप में बदलने की प्रक्रिया को नाइट्रोजन स्थिरीकरण कहते हैं। जीवों में नीली—हरी शैवाल, प्रकाश पोषित बैक्टीरिया, दलहनी पौधे आदि इस प्रक्रिया में सहायता करते हैं। मानव भी अनेक प्रकार की रासायनिक नाइट्रोजन उर्वरकों को मिट्टी में मिलाकर कृत्रिम रूप से नाइट्रोजन का स्थिरीकरण करता है। नाईट्रोजन स्थिरीकरण की प्रक्रिया प्रमुख दो प्रकार से होती है जिसे निम्नलिखित बिन्दुओं में स्पष्ट किया जा सकता है—

(i) जैविक नाइट्रोजन स्थिरीकरण–कुछ प्रकार के प्रोकारियोट्स यथा नीली हरित एलगी समुद्रों, झीलों व मिट्टी में नाइट्रोजन का स्थिरीकरण करते हैं। मिट्टी में विकसित होने वाले सूक्ष्म जीवाणु तथा फलीदार पौधों की जड़ में विकसित होने वाले सूक्ष्म जीवाणु भी नाइट्रोजन स्थिरीकरण करते हैं।

(ii) भौतिक रासायनिक नाइट्रोजन स्थिरीकरण–इस प्रक्रिया में वायुमण्डलीय नाइट्रोजन बादलों में विद्युत चमक के समय ऑक्सीजन से मिल जाती है, जिससे अनेक प्रकार के नाइट्रोजन ऑक्साइड्स उत्पन्न होते हैं जो वर्षा जल में घुल जाते हैं और भू–तल पर पहुँचकर खनिज यौगिकों के साथ अभिक्रिया करते हैं और नाइट्रेट तथा नाइट्रोजन यौगिकों का निर्माण करते हैं।

सल्फर चक्र

जल के बाद जीवमण्डल में फास्फोरस दूसररा सर्वाधिक महत्त्वपूर्ण है। इस तत्व की पौधों के लिए पर्याप्त मात्र में आवश्यकता होती है। यह मृदा शैलों में पाये जाते है। सल्फर का थोड़ा–बहुत अंश वर्षा जल में पाया जाता है। जो वर्षा द्वारा पृथ्वी पर आता है। जैविक सल्फर बैक्टीरिया व फंजाई द्वारा प्रोटीन के वातजीवी विघटन से मिट्टी से प्राप्त करते हैं। सल्फर मिट्टी को प्राप्त होता है। स्वपोषी जन्तु हाइड्रोजन सल्फर पानी में घुले सल्फेट से प्राप्त करते हैं। सल्फर चक्र में सल्फाइड के रूप में मिलता है। वायुमण्डल में आक्सीकरण से भी जैव व अजैव सल्फर निखमत होते हैं। बहुत ही कम जीव सल्फर को जैविक रूप में जैसे एमिनो अम्ल तथा क्राइस्टीन के रूप में लेते हैं जबकि ज्यादा जीव अकॉर्बनिक सल्फेट के रूप में सल्फर को ग्रहण करते हैं।

यह चक्र वायु, जल तथा मृदा को एक दूसरे को जोड़ता है। सल्फर का भ्रमण प्रमुख रूप से दो प्रकार से होता है। पृथ्वी पर इसका या चक्रण काफी तेज गति से होता है और निक्षेपित सल्फर का चक्रण जलीय गहरे भागों में काफी गति से होता है। सल्फर चक्र में स्वपोषी जीव मिट्टी व शैलों से अनेक प्रकार के सल्फरों को अर्जित करते हैं और परपोषी जीव सल्फर स्वपोषी जीवों से प्राप्त करते हैं। परपोषी जीवों का मृत्यु के उपरांत वियोजन होता है, जिससे उनमें विद्यमान विविध प्रकार के सल्फर मिट्टी में मिल जाते हैं और वहाँ से सल्फर चक्र प्रारम्भ हो जाता है। आज के समय में औद्योगिक कारखानों की चिमनियों से निःसृत तथा ताप बिजली घरों में जलाये जाने वाले कोयले से पैदा सल्फर डाई–ऑक्साइड वायुमण्डल में प्रवेश कर रहा है। जिससे तेजभाबी वर्षा, धातुओं व पत्थरों का क्षरण तथा अनेक बीमारियों के होने का संदेह बढ़ता जाता है। सल्फर डाई–ऑक्साइड के कारण प्रकाश संश्लेषण में बांधा आती है।

▣▣▣

6

पारिस्थितिक तन्त्र

एक पारिस्थितिक तन्त्र की किसी खाद्य–प्रणाली में जैविक गणना, जैविक–भार एवं एकत्रित ऊर्जा के विभिन्न खाद्य–स्तरों पर है, इसे ग्राफिक चित्र से दर्शाया जाता है, उसे पारिस्थितिक पिरामिड कहते हैं। दूसरे शब्दों में उत्पादक व उपभोक्ताओं की संख्या, जैविक भार के मध्य एक दूसरे के संबंधों को एक ग्राफ चित्र के द्वारा दिखाया जा सकता है, यदि ग्राफिक चित्र को पिरामिड की संज्ञा ही जाती है। एक खाद्य–शृंखला में कई खाद्य स्तर होते हैं–जैसे उत्पादक स्तर, प्राथमिक उपभोक्ता स्तर और द्वितीय उपभोक्ता स्तर इत्यादि। ऊष्मा–गतिकी के दूसरे सिद्धान्त के अनुसार देखा गया है कि एक खाद्य–शृंखला में एक स्तर का जैविक–भार उससे पिछले स्तर का सिर्फ दसवाँ भाग रह जाता है। इसका अर्थ यह हुआ कि उत्पादों से प्रारंभ होकर आगे की ओर संस्था जीव–भार में निरन्तर परिवर्तन होता रहता है। जब इस पूर्ण क्रम को एक चित्र के रूप में दर्शाते हैं तो ये एक पिरामिड का आकार लेती है। उत्पादकों को पिरामिड के आधार पर रखा जाता है और उपभोक्ताओं को क्रमशः आधार के ऊपर। इस तरह निर्मित पिरामिड को पारिस्थितिक पिरामिड (Ecological Pyramid) कहा जाता है। पर यह कोई आवश्यक नहीं है कि ये पिरामिड नीचे से चौड़े एवं ऊपर से नुकीले हों। विशेषता एवं पारिस्थितिक तन्त्र के आधार पर इनकी शक्ल परिवर्तित हो जाती है।

रल्स ऐल्टन का मानना है कि इन पिरामिडों को ऐल्टोनियन पिरामिड भी कहते हैं। ऐल्टोनियन पिरामिड एक धारणा है जो खाद्य–उपभोग के साथ संबंधित है।

पारिस्थितिक पिरामिड–ये तीन प्रकार के होते हैं जिसमें प्रमुख हैं–जीवभार का पिरामिड, संख्या पिरामिड तथा ऊर्जा पिरामिड।

1. ऊर्जा पिरामिड –यह वह ग्राफिक फोटो है, जो एक खाद्य जाल के पृथक–पृथक खाद्य समूहों पर हर इकाई क्षेत्रफल के द्वारा ऊर्जा की मात्र को इंगित करता है। एक ऊर्जा पिरामिड किसी पारिस्थितिक तन्त्र की सर्वभक्षी स्थिति को सबसे अच्छी तरह प्रस्तुत करता है। ऊष्मागतिकी के दूसरे सिद्धान्त के आधार पर, क्रमिक खाद्य स्तरों पर ऊर्जा की मात्र में क्रमशः कमी आती है। अतः ऊर्जा पिरामिड सदैव सीधा होता है। उत्पादक स्तर पर ऊर्जा सबसे अधिक होती है। ज्यों–ज्यों अगली कड़ियों की ओर जाते हैं, ऊर्जा की मात्र कम होती जाती है क्योंकि प्रत्येक स्तर पर लगभग 90 प्रतिशत ऊर्जा का व्यय हो जाता है तथा अगले स्तर पर करीब 10 प्रतिशत ऊर्जा ही उपलब्ध होती है।

2. संख्या के पिरामिड –संख्या के पिरामिड में किसी पारिस्थितिक तन्त्र की खाद्य–प्रणाली के भिन्न–भिन्न स्तरों पर जीवों की संख्या–व्यवस्था दर्शायी जाती है। ये पिरामिड सामान्य या उल्टे रूप के होते हैं तथा यह इस पर आधारित है कि क्या उत्पादक जीव संख्या में ज्यादा हैं या संख्या में कम जिस पर कहीं ज्यादा संख्या में उपभोक्ता जंतु निर्भर करते हैं। एक खाद्य–शृंखला में (जैसे एक घास स्थल पारिस्थितिक तन्त्र या एक तालाब पारिस्थितिक तन्त्र में), संख्या पिरामिड एक सीधा पिरामिड होता है। यहाँ जीवों की संख्या हर खाद्य स्तर पर खाद्य–शृंखला में थोड़ी होती जाती है (उदाहरणतः घास–स्थल में घास से लेकर शिकारी पक्षियों की ओर, या तालाब में पादप–प्लवकों से लेकर बड़ी मछलियों की ओर)।

इन खाद्य–शृंखलाओं में उत्पादक आकार में सबसे छोटे पर संख्या में सबसे अधिक होते हैं, जबकि ऊपरी माँसाहारी आकार में सबसे बड़े पर संख्या में सबसे कम होते हैं। अगर एक तालाब पारिस्थितिक तन्त्र का उदाहरण लें तो पादप–प्लवक (उत्पादक) संख्या में सबसे अधिक होते हैं। इसके आगे वाले कम संख्या प्राणी–प्लवक। इससे भी कम छोटे मांसाहारी जो प्राणी–प्लवकों को खाते हैं और सबसे कम संख्या में होते हैं। बड़े मांसाहारी (बड़ी मछलियाँ) छोटे मांसाहारियों (छोटी मछलियाँ) पर निर्भर करते हैं। वन पारिस्थितिक तन्त्र में पेड़ों की प्रजातियाँ उत्पादक हैं जिनकी संख्या उन पर निर्भर कीट–पतंगों, पक्षी आदि उपभोक्ताओं से कहीं कम हैं। ये शाकाहारी उपभोक्ता संख्या में सबसे अधिक होते हैं और उनको खाने वाले मांसाहारी उपभोक्ताओं की संख्या क्रमशः घटती जाती है। ये पिरामिड ऊपर व नीचे से संकरे तथा बीच से चौड़े होते हैं।

3. जीवभार का पिरामिड–यह एक ग्राफिक चित्र है जो सम्पूर्ण जीवभार को विभिन्न खाद्य समूहों पर प्रति इकाई क्षेत्रफल के द्वारा प्रदर्शित करता है। जैविक–भार पिरामिड भी सीधे व उल्टे हो सकते हैं। एक घास–स्थल पारिस्थितिक तन्त्र या वन पारिस्थितिक तन्त्र में उत्पादकों से लेकर ऊपरी मांसाहारियों की ओर हर खाद्य–स्तर पर जैविक–भार में क्रमशः गिरावट आ जाती है (सीधा पिरामिड)। जबकि एक तालाब पारिस्थितिक तन्त्र में, उत्पादक सर्वाधिक छोटे जीव होते हैं व मांसाहारी सर्वाधिक बड़े। इसके परिणामस्वरूप जैविक–भार (जीवों के) में क्रमशः, उत्पादकों से लेकर मांसाहारियों की ओर, हर खाद्य स्तर पर शारीरिक बढ़ोत्तरी होती जाती है। इससे पिरामिड की शक्ल उल्टी हो जाती है।

एक उल्टे संख्या–पिरामिड का उदाहरण परजीवी खाद्य–श्रृंखला से लिया जा सकता है। एक अकेले पेड़ पर बहुत सारे फल खाने वाले पक्षी निर्भर करते हैं। फिर इन पक्षियों के शरीर पर बहुत से परजीवी पनपते हैं, जैसे–जुएँ, खटमल आदि। इनके पश्चात् परजीवी जैसे–बैक्टीरिया, कवक, ऐक्टीनोमाइसीटीज आदि आते हैं जो उल्टे पिरामिड के शिखर पर संख्या में सबसे अधिक होते हैं।

4. ऊर्जा प्रवाह–ऊर्जा का संचार अथवा प्रवाह आहार श्रृंखलाओं के माध्यम से होता है। पारिस्थिति तंत्र को सम्पादित करने में इस प्रवाह का महत्त्वपूर्ण योगदान होता है उसका प्रवाह विभिन्न दिशाओं में न होकर बल्कि एक ही दिशा में होता है। यह उत्पादकों से उपभोक्ताओं की दिशा में होता है तथा अन्त में अपघटकों की दिशा में। इसका पुनःचक्रण कभी नहीं होता है। इसलिए यह पोषक तत्वों के प्रवाह से भिन्न है जहाँ इन पोषक तत्वों का पुनः चक्रण होता रहता है। ऊर्जा परिवर्तन के अलावा ऊष्मा–प्रवाह पारिस्थितिक तन्त्र के भीतर पूर्णतः ऊष्मा गतिकी के पहले सिद्धान्त का अनुसरण करता है।

इस सिद्धान्त के अनुसार, किसी भी बन्द तन्त्र में ऊर्जा की मात्र वही बनी रहती है क्योंकि ऊर्जा न तो उत्पन्न की जा सकती है और न ही इसे नष्ट किया जा सकता है, परन्तु ऊर्जा के स्थानान्तरण की मात्र खाद्य प्रणाली के विभिन्न स्तरों पर क्रमशः कम होती जाती है। क्योंकि ऊर्जा का एक बड़ा भाग स्थानान्तरण के दौरान ऊष्मा के रूप में खो जाता है। ऊर्जा का रूपान्तरण कभी भी शत–प्रतिशत नहीं होता है। यह प्रक्रिया ऊष्मा गतिकी के दूसरे सिद्धान्त का अनुसरण करती है। ऊर्जा प्रवाह की दो विधियां है जो इस प्रकार हैं–

(i) **पहली विधि**–इस विधि के अनुसार ऊर्जा में बदलाव तो कर सकते हैं लेकिन उसे हम न ही पैदा कर सकते हैं और न ही विनष्ट । प्रकाश संश्लेषण की प्रक्रिया में सूर्य की विकिरण ऊर्जा को ऊष्मा, कार्य या भोजन की रासायनिकबन्ध ऊर्जा में रुपान्तरित किया जाता है।

(ii) **दूसरी विधि**–इस विधि के अनुसार ऊर्जा बदलाव से सम्बन्धित प्रक्रियाएं अपने आप सम्पादित नहीं होती। इनका सम्बन्ध ऊर्जा के विघटन से है जो सान्द्रित से परिक्षिप्त की ओर होता है (यानी जहाँ ऊर्जा की मात्र ज्यादा है वहाँ से ऊर्जा का अपक्षय होता है)। हर रूपान्तरण में कुछ ऊर्जा हमेशा ही ऊष्मा आदि के रूप में तन्त्र से बाहर आ जाती है। अतः कोई भी ऊर्जा रूपान्तरण 100÷ दक्ष नहीं होता है। ऊर्जा रूपान्तरण के परिणामस्वरूप अप्राप्य ऊर्जा (यानी जो ऊर्जा कार्य में परिवर्तित नहीं हुई) की माप को "एण्ट्रोपी" कहा जाता है। यह दो शब्दों यानी en = अन्दर + tropy = रूपान्तरण से मिलकर बना है। यह ऊर्जा अवनयन से जुड़े (अव्यवस्था) के सामान्य सूचकांक को दिखाती है। धरती की सतह और वायुमण्डल के अंतर्गत आने वाली ऊर्जा, पृथ्वी से अदृश्य ऊष्मा विकिरणों के रूप में जाने वाली ऊर्जा से संतुलित होती है।

उपभोक्ता शिकार तथा शिकारी, एक पोषण तल से दूसरे पोषण तल के बीच सम्बन्ध तथा वातावरण में जीवधारियों की संख्या और प्रकार उन्हीं मौलिक नियमों के माध्यम से संचालित और नियंत्रित होते हैं जो अजीवित तंत्र को नियंत्रित करते हैं।

भू–स्थल पर आने वाला सौर विकिरण पराबैंगनी (Ultraviolet) से लेकर ऊष्मा तरंगों (heat waves) तक की परास में होता है। दृश्य परास (visible range) 390 एन.एम. (नैनो मीटर) से 760 एन.एम. तक है। नीला 400–500 एन.एम. और लाल (600–700 एन.एम.) प्रकाश पर्णहरित (Chlorophyll) के माध्यम से ज्यादा मात्र में अवशोषित किया जाता है। यह अवशोषित ऊर्जा, उच्च ऊर्जा वाले कॉर्बनिक अणुओं में समा जाती है। इन्हें निम्न ऊर्जा वाले अकार्बनिक अणुओं से निर्मित करते हैं।

इस तन्त्र में ऊर्जा प्रवाह की शुरूआत प्रकाश संश्लेषण की प्रक्रिया में कॉर्बनिक यौगिकों में ऊर्जा के समावेश द्वारा होता है। इस प्रक्रिया में एकत्रित ऊर्जा को प्राथमिक उत्पादन और यह ऊर्जा जिस दर से संचित होती है, उसे "प्राथमिक उत्पादकता" की संज्ञा दी जाती है। निर्धारित समय में हरित क्रान्ति द्वारा स्वांगीकृत उत्पाद की सम्पूर्ण मात्र को सकल प्रारंभिक उत्पादन की संज्ञा प्रदान की जाती है। प्राथमिक उत्पादकों में बढ़ोत्तरी, परिवर्धन व प्रजनन के लिए जरूरी ऊर्जा श्वसन की प्रक्रिया द्वारा उपलब्ध होती है। श्वसन में व्यय शक्ति अथवा ऊर्जा के अतिरिक्त जो उत्पादों में शेष रहती है उसे शुद्ध प्रारंभिक उत्पादन की संज्ञा प्रदान की जाती है। यानी (शुद्ध प्रा. उत्पादन = सकल प्रा. उत्पादन–श्वसन) नियत समय में संचित शुद्ध प्रा. उत्पादन, पादप जैविक भार कहा जाता है। उत्पादक से प्रथम श्रेणी उपभोक्ता (शाकाहारी जीव) के माध्यम से ली गई ऊर्जा का प्रयोग उसके अनुरक्षण, वृद्धि, परिवर्धन व प्रजनन में होता है व इसका कुछ भाग उत्सर्ग के रूप में शरीर से बाहर निकल जाता है। इसका ऊर्जा अवयव "ऊर्जा अपरदन पथ" द्वारा बिखर जाता है। इसका कुछ भाग किण्वन गैसों के रूप में नष्ट हो जाता है। शरीर में बचे हुए ऊर्जा

अंश का उपयोग आधारीय चयापचय में हो जाता है। इस प्रकार प्राथमिक उपभोक्ता द्वारा उत्पादक से ली गई लगभग 90÷ ऊर्जा मुक्त हो जाती है और मात्र 10÷ भाग ही इसके शरीर में समाहित हो पाता है।

इस तरह का उत्पाद परिवर्तन या बदलाव तब होता है जब यह ऊर्जा प्रथम श्रेणी के उपभोक्ता से द्वितीय श्रेणी के उपभोक्ता में पहुँचती है। अतः एक पारिस्थितिक तन्त्र की शुद्ध ऊर्जा नियत रहती है और उत्पादक स्तर में प्रवेश करने वाली ऊर्जा इस प्रक्रिया में तन्त्र से बहती है। इस ऊर्जा का उपभोग पारिस्थितिक तन्त्र की संरचना तथा उसके कार्य को बनाये रखने में होता है। अतः ऊर्जा की दृष्टि से पारिस्थितिक तन्त्र एक खुले तन्त्र के रूप में व्यवहार करता है जिससे ऊर्जा प्रवाहित होती है। ऊर्जा के विपरीत पदार्थ तन्त्र में परिसंचरित होते हैं और पारिस्थितिक तन्त्र में ही परिसीमित रहते हैं। इस दृष्टि से तन्त्र का व्यवहार एक बन्द तन्त्र के समान है।

ऊर्जा प्रवाह का प्रारूप

समस्त जीव–मण्डल ऊर्जा संचार या प्रवाह में कुछ प्रमुख तत्व विद्यमान होते हैं, जिन्हें निम्नलिखित पंक्तियों में स्पष्ट किया जा सकता हैं–

1. उपभोक्ता इस बदली हुई रासायनिक ऊर्जा का उपभोग करते हैं।
2. ऊर्जा का प्रवाह एक दिशा में ही होता है।
3. उत्पादक पहले सौर ऊर्जा को संचित करते हैं तथा फिर इसे रासायनिक अवस्था में परिवर्तित करते हैं।
4. भोजन की शक्ल में कुल शामिल की हुई ऊर्जा, इसके पाचन की क्षमता, क्रिया के दौरान ऊर्जा की हानि, ऊष्मा, स्राव आदि के रूप में ऊर्जा की हानि, तथा कुल शुद्ध उत्पादन की ऊर्जा के आधार पर ऊर्जा प्रवाह के प्रतिरुप विकसित किए जाते हैं।

किसी पारिस्थितिक तन्त्र में ऊर्जा प्रवाह की अवधारणा को ज्ञात करने के लिए प्रमुख तीन प्रकार के प्रारूप दिये गये हैं जिन्हें निम्नलिखित बिन्दुओं के अन्तर्गत स्पष्ट किया जा सकता है–

(i) एकीपथ ऊर्जा प्रवाह प्रतिरूप–यह प्रतिरूप एक खाद्य–प्रणाली के कार्य को और ऊष्मा–गतिकी के पहले एवं दूसरे सिद्धान्तों को भली प्रकार प्रस्तुत करता है। कुल आने वाली सौर किरणों से कुल उत्पादकों का उत्पादन सिर्फ एक प्रतिशत होता है और इनकी ऊर्जा ग्रहण करने की क्षमता भी 1÷ होती है और बाकी की सौर ऊर्जा प्रयुक्त नहीं होती। उत्पादकों के स्तर पर, रासायनिक ऊर्जा में परिवर्तित भाग का अधिकतर भाग इनकी आंतरिक क्रियाओं व वर्धन में व्यय हो जाता है। शुद्ध उत्पादन का लगभग 79÷ उपयोग नहीं होता तथा शुद्ध उत्पादन का 15÷ भाग आगे शाकाहारियों द्वारा उपयोग कर लिया जाता है तथा कुल उत्पादन का 3.4÷ अपघटन

में लग जाता है।

(ii) द्विपथ ऊर्जा प्रवाह प्रतिरूप–प्रकृति में चराई और अपरद खाद्य–शृंखलाएँ एक साथ ही देखने को मिलती हैं। किंतु अक्सर इन दोनों में से कोई एक ही खाद्य–शृंखला ज्यादा विशेष भूमिका निभाती है। खुले समुद्र में उत्पादकता कभी–कभार कम होती है तथा अनेक शाकाहारी समुद्री जीव इन उत्पादकों को सहज ही खाकर खत्म कर देते हैं। परिणामस्वरूप इन उत्पादकों (प्लावित–पादपों) का अपना जीवन–काल पूर्ण करके मृत–अवस्था में परिवर्तित होने की स्थिति ही नहीं आ पाती। इसीलिए कि खुले समुद्र में चराई खाद्य–शृंखला ही मुख्य रहती है और अपरद खाद्य–शृंखला नहीं के बराबर रहती है। इसके विपरीत ऊष्ण कटिबंधीय वनों में काफी ज्यादा मात्र में उत्पादन होता है जो जैव–भार के रूप में वृक्षों व अन्य पौधों में स्थित होता है।

जंगलों व वनों के जीव–जन्तु अत्यधिक मात्र में उत्पादकता का सेवन नहीं कर पाते और उत्पादन का एक बड़ा हिस्सा मृत जैव–भार के रूप में परिवर्तित होकर वन में पृथ्वी के ऊपर बिछा रहता है। बैक्टीरिया, फफूंद इत्यादि की अनेक प्रजातियाँ इस अपरद का अपघटन करके ऊर्जा प्रवाह को जारी रखने में कार्यरत रहती हैं। इस तरह वन पारिस्थितिक तन्त्र में अपरद खाद्य–शृंखला ही मुख्य होती है।

(iii) ऊर्जा–प्रवाह का सर्वव्यापी प्रारूप–ऊर्जा प्रवाह मॉडल के मौलिक भागों को एक सामान्य सर्वव्यापी प्रतिरूप (ओडम, 1983) के आधार पर समझा जा सकता है। यह प्रतिमान भूमि स्थित एवं जलीय पारिस्थितिक तन्त्रों पर लागू होता है। यह किसी भी जीवित संघटक, एक व्यक्ति, समुदाय, सम्प्रदाय एवं खाद्य–गुट के लिए मान्य है। ऊर्जा प्रवाह के साथ–साथ, प्रत्येक स्तर पर, ऊर्जा कम होती रहती है। फलस्वरूप, आखिरी स्तर पर ऊर्जा का न्यूनतम भाग बचा रहता है। यह ऊर्जा श्वसन, विचरण आदि में प्रयोग होती है। शेष भाग उत्पादन के लिए प्रयोग किया जाता है।

पदार्थ–चक्रण

ऊर्जा प्रवाह के अलावा परिवेश अथवा वातावरण में विविध पोषक तत्वों का चक्रण भी विशिष्ट एवं महत्त्वपूर्ण होता है। खनिज तत्वों के भूमि एवं जीवों के माध्यम से होने वाले चक्रीय–भ्रमण को पदार्थ–चक्रण की संज्ञा दी गई है। इन खनिजों के स्रोत एवं उपस्थित घटक जैविक व भौतिक दोनों हैं। अतः, इन्हें एकीकृत रूप में 'जैव–भौम पदार्थ परिसंचरण' (Bio-geochemical cycle) भी कहा जाता है। खाद्य–शृंखला से गुजरते हुए सभी पदार्थ अन्ततः सूक्ष्म जीवों द्वारा अपघटित किये जाते हैं जिसके फलस्वरूप इन पदार्थों की जटिल संरचना टूटकर अजैविक रूप में परिवर्तित हो जाती है। यह प्रक्रिया पदार्थों को पुनः चक्रण के लिए मुक्त कर देती है। पर्यावरण के अन्तर्गत होने वाले विशिष्ट पदार्थ–चक्रणों को निम्नलिखित शीर्षकों के अन्तर्गत स्पष्ट किया जा सकता है–

नाइट्रोजन चक्र–वायुमण्डल में सर्वाध्कि नाइट्रोजन पायी जाती है। नाइट्रोजन का यौगिकीकरण भौतिक प्रक्रिया जैसे आसमानी बिजली के चमकने अथवा जैविक प्रक्रिया जैसे बैक्टीरिया एवं नील–हरित शैवाल द्वारा होता है। नाइट्रोजन पौधों द्वारा ग्रहण किये जाने के उपरान्त एमीनो एसिड, प्रोटीन, विटामिन आदि के संघटन में प्रयोग होती है। पौधों एवं जीवों की मृत्यु के बाद मृत जैविक ऊतकों में उपस्थित जैविक नाइट्रोजन एमोनीकरण व नाइट्रीकरण के लिए उत्तरदायी बैक्टीरिया द्वारा अमोनिया, नाइट्राइट और नाइट्रेट में परिवर्तित कर दी जाती है और यह पादपों या पौधों हेतु दुबारा प्राप्त हो जाती है। कुछ बैक्टीरिया नाइट्रेट को आणविक नाइट्रोजन (N_2) के रूप में भी बदल देते हैं।

कार्बन–चक्र–कभी–कभी मानव की गतिविधि आम बदलाव या चक्र को विघटित कर असन्तुलित कर देती है। जैसे–प्रकृति में कॉर्बन–चक्र सन्तुलित है। कॉर्बन–डाई–ऑक्साइड के रूप में पौधों द्वारा प्रकाश–संश्लेषण क्रिया हेतु कच्चे माल के रूप में ग्रहण किया जाता है। फलस्वरूप कार्बोहाइड्रेट एवं अन्य जैविक पदार्थों का उत्पादन होता है। यह खाद्य–शृंखला द्वारा होते हुए, अन्ततः सूक्ष्म जीवों द्वारा कार्बन–डाई–ऑक्साइड के रूप में बदल दिया जाता है। जीवों के श्वसन द्वारा कॉर्बन–डाई–ऑक्साइड का उत्पादन होता है और यह पौधों द्वारा ग्रहण की जाती है।

पिछले कुछ वर्षों से जीवाश्म ईंधनों के विदोहन के कारण कॉर्बन–डाई आक्साइड की वृद्धि वायुमण्डल में अधिक हो गयी है। इसलिए कॉर्बन का प्राकृतिक चक्रण प्रभावित है और संसार आज भूमंडलीय तापमान वृद्धि की मुश्किल से जूझ रहा है।

फॉस्फोरस चक्र–फॉस्फोरस एक उर्वरक है जो चट्टान, जीवाश्म आदि से बनाए जाते हैं। कृषक इसका प्रयोग अत्यधिक मात्र में कर रहे हैं। अधिकतर फारफोरस जल में घुलकर नदियों, तालाबों या झीलों में मिल जाते हैं। जिसके कारण 'यूट्रोफिकेशन' की समस्या पैदा हुई है। जलप्रवाह के साथ एक विशेष भाग महासागरों की गहराई में पहुँचकर अवसाद के रूप में इकट्ठा हो जाता है तथा फिर से चक्रण के लिए उपलब्ध नहीं होता है। फॉस्फेट चट्टानों के सीमित भंडारों का दोहन इस दशा में और भी बढ़ा है। इस तरह जहाँ मानव फॉस्फोरस चक्र को अचक्रिय बनाकर प्रभावित कर रहा है। वहीं दूसरी ओर समुद्री पक्षी फॉस्फोरस चक्रण को चक्रीय बनाये रखने में विशेष भूमिका अदा करते हैं। ये समुद्री मछलियों को खाते हैं जो फॉस्फोरस से भरपूर हैं। इन पक्षियों का मल फॉस्फोरस को, महासागरों की गहराई से जमीन तक पहुंचाने में सहायक साबित हो रहा है। पेरू के समुद्र तट पर बने 'गुआनो' अवसाद इसका उदाहरण हैं तथा फॉस्फोरस का समृद्ध स्रोत भी।

प्राथमिक उत्पादन

ऐसे उत्पादों के द्वारा प्रकाश संश्लेषण या रासायनिक संश्लेषण अभिक्रिया के माध्यम से सूर्य के प्रकाश को जैविक पदार्थों के रूप में परिवर्तित होने को प्राथमिक उत्पादन कहते हैं। जब हरे पौधों व सूक्ष्म जीवों के माध्यम से जैविक पदार्थ का उत्पादन होता है, इसका कुछ अंश कॉर्बन–डाई–ऑक्साइड के रूप में बदल जाता है। कॉर्बन–डाई–ऑक्साइड के साथ ऊर्जा का भी निष्कासन होता है। हर प्राणियों हेतु श्वसन के माध्यम से ऊर्जा को निकालना आवश्यक है। अब उत्पादकों के पास उत्पादन की अपेक्षा कम जैविक पदार्थ बचा रहता है। इसे शुद्ध प्राथमिक उत्पादन कहते हैं। अगर इसमें श्वसन के माध्यम से निष्कासित ऊर्जा को जोड़ दिया जाए तो इसे कुल प्राथमिक उत्पादन कहते हैं।

अतः शुद्ध प्राथमिक उत्पादन = कुल प्राथमिक उत्पादन–श्वसन ऊर्जा

पारिस्थितिक तन्त्र का प्राथमिक उत्पादन सूर्य के प्रकाश, खनिज–लवण, जल की उपलब्धता, उनमें उपस्थिति क्लोरोफिल की मात्र पौधों के प्रकार पर निर्भर करता है। निम्नलिखित तालिका में आवश्यक पारिस्थितिक तन्त्रों की प्राथमिक उत्पादकता को दर्शाया गया है–

महत्त्वपूर्ण पारिस्थितिक तन्त्रों का वार्षिक औसत

पारिस्थितिक तन्त्र	*कुल प्राथमिक उत्पादन (किलो कैलोरी/मीटर² /वर्ष)*
मरुस्थल और टुंड्रा प्रदेश	200
खुले महासागर	1,000
घास–क्षेत्र	2,500
आर्द्र शीतोष्ण वन	8,000
कृषि–पारिस्थितिक तन्त्र	12,000
नम कटिबंधीय वन	20,000
नदी–मुहाने	20,000

उपर्युक्त दर्शायी गयी सारणी का अध्ययन करने से यह पता चलता है कि सर्वाधिक उत्पादकता कटिबन्धीय वनों तथा नदी के मुहानों की है। क्योंकि इन क्षेत्रों में अत्यधिक वृष्टि विकास हेतु समुचित तापमान, सम्पूर्ण रूप से सूर्य की रोशनी तथा प्रजातियों की विविधता है। नदी मुहानों पर महासागरीय धाराएँ भरपूर मात्र में पोषक तत्व लेकर आती हैं जो उत्पादकता में वृद्धि करती हैं। दूसरी ओर, मरुस्थलों में जल की कमी तथा टुंड्रा प्रदेशों का कम तापमान उत्पादकता को कम करता है। कृषि पारिस्थितिक तन्त्रों को सिंचाई, उन्नत बीज, उर्वरक, कीटनाशक आदि के रूप में

बाह्य ऊर्जा मिलती है तथा इनका उत्पादन 12,000 कैलोरी/प्रति प्रतिवर्ग मीटर/वर्ष तक पहुँच जाता है। फिर भी इनकी उत्पादकता कटिबंधीय वनों से कम है।

ऐसे वनों या जंगलों में प्रजातियों का निर्माण, संगठन, ऊर्जा–ग्रहण क्षमता प्रवाह तथा पोषक तत्वों का बन्द चक्रण नियमित है और उत्पादन 20,000 कैलोरी/प्रतिवर्ग मीटर/वर्ष है। इसके अलावा इन वनों में गुणवत्ता–विविधता के आधार पर प्राथमिक उत्पादन की भरपूर क्षमता है। अतः हम सभी मानव का यह दायित्व बनता है कि वनों की सुरक्षा को प्राथमिक दी जाए।

द्वितीयक उत्पादन

हरित पादपों द्वारा संश्लेषित भोजन प्राथमिक उत्पादन है जो शाकाहारी आते है। पादपों से उपलब्ध ऊर्जा का प्रयोग शाकाहारियों में जैविक पदार्थ के उत्पादन के लिए होता है जिस पर मांसाहारी आश्रित रहते हैं। शाकाहारियों एवं मांसाहारियों द्वारा संग्रहित जैविक पदार्थ की मात्र को द्वितीयक उत्पादक कहते हैं। इसलिए उपभोक्ता स्तर पर संग्रहित होने वाली ऊर्जा, जो अगले खाद्य स्तर द्वारा उपयोग की जाए वे द्वितीयक उत्पादन की श्रेणी में आते हैं।

पारिस्थितिक तन्त्र संचालन

समस्त जीवमण्डल पर्यावरण परिस्थितियों में सतत् कार्य करता है पर्यावरण में होने वाले हर परिवर्तन का उस तंत्र पर प्रभाव पड़ता है। अतः किसी भी प्रकार के परिवर्तन या बदलाव को नियंत्रित करने का प्रयास पारिस्थितिक तंत्र करता है। इसे 'होमियोस्टेसिस' या बदलाव को झेलने की क्षमता कहते हैं परंतु कोई भी तन्त्र एक निश्चित सीमा तक ही बदलाव को सहन कर सकता है। इस सीमा को 'होमियोस्टेटिक पठार' का नाम दिया गया है। इस विशेष सीमा के अंतर्गत यदि कोई भी परिवर्तन हो तो पारिस्थितिक तन्त्र विपरीत स्थिति में होने वाली प्रक्रियाओं के माध्यम से उसके प्रभाव को निष्क्रिय कर देते हैं। ऐसे में वह तन्त्र सामान्य स्थिति को प्राप्त करने की चेष्टा करता है। इनको 'ऋणात्मक फीडबैक मैकेनिज़्म' कहते हैं। लेकिन यदि पर्यावरण दबाव निश्चित सीमा से ज्यादा है तो उसी दिशा में और भी प्रक्रियाएँ शुरू हो जाती हैं। ऐसे में पर्यावरणीय दबाव का प्रभाव और भी ज्यादा हो जाता है। इन प्रक्रियाओं को 'धनात्मक फीडबैक मैकेनिज़्म' कहते हैं।

मानव को पारिस्थितिक तन्त्र का सन्तुलन बनाए रखकर उसे निश्चित सीमा में संरक्षित रखने का प्रयास करना चाहिए। उन्हें पर्यावरणीय असन्तुलन को बढ़ने नहीं देना चाहिए। यदि ऐसा हुआ तो पूरी पारिस्थितिक व्यवस्था बिगड़ जाएगी।

होमियोस्टेसिस द्वारा पारिस्थितिक तन्त्र संचालन–तनाव की परिस्थति में ऋणात्मक फीडबैक मैकेनिज़्म तन्त्र को सन्तुलित स्थिति में लाने के लिए काम आरम्भ करता है, परंतु होमियोस्टेटिक पठार से बाहर निकलते ही धनात्मक फीडबैक

मैकेनिज़्म आरंभ हो जाता है जो तनाव को और भी ज्यादा बढ़ा देता है, जिससे जंतु की मौत भी हो सकती है।

पारिस्थितिक–वंशक्रम

इस तन्त्र की प्रकृति स्थायी नहीं है। इसमें निरन्तर तथा सुचारू रूप से बदलाव होते रहते हैं। ऐसा प्रायः देखा गया है कि एक समुदाय दूसरे समुदाय को पूर्णतः विस्थापित कर देता है और इसके साथ बाकी बदलाव भी होते रहते हैं। इस प्रक्रिया को पारिस्थितिक–वंशक्रम कहा जाता है। इसी कारण पारिस्थितिक–वंशक्रम समुदाय की संरचना व गतिविधियों में, भौतिक पर्यावरण में आए परिवर्तन के साथ स्तरीय परिवर्तन है जो अन्तोगत्वा एक स्थिर पारिस्थितिक तन्त्र की नींव रखते हैं, जिसे **शिखर समुदाय** की संज्ञा दी जाती है। अनेक समुदाय जो सदैव बदलते रहते हैं उसे मध्यवती समुदाय कहा जाता है जो समुदाय सबसे पहले निर्मित होते हैं उसे अग्रिम समुदाय कहते हैं विभिन्न क्षेत्रों में शुरू होने वाले पारिस्थितिक वंशक्रमों को कई वर्गों में वर्गीकृत किया गया है जो निम्नलिखित है–

1. **आश्मिक–क्रमिक**–अल्प अर्द्ध शुष्क प्रदेशों में प्रारंभ होने वाला वंशक्रम निम्नलिखित हैं–

(i) सैमो–क्रमिक (रेत पर शुरुआत)

(ii) हैलो–क्रमिक (लवणीय भूमि पर शुरुआत)

(iii) लिथो–क्रमिक (चट्टानों पर शुरुआत)

2. **जल–क्रमिक** –जलीय क्षेत्र जैसे तालाब, कीचड़ अथवा पानी के अन्य स्रोत से प्रारंभ होने वाला वंशक्रम इस प्रकार हैं–

3. **आर्द्र–क्रमिक** –नमी के क्षेत्र में शुरू होने वाला वंशक्रम।

वंशक्रम की प्रक्रिया

परिस्थितिक या जीव मण्डल की वंशक्रम की प्रक्रिया एक निश्चित वर्ग या समुदाय के विभिन्न अवस्थाओं से होकर गुजरती है जो निम्नलिखित हैं–

1. **आक्रमण की प्रक्रिया**–यह बंजर क्षेत्र पर एक या अधिक प्रजातियों का प्रतिस्थापन अथवा प्रवास के बाद स्थापित होने का स्तर है। वायु, जल, पक्षी अथवा कीटों द्वारा बीजों का विस्थापन होता है और ये बीज पौधों के रूप में उगते हैं। वृद्धि एवं प्रजनन के साथ ही 'अग्रिम समुदाय' का संचालन प्रारंभ हो जाता है।

2. **अनावृत्तता की प्रक्रिया** –यह प्रक्रिया बंजर क्षेत्रों से प्रारंभ होती है। बंजर क्षेत्र के निर्माण का कारण भूस्खलन, ज्वालामुखी (धरातलीय कारक), अकाल, ग्लेशियर, हिम (जलवायु कारक), चराई, महामारी, कृषि/औद्योगिक गतिविधियाँ (जैविक कारक) आदि हो सकते हैं।

यह प्रक्रिया प्रमुख तीन अवस्थाओं से होकर गुजरती है जो निम्नलिखित हैं–

(i) सुस्थापन के बाद प्रजनन के फलस्वरूप जाति के जीवों की संख्या में वृद्धि

(ii) देशान्तर द्वारा जातियों के बीच खाली स्थानों पर पहुँचना।

(iii) सुस्थिति द्वारा नये स्थान पर उपस्थित दशाओं के साथ निभाते हुए सफलतापूर्वक स्थापन।

3. **प्रतिक्रिया**–पर्यावरण से हर जीव अपने विकास व वृद्धि हेतु जल व खनिज–लवण ग्रहण करते है और बदले में पर्यावरण को निर्धारित करते हैं। इस प्रक्रिया को प्रतिक्रिया कहा जाता है। यह बदलाव अक्सर वर्तमान प्रजातियों के अनुरूप नहीं होता और नई प्रजातियों को नौयता करता है। यहाँ से मध्यवर्ती समुदायों का दौर प्रारम्भ होता है।

4. **स्थिरीकरण शिखर**–वंशक्रम, अन्ततः एक या ज्यादा स्थिर समुदाय के रूप में समाप्त हो जाता है। अंतिम समुदाय को 'शिखर समुदाय' कहा जाता है और यह समुदाय वातावरण के साथ सन्तुलन स्थापित करता है।

5. **प्रतियोगिता की प्रक्रिया** –एक प्रजाति की संख्या में वृद्धि के साथ ही, अन्तः–प्रजातीय प्रतिस्पर्धा शुरू हो जाती है। ये भोजन, जल एवं आवास के लिए विभिन्न रूपों में एक–दूसरे से प्रभावित रहते हैं। इस क्रिया को सहकारिता कहते हैं।

वंशक्रम का वर्गीकरण

वंशक्रम प्रमुख रूप से दो प्रकार का होता है, जिनका संक्षिप्त वर्णन निम्नलिखित रूप में किया गया है–

1. **जल–वंशक्रम**–यह वंशक्रम तालाब या किसी जलीय स्थल से शुरू होता है। कई मध्यवर्ती स्थितियाँ बनती हैं और अन्त में 'वनों' के रूप में शिखर समुदाय की स्थापना होती है। अग्रिम समुदाय में पादप–प्लवक आते हैं जो शैवाल, काई आदि हैं। समय के साथ जलमग्न पौधे इन्हें विस्थापित करते हैं तथा बाद में जल के ऊपर तैरने वाले, जड़ों वाले पौधे इन्हें विस्थापित कर देते हैं। इन पौधों की वृद्धि व मौत निरन्तर जैविक पदार्थ इकट्ठा करती है और तल पर एक के बाद एक सतह बनती रहती है। पानी उथला रह जाता है और दलदली स्थिति पैदा होती है। जल्दी ही इस भाग पर घास और झाड़ियाँ उत्पन्न होने लगती हैं और बाद में यहाँ वन शिखर समुदाय के रूप में स्थापित होते हैं।

2. **आश्मिक–वशंक्रम** –यह वंशक्रम उन स्थानों से प्रारभ होता है जहां जल या जैविक वस्तुओं की मात्र अल्प होती है। हालाँकि यहाँ मध्यवर्ती समुदाय अलग है, किंतु शिखर समुदाय जंगल ही होता है। यहाँ अग्रिम समुदाय पपड़ीदार लाइकेन के हैं। ये लाइकेन शैवाल और कवक (फफूंदी) का मिला–जुला रूप है जो तनु अम्ल को निर्मित करते हैं, जो चट्टान को धीरे–धीरे तोड़ने में मददगार है। इस प्रक्रिया को

अपरदन कहा जाता है।

शैवालों की वृद्धि के साथ आंशिक मात्र में नमी, जैविक पदार्थ व मिट्टी का निर्माण होता है। कालान्तर में यहाँ काई, झाड़ियाँ, छोटे पौधे और असंख्य वन उगते हैं। इस प्रक्रिया में धीरे–धीरे जैविक पदार्थ की मात्र में वृद्धि होती है। इसलिए वंशक्रम सामान्य स्थितियों की ओर बढ़ता है। चाहे यह सूखी चट्टानों से शुरू हो अथवा जलीय क्षेत्रों से। अंतोगत्वा यह एक शिखर समुदाय वन पर आकर रुक जाता है।

पारिस्थितिक तन्त्र के प्रकार

इस तंत्र के कई रूप होते हैं जिसमें से कुछ प्रमुख स्वरूपों या प्रकारों को निम्नलिखित शीर्ष के अन्तर्गत किया गया है–

वन पारिस्थितिक तन्त्र

इस तंत्र में छोटे पौधों, झाड़ियों, लताओं, शैवाल, काई, जंगली जानवर, पक्षी तथा कीटों की अनेक प्रजातियां आदि की प्रधानता होती है। जैसा पहले बताया जा चुका है वन, मूल रूप से सामान्य से अधिक वर्षा ग्रहण करने वाले क्षेत्रों में पाए जाने वाले शिखर समुदाय हैं।

जलवायु की दृष्टि से वनों को प्रमुख छः भागों में विभाजित किया गया है–

1. **शीतोष्ण वर्षा वन**–ये वन शीतोष्ण क्षेत्रों में मिलते हैं। यहाँ वर्षा पर्याप्त मात्र में होती है। यहाँ शंकुधारी वन जैसे–चीड़, पाईन, शीशम, देवदार इत्यादि पाए जाते हैं। यहाँ चौड़े पत्तों वाले सदाबहार वृक्ष भी मिलते हैं।

2. **शीतोष्ण पतझड़ी वन**–ये सामान्य तापमान पर पाए जाने वाले जंगल हैं। यहाँ ग्रीष्म ऋतु लम्बी व शीत ऋतु सामान्य होती है। यहाँ पूरे वर्ष वर्षा होती रहती है। इस वन की प्रमुख वनस्पति ओक, पोपलर आदि हैं।

3. **शुष्क पतझड़ी वन**–यहाँ गीष्म ऋतु और भी ज्यादा रहती है। यहाँ छोटे पतझड़ी वन व झाड़ियाँ पाई जाती हैं।

4. **उष्ण–कटिबन्धीय पतझड़ी वन**–ये वन भूमध्य रेखा से थोड़ी दूरी पर स्थित हैं और यहाँ वर्षभर शुष्क जलवायु रहती है। यहाँ वर्षा केवल मानसून के समय होती है। वर्ष का ज्यादातर भाग शुष्क रहता है और गर्मी में इन पेड़ों के पत्ते झड़ जाते हैं।

5. **उष्ण कटिबंधीय वर्षा वन**–यह वन भुमध्य रेखा के समीप अधिक पाये जाते हैं, जिसे सदाबहार वन भी कहा जाता है। इनके पत्ते काफी चौड़े होते हैं। अधिक तापमान, अधिक आर्द्रता और अधिक वर्ष इन पेड़ों की वृद्धि के लिए जरूरी है। यहाँ साल भर जलवायु समान बनी रहती है। ये जैव–विविधता से समृद्ध हैं। भोजन, आवास, प्रकाश, जल तथा पोषक तत्वों की आवश्यकता के आधार पर विभिन्न जीव

जंगल के विभिन्न स्तरों पर विभिन्न निवास स्थान चुनते हैं।

उष्ण कटिबन्धीय वर्षा वन क्षेत्रों में विभिन्न प्रकार के पेड़–पौधे वनस्पति तथा जीव कई वर्गों में पाये जाते हैं जैसे–ऊपरी सतह पर चौड़े पत्ते वाले बड़े पेड़ आते हैं तथा इनके नीचे छोटे पेड़ों के शिखर की छतरी का निर्माण होता है। इनसे नीचे और भी छोटे पेड़ आते हैं। पेड़ों के तनों पर अनेक लताएँ पाई जाती हैं। यहाँ पर ऑरकिड जैसे सजावटी फूलों वाले पौधे भी पाए जाते हैं, जो बड़े पेड़ों के तनों के ऊपर उगते हैं और ऊपर वाले पेड़ों से गिरने वाले जल तथा पोषक तत्वों को ग्रहण करते जाते हैं। इन परजीवियों के पत्ते जल एवं पोषक–तत्वों को ग्रहण करने के लिए विशेष रूप से बने होते हैं। कुछ बड़े परजीवी पौधे तो लगभग 4 लीटर तक जल ग्रहण कर सकते हैं। इसलिए ये परजीवी वनों में पाए जाने वाले सूक्ष्म तालाब की तरह हैं। यही कारण है कि यहाँ कई प्रकार के कीट, पक्षी, जानवर आदि पाये जाते हैं।

नीचे सतह पर विकसित होने वाले पौधों को प्रायः सूर्य के प्रकाश से वंचित रहना पड़ता है। ऐसे वृक्षों व पौधों के पत्ते गहरे कलर (रंग) के हो जाते हैं और इनमें क्लोरोफिल की मात्र ज्यादा होती है। झाड़ियों की सतह को और भी कम प्रकाश प्राप्त होता है और भूमि की सतह पर प्रकाश न के बराबर है। अधिकतर जन्तु जैसे–चमगादड़, पक्षी, कीट आदि प्रकाशीय भाग में रहते हैं जबकि मेढक, साँप, बन्दर, गिरगिट आदि दोनों क्षेत्रों में रहते हैं। दीमक, कवक, मशरूम इत्यादि धरातल पर मिलते हैं। उच्च तापमान एवं आर्द्रता की अधिकता गिरने वाले टहनियों, पत्तों आदि को जल्दी ही अपघटित करने में सहायक है। मुक्त हुए पोषक तत्व जल्दी ही पेड़ों की जड़ों के माध्यम से अवशोषित कर लिये जाते हैं। इन जंगलों में मिलने वाले पेड़ों के फूल बड़े तथा तीव्र गन्ध वाले होते हैं और कीटों को सहज ही अपनी ओर आकर्षित कर लेते हैं। ये कीट पराग कणों के स्थानान्तरण में सहायक सिद्ध होते हैं। संसार का सबसे बड़ा फूल **रैफ्लेशिया** जिसका वजन 7 किलोग्राम होता है, सड़े हुए मीट की गन्ध देता है और कीटों को आकर्षित करता है।

भारत के केरल राज्य में उष्ण कटिबन्धीय वनों की प्रजातियां अत्यधिक मात्र में पायी जाती हैं, क्योंकि इस क्षेत्र में वर्षा अत्यधिक होती है जैव–विविधता का भंडार होने के कारण इस प्रकार के वन कई वाणिज्यिक उत्पाद जैसे–लकड़ी, ईंधन, औषधि, गोंद, रेशा इत्यादि प्रदान करते हैं। दुर्भाग्यवश, इन वनों की कटाई ज़ोरों पर है। अगले 30–40 वर्षों में हमारे पास सिर्फ़ कुछ भाग पर ही जंगल रह जाएँगे और हम इन वनों में उपस्थित समृद्ध विविधता को खो देंगे।

6. सदाबहार शंकुधारी वन–ये वन आर्कटिक टुंड्रा के दक्षिणी क्षेत्रों में पाए जाते हैं। यहाँ शीत ऋतु छोटी व सामान्य होती है। मुख्य वनस्पति चीड़ स्प्रूस, देवदार इत्यादि हैं।

इन वृक्षों की चिकनी व तीर जैसी नुकीली होती हैं जो शीत ऋतु को सहन करने में सक्षम होती है। सर्दियों में बर्फ जम जाती है और कुछ प्रजातियाँ ही जीवित रहती हैं। पत्तियाँ सामान्यतः खनिज लवणों से क्षीण भूमि पर इकट्ठा हो जाती हैं। यहाँ मृदा अम्लीय है व वनों की प्रजाति विविधता में कम अंतर है।

घास–क्षेत्र पारिस्थितिक तन्त्र

इस पारिस्थिति तंत्र में घास की बाहुल्यता होती है, परन्तु कहीं–कहीं छोटे–छोटे वृक्ष व झाड़ियां भी देखने को मिलती है। वर्षा औसत परन्तु विकेन्द्रित है। सीमित चराई इन क्षेत्रों में प्राथमिक उत्पादन बढ़ाने में सहायक है जबकि अधिक चराई घास भूमियों के ह्रास और मरुस्थलीकरण के लिए उत्तरदायी है। जलवायु के आधार पर इस क्षेत्र को प्रमुख तीन भागों में विभाजित किया गया है जो निम्नलिखित हैं–

1. **उष्ण–कटिबंधीय घास क्षेत्र**–ये घास क्षेत्र उष्ण–कटिबंधीय वनों के निकटवर्ती क्षेत्रों में पाये जाते हैं। यहाँ तापमान सामान्य व वर्षा मध्यम होती है। अफ्रीका में इन घास भूमि को **सवाना** कहा जाता है, जहाँ ऊँची घास और कहीं–कहीं पेड़ या झाड़ियाँ पाई जाती हैं। यहाँ ज़िराफ, जेबरा, हिरण आदि जानवर पाए जाते हैं। शुष्क मौसम में अक्सर आग लग जाती है। दीमक प्रमुखता से मिलते हैं। दीमक अपघटनशील जैविक पदार्थ को एकत्र करके घरौंदा बनाते हैं। घरौंदे के शिखर पर फफूँद पाया जाता है जो जैविक पदार्थ का अपघटन कर पोषण प्राप्त करता है और बदले में मिथेन गैस निष्कासित करता है जो हरित–गृह प्रभाव को बढ़ाती है।

सवाना घास भूमियों में प्रकाश–संश्लेषण अभिक्रिया बहुत प्रभावी है। अधिकतर कार्बन भूमिगत जड़ों या तनों द्वारा संचित किया जाता है। इन घास भूमियों को जलाने के कारण भारी मात्र में कॉर्बन–डाई–ऑक्साइड गैस निकलती है जो भूमंडलीय तापमान–वृद्धि के लिए उत्तरदायी है।

2. **शीतोष्ण कटिबंधीय घास क्षेत्र**–यह घास क्षेत्र अधिकतर समतल भू–भागों पर देखने को मिलते हैं। शीत ऋतु छोटी एवं सामान्य होती है और ग्रीष्म ऋतु लम्बी एवं शुष्क होती है। अधिक चराई और गर्मियों में लगने वाली आग झाड़ियों और छोटे पेड़ों को उगने नहीं देती है। संयुक्त राज्य अमेरिका और कनाडा में इन घास भूमियों को **प्रेयरी घास–भूमि**, दक्षिणी अमेरिका में **पम्पास** घास–भूमि, अफ्रीका में **वेल्ड्स** घास–भूमि और यूरोप और एशिया में **स्टेपिस** घास–भूमि के नाम से जाना जाता है। यहाँ वायु का वेग तेज और वाष्पोत्सर्जन की दर अधिक है। मृदा उपजाऊ है और परिणामस्वरूप कृषि के लिए इन घास–भूमियों का सफाया किया जा रहा है।

3. **ध्रुवीय घास–क्षेत्र**–ध्रुवीय घास का क्षेत्र आर्कटिक क्षेत्रों में अधिक मिलता है, क्योंकि इस क्षेत्र में शीत ऋतु शुष्क और लम्बी है, वर्ष भर शीतलहर चलती है और यहाँ की जलवायु पेड़ों के उगने में सहायक नहीं है। ग्रीष्म ऋतु में सूर्य का प्रकाश उपलब्ध होता है और छोटे पौधे उगते हैं। यहाँ आर्कटिक भेड़िया, सफेद लोमड़ी,

रेंडियर आदि जानवर पाए जाते हैं। मृदा के नीचे जल की बर्फ जम जाती है। ग्रीष्म ऋतु में यहाँ छोटे तालाब निर्मित हो जाते हैं जहाँ कुछ कीट व प्रवासी पक्षी भी मिलते हैं।

मरुस्थलीय पारिस्थितिक तन्त्र

इस प्रकार के तंत्र उन क्षेत्रों में पाये जाते हैं जहाँ वाष्पीकरण की दर वर्षा की दर से ज्यादा है। इन क्षेत्रों में वर्षा 25 सेंटीमीटर प्रतिवर्ष से भी कम है। संसार का करीब 1/3 भाग मरुस्थल है। मरुस्थलों में जैव–विविधता न्यूनतम व मुख्यतः अकाल–रोधी क्षमता वाले पौधे मिलते हैं। यहाँ वायुमण्डल शुष्क है और रात के समय धरातल शीघ्र ठंडा हो जाता है और रातें ठंडी होती हैं। जलवायु की दृष्टि से इसे तीन भागों में बांटा गया है जो निम्न प्रकार हैं

1. **शीत मरुस्थल** जैसे चीन का गोबी मरुस्थल जहाँ शीत ऋतु ठंडी और ग्रीष्म ऋतु गर्म है।

2. **उष्ण कटिबंधीय मरुस्थल** जैसे अफ्रीका के सहारा व नमीब तथा हमारे देश का थार मरुस्थल (राजस्थान) संसार के सर्वाधिक शुष्क मरुस्थल हैं। रेत के टिब्बे यहाँ सामान्य हैं और कुछ सीमित जन्तु ही यहाँ की जैव–विविधता हैं।

3. **शीतोष्ण कटिबंधीय मरुस्थल** जैसे दक्षिण कैलीफोर्निया का 'मोज़ेव' मरुस्थल, जहाँ दिन में गर्मियों में गर्म व सर्दियों में ठंडे होते हैं। जल के संरक्षण के लिए मरुस्थलीय जीव व वनस्पति विशेष रूप से रूपांतरित हैं। इन पेड़ों के पत्ते संकुचित या कांटों के रूप में होते हैं तथा इससे जल–संरक्षण में मदद मिलती है। ज्यादातर पेड़ों के तने चपटे होते हैं और इनमें क्लोरोफिल होता है जिससे ये पौधे भोजन संश्लेषित करते हैं। कई पौधों की जड़ें जल प्राप्त करने के लिए काफी लम्बी होती हैं।

वाष्पोत्सर्जन की दर कम करने के लिए इन पत्तों पर मोम की परत होती है। मरुस्थल में मिलने वाले जीवों की त्वचा मोटी व खुरदरी होती है जो जल–संरक्षण में मददगार है। ज्यादातर जीव बिलों में रहते हैं जहाँ उष्णता कम व आर्द्रता ज्यादा होती है। मरुस्थलीय मृदा पोषक तत्वों से समृद्ध और पानी की कमी से प्रभावित है। पानी की कमी, कम जैविक–विविधता तथा उच्च तापमान के कारण ये जन्तु पर्यावरणीय दबाव तथा तनाव से उभरने में ज्यादा समय लेते हैं।

वेलासंगम

जहां ज्वार द्वारा सागर तथा पीने योग्य जल मिलता है उसे बेलासंगम कहा जाता है इसकी प्रमुख विशेषता इसकी तीव्र धाराएं भी है। लवणता और अन्य दशाएँ स्वच्छ एवं समुद्री जल के मध्यवर्ती होती हैं।

उत्पादक–इसमें जल में उद्विकसित होने वालें पादप अल्प मात्र में पाये जाते है। जिन पादपों या पौधों में शन्ति होती हैं उनमें परिवर्तनशील क्षारीयता को सहन करने की शक्ति के अनुसार अनुक्षेत्र वर्गीकरण पाया जाता है। दलदली आवासों में प्रारूपिक पादप–पोषी वनस्पति समूह मिलता है जो शाकाहारी मौलस्क के उपनिवेशक का आधार होता है। इस भाग में जेंकस मेरिटाइमस, सीरक कार्ड, घास वेलासंगमों में सामान्य रूप से मिलती है।

उपभोक्ता–इसमें समुद्री पैन्जी, समुद्री एनीमोन, जैसे स्थावर जीव समुदाय में मुख्य रूप से मिलते हैं जो कि पौधों के सदृश परिलक्षित होते हैं। कई समुद्री जीव जन्तुओं में सहभोजिता और सहोपकारिता मिलती है। लवण सहन करने की क्षमता वाले समुद्री प्राणी यथा तटीय केकड़ा कासिन, गेमेरस की कुछ जातियाँ इत्यादि भी वेलासंगमों में आ जाती हैं।

जलीय पारिस्थितिक तन्त्र

जल के गुण के आधार पर इस तंत्र को प्रमुख दो भागों में बांटा गया है जिनका उल्लेख नीचे किया गया है–

1. तालाब पारिस्थितिक तन्त्र–तालाब जल का एक छोटा सा भण्डार है जिसका जल प्रवदित नहीं होता है बल्कि इस जल में स्थायीपन होता है। तालाब उथले जल के स्रोत हैं। गाँवों में अधिकतर गतिविधियाँ इन्हीं तालाबों से जुड़ी रहती हैं। इनमें अनेक प्रकार की काई, जलीय पौधे, कीट, मछली और पक्षी पाए जाते हैं। तालाबों पर मानव–गतिविधियों का दबाव अक्सर बना रहता है। इनका प्रयोग कपड़े धोने, नहाने, तैरने, पशुओं को नहलाने आदि के लिए किया जाता है जिससे ये प्रदूषित हो रहे हैं।

2. झील पारिस्थितिक तन्त्र–झील ताजा जल का बड़ा एवं स्थिर स्रोत है। इसके उथले क्षेत्र को **उथला तटीय अनुक्षेत्र** (Littoral zone), खुले क्षेत्र जहाँ सूर्य का प्रकाश आसानी से उपलब्ध है–**खुला प्रकाशीय अनुक्षेत्र** (Linnetic zone) और गहरे क्षेत्र जहाँ सूर्य का प्रकाश उपलब्ध नहीं है, **नितल अनुक्षेत्र** (Profundal zone) कहते हैं। श्रीनगर की डल झील (जम्मू–कश्मीर), नैनीताल की नैनी झील (उत्तरांचल) और मणिपुर की लोकटक झील भारत की कुछ प्रमुख झीलें हैं।

झीलों में प्रमुख जन्तु–झीलों में विभिन्न प्रकार के जीव–जन्तु पाये जाते हैं जो निम्नलिखित हैं–

1. **सहजीवी**–जो दूसरे पौधों और जीवों पर रहते हैं।
2. नितल अवसादों पर रहने वाले जीव
3. **प्लवक**–ये जल की सतह पर तैरते हैं जैसे पादप–प्लवक (काई व शैवाल) और प्राणि–प्लवक (सूक्ष्म जीव जैसे रोटिफर)।

4. तैरने वाले जीव (जैसे–मछली)

5. सतह पर तैरने वाले जीव

स्तरीकरण–तापमान के दृष्टिकोण से झीलों को कई श्रेणियों में बांटा गया है। ग्रीष्म ऋतु में सतही जल निचले क्षेत्रों की अपेक्षा अधिक गर्म हो जाता है। अतः केवल सतही परत गति करती है और यह ठंडे जल की परत से अलग ही रहती है।

झील का वर्गीकरण–झीलों का वर्गीकरण निम्न प्रकार से किया गया है–

1. **डायस्ट्रोफिक झील**–इन झीलों के जल का रंग भूरा, pH कम (अम्लीय) और ह्यूमिक अम्ल की मात्र अधिक होती है।
2. **एंडेमिक झील**–ये झीलें अत्यन्त प्राचीन और गहरी हैं। इनमें मिलने वाले जीव इन झीलों तक ही सीमित हैं। जैसे–रूस की बाइकल झील जो सर्वाधिक गहरी है, आजकल औद्योगिक प्रदूषण की चपेट में है।
3. **ओलिगोट्रोफिक झील**–इन झीलों में पोषक तत्वों की मात्र कम होती है।
4. **यूट्रोफिक झील**–इन झीलों में कृषि क्षेत्रों से आये जलवाह के कारण, नाइट्रेट और फॉस्फेट की अधिकता होती है। इनमें काई की अधिक वृद्धि दर्ज की गई है। उदाहरणार्थ–डल झील।
5. **मिरोमिक्टिक झील**–इन झीलों का जल लवणीय है तथा इनका स्थायी स्थिरीकरण हो चुका है। जैसे–नेवादा झील।
6. **कृत्रिम झील**–इनका निर्माण बाँधों के कारण हुआ है। जैसे–भाखड़ा–नांगल की गोविन्द–सागर झील।
7. **मरुस्थलीय लवणीय झीलें**–ये मरुस्थलों में स्थित हैं और ज्यादा वाष्पीकरण के कारण इनके जल में लवणों की मात्र में बढ़ोत्तरी हुई है। जैसे–राजस्थान की सांभर झील।
8. **ज्वालामुखी झील**–ये झीलें ज्वालामुखी विस्फोट के बाद मैग्मा से जल लेती हैं। जैसे–जापान की कुछ झीलें। यहाँ जीवों की संख्या सीमित है।

नदी–निर्झर

यह ताजा जल का एक प्रमुख स्रोत है। इसका जल प्रभावित होता है। इनमें ऑक्सीजन और पोषक तत्वों की मात्र बराबर होती है तथा जल धरातल संपर्क काफी विस्तृत है। हालाँकि नदी–निर्झर में मिलने वाले जीवों को तापमान में अन्तर तथा धाराओं के वेग का दबाव सहना पड़ता है। प्राकृतिक रूप से इन्हें ऑक्सीजन की कमी नहीं होती है, क्योंकि इनका उथला जल व धाराओं के कारण जल तथा वायु का निरन्तर होने वाला सम्पर्क है। जलीय पौधों की संख्या कम होने के बावजूद इनमें विलयित ऑक्सीजन की मात्र झीलों के जल की तुलना में ज्यादा है। इनमें पाए जाने

वाले जंतु ऑक्सीजन की मात्र के प्रति संवेदनशील होते हैं। यही कारण है कि इन जीवों पर प्रदूषण का प्रभाव सर्वाधिक पड़ता है। तथा यह निर्झर औद्योगिक प्रदूषण से काफी ग्रसित हैं।

नदी पारिस्थितिक तन्त्र–सामान्यतः नहीं का उद्गम पहाड़ी क्षेत्रों से होता है तथा समतल क्षेत्रों में उनका प्रवाह होता है तथा लगातार प्रवाहित होती हुई किसी सागर या झील में समाहित हो जाती है इसलिए नदी पारिस्थितिक तन्त्र की विभिन्न दशाएँ दर्शाती है। ऊँचे पर्वतीय क्षेत्रों में नदी का जल स्वच्छ, शीतल व तेज वेग से प्रवाहित होता है। इनमें विलयित ऑक्सीजन की मात्र भी ज्यादा होती है। पौधे चट्टानों के बीच उगते हैं व मछलियाँ ठंडे पानी में पनपने वाली प्रजातियाँ होती हैं।

दूसरे चरण में ढलान तुलनात्मक रूप से कम होता है व जल गर्म होने के कारण वनस्पति तथा जीव भरपूर मात्र में पनपते हैं। तीसरे चरण में, नदी जल में जैव–विविधता समृद्ध होती है। नदियाँ मैदानी क्षेत्रों में बहती हैं। नदियों के साथ लाई गई जलोढ़ मिट्टी मैदानी क्षेत्रों में जमा होती रहती है।

महासागर

महासागर जल का एक असीम भण्डार है जिसका विस्तार पृथ्वी पर लगभग 2/3 भाग पर फैला हुआ है। तथा लगभग 2,50,000 महासागरीय प्रजातियों के अस्तित्व में महत्त्वपूर्ण भूमिका निभा रहे हैं। मनुष्य के लिए महासागर भोजन, महासागरीय उत्पाद, औषधि, खनिज लवण जैसे फॉस्फोरस, मैग्नीशियम, जीवाश्म–ईंधन, प्राकृतिक गैस आदि का प्रमुख स्रोत है। महासागर पृथ्वी की जलवायु, जल–चक्र तथा कॉर्बन–डाई–ऑक्साइड को संग्रहित करने में भी महत्त्वपूर्ण भूमिका निभा रहे हैं।

महासागर को प्रमुख दो वर्गों में बांटा गया है–

1. **तटीय क्षेत्र**–इन क्षेत्रों का जल उथला, तुलनात्मक रूप से गर्म तथा पोषक तत्वों से समृद्ध है। पोषक तत्वों के भंडार तथा सूर्य के प्रकाश की उपलब्धता के कारण ये प्राथमिक उत्पादन के केन्द्र हैं।

2. **खुला समुद्र**–यह महासागरों का अन्तः तथा गहरा क्षेत्र है जो तटरेखा से दूर है। इस क्षेत्र को निम्नलिखित भागों विभाजित किया गया है–

(i) **प्रकाशरहित क्षेत्र**–यह ऐसा स्रोत है जहाँ सूर्य का प्रकाश उपलब्ध नहीं है। ये गहरे क्षेत्र हैं तथा यहाँ भूगर्भ सक्रिय है।

(ii) **अतल क्षेत्र**–यह पूर्णतः अन्धकारमय क्षेत्र है जो 2,000 से 5,000 मीटर गहरा है। यहाँ सूर्य का प्रकाश उपलब्ध नहीं है और यह अधूरा पारिस्थितिक तन्त्र है।

(iii) **प्रकाशमय क्षेत्र**–यह ऐसा स्रोत है जहाँ सूर्य के प्रकाश की उपलब्धता में प्रकाश संश्लेषण क्रिया सम्भव है।

नदी–मुहाने

नदी–मुहाने एक समुद्रीय तट होता है जहां महासागरीय ताजा जल पीने योग्य होता हैं ये ज्वार से प्रभावित क्षेत्र हैं। जल की निरन्तर गति के कारण जल में उपस्थिति पोषक अवयव प्राथमिक उत्पादकों को आसानी से उपलब्ध हो जाते हैं। समय और स्थान के जलवायु बदलाव के साथ जल के गुणों में भी बदलाव दर्ज किया गया है और इन क्षेत्रों में उपस्थित जीव इन बदलाव को आसानी से झेल जाते हैं। ये तापमान और लवणता से अधिक प्रभावित नहीं होते। तटीय खाड़ी तथा दलदली क्षेत्र नदी–मुहानों के उदाहरण हैं।

नदी के मुहानों में समृद्ध जैव–विविधता पाया जाता है जो इन क्षेत्रों के अन्तर्गत में रहती है। यहाँ 'ईल' और 'सालमन' जैसी प्रवासी मछलियाँ भी मिलती हैं जो अपना आधा जीवन–काल ताजा–जल में व्यतीत करती हैं और बाकी महासागरीय जल में। नदी–मुहानों में इनके लिए पर्याप्त भोजन उपस्थिति है। ये अत्यन्त उत्पादक पारिस्थितिक तन्त्र हैं। नदी का प्रवाह तथा ज्वार–भाटा इस क्षेत्र की उत्पादकता को अतिरिक्त ऊर्जा देता है। भोजन के असीमित भंडार के रूप में नदी मुहाने मानव के लिए काफी उपयोगी हैं। इनकी सुरक्षा एवं व्यवस्था बड़ी सतर्कता से करना चाहिए। इस पारिस्थितिक तन्त्र का संरक्षण तथा प्रबन्धन बहुत जरूरी है।

प्रावी तथा वातावरण के सम्मिलन से प्रकृति में एक जटिल तन्त्र की रचना होती है जिसे पारिस्थितिकी तन्त्र की संज्ञा प्रदान की जाती है। किसी क्षेत्र के समस्त जीवों के द्वारा परस्पर तथा अपने भौतिक पर्यावरण के साथ होने वाली भौतिक रासायनिक तथा जैविक क्रियाओं से विकसित तंत्र को पारिस्थितिक तंत्र कहा जाता है। यह किसी पर्यावरण में साथ–साथ रहने वाले पादपों तथा जीवों का समुदाय होता है। जिसके अन्तर्गत मृत वे जीवित दोनों प्रकार के आवास सम्मिलित होते है सम्पूर्ण पृथ्वी पर एक व्यापक परिस्थितिक तंत्र पाया जाता है जिसमें जैविक व अजैविक दोनों प्रकार के जीव पारस्परिक अन्तः क्रिया द्वारा विविध प्रकार के संरचनात्मक तथा प्रकार्यात्मक बदलाव लाते हैं।

परिभाषा

परिस्थितिक तंत्र की कुछ प्रमुख परिभाषाएं इस प्रकार हैं–

फरले एवं नेवी (P.A. Furley and W.W.Newey,1983)शब्दों में 'पारिस्थितिक तंत्र एक–दूसरे से सम्बन्ध जीवों और उनके पर्यावरण की समाकलित एकता होते हैं।'

सविन्द्र सिंह (Savindra Singh, 1991) के अनुसार, 'पारिस्थितिक तंत्र भूतल के निश्चित क्षेत्र को धारण करने वाली एक आधारभूत कार्यशील इकाई होता है,

जिसके अन्तर्गत जैविक समुदाय तथा अजैविक (भौतिक) संघटकों के सकल समुच्चय तथा किसी निश्चय समय इकाई के अन्तर्गत उनके आपसी अंतर्क्रियाओं को सम्मिलित किया जाता है।

'इकोसिस्टम' (पारिस्थितिक तंत्र) शब्दावली का सर्वप्रथम (1935) प्रयोग **ए. जी. टांसले** (A.G. Tansley) ने किया था। उनके अनुसार, 'पारिस्थितिक तंत्र भौतिक तंत्रों का एक विशिष्ट प्रकार है जिसकी रचना जैविक तथा अजैविक संघटकों द्वारा होती है और यह अपेक्षाकृत् समस्थिति में होता है।

फोसबर्ग (F.R. Fosberg, 1963) के शब्दों में, 'पारिस्थितिक तंत्र एक कार्यशील तंत्र होता है जिसका संघटन एक या एक से अधिक जीवों और उनके प्रभावशाली पर्यावरण (भौतिक एवं जैविक दोनों) से होता है।'

स्ट्राहलर एवं स्ट्राहलर (A.N.Strahler and A.H. Strahler, 1976) के शब्दों में, 'जीवों के समूह के साथ परस्पर क्रियाशील संघटकों के सम्पूर्ण समुच्चय (total assemblage) को पारिस्थितिक तंत्र कहते हैं।'

सी. सी. पार्क (C.C. Park, 1980) के शब्दों में, 'पारिस्थितिक तंत्र एक क्षेत्र के भीतर समस्त प्राकृतिक जीवों तथा अवयवों का सम्पूर्ण योग होता है और इसे भौतिक भूगोल में एक मुक्त तंत्र के रूप में देखा जा सकता है।'

हैकल (1869) के विचार में, 'प्राणियों का अपने आस–पास के कॉर्बनिक व अकॉर्बनिक पर्यावरण के सम्पूर्ण सम्बन्ध को पारिस्थितिकी तन्त्र कहा जाता है।'

लिंडरमैन के मतानुसार, 'किसी भी आकार की किसी भी क्षेत्रीय इकाई में भौतिक–जैविक क्रियाओं द्वारा निर्मित व्यवस्था पारिस्थतिकी तन्त्र कहलाती है।'

टेलर (1936) के विचार में, 'पारिस्थितिकी, प्राणियों के उन सभी सम्बन्धों को कहते हैं जो उनके सम्पूर्ण सम्बन्ध को पारिस्थितिकी तन्त्र कहा जाता है।'
पारिस्थतिक तंत्र की उपर्युक्त परिभाषाओं के अनुशीलन से यह निष्कर्ष निकलता है कि पारिस्थितिक तंत्र विभिन्न आकार–प्रकार की क्षेत्रीय इकाई है जिसके अन्तर्गत रहने वाले समस्त जैविक समुदायों तथा अजैविक संघटकों का सम्पूर्ण योग और उनके मध्य होने वाली अंतर्क्रियाएं सम्मिलित होती हैं।

पारिस्थितिक तन्त्र की विशेषताएँ

पारिस्थितिक तन्त्र में रूप, आकार व कुछ संघटन के आधार पर कई अन्तर हैं, परंतु सभी तन्त्रों का आधारभूत ढाँचा एक जैसा है। इसकी प्रमुख विशेषताओं को अग्रलिखित बिन्दुओं के द्वारा समझा जा सकता है–

व्यावहारिक विशेषताएँ –पर्यावरणीय प्रभाव के अनुरूप ढालने के लिए सम्पूर्ण जैविक तत्व एव व्यवस्थित रूप से क्रिया का संचालन करते हैं। पारिस्थितिक–तन्त्र की कार्य–प्रणाली के प्रमुख तत्व निम्नलिखित हैं :–

पदार्थ–चक्रण

पारिस्थितिक तन्त्र का विकास, संचालन और सन्तुलन। ऊर्जा–प्रवाह खाद्य–श्रृंखला व खाद्य–जाल प्राथमिक एवं द्वितीय उत्पादन।

आहार–श्रृंखला –उत्पादकों के माध्यम से संश्लेषित भोजन को अनेक स्तरों के उपभोक्ता ग्रहण करते हैं। इस तरह पारिस्थितिक तन्त्र में एक श्रृंखला बनती है जो उत्पादक से शुरू होकर उपभोक्ताओं की क्रमशः प्रथम, द्वितीय, तृतीय श्रेणी एवं शीर्ष–मांसाहारी से होती हुई उपघटकों में पूरी होती है। इस श्रृंखला को खाद्य–श्रृंखला भी कहते हैं।

यथा–

उत्पादक → शाकाहारी → मांसाहारी

घास → हिरण → शेर

इस मानवीय जगत पर जहां अत्यधिक विशाल वर्ग में शाकाहारी पाये जाते हैं, वहां खाद्य क्रम–वद्रता या श्रृंखला में अल्प से अल्प तीन कड़िया अवश्य जुड़ी होती हैं जैसे–

अफ्रीका के घास स्थल (वेल्ड) में–

घास → जेबरा → शेर

जलीय वातावरण में शाकाहारी बहुत कम होते हैं और वहाँ खाद्य श्रृंखला पांच से अधिक कड़ियों की होती है।

जैसे एक ताल में इनका क्रम–

शैवाल → प्रोटोजोआ → छोटे जलीय कीट → बड़े जलीय कीट

एक समुद्री आहार श्रृंखला–

पादप प्लवक → प्राणी प्लवक → छोटी मछली → (कॉपीपोड्स)

अपेक्षाकृत बड़ी मछली→अपेक्षाकृत उससे बड़ी मछली → सबसे बड़ी मछली।

सबसे कम कड़ियों वाली भोजन श्रृंखला मानव ऊर्जा सम्बन्धों के दृष्टिकोण से अति महत्त्वपूर्ण होती है। जीव अपनी भोजन श्रृंखला के पदों को कम करके उपयोगी भोजन–ऊर्जा को बढ़ा सकता है। घनी आबादी वाले देशों–चीन, भारत व बंगलादेश के मनुष्य अधिकतर प्राथमिक उत्पादकों पर आधारित हैं। इन देशों में भोजन श्रृंखला सबसे छोटी है, जिसके फलस्वरूप किसी दिए गए क्षेत्र की पैदावार अधिक आबादी के लिए भोजन की पूर्ति कर सकती है।

खाद्य–स्तर

खाद्य शृंखला में क्रमशः पड़ाव होते है जिन्हें खाद्य स्तर की संज्ञा दी गयी है। जैसे हरित पौधे पहला खाद्य–स्तर बनाते हैं जिसे उत्पादक स्तर भी कह सकते हैं। फिर शाकाहारी जिन्हें प्राथमिक उपभोक्ता भी कहते हैं, दूसरा खाद्य–स्तर बनाते हैं। इस स्तर को प्राथमिक उपभोक्ता स्तर भी कहते हैं। उसके बाद मांसाहारी, जिन्हें द्वितीय उपभोक्ता का नाम देते हैं, तीसरा खाद्य स्तर बनाते हैं। इसे द्वितीय उपभोक्ता स्तर भी कहा जा सकता है।

खाद्य शृंख्ला के अन्तर्गत विविध चरणों पर प्राप्त ऊर्जा की मात्र क्रमशः एक के पश्चात् एक कम होती जाती है, क्योंकि हर स्तर पर कुछ ऊर्जा व्यर्थ जाती है, जिसे ऊष्मा गतिकी के दूसरे सिद्धान्त के आधार पर समझाया जा सकता है। इस सिद्धान्त के अनुसार ऊर्जा का एक से दूसरे रूप में परिवर्तन सुचारू नहीं होता तथा इस प्रक्रिया में ऊर्जा व्यर्थ भी जाती है। यह क्रिया खाद्य–शृंखला की लम्बाई को कम करके केवल 4–5 स्तरों तक ही सीमित कर देती है।

भौतिक एवं अभौतिक दोनों से परिस्थिकि तंत्र बनता है। अत तरह प्रकार्यत्मक एवं सरचनात्मक की दृष्टि से इस तन्त्र के तत्वों को प्रमुख दो भागों में विभाजित किया जा सकता है जो निम्नलिखित हैं–

संरचनात्मक विशेषताएँ–जैव समुदायों की संगठन व्यवस्था अजैव घटकों के साथ मिलकर पारिस्थितिक तन्त्र को निर्मित करती हैं। इस प्रकार संरचनात्मक आधार पर पारिस्थितिक तन्त्र के घटकों को दो भागों में बांटा जा सकता है–

1. **जैविक तत्व**–पादप तथा समस्त जीवित जीव–जन्तुओं व मानव को इस तत्व के अन्तर्गत शामिल किया जाता है। ये जीव तन्त्र के विभिन्न स्तरों पर पोषण व व्यवस्था के अनेक रूप दर्शाते हैं। पोषण के आधार पर जैविक तत्व को प्रमुख दो भागों में बांटा गया है जिनका उल्लेख नीचे किया गया है। (i) स्वपोषी जैविक घटक (ii) परपोषी जैविक घटक।

(i) स्वपोषी जैविक घटक–जो जीव अपने लिये स्वयं भोजन तैयार करते हैं, स्वपोषी कहलाते हैं। मूल रूप से हरे पौधे स्वपोषी हैं। इन्हें दो वर्गों में रखा जाता है। (i) प्रकाश स्वपोषित जैविक घटक (ii) रसायन पोषित जैविक घटक। ये प्रकाश संश्लेषण व रसायन संश्लेषण क्रिया के माध्यम से अपने पोषण के लिए अपने आप कॉर्बनिक भोजन को निर्मित करने में सक्षम होते हैं। उन्हें उत्पादक भी कहते हैं। हरे पौधे सर्वाधिक स्वपोषी घटक हैं जो पर्यावरण से कॉर्बन–डाई–ऑक्साइड, नाइट्रोजन, ऑक्सीजन, जल, प्रकाश, खनिज लवण इत्यादि का अवशोषण करते हैं तथा कॉर्बनिक पदार्थ के रूप में विविध लवण, ऊर्जा, जल इत्यादि प्रदान करते हैं।

इनकी अपघटन क्रियाओं से निर्मित अकॉर्बनिक पदार्थ पुनः पर्यावरण में मुक्त हो जाते हैं और पुनः उत्पादकों के लिए उपलब्ध हो जाते हैं। इस प्रकार सूक्ष्म

उपभोक्ता पर्यावरण को बनाये रखने में महत्त्वपूर्ण भूमिका निभाते हैं।

(1) **अजैविक तत्व**–पारिस्थितिक तन्त्र के अजैविक घटक को दो श्रेणियों में विभाजित किया गया है जो निम्न प्रकार हैं–

(a)**भौतिक तत्व**–सौर–प्रकाश, तापमान, वर्षा, वायु, अक्षांश व देशान्तर की स्थिति, मृदा के भाग, जल इत्यादि भौतिक घटक हैं।

(b)**रासायनिक तत्व**–मुख्य पोषक तत्व जैसे–नाइट्रोजन, कार्बन, हाईड्रोजन, ऑक्सीजन, फॉस्फोरस, सल्फर, लवण इत्यादि रासायनिक तत्व है। इस तत्व को दो श्रेणियों में बांटा गया है:–

(i) **कार्बनिक तत्व**–अकॉर्बनिक पदार्थ अनेक चक्रों के द्वारा जैविक तत्वों में बदल जाते हैं और कॉर्बनिक पदार्थ, जैसे–कार्बोहाइड्रेड, लिपिड, प्रोटीन इत्यादि में रूपान्तरित हो जाते हैं। मृत्यु के बाद, जीवधारियों से ये कॉर्बनिक पदार्थ फिर से वातावरण में चले जाते हैं जिन्हें अपघटन द्वारा फिर से अकॉर्बनिक पदार्थों में परिवर्तित कर दिया जाता है। अतः कॉर्बनिक पदार्थ अजैविक एवं जैविक तत्वों के मध्य की योजक कड़ी है।

(ii) **अकार्बनिक तत्व**–विभिन्न अकॉर्बनिक पदार्थ, जैसे–सल्फर, फॉस्फोरस, हाइड्रोजन, नाइट्रोजन इत्यादि विभिन्न चक्रों के द्वारा तन्त्र को उपलब्ध होते रहते हैं।

(ii) परपोषी जैविक घटक–जो जीव अपना भोजन अपने–आप नहीं बनाते, इस वर्ग में रखे जाते हैं। स्वपोषित द्वारा निर्मित जैविक पदार्थों पर निर्भर रहने वाले जैविक संघटक की संज्ञा दी जाती है। ये दो प्रकार के होते हैं–

(A)**वृहद उपभोक्ता**–जो जीव कॉर्बनिक भोजन को खाकर शरीर के अंदर उसका पाचन करके सरल कॉर्बनिक पदार्थों में परिवर्तित होते हैं, वृहद उपभोक्ता कहलाते हैं। जीवित पौधे एवं जन्तु इनके भोजन होते हैं। इन्हें तीन श्रेणियों में बांटा गया है जो निम्नलिखित है–

(i) **शाकाहारी**–जो, जीव भोजन के लिए पौधों पर आश्रित रहते हैं, शाकाहारी कहलाते हैं। जैसे–कीड़े, खरगोश, तोता आदि। ये प्रथम श्रेणी उपभोक्ता भी कहलाते हैं।

(ii) **मांसाहारी**–जो जीव भोजन के लिए शाकाहारी व अन्य जीवों पर निर्भर रहते हैं, मांसाहारी कहलाते हैं। भोजन शृंखला के स्तर के आधार पर इन्हें द्वितीय अथवा तृतीय श्रेणी के उपभोक्ता का दर्जा दिया जाता है। जैसे–मेंढक द्वितीय श्रेणी का उपभोक्ता व साँप तृतीय श्रेणी का उपभोक्ता है। जो अपने भोजन के रूप में शाकाहारियों को काम में लेते हैं, द्वितीय श्रेणी के उपभोक्ता हैं तथा जो अपने भोजन के रूप में मांसाहारी को काम में लाते हैं तृतीय श्रेणी के उपभोक्ता हैं।

(iii) **सर्वाहारी**–ये जीव भोजन के लिए पौधों व अन्य जीवों पर निर्भर करते हैं। जैसे–मनुष्य।

(B)**सूक्ष्म उपभोक्ता**–ये जीव, उत्पादकों तथा वृहद् उपभोक्ताओं के मृत शरीरों पर पाचक एन्जाइमों को स्रावित कर उनके जटिल कॉर्बनिक पदार्थों को सरल कॉर्बनिक या अकॉर्बनिक पदार्थों में परिवर्तित कर देते हैं। इन्हें अपघटक कहा जाता है। जैसे–जीवाणु, कवक आदि।

आहार–शृंखला

किसी भी परिस्थिस्तिक तन्त्र में सम्पूर्ण जीव एक दूसरे से खाद्य शृंखला के आधार पर एक क्रमागत शृंखला से सम्बन्धित होते हैं। दूसरे शब्दों में, खाने व खाए जाने की क्रमबद्ध प्रणाली को आहार–शृंखला कहा जाता है। जैसे एक घास–स्थल पारिस्थितिक तन्त्र में पौधों का पूरा समूह सूर्य की प्रकाश–किरणों की मदद से प्रकाश संश्लेषण के माध्यम से खाद्य बनाता है, जिन्हें स्वयंपोषी कहते हैं।

इन पादपों को शाकाहारी जीव, भोजन के रूप में ग्रहण करते हैं और उन्हें मासांहारी जीव भोजन के रूप में ग्रहण करते है। प्राथमिक मांसाहारी को द्वितीय मांसाहारियों द्वारा अथवा उनसे उच्च स्तर के मांसाहारियों द्वारा खाया जाता है। जैसे–एक कीट, पौधे की पत्ती को खाता है। एक चिड़िया उस कीट को खाती है, एक बिल्ली अथवा बाज उस चिड़िया को खाते हैं, तथा इन सबकी मौत के बाद बैक्टीरिया उन मरे हुए पदार्थों का अपघटन कर उन्हें खा जाते हैं। यानि पारिस्थितिक तन्त्र में एक ऐसी प्रक्रियाँ बनी हुई है कि कुछ भी व्यर्थ नहीं जाता।

खाद्य–शृंखला के उदाहरण–

खाद्य शृंखला के कुछ उदाहरण नीचे प्रस्तुत किया गया है–

(1) तालाब पारिस्थितिक तन्त्र में–

पादप–प्लवक → जल के पिस्सू → छोटी मछली → बड़ी मछली।

(2) घास क्षेत्र पारिस्थितिक तन्त्र में–

घास → टिड्डी → मेंढक → सांप → बाज।

(3) टुंड्रा पारिस्थितिक तन्त्र में–**लाईकन (काई) → रेंडियर → मनुष्य।**

किसी भी खाद्य शृंखला में हरे पादप प्रमुख रूप से प्राथमिक स्तर निर्मित करते हैं और इसी वजह से उन्हें प्राथमिक उत्पादन की श्रेणी में रखा जाता है। इन उत्पादकों में संचित ऊर्जा, शाकाहारियों के माध्यम से ले ली जाती है। फिर शाकाहारी मांसाहारियों का भोजन बनते हैं तभी इन्हें द्वितीय उपभोक्ता व तृतीय उपभोक्ता कहते हैं। कुछ जीवों को सर्वाहारी (Omnivorous) कहा जाता है क्योंकि ये उत्पादकों व उपभोक्ताओं (मांसाहारियों) दोनों को खाद्य–शृंखला की शुरूआत में ही खाते हैं। दो

अथवा दो से ज्यादा प्रजातियाँ एक ही खाद्य स्तर में शामिल हो सकती हैं।

खाद्य शृंखलाओं का के प्रकार

सामान्य रूप से पर्यावरण के अन्तर्गत दो प्रकार की खाद्य–शृंखलाएं पायी जाती है जिनका नीचें उल्लेख किया गया है–

1. चारण खाद्य–शृंखला–यह शृंखला घास स्थल पारिस्थितिक तन्त्र में घास से शुरू होकर शाकाहारी से होती हुई–मांसाहारियों (प्राथमिक, द्वितीय एवं तृतीय) तक जाती है तथा जलीय पारिस्थितिक तन्त्र में पादप–प्लवकों (phytoplankton) से शुरू होकर प्राणि–प्लवकों (Zoo planktons) से होती हुई छोटी मछलियों से जाकर–बड़ी मछलियों तक पहुँचती है। घास–स्थल में हरे पौधे (उत्पादक) पहला स्तर बनाते हैं। ये पौधे शाकाहारियों का (जैसे कीट, चूहे, मूषक, चरने वाले पशु) भोजन बनते हैं, जो अन्त में मांसाहारियों द्वारा खाए जाते हैं।

चराई खाद्य शृंखलाएँ सीधे तौर पर सूर्य की किरणों के पड़ने पर निर्भर करती हैं। हरे पौधे सूर्य की किरणों की सहायता से प्रकाश–संश्लेषण की विधि से खाद्य पदार्थ बनाते हैं। ये लम्बी खाद्य–शृंखलाएँ होती हैं तथा ये सदा उपघटनकारी जीवों पर आकर समाप्त होती हैं। ऊर्जा की दृष्टि से, ये चराई खाद्य–शृंखलाएँ बहुत ही महत्त्वपूर्ण होती हैं।

2. अपरद खाद्य–शृंखला–अरपद खाद्य शृंखलाएं मृत जैविक पदार्थों पर आधारित होती हैं, जिसके कारण इन्हें अपरद की संज्ञा प्रदान की जाती है। ये शृंखलाएं सीधे सूर्य के प्रकाश पर आधारित होती हैं। सूर्य ऊर्जा अपरद खाद्य–शृंखला का आरम्भ बिन्दु अपघटित जैविक पदार्थ है। यह अपरद पहले अपघटनकारी जीवों, जैसे बैक्टीरिया, कवक तथा प्रोटोज़ोआ, का भोजन बनता है। इनको प्राथमिक उपभोक्ता कहा जाता है। इन जीवों को इसी कारण अपरद–पोषी जीव कहते हैं, फिर अपरद–पोषी जीव कुछ शिकारी जीवों, जैसे कीट–लार्वे, नैमाटोड का भोजन बनते हैं।

अपरद–पोषी जीवों का मुख्य कार्य मृत जैविक पदार्थ को अपघटित करके, अजैविक तत्वों को निकालकर, पारिस्थितिक तन्त्र में भेजना होता है। पारिस्थितिक तन्त्रों में अजैविक तत्वों का पुनर्चक्रण इन तन्त्रों को सुचारू रखता है। चराई खाद्य–शृंखलाओं के तुलना में अपरद–खाद्य–शृंखलाएँ प्रायः छोटी होती हैं।

मैंग्रोव में अपरद खाद्य शृंखालाओं का एक विशिष्ट उदाहरण परिलक्षित होता है। लाल मैंग्रोव में राइज़ोफोरा के गिरे पत्ते इस शृंखला का पहला स्तर बनाते हैं, इसके बाद अपरद खाने वाले जीव जैसे–बैक्टीरिया, कवक, प्रोटोजोआ आदि इस मृत जैविक पदार्थ पर अपना कार्य करते हैं तथा इन्हें साधारण अजैविक तत्वों में बदल देते हैं। इसके बाद ये अपरद–पोषी उपभोक्ताओं जैसे–कीट, लार्वे, केकड़े, सीपियां, कोपिपौड, नैमेटोड आदि का भोजन बन जाते हैं। इस खाद्य–शृंखला का अन्तिम स्तर

अपरद–भक्षी का उपभोक्ताओं, जैसे मछली, आदि के माध्यम से खाया जाता है जो बड़े मांसाहारी जन्तु हैं।

आहार–जाल

आहार–शृंखला को खाद्य–शृंखला भी कहा जाता है। सामान्यतः आहार शृंखला एक पोषण तत्व से दूसरे पोषण स्तर तक सम्पादित होती है परन्तु यह मान एक रैखिक तंत्र नहीं है अपितु अन्तः ग्रन्थित शृंखलाओं के रूप में ऊर्जा का प्रवाह जैविक व अजैविक तत्वों के मध्य में होता है। इस प्रकार एक जटिल तंत्र बनता है, जिसे अहार जाल कहा जाता है। समस्त पोषण स्तरों पर एक पृथक तंत्र का निर्माण होता है पुनः सभी तंत्र एक दूसरे से जुड़ जाते है। जिससे एक व्यापक तंत्र बनता है। आहार जाल का जो व्यापक रूप बनता है उसमें सभी जैविक एवं अजैविक तत्वों की आहार प्रणाली शामिल रहती है।

वस्तुतः खाद्य–शृंखलाओं के अनेक पोषण स्तरों पर शामिल जीवों में एक जटिल सम्बन्ध पाया जाता है। प्रत्येक जीव एक से ज्यादा पोषण स्तरों से अपना भोजन प्राप्त कर सकता है। दूसरे शब्दों में प्रत्येक जीव प्रथम, द्वितीयक या तृतीयक उपभोक्ता की तरह व्यवहार कर सकता है। प्रकृति में ऊर्जा स्थानान्तरण की प्रणाली साधारण रैखिक रूप में न होकर जटिल शृंखला के रूप में होती है। जैसे–एक घास–स्थल पारिस्थितिक तन्त्र में चरने वाले जन्तु घास को खाते हैं, किंतु इन पशुओं की कमी में यही घास खरगोशों द्वारा भी खाई जा सकती है। इन दोनों की गैर मौजूदगी में चूहे व मूषक भी घास को खा सकते हैं। इसी तरह चूहे व मूषक को शिकारी पक्षी और साँप खा सकते हैं, तथा साँप भी शिकारी पक्षियों के माध्यम से खाए जा सकते हैं। इसका आशय यह है कि प्रकृति में खाद्य से जुड़े विभिन्न विकल्प उपस्थित रहते हैं। अतः खाद्य जालों में कोई एक प्रजाति एक ही समय में एक से ज्यादा खाद्य–स्तर पर सक्रिय हो सकती है।

एक घास के मैदान में खाद्य–जाल के प्रमुख पांच वैकल्पिक जाल हो सकते हैं जो इस प्रकार है–

(i) घास → चूहा → बाज

(ii) घास → चूहा → साँप → बाज।

(iii) घास →खरगोश → बाज

(iv) घास → टिड्डी → बाज

(v) घास → टिड्डी → छिपकली → बाज

1. एक खाद्य–जाल में, यदि वैकल्पिक मार्ग अधिक होंगे तो वह खाद्य–जाल उतना ही स्थिर होगा। उष्ण–कटिबंधीय क्षेत्रों में खाद्य–जाल अपेक्षाकृत जटिल होते

हैं और यहाँ भोजन एवं भक्षण सम्बन्धी पर्याय भी अधिक उपलब्ध हैं। अपेक्षाकृत जटिल खाद्य–जालों वाले पारिस्थितिक तन्त्र अधिक स्थाई एवं सुचारू होते हैं।

2. एक खाद्य जाल, भोजन उपलब्धि के वैकल्पिक मार्ग प्रदान करता है। जैसे–यदि पारिस्थितिक तन्त्र में कोई एक प्रजाति रोग आदि के कारण समाप्त हो जाए, तो वहाँ के शाकाहारी, किसी दूसरी प्रजाति के उत्पादकों को अपना भोजन बना सकते हैं। इसी प्रकार द्वितीय उपभोक्ता, जैसे–शिकारी पक्षी, चूहों एवं मूषकों को खा सकते हैं।

आहार–शृंखला की उपयोगिता एवं महत्त्व

आहार–शृंखला व खाद्य–जाल एक पारिस्थितिक तन्त्र में पोषण चक्र तथा ऊर्जा प्रवाह में मूल भूमिका निभाते हैं क्योंकि इन्हीं कड़ियों के माध्यम से पोषक तत्वों में ऊर्जा का स्थानान्तरण होता है।

1. खाद्य–शृंखला ज्यादा विकसित करने वाले जीव जन्तुओं की वृद्धिकरण जनसंख्या पर भी नियंत्रण लगाते हैं।
2. खाद्य–जाल पारिस्थितिक तन्त्र के विकास में भी सहायता करते हैं।
3. खाद्य–शृंखला के माध्यम से कुछ रासायनिक पदार्थों का क्रमशः हर अगले स्तर पर अधिक–से–अधिक मात्र में संचय होता है। इसे जैव–सान्द्रता कहा जाता है।

▣▣▣

7

पोषण स्तर एवं आहार श्रृंखला

परिस्थितिक तंत्र अथवा जीव मण्डल में एक जीव से दूसरे जीव में ऊर्जा का स्थानान्तरण होता है। यह प्रक्रिया निम्न स्तर से उच्च स्तर तथा उच्च स्तर से निम्न स्तर की ओर होती है जिससे विभिन्न स्तरों का निर्माण होता है। इसी प्रक्रिया को पोषण स्तर की संज्ञा प्रदान की गयी है। इन स्तरों का एक क्रम होता है। उच्च स्तर अपने निम्न स्तर पर भोज्य के लिए निर्भर रहता है। प्रत्येक स्तर की संख्या एवं प्रजातियां असीमित होती है। मानव एक सर्वाहारी प्राणी होता है। अतः सर्वाहारी होने की वजह से हरित पौधों यथा–भाजी, शाक, खाद्यान्न तथा मांसाहारी, शाकाहारी जीवों को भोजन बनाता है। अर्थात हरे पौधों, शाकाहारी व मांसाहारी जीवों से मनुष्य में भोजन ऊर्जा का गमन होता है। इस तरह हर एक पारिस्थितिक तंत्र में स्वपोषी जैव संघटक, यथा–हरे पौधे प्रथम पोषण स्तर को, शाकाहारी जीव द्वितीय पोषण स्तर को तथा मानव पौधों (शाक–भाजी, खाद्यान्न), शाकाहारी व मांसाहारी जीवों का आहार कर पंचम पोषण स्तर को प्रदख्रशत करता है। कुछ जीवों में भोजन श्रृंखला एक ही पोषण स्तर पर खत्म हो जाती है। भोजन श्रृंखला के अन्तर्गत एक पोषण स्तर से दूसरे पोषण स्तर तक पहुंचने में सारी ऊर्जा विनष्ट होती जाती है, जैसे–पारिस्थितिक तंत्र में हरे पौधे प्रकाश संश्लेषण क्रिया से ऊर्जा अर्जित करते हैं। यह ऊर्जा शाकाहारी जीवों में भोजन के साथ स्थानान्तरित हो जाती है। लेकिन शाकाहारी जीव इस ऊर्जा

का सिर्फ 10 प्रतिशत ही शरीर में इकट्ठा कर पाते हैं और शेष 10 प्रतिशत ऊर्जा जैविक क्रिया व मलमूत्रों के द्वारा पर्यावरण में चली जाती है। इस तरह एक पोषण वर्ग से दूसरे पोषण वर्ग में ऊर्जा क्रमशः घटती जाती है।

आहार शृंखला

पारिस्थितिक तन्त्र अथवा जीवमण्डल में असख्य जीव जन्तु पाये जाते हैं जो परस्पर आहार शृंखला में आवद्ध होते हैं।

निम्न पोषण स्तर से उच्च पोषण स्तर में शृंखलाबद्ध क्रम में भोजन, ऊर्जा के गमन व स्थानान्तरण को आहार शृंखला कहते हैं। यह जटिल और सरल दोनों तरह की होती है। प्राकृतिक पारिस्थितिक तंत्र में भोजन पोषण संबंध उलझी होने पर आहार शृंखला अत्यधिक जटिल होती है।

हरित पादप सूर्य के प्रकाश से अपना भोजन बनाते हैं और उसे रासायनिक ऊर्जा में परिवर्तित कर देते हैं। हरित पादप अथवा हरे पौधों में वर्तमान रासायनिक ऊर्जा, विभिन्न जैविक यौगिकों, जैसे–कार्बोहाइड्रेट, वसा, प्रोटीन इत्यादि में आत्मसात् हो जाती है। हरे पौधे अपने बनाए हुए भोजन को ग्रहण करते हैं। इन हरे पौधों को शाकाहारी जीव आहार बनाते हैं। ये शाकाहारी जीव कुछ मांसाहारी जीवों का भोजन बनते हैं। इस प्रकार एक जीव दूसरे जीव पर भोजन के लिए निर्भर रहता है और भोजन एक पोषण स्तर से दूसरे पोषण स्तर तक पहुँचता रहता है तथा एक शृंखला स्थापित हो जाती है जिसे आहार शृंखला कहते हैं। एक ओर इस आहार शृंखला में हरे पौधे उत्पादन करते हैं तो दूसरी तरफ उपभोक्ता जीव होते हैं जो रासायनिक ऊर्जा का उपभोग करते हैं। मनुष्य पाख्रथव कड़ी कई आहार शृंखलाओं का बनता है। उदाहरण के तौर पर–घास को कीट खाते हैं, कीट को पक्षियाँ आहार बनाती हैं और पक्षियों को बाज भोजन बनाते हैं। भोजन शृंखला इस तरह पक्की रहती है। आहार शृंखला में दो कड़ियों से लेकर 7–8 तक कड़ियाँ कायम रहती हैं।

आहार शृंखला का वर्गीकरण

आहार शृंखला का वर्गीकरण निम्न प्रकार से किया गया है–

घास आहार शृंखला

आहार शृंखला में घास आहार शृंखला एक प्रमुख रूप है इस शृंखला में घास पर जीवनयापन करने वाले जीवों को सम्मिलित किया जाता है। यह आहार शृंखला घास से शुरू होती है और शाकाहारी जीवों (प्रथम श्रेणी के उपभोक्ता–कीड़े, खरगोश, हिरन, बकरी) से होती हुई प्राथमिक मांसाहारी जीवों (द्वितीयक श्रेणी के उपभोक्ता–कौआ, गौरैया, कुत्ते, भेड़िया, साँप, बिल्ली) से होकर द्वितीयक मांसाहारी जीवों (तृतीयक उपभोक्ता–चीता, शेर, बाज) तक पहुँचकर और आगे तक जाती है। इसके क्रम को निम्नलिखित प्रकार व्यक्त किया जा सकता है–

(i) स्वपोषी घास → प्राथमिक मांसाहारी जीव → द्वितीयक मांसाहारी जीव → आगे तक

(ii) घास → कीट → मेंढक → सांप → बाज → तेन्दुआ।

आहार शृंखला अपघटित मृत जीवाववेश

घास आहार शृंखला से यह शृंखला में सर्वाधिक भिन्नता विद्यमान है। इस शृंखला में खाद्य शृंखला जैसे ऊर्जा विनष्ट नहीं होती है इसमें ऊर्जा का चक्रण सतत चलता रहता है। इस शृंखला के तहत विभिन्न जीव समुदाय पाये जाते हैं, जैसे–एलगी, फंजाई, प्रोटोजोआ, बैक्टीरिया आदि। ये वियोजक जीव अंशतः उनको पचाते हैं और भोजन में कुछ रासायनिक ऊर्जा का उपयोग करते हैं तथा कुछ ऊर्जा मल उत्सर्जन के माध्यम से पर्यावरण में चली जाती है तथा शेष ऊर्जा जैव अणुओं में रूपांतरित हो जाती है। अपशिष्ट पदार्थों के उपयोग की प्रक्रिया बार–बार एक जीव से दूसरे जीव के बीच होने लगती है। जैविक अपशिष्टों अथवा मृत जीव जन्तुओं में जटिल जैव कण शनैः शनैः वियोजित होकर साधारण यौगिकों, कॉर्बन–डाई–ऑक्साइड, अनेक जीवांश आदि में बदल जाते हैं।

आहार शृंखला के परजीवी जीव

यह शृंखला उच्च जीवों से प्रारंभ होकर निम्न जीवों की ओर प्रभावी होती है। इसमें उच्च जीव, निम्न जीव को भोजन के रूप में ग्रहण करते हैं। इसमें निम्न जीव, उच्च जीवों को भोजन के रूप में नहीं ग्रहण करते हैं जैसे–

मानव → खटमल → वियोजक

आहार शृंखला विविध आहार प्रणालियों की एक शृंखला होती हैं जो एक साथ विविध आहार स्तरों द्वारा एक–दूसरे से जुड़ी रहती है। उत्पादकों (हरे पौधे) पर अनेक शाकाहारी उपभोक्ता निर्भर करते हैं। एक तरह के शाकाहारी उपभोक्ता पर द्वितीय श्रेणी के कई मांसाहारी उपभोक्ता भोजन के लिए निर्भर करते हैं। कभी–कभी तृतीय श्रेणी के उपभोक्ता परिस्थितियों के बदलने पर द्वितीयक श्रेणी उपभोक्ता बन जाते हैं। इस तरह भोजन के लिए एक ही प्राणी पर एक से ज्यादा प्राणी निर्भर हो जाते हैं। जैसे भोजन शृंखला में घास→चूहे→साँप→उल्लू जैसा आकार पाया जाता है। लेकिन कभी–कभी चूहे का भक्षण साँप द्वारा न होकर उल्लू द्वारा हो जाता है। इस तरह सम्पूर्ण जीव समुदाय के अलग–अलग जीव अन्तर्संबंधित हो जाते हैं अर्थात् अनेक भोजन शृंखलाएँ एक दूसरे से अन्तर्संबंधित हो जाती हैं। इन्हीं अन्तर्संबंधित भोजन शृंखलाओं को आहार जाल कहते हैं। पारिस्थितिक तंत्र में आहार जाल के कारण स्थिरता बनी रहती है। जैसे खरगोश की संख्या में कमी होने पर चूहों की संख्या में बढ़ोत्तरी होगी। इस तरह खरगोशों को भोजन बनाने वाले उपभोक्तओं की संख्या घटने लगेगी। घास क्षेत्रों के आहार जाल में निम्नलिखित पाँच रैखिक आहार शृंखलाएँ हो सकती हैं–

घास क्षेत्रों के खाद्य–जाल के अन्तर्गत प्रमुख रूप से पांच रैखिक आहार शृंखलाएं हो सकती है जिसे निम्न रूपों में प्रदर्शित किया जा सकता हैं–

1. घास → खरगोश → बाज या गिद्ध या लोमड़ी या मनुष्य
2. घास → शाकाहारी जीव → बाज
3. घास → चूहे → सर्प → बाज
4. घास शाकाहारी जीव → छिपकली → बाज
5. घास → चूहे → बाज

उपरोक्त वर्णित शृंखलाएं विभिन्न आधारों पर अन्तः सम्बन्धित होकर अथवा मिश्रित रूप से आहार शृंखला बनाते हैं–जहां जीवों तथा गहरे सागरों में विविधता विद्यमानं है वहीं भोजन शृंखला में जटिलता पायी जाती है। भू–मण्डल में आन्तरिक रूप से सम्बन्धित अनेक खाद्य शृंखलाएं जटिल खाद्य जाल बनाती है। इसे निम्न प्रकार से स्पष्ट किया जा सकता है–

1. डायटम → क्रुस्टेशिया → मछलियाँ → ध्रुवीय भालू।
2. घास → खरगोश व कैरिबियाई → ध्रुवीय भेड़िया।
3. घास → कैरिबाऊ जीव → मानव।
4. घास → खरगोश व लेमिंग → लोमड़ियाँ।
5. डायटम → क्रुस्टेशिया →ह्वेल → मनुष्य।
6. डायटम → क्रुस्टेशिया → वायरस → मनुष्य।

पारितंत्र में स्थायित्वः

पारितंत्र को पारिस्थितित तंत्र भी कहा जाता है। इस तंत्र के सन्दर्भ में **गिगन महोदय** का मानना है कि 'किसी भी पारिस्थितिक तंत्र के अनवरत अस्तित्व और किसी परिवख्रतन के पश्चात् मूल दशा को पुनः प्राप्त करने की क्षमता ही पारिस्थितिक तंत्र की स्थिरता है।

डॉ. सविन्द्र सिंह के अनुसार पारिस्थितिक तंत्र में ऊर्जा तथा पदार्थों के निवेश तथा निर्गम में सन्तुलन, विभिन्न जैव भू–रसायन चक्रों की सुचारु रूप से कार्यक्षमता तथा समस्त तत्वों के सांद्रण की स्थिर दशा को पारिस्थितिक तंत्र की स्थिरता कहते हैं।

स्थायित्व हेतु अनिवार्य दशाएंः

पारितंत्र अथवा पारिस्थिति तंत्र में स्थायित्व के लिए निम्नलिखित स्थितियों दशाओं का अनिवार्य रूप से महत्त्वपूर्ण माना गया है–

1. अंतःनिखमत स्वतः नियंत्रण की व्यवस्था का होना।
2. स्व साम्यावस्थित क्रिया विधि का कायम रहना।
3. पदार्थों के निवेश तथा निर्गग में संतुलन रहना।
4. ऊर्जा के निवेश तथा निर्गम में संतलुन रहना।
5. जैव–भू–रसायन चक्र सही रूप में कार्यशील रहना।
6. पारिस्थितिक तंत्र में विभिन्नता का होना।
7. भौतिक तथा रासायनिक संचार का होते रहना।

पारिस्थितिक तंत्र में स्थायित्व का विभाजन

पारिस्थितिक तंत्र में स्थायित्व अथवा स्थिरता का विभाजन निम्न प्रकार से किया गया है–

1. सतत् स्थायित्व–ऊर्जा का निवेश जब पारिस्थितिक तंत्र का निर्गमन संतुलित रहता है, जैव भू–रसायन चक्र अपने सामान्य रूप में चलता रहता है तथा उसमें कोई बाधा नहीं आती है तो उसे तंत्र की निरन्तर स्थिरता कहते हैं। जैसे यदि जितने वृक्ष काटे जाते हैं उतने वृक्ष लगा दिये जाते हैं तो उसे तंत्र में निरन्तर स्थिरता कहा जायेगा।

2. प्रतिरोधी स्थायित्व–जब कुछ तत्वों पर तंत्र में आये परिर्वतनों का नगण्य प्रभाव पड़ता है तो उसे प्रतिरोधी स्थिरता कहा जाता है जैसे–किसी स्वच्छ जल वाली नदी में कोई गन्दा नाला गिरने लगे, लेकिन उसके गन्दे जल का प्रभाव नगण्य पड़ता है तो उसे प्रतिरोधी स्थिरता कहा जायेगा।

3. सहनशील स्थायित्व–किसी पारिस्थितिक तंत्र में यदि बाधा उत्पन्न होते हैं तो बदलाव आते हैं लेकिन यदि तंत्र उनको सहन करते हुए उनके साथ समायोजन करता है तो ऐसी स्थापित स्थिरता को सहनशील स्थिरता कहते हैं।

पारिस्थितिक तंत्र में जब भारी परिवर्तन और व्यवधान आने लगते हैं और तंत्र अपनी पूर्व स्थिति को प्राप्त करने या समायोजन करने में समर्थ नहीं होता है तो उस दशा को पारिस्थितिक तंत्र की अस्थिरता कहते हैं। तंत्र में अस्थिरता भू–गखभक हलचलों तथा जलवायु परिवर्तनों से आती है। मनुष्य भी तंत्र में अस्थिरता पैदा करने वाला महत्त्वपूर्ण घटक है। वह निर्वाकरण द्वारा, मौलिक जीवों के विनाश द्वारा, मौलिक जन्तुओं व वनस्पतियों के स्थान पर अन्यों की प्रतिस्थापना द्वारा, नगरीकरण द्वारा, मौलिक जन्तुओं व वनस्पतियों के स्थान पर अन्यों की प्रतिस्थापना द्वारा, औद्योगीकरण द्वारा, नगरीकरण द्वारा, जलवायु में बदलावों द्वारा, रासायनिक उर्वरकों व कीटनाशक दवाओं के प्रयोग द्वारा, पर्यावरण प्रदूषण आदि द्वारा पारिस्थितिकी तंत्र को अस्थिर बनाने में निरंतर कार्यरत हैं।

4. लोचपूर्ण स्थायित्व–यदि किसी बड़े व्यवधान के आने पर तंत्र पर नकारात्मक प्रभाव पड़ने लगता है, लेकिन व्यवधान की समाप्ति के पश्चात् यदि वे घटक अपनी मौलिकता दशा को प्राप्त कर लेते हैं तो उसे लोचपूर्ण स्थिरता कहा जायेगा।

5. दोलन रहित स्थायित्व–यह स्थायित्व पारितंत्र में जातियों की संख्या में स्थायित्व की स्थिति को दोलन रहित स्थायित्व कहा जाता है।

6. चक्रीय स्थायित्व–किसी प्राकृतिक पारिस्थितिक तंत्र में नियमित रूप से होने वाले वाह्य बदलाव के साथ समायोजन हो जाने पर जो स्थिरता बनी रहती है उसे चक्रीय स्थिरता कहते हैं।

पारिस्थितिक पिरामिड

समान संरचनात्मक सम्बन्ध एवं प्रकृति वाली अनेक जातियों के आकार–प्रकार में भिन्नता दिखाई देती हैं, जिनसे विभिन्न पोषण स्तरों में भिन्नता पायी जाती है पोषण स्तरों में जीवों की संख्या एवं भार के अनुसार कभी बढ़ते क्रम में बढ़ती संख्या वाले तथा कभी घटती संख्या वाले पिरामिडों का निर्माण होता है। सन् 1927 में डो एल्टन महोदय ने इन पिरामिडों के अध्ययन को आगे बढ़ाया था। सामान्यतः भोजन श्रृंखला में 4 से 5 पोषण स्तर होते हैं। पारिस्थितिक पिरामिड में जितने अधिक पोषण स्तर होंगे उनमें जीवों की संख्या हर एक स्तर पर घटती जायेगी लेकिन उनका आकार बढ़ता जायेगा। प्रत्येक पारिस्थितिक पिरामिड के आधार पर उत्पादक स्तर तथा अनुक्रमित स्तर शीर्ष पर होगा।

पारिस्थितिक पिरामिड के स्वरूप–उसके कई रूप होते है जिनमें से कुछ प्रमुख स्वरूपों या प्रकारों का उल्लेख निम्नलिखित शीर्षकों में किया गया है–

(1) विलोम संख्या पिरामिड

कभी–कभी संख्या पिरामिड की संरचना पलट जाती है तब उस पिरामिड को विलोम या उल्टी संख्या पिरामिड की संज्ञा प्रदान की जाती है। विलोम संख्या पिरामिड के उदाहरणस्वरूप वानिकी परिस्थितिक को लिया जा सकता है। जैसे वन पारिस्थितिक तंत्र में उत्पादकों (पेड़ों) की संख्या कम और उन पर पलने वाले उपभोक्ता जीवों की संख्या ज्यादा होती है। अध्ययनों के आधार पर यह निष्कर्ष निकलता है कि 200 पेड़ों पर पलने वाले जीवों की संख्या 150,000 होती है जो संख्यात्मक दृष्टि से विलोम संबंध का द्योतक है।

(2) ऊर्जा पिरामिड

तन्त्र की उत्पादकता को ऊर्जा पिरामिड में इंगित किया जाता है, इसमें आहार श्रृंखला तथा आहार जाल के प्रत्येक पोषण स्तर पर ऊर्जा के स्थानान्तरण को दिखाया जाता है। इसमें प्रत्येक पोषण स्तर की चौड़ाई, उस ऊर्जा की मात्र का संकेत देती है जो एक पोषण स्तर से निकलकर दूसरे पोषण स्तर में जाती है। चूँकि ऊर्जा का

स्थानान्तरण पूरी तरह दक्ष नहीं होता, इसलिए प्रत्येक पोषण स्तर की चौड़ाई नीचे के पोषण स्तर से 1/10 से 1/20 प्रतिशत कम होगी। इसकी उत्पादकता से माप की जाती है। इस पिरामिड से यह बोध होता है कि उत्पादक सबसे ज्यादा ऊर्जा ग्रहण करते हैं लेकिन उन पर पलने वाले परपोषी जीव घटती दर से ऊर्जा प्राप्त करते हैं। यदि उत्पादकों को ऊर्जा मिलने में रुकावट आने लगे तो उन पर पलने वाले परपोषी जीव विनष्ट होने लगेंगे। जैसे जल तंत्र में कम ऊर्जा मिलने पर प्लैंकटन की मात्र कम हो जायेगी और उन पर पलने वाली मछलियाँ पहले मरेंगी और बड़ी मछलियाँ भी समाप्त होने लगेंगी।

(3) संख्या पिरामिड

मूल उत्पादन तथा शिखर पर सर्वोच्च उपभोक्ता की संख्या को दर्शाने वाले पिरामिड को संख्या पिरामिड कहा जाता है। इस पिरामिड के आधार पर उत्पादकता सर्वाधिक संख्या में होती है परन्तु शीर्ष की ओर प्रत्येक पोषण स्तर पर उपभोक्ता जीवों की संख्या सतत् कम होती जाती है। यह पिरामिड दर्शाता है कि प्राथमिक उत्पादकों (घासों) की संख्या सबसे ज्यादा होती है। इन घासों को आहार बनाने वाले जीवों की संख्या और कम हो जाती है तथा इन मांसाहारी जीवों का आहार करने वाले सर्वाहारी जीवों यथा मनुष्य की संख्या और कम हो जाती है। झील पारिस्थितिक तंत्र इस प्रकार के पिरामिड का सबसे अच्छा उदाहरण है। झील तंत्र में पिरामिड के आधार पर (प्रथम पोषण स्तर) पर उत्पादक तत्व जैसे एलगी, डायटम इत्यादि होते हैं जिनकी संख्या काफी ज्यादा होती है। द्वितीयक पोषण स्तर पर शाकाहारी जीव आते हैं जिनकी संख्या प्रथम पोषण स्तर के उत्पादकों की अपेक्षा कम होती है। तृतीय पोषण स्तर पर कुछ मांसाहारी जीव आते हैं जिनकी संख्या प्रथम पोषण स्तर के उत्पादकों की तुलना में कम होती है। शीर्ष तुलना स्तर पर कुछ ही शीर्ष मांसाहारी जीव होते हैं। यह पिरामिड प्राकृतिक व्यवस्था का प्रतीक है।

(4) जैव भार का पिरामिड

इस पिरामिड में विभिन्न पोषण स्तरों में जीवों की संख्या के स्थान पर उसके समस्त भार को दर्शाया जाता है जिनसे किसी निर्धारित समय में उत्पादित जैविक तत्वों की सम्पूर्ण मात्र एवं उसकी उत्पादकता दर का बोध होता है। शाकाहारियों के माध्यम से पुंजित उत्पादकों का सभी जैव भार शाकाहारियों के भार से ज्यादा होता है। इसी तरह द्वितीयक उपभोक्ताओं का सकल जैव भार शाकाहारी की तुलना में कम होता है। तृतीयक उपभोक्ताओं का जैव भार द्वितीयक उपभोक्ताओं की तुलना में कम होता है। यदि ह्रासोन्मुख क्रम उत्तरोत्तर उदाहरण के तौर पर 500 टन घास 10 टन टिड्डों के लिए पर्याप्त होगी। 10 टन टिड्डे 10 टन मेंढकों के लिए पर्याप्त हैं। 10 टन मेंढक 1 टन सर्पों को भोजन देते हैं। 1 टन सर्प 1/2 टन बाजों के लिए प्रचुर भोजन प्रदान करते हैं। इस पिरामिड द्वारा हर एक पोषण स्तर पर समस्त जीवों के कुल जैव

भार की जानकारी हो जाती है लेकिन पारिस्थितिक तंत्र की उत्पादकता की दर व मात्र का ज्ञान नहीं हो पाता है।

पारिस्थितिक तंत्र : उत्पादकता

क्षेत्र विशेष में स्वपोषित प्राथमिक उत्पादक द्वारा प्रति इकाई क्षेत्र में प्रति इकाई समय में सम्पूर्ण ऊर्जा की संचित मात्र को पारिस्थितिक उत्पादकता कह जाता है जैसे–एक खेत से निश्चित समय में जितना जैव पदार्थ पैदा होगा, उसे खेत की उत्पादकता कहा जायेगा। हरी पोली बैक्टीरिया, हरे पौधे, नीली हरी शैवाल, पादप प्लवक आदि प्रारंभिक उत्पादक जीवों के तहत आते हैं। शुष्क जैव पदार्थ के रूप में उत्पादकता को मापा जाता है।

उत्पादकता का विभाजनः

उत्पादकता को प्रमुख दो भागों में विभाजित किया गया है। प्राथमिक उत्पदकता और दूसरा द्वितीयक उत्पादकता उन दोनों उत्पादकता का उल्लेख नीचे किया गया है–

1. **प्राथमिक उत्पादकता**–जब स्वपोषित जीवों द्वारा जैविक तत्वों का उत्पादन किया जाता है तो उसे प्राथमिक उत्पादन कहा जाता है इसमें पौधों के अंगों, जैसे–जड़,तना, फल, पत्ता, आदि के वजन में वृद्धि होती है लेकिन कृषि उत्पादकों में सिर्फ उपयोगी अंगों जैसे–अन्न, चारा आदि वाले भागों में वृद्धि होती है। पारिस्थिति तंत्र की गुणवत्ता मुख्यतः प्रारंभिक उत्पादकों की उत्पादन दर पर निर्भर करती है। इस उपादकता को प्रमुख रूप से दो श्रेणियों में विभाजित किया जा सकता है।

(i) **शुद्ध प्रारंभिक उत्पादकता**–प्रारंभिक उत्पादकता पौधों द्वारा अपनाया गया जैव ऊर्जा अथवा पदार्थ में से कुछ भाग श्वसन क्रिया द्वारा समाप्त हो जाता है। इस तरह श्वसन क्रिया के माध्यम से नष्ट होने के बाद शेष बचे जैव ऊर्जा अथवा पदार्थ को शुद्ध प्राथमिक उत्पादकता कहते हैं। यही अवशेष ऊर्जा एक पोषण स्तर से दूसरे पोषण स्तर को जाती है।

(ii) **सफल प्रारंभिक उत्पादकता**–रासायनिक संश्लेषण अथवा प्रकाश संश्लेषण क्रिया से, प्राथमिक पौधों के माध्यम से उत्पन्न जैव पदार्थों/ऊर्जा को सकल प्रारंभिक उत्पादकता कहा जाता है।

2. **द्वितीयक उत्पादकता**–यह उत्पादकता जन्तुओं के माध्यम से उत्पादित किये गये जैव तत्वों की दर या मात्र को कहा जाता है।

उत्पादकता को प्रभावित करने वाले तत्त्व

उत्पादकता पर पारिस्थितिक तंत्र में पाये जाने वाले विभिन्न तत्वों का प्रभाव पड़ता है जिनमें से कुछ प्रमुख तत्वों को निम्नलिखित बिन्दुओं के अन्तर्गत स्पष्ट

किया गया है–

1. **सौर्य विकिरण**–प्राथमिक उत्पादक हरे पौधों को प्राप्त होने वाली सौर्य ऊर्जा की मात्र उत्पादकता को प्रभावित करती है।
2. **जैविक पोषण**–इसके तहत चराई, पृथ्वी सतह के नीचे व ऊपर के परभक्षक, शाकाहारी जीव, परजीवी ,प्रारंभिक उत्पादकों में रोग आदि उत्पादकता को प्रभावित करते हैं।
3. **खनिज पोषण**–मिट्टी से खनिज ग्रहण,अग्नि प्रभाव, खारापन, भारी धातुएँ, नाइट्रोजन उपापचयन भी उत्पादकता को प्रभावित करते हैं।
4. **आर्द्रता**–इसके अंतर्गत पत्ती में वर्तमान मिट्टी की आर्द्रता, जल, वर्षा वाष्पोत्सर्जन आदि उत्पादकता को प्रभावित करते हैं।
5. **आबादी का प्रभाव**–मनुष्यों द्वारा उत्पन्न विभिन्न प्रकार के प्रदूषण उत्पादकता को प्रभावित करते हैं।

उत्पादकता : वितरण

सम्पूर्ण पृथ्वी पर पाये जाने वाली घास, वन तथा स्वच्छ जल में विषमता पायी जाती है। विश्व पहल पर जल व स्थल क्षेत्रों की उत्पादकता को दर्शाया गया है। इसके अनुसार सर्वाधिक उत्पादकता उष्ण आर्द्र वनों तथा आर्द्र उष्ण के क्षेत्रों में मिलता है। सागरीय क्षेत्रों में उच्च उत्पादकता 45 से 60 अशांक्षो के मध्य उत्तरी एवं दक्षिणी गोलार्द्धों में पायी जाती है। सन 1959 में ई. पी. ओडम महोदय ने विश्व को कई उत्पादकता क्षेत्रों में बांटा है जो निम्नलिखित है:

1. **उच्च उत्पादकता क्षेत्र**–इसका विस्तार उथले जलीय क्षेत्र, शीतोष्ण व उष्ण आर्द्र वन, नदी बाढ़ तथा गहरी कृषि वाले क्षेत्रों में पाया जाता है।

2. **मध्यम उत्पादकता क्षेत्र**–इसके अन्तर्गत झीले आदि शामिल है।

3. **निम्न उत्पादकता क्षेत्र** –गंभीर सागरीय क्षेत्र, मरुस्थलीय प्रदेश आर्कटिक क्षेत्र इसके अन्तर्गत आते हैं।

डी वाट्स ने सम्पूर्ण प्राथमिक उत्पादकता को निम्नलिखित सारणी द्वारा स्पष्ट किया गया।

प्राकृतिक वनस्पति समुदाय समुद्र तथा झील क्षेत्र	*सकल प्रारंभिक उत्पादकता (शुद्ध जैव पदार्थ/ वर्गमीटर)*
उष्ण कटिबन्धीय पर्वतीय वन	6000
उष्ण कटिबन्धीय सदाबहार वन	3000–3700
उपोष्ण पर्णपाती वन	2450
स्टेपी मैदान	1800
प्रेयरी	1200
टैगा	950
शुष्क सवाना	440
टुंड्रा	180
वीरान मरुस्थल	110
घास आच्छादित दलदल	7880
गंगा तटीय जल	5600
प्रवाल वलय	4900
शुद्ध झीलें	1500
मिश्रित जल क्षेत्र	600
खुला समुद्र	100

उपर्युक्त सारणी का अध्ययन करने से यह निष्कर्ष निकलता है कि उष्ण कटिबंधीय पर्वतीय वनों तथा उष्ण कटिबंधीय सदाबहार वनों में सबसे अधिक उत्पादकता पाई जाती है, जिसकी वजह से इस प्रदेश में अधिक ऊर्जा तथा वर्ष भर आर्द्रता पाई जाती है। शीतोष्ण तथा उपोष्ण कटिबंधीय वनों की ओर उत्पादकता घटती जाती है। वीरान और टुंड्रा मरुस्थल में बहुत कम उत्पादकता होती है।

जलीय क्षेत्रों में सर्वाधिक उत्पादक घास आच्छादित दलदली स्थलों तथा गन्दे जल वाले समुद्रतटीय क्षेत्रों में पाई जाती है। प्रवाल वलय वाले समुद्री क्षेत्रों में अधिक उत्पादकता मिलती है जिसका कारण वहाँ शैवाल (एलगी) का पाया जाना है। खुले समुद्रों में बहुत कम उत्पादकता मिलती है। मानव द्वारा बनाये गये परिस्थितिक तंत्रों सर्वाधिक शुद्ध प्राथमिक उत्पादकता देखने को मिलती है। कृषि क्षेत्र उसका एक स्वतंत्र उदाहरण है इस कृषि क्षेत्र में अधिक उत्पादन का प्रगुख कारण यह है कि वहाँ प्राकृतिक ऊर्जा के साथ–साथ मानव द्वारा कृत्रिम ऊर्जा प्रदान की जाती है। यही कारण है कि जावा के गन्ना क्षेत्रों में 9400 और संयुक्त राज्य अमेरिका के मक्का क्षेत्रों

में 2500 से 4000 शुष्क जैव पदार्थ प्रतिवर्ष प्रतिवर्ग मीटर पैदा होता है।

पारिस्थितिक तंत्र : ऊर्जा प्रवाह

ऊर्जा के अभाव में किसी जीव जन्तु व प्राणी का जीवन सम्भव नहीं है।। ऊर्जा कार्य करने की क्षमता प्रदान करती है। एक बैक्टीरिया तथा वाइरस से लेकर बड़े–बड़े पेड़ों तथा अन्य जीवों सभी को उपाचयन क्रियाओं यथा पाचन श्वसन, शारीरिक वृद्धि, प्रजनन,जल का ग्रहण श्वदन, तथा पोषक तत्वों बैक्टीरिया के माध्यम से नाइट्रोजन का स्थिरीकरण, वियोजन खनिजीकरण इत्यादि के लिए ऊर्जा की आवश्यकता होती है।

ऊर्जा का प्रमुख स्रोत सूर्य है। सूर्य की सतह पर 6000 से. ग्रे. ताप प्राप्त होता है। यह ऊर्जा विकिरण के माध्यम से सूर्य के चारों ओर फैलती है। इस विकिरण का 1/2,000,000,000 (दो अरबवाँ भाग) पृथ्वी के लिए आता है। लेकिन ऊर्जा का यह कम भाग पृथ्वी के लिए आता है। लेकिन यह ऊर्जा का भाग पृथ्वी पर जीवन के लिए पर्याप्त है। प्रकाश संश्लेषण के माध्यम से हरे पौधे सौर्य ऊर्जा को ग्रहण करते हैं और रासायनिक ऊर्जा में रूपांतरित कर देते हैं। यही संगृहीत ऊर्जा एक जीव से दूसरे जीव को भोजन के रूप में पहुँच जाती है।

ब्रह्माण्ड विकिरण जीवाश्म एवं भूतापीय खनिजों जैसे पेट्रोलियम, कोयला इत्यादि के भण्डारों से मुक्त ऊर्जा अन्य गौण ऊर्जा स्रोत हैं।

ऊर्जा का विभक्तिकरण

ऊर्जा का विभाजन निम्न प्रकार से किया गया है–

1. **ताप ऊर्जा**–प्रकाश ऊर्जा शीघ्र ही ताप ऊर्जा में बदल जाती है। जैसा कि खुले सूर्य से देखा जाता है कि प्रकाश तरंगें पृथ्वी पर पहुँचकर ताप ऊर्जा में बदल जाती हैं। इसी ताप ऊर्जा से वायुमण्डल गरम होता है।

2. **यांत्रिक ऊर्जा**–सौर्य ऊर्जा जो वाष्प में निहित होती है, को यांत्रिक ऊर्जा कहते हैं। यह ऊर्जा दो तरह की होती है–

3. **रासायनिक ऊर्जा**–पौधे प्रकाश ऊर्जा को प्राप्त करते हैं और उसे रासायनिक ऊर्जा में बदल करके एक जीव से दूसरे जीव तक कई पोषण स्तरों से होकर पहुँचाते हैं।

4. **विकिरण ऊर्जा**–लघु तरंगों के रूप में सूर्य से आने वाली ऊर्जा को विकिरण ऊर्जा कहते हैं। विकिरण ऊर्जा का आंशिक भाग प्रकाश ऊर्जा है।

5. **गतिज उपयोगी ऊर्जा**–जब संचित ऊर्जा स्वतंत्र रूप में बदल जाती है तो उसे गतिज ऊर्जा या उपयोगी ऊर्जा कहते हैं।

ऊर्जा का एक दिशोन्मुख प्रवाह किसी भी पारिस्थितिक तंत्र में होता है अर्थात्

एक बार ऊर्जा का उपयोग हो जाने पर वह दुबारा उपयोग के लिए उपलब्ध नहीं हो पाता है। जैवमण्डल में ऊर्जा का जनन, भण्डारण, निरन्तर प्रवाह अनेक रूपों में रूपान्तरण होता रहता है। ऊष्मा के रूप में वायुमंण्डल में इसका क्षय होता रहता है। जीवमण्डलीय पारिस्थितिक तंत्र में ऊर्जा का प्रवाह ऊष्मा गतिकी के प्रमुख दो पद्धतियों पर निर्भर है जो अग्रलिखित हैं–

पहली पद्धति के अनुसार ब्रह्मांड में ऊर्जा की मात्र अस्थिर नहीं होती इसे परिवर्तित किया जा सकता है परन्तु उसका न तो निर्माण कर सकते हैं और न ही विनष्ट। जब प्रकाश ऊर्जा वायुमण्डल से गुजरती है तो उसका न तो सृजन किया जा सकता है और न तो नष्ट ही किया जा सकता है। लेकिन इसे ऊर्जा के अन्य रूपों जैसे ताप ऊर्जा, रासायनिक ऊर्जा आदि में परिवख्रतत किया जा सकता है।

दूसरी पद्धति के अनुसार जब ऊर्जा का एक रूप से दूसरे रूप में परिवर्तन होता है तो कुछ ऊर्जा की हानि होती है। इस प्रकार परिवर्तन के बाद कार्य करने की ऊर्जा क्षमता घट जाती है। ऊर्जा का प्रवाह ऊँचे स्तर से निचले स्तर की ओर होता है।

6. **स्थितिज ऊर्जा**–स्थिति ऊर्जा को संचित ऊर्जा भी कहते हैं। यह ऊर्जा संचित रहती है।

ऊर्जा का प्रवाह चक्र

ऊर्जा का प्रमुख स्रोत सूर्य है विकिरण सौर्य ऊर्जा को पौधे अपनी हरी पत्तियों के द्वारा प्राप्त करते हैं और प्रकाश संश्लेषण विधि से इस ऊर्जा को रासायनिक ऊर्जा अथवा आहार ऊर्जा में बदल देते हैं। रासायनिक ऊर्जा से उनके शरीर के अंगों की रचना होती है। हर एक पौधा स्वपोषी जैव संघटक है इन्हें ही उत्पादक भी कहते हैं। उत्पादकों द्वारा उत्पादित भोज्य सामग्री का उपयोग करने वाले जीवों को उपभोक्ता जीव कहते हैं। इसके तहत आने वाले शाकाहारी जीव उत्पादकों को आहार बनाते है। जिससे ऊर्जा उपभोक्ताओं को प्राप्त होती है। उपभोक्ता जीव कई तरह के होते हैं–प्राथमिक उपभोक्ता, जैसे–हिरन, चूहे, खरगोश, गाय आदि उत्पादकों का आहार कर ऊर्जा प्राप्त करते हैं। द्वितीयक उपभोक्ता यथा कौआ, भालू, साँप, बिल्ली, आदि प्राथमिक उपभोक्ताओं को भोजन बनाकर ऊर्जा अर्जित करते हैं। तृतीयक उपभोक्ता जैसे चीता, शेर, गिद्ध इत्यादि प्राथमिक और द्वितीयक उपभोक्ता जीवों का भोजन करके ऊर्जा प्राप्त करते हैं। उत्पादक व उपभोक्ता जीवों के मरने के बाद वियोजक और रूपान्तरक जीव यथा बैक्टीरिया, फंजाई आदि मृत जीवों का रूपान्तरण व वियोजन करते हैं तथा ऊर्जा अर्जित करते हैं। कुछ ऊर्जा मृत जीवों की ऊर्जा में से वायुमण्डल में लौट जाती है तथा शेष ऊर्जा मिट्टी व पर्यावरण में मिल जाती है। मिट्टी से पौधे में ऊर्जा का प्रवाह होता रहता है।

8

पर्यावरण में भौगोलिक चेतना

पादप तंत्र का आविर्भाव पौधे जातियों के समुच्च से लगाया जाता है। विभिन्न प्रकार की पादप जातियां परस्पर मिलकर एक पादप तंत्र का निर्माण करती हैं। पौधों की भिन्न–भिन्न, जातियों की जीवन–प्रक्रिया में अन्तर होता है जो उनके विकास के साथ–साथ बदलती रहती है, लेकिन इसकी आनुवांशिकीय में कोई बदलाव नहीं होता। पौधों का उद्गम, विकास तथा प्रसरण होता है। समय के साथ इसका विनाश भी होता है परन्तु इनकी जातियां अनवरत अस्तित्वान रहती है। जीवनमण्डल या परिस्थिति तंत्र में पादपों अथवा पौधों का एक महत्त्वपूर्ण स्थान होता है। पौधे विश्लेषण पर्यावरण भूगोल का एक प्रमुख विषय होता है पौधा सकारात्मक एवं नकारात्मक दोनों रूपों में स्थानीय एवं जलीय जीवों हेतु ऊर्जा देते हैं। अतः पौधे जीवमण्डल के प्रारंभिक उत्पादन होते हैं। पौधे परोक्ष व अपरोक्ष तौर पर जल और थल जन्तुओं को भोजन देते हैं। पौधों की जातियों के सामूहिक समूह को **पादप–समुदाय** कहते हैं तथा पौधे इस समुदाय की आधारभूत इकाई होते हैं। पौधे ही ऐसे जीव होते हैं जो सौर्यिक ऊर्जा (सूर्य प्रकाश) प्राप्त करते हैं तथा उस प्रकाश ऊर्जा की सहायता से **प्रकाश संश्लेषण** क्रिया से अपना आहार स्वयं निर्मित करते हैं। इस तरह पौधों द्वारा सूर्य–ऊर्जा का रासायनिक या आहार ऊर्जा में स्थानान्तरण होता है तथा इस ऊर्जा का आहार शृंखला के

विभिन्न **पोषण स्तरों** के सहारे विभिन्न जन्तुओं में गमन तथा प्रवाह होता है। स्पष्ट है कि पौधे सौर्यिक ऊर्जा को प्रत्यक्ष रूप से प्राप्त करते हैं जबकि अन्य जन्तु इस ऊर्जा को अप्रत्यक्ष रूप से यानी पौधों के माध्यम से प्राप्त करते हैं। इस तरह पौधे जीवमण्डलीय पारिस्थितिक तंत्र के जैविक एवं अजैविक (भौतिक) संघटकों के मध्य मध्यस्थ होते हैं। जीवमण्डल में पौधों के महत्व एवं उनकी महत्त्वपूर्ण भूमिका को ध्यान में रखकर ही जीव भूगोल में पौधें के अध्ययन पर सर्वाधिक ध्यान दिया जाता है तथा **पादप भूगोल** को भूगोल की एक स्वतन्त्र शाखा के रूप में विकसित किया गया है। पादप तंत्र के अन्तर्गत पौधों के वर्गीकरण, समुदाय विकास, उनकी उत्पत्ति तथा विकास, उनके स्थानिक वितरण प्रतिरूप, उनके विसरण तथा विलोपन एवं उनके विभिन्न कार्यों का अध्ययन किया जाता है। पौधों का प्रमुख कार्य सौर्यिक ऊर्जा (प्रकाश ऊर्जा) की सहायता से **प्रकाश–संश्लेषण** विधि से आहार ऊर्जा/रासायनिक ऊर्जा का निर्माण करना है। पौधे जीवमण्डल में ऊर्जा तथा पोषक तत्वों के संचरण, गमन तथा चक्रण में भी सहायक होते हैं।

पौधों का विभाजन

पादप तंत्र, समूह, परिवाद तथा जगत में अत्यन्त विषमता परिलक्षित होती है। पौधों की ऊँचाई आकार, फूल, फल, रंग पत्ती आदि में एकण या सामूहिक भिन्नता पायी जाती है। अतः स्पष्ट है कि प्रारंभिक तथा अन्त पौधों का उद्‌गम प्राचीन भौतिकीय युग में जलीय पर्यावरण में हुआ था। इसके बाद से पौधों ने विभिन्न जलवायु प्रदेशों (विषुवत रेखीय उष्णार्द्र जलवायु से ध्रुवीय एवं आर्कटिक शीत जलवायु तक) तथा विभिन्न आवासों (habitats) में (सागर–तल से उच्च पर्वतों तथा जलीय भागों से लेकर स्थलीय भागों तक) एवं विभिन्न पर्यावरण दशाओं में अपना अनुकूलन किया है जिस कारण विभिन्न पर्यावरण वाले क्षेत्रों में विशिष्ट पादप समूहों का विकास हुआ है।

पौधों की आकार संरचना कार्यकलाप आदि के आधार पर उनमें वैश्विकरण स्तर पर इतनी विषमताएं होती है कि इनका कुछ प्रमुख समूहों में बाटना असम्भव होता है। इसके अलावा आज तक समस्त स्थलीय एवं जलीय पौधों की जातियों की जानकारी प्राप्त नहीं हो सकी है। अब तक पौधों की मात्र 40,000 जातियों की जानकारी ही मिल पायी है जबकि केवल उष्ण कटिबन्धीय भागों में ही हजारों अज्ञात जातियों का पता नहीं लग पाया है। स्पष्ट है कि पौधों का वर्गीकरण सदा खुला रहेगा क्योंकि जैसे–जैसे पौधों की नयी जातियों का पता लगता जायेगा, पौधों के वर्गीकरण में वैसे–वैसे नयी जातियों एवं वर्गों का समावेश होता जायेगा। सामान्य रूप में पौधों का वर्गीकरण उनकी आकारिकीय विशेषताओं, उनके पदानुक्रम, उनके जीवन–रूपों आदि आधारों पर किया जाता है।

आकृतिक वर्गीकरण

आकृति के आधार पर उन्हें दो वर्गों में वर्गीकृत किया जा सकता है।

1. पुष्पी पादप–इस श्रेणी के पौधे बीजों के द्वारा संतति जनन करते हैं। इन्हें **स्पमैंटोफाइटा** भी कहते हैं क्योंकि इनमें शुक्राणु होते हैं। ये संवहनीय पौधे होते हैं। पुष्प पौधे को दो उप–वर्गों में विभाजित किया गया है। जो निम्नलिखित हैं–

(i) **कवक (फंजाई)**–पादप प्रकाश संश्लेषण नहीं करते हैं, अपितु अपने आहार के लिए अन्य जीवों के उत्पादनों पर निर्भर करते हैं। कुछ कवक **परजीवी** (parasite) होते हैं जो अन्य जीवित जीवों से अपना आहार प्राप्त करते हैं तथा कुछ **मृतजीवी** (saprophyte) होते हैं जो अपने आहार हेतु मृत जैविक पदार्थों पर निर्भर करते हैं। कुकुरमुत्ता इसका प्रमुख उदाहरण है।

(ii) **लाइकेन**–इसके अन्तर्गत ऐसे पौधे आते हैं जिनमें **कवक** तथा **शैवाल** के साथ–साथ एक ही पौधे के रूप में आते हैं। इस तरह के पादप–मिश्र होते हैं। इस मिश्र पौधे का एक भाग कवक परजीवी होता है, जिसे उसी पौधे का दूसरा भाग शैवाल आहार प्रदान करता है।

(iii) **बैक्टीरिया**–ये एक कोशिका वाले पौधे होते हैं। ये अपनी कोशिका को दो भागों में विभक्त करके संतति जनन करते हैं, जिस कारण इन्हें **शाइजोफाइटा** भी कहते हैं। आहार निर्माण तथा ग्रहण–प्रक्रिया के आधार पर इन्हें पुनः दो वर्गों में बांटा गया–(अ) **स्वपोषित** एवं (ब) **परपोषित**। स्वपोषित बैक्टीरिया अपना आहार स्वयं निर्मित करती हैं। ये बैक्टीरिया अपनी ऊर्जा या तो प्रकाश एवं अकॉर्बनिक/अजैविक स्रोतों या प्रकाश एवं कॉर्बनिक (जैविक) स्रोतों से प्राप्त करती है। परपोषित बैक्टीरिया अपना आहार स्वयं निर्मित नहीं रहती है वरन् अपने आहार के लिए अन्य जीवों पर निर्भर करती है। ये परपोषित बैक्टीरिया मृत जीवों को वियोजित तथा विघटित करती है तथा जीवमण्डल में पोषक तत्वों के चक्रण में सहायक होती है।

(iv) **ब्रायोफाइटा**–ये असंवहनीय पौधे होते हैं अर्थात् इनकी आन्तरिक संरचना इस तरह की होती है कि पौधे के एक भाग से विभिन्न भागों में तरल पदार्थों का संचार या गमन नहीं हो पाता है। इसके अन्तर्गत काई को सम्मिलित करते हैं।

(v) **शैवाल**–शैवाल जल में पाया जाता है। उसकी रचना जटिल न होकर अत्यधिक आसान होती है। इनका अतिसूक्ष्म रूप एक कोशिका वाला होता है जबकि बड़े शैवाल कई कोशिकाओं वाले होते हैं। कुछ शैवाल मिट्टियों में भी रहते हैं। ये **प्रकाश रसायन** क्रिया द्वारा ऊर्जा प्राप्त करते हैं।

(vi) **टेरिडोफाइटा**–ये संवहनीय पौधे होते हैं परन्तु इनमें सन्तति जनन उपर्युक्त असवंहनीय पादपों के समान ही एक कोशिका के दो भागों में विभक्त होने

पर होता है। इसके अन्तर्गत फर्न, अश्वपुच्छ आदि को सम्मिलित करते हैं।

उपर्युक्त पुष्प रहित पौधों के पाँचों प्रकार को सम्मिलित रूप को **असंवहनीय पुष्प रहित पादप** कहते हैं। क्योंकि इनमें ऐसी संरचना नहीं होती है कि पोषक तत्वों का तरल रूप में पौधे के एक भाग से दूसरे भाग में प्रवाह या गमन हो सके।

2. **पुष्परहित पौधे**–ऐसे पौधों के अन्तर्गत न तो फूल होते हैं और न ही बीज ये अपने वंश या सन्तति का जनन अपने अन्दर छिपे बीजाणु द्वारा करते हैं। समस्त जनन प्रक्रिया इस तरह के पौधों के शरीर में अन्तर्निहित होती है। पौधों को प्रमुख रूप से दो व्यापक वर्गों में विभाजित किया गया है जिनका विवरण निम्न बिन्दुओं के अन्तर्गत दिया गया है–

(i) **आवृत्तबीजी**–इस श्रेणी के पौधों में बीज रक्षक आवरण या पौधों के अवयवों से ढका रहता है। ये वास्तविक पुष्पी पौधे होते हैं तथा सभी प्रकार के पौधों में सर्वाधिक महत्त्वपूर्ण होते हैं। इनका विकास सबसे बाद में (लगभग 100 मिलियन वर्ष पूर्व) हुआ है। इन्हें बीज के अंकुरण के समय पत्तियों की संख्या के आधार पर पुनः दो उप–प्रकारों में विभक्त करते हैं–

(a) **द्विबीजपत्री**–जिनमें बीज अंकुरण के समय दो पत्तियाँ निकलती हैं। मानव उपयोगी दलहनी खाद्यान्न पौधे तथा फलदार पौधे इस श्रेणी में आते हैं। इनके बीज में दो भाग होते हैं (मटर, अरहर, उरद, मूँग, चना, आम, महुआ आदि)।

(b) **एकबीजपत्री**–इस तरह के पौधों में बीज का एक ही भाग होता है तथा अकुंरण के समय एक ही पत्ती निकलती है। इसके अन्तर्गत मानव उपयोगी अधिकांश खाद्यान्न (cerreals) आते हैं–यथा गेहूँ, चना, मक्का, ज्वार, बाजरा आदि।

(ii) **अनावृत्तबीजी**–इस तरह के पौधों के बीज किसी आवरण में ढका नहीं होता है, वरन् खुला रहता है। कोणधारी या शंक्वाकार वृक्ष यथा–पाइन, स्प्रुस, जूनिफर आदि इस श्रेणी में आते हैं।

पदानुक्रमिक वर्गीकरण

इस श्रेणी वर्गीकरण में एक प्रजाति वाले पादपों को सम्मिलित किया गया है। यह समानता उनके (पौधों के) कार्यात्मक प्रारूप, प्रजनन प्रक्रिया, ऊर्जा निर्माण या उपयोग आदि से सम्बन्धित होती है। पादप जगत में पादप–पदानुक्रम सबसे निचली इकाई **जाति** होती है। समान व्यवहार वाले एकाकी पौधों की संख्या को जनसंख्या तथा उनके वर्ग को जाति कहा जाता है। अन्य शब्दों में जाति संख्या के समूहों को जाति कहा जाता है। एक जाति के सभी सदस्य आपस में सन्तान–जनन के लिए समर्थ होते हैं। लगभग समान विशेषता वाली कई जातियों के समूह द्वारा अलग उच्च

पदानुक्रम बनता है, जिसे **वंश** कहते हैं। उभय विशेषता वाले विभिन्न वंशों के समूह को **परिवार** कहते हैं। इसी तरह बढ़ते पदानुक्रम में उभय विशेषता वाले पदानुक्रम के पौधों को क्रमशः **कोटि, वर्ग, संघ** तथा **पादप जगत** में विभाजित करते हैं। पादप जगत समस्त वनस्पतियों को प्रदर्शित करता है तथा यह सर्वोच्च पदानुक्रम होता है।

जीवन रूप के आधार पर वर्गीकरण

पौधों के जीवन–रूप के आधार पर भी वर्गीकरण किया है, यह वर्गीकरण प्रसिद्ध भूगोलवेत्ता रौनकियर महोदय ने किया है। इनके वर्गीकरण का मुख्य आधार पादप–जीवन तथा जलवायु कारकों के बीच सम्बन्ध है। इसके अन्तर्गत पौधों के जीवन–रूप के उनके विकास के प्रतिकूल मौसम के साथ समायोजन को ध्यान में रखा जाता है। **रौनकियन** ने अपने वर्गीकरण की योजना में केवल एक विशेषता अर्थात् पौधे की **सुप्त** या वर्षस्थायी कलिंका या **आँख** की मृदा सतह के सम्बन्ध में स्थिति को ही अपने वर्गीकरण का आधार बनाया है। अर्थात् जिस क्षेत्र में पौधों के विकास के लिये मौसम जितना ही प्रतिकूल होता है, पौधों की सुप्त आँखें मृदा सतह के उतनी ही करीब होती हैं ताकि वे नष्ट न हो सकें अपितु मौसम के आने तक सुरक्षित रह सकें। इसी आधार पर पादपों को प्रमुख पांच वर्गों में वर्गीकृत किया गया है जो निम्नलिखित है–

1. फैनेराफाइट्स–ये ऊँचे वृक्ष या ऊँची झाड़ियाँ होती हैं जिनमें सुप्त आंखें (resting buds) काफी ऊँचाई पर होती है (मृदा आवरण से कम से कम 2.5 मीटर से 30 मीटर की ऊँचाई पर)। पतझड़ तथा सदाबहार वृक्ष इसके अन्तर्गत आते हैं।

2. कैमियोफाइट (Chamaephytes)–इस श्रेणी के अन्तर्गत सदाबहार छोटी झाड़ियां शामिल हैं जिनकी सुप्त कलियाँ या आँखें मृदा सतह के करीब (2.5 मीटर की ऊँचाई तक) होती है।

3. हेमीक्राइप्टोफाइट (Hemicryptophytes)–इस श्रेणी के तहत उन पौधों को शामिल किया जाता है। जिनकी सुप्त कलियाँ या आंखें मृदा सतह पर होती हैं तथा ये आंशिक रूप से मृदा सतह पर पर्ण ढेर (leaf litter, गिरी पत्तियों के ढेर) में या मिट्टियों में ढकी रहती है।

4. क्राइटोफाइट (Cryptophytes)–इस तरह के पौधों की आंखें (कलियाँ) पूर्ण रूप से बाह्य पर्यावरण से सुरक्षित रहती है। इस तरह के पौधों की जड़ों में ये कलियाँ बल्ब (bulb) के रूप में होती हैं। भू–तल पर तथा जल में पाये जाने वाले इस श्रेणी के पौधों को क्रमशः geophytes तथा hydrophytes कहते हैं।

5. थिरोफाइट (Therophytes)–इसके तहत उन पौधों को शामिल किया गया है जिनकी जीने की अवधि मात्र एक ही मौसम होता है। अर्थात् इनका जीवन

इतिहास बीज से बीज के बीच होता है। यानी बीज के अंकुरण से पौधा विकसित होता है तथा पुनः बीज आ जाने पर समाप्त हो जाता है। प्रतिकूल मौसम में ये पौधे बीज के अन्दर भ्रूण के रूप में रहते हैं तथा अनुकूल मौसम आने पर दुबारा जन्म ले लेते हैं।

वनस्पति तथा पादप समुदाय

किसी निर्धारित आवास व स्थान पर विकसित होने वाले पादपों के समूह या वर्ग को पादप परिवार या पादप समुदाय कहते हैं। ऐसे विकसित होने वाले पादपों की कई प्रमुख विशेषताएँ होती हैं जैसे–इसका निर्माण दो या दो से अधिक विभिन्न जातियों के पौधों से होता है, इसमें ऐसी जातियाँ सम्मिलित होती हैं जिनके सदस्य किसी खास आवास में एक साथ रहने एवं विकसित होने के लिये समर्थ होते हैं। किसी भी प्रदेश में पादप समुदायों के समूह को वनस्पति कहते हैं। अर्थात् किसी भी क्षेत्र में विभिन्न जातियों के पारिस्थितिक रूप से सम्बन्धित पौधों के समूह को उस क्षेत्र की वनस्पति कहते हैं। वनस्पति का स्वभाव अमुक आवास में उपस्थित विभिन्न जातियों पर निर्भर न होकर उन जातियों के तथा उनके सदस्यों की संख्या के सापेक्षिक समानुपात पर आधारित होता है। उदाहरण के लिये दो आवासों में समान जाति वाले पादप हो सकते हैं परन्तु उनके वनस्पति प्रारूप भिन्न–भिन्न होते हैं। इसी तरह दो आवासों की वनस्पति एक प्रकार की हो सकती है परन्तु उनके फ्लोरा विभिन्न हो सकते हैं, उदाहरण के लिये यदि दो आवास क्षेत्र हैं, दोनों में घास तथा साल वृक्ष है परन्तु प्रथम में घास की बहुलता है तथा साल दूर–दूर हैं जबकि दूसरे आवास में साल वृक्ष काफी घने हैं तो इस तरह प्रथम आवास की वनस्पति घास तथा दूसरे की साल वन होगी। भू–तल पर विद्यमान पादप तंत्र वर्तमान स्वरूप ऐतिहासिक विकास–क्रम का प्रतिफल है भू–तल पादप के ऐतिहासिक विकास की चर्चा के पूर्व विकास के प्रक्रमों तथा क्रियाओं का संक्षिप्त उल्लेख करना बहुत जरूरी है–

पादप विकास

'पादप विकास' का तात्पर्य है पौधों का उद्भव तथा उनकी समय के सन्दर्भ में वृद्धि। इस तरह का विकास (evolution) पादपों की ऐतिहासिक वृद्धि का सूचक है। पृथ्वी पर पादप जीवन (plant life, स्थलीय तथा जलीय दोनों) के ऐतिहासिक या समय के परिवेश में विकास की व्याख्या के पहले विकास के **प्रक्रमों** तथा क्रियाओं का सूक्ष्म वर्णन करना अति आवश्यक है जो निम्नलिखित हैं–

1. प्राकृतिक एवं कृत्रिम चयन–इस चयन का प्रभाव पौधों के विकास एवं उनके जीवन पर अत्यधिक पड़ता है किसी भी जाति के जनक द्वारा जो गुण विरासत में मिलते हैं उनमें से कुछ ऐसे होते हैं जो व्यक्तिगत सदस्य को उनके आवास के पर्यावरण को सहन करने तथा उसके अनुकूलन योग्य बना देते हैं,

जबकि कुछ सदस्यों में ये विशिष्ट गुण नहीं होते हैं। परिणामस्वरूप आवास के पर्यावरण के अनुकूलन योग्य विशिष्ट गुण वाले पादप उन पादपों को लुप्त कर देते हैं जिनमें ये विशिष्ट गुण नहीं होते हैं। इस प्रक्रिया को **प्राकृतिक चयन** कहा जाता है। **कृत्रिम चयन** मुख्य रूप से मानव द्वारा नये पर्यावरण के निर्माण के कारण होता है। उदाहरणस्वरूप मानव फसलों की उत्पादकता की वृद्धि के लिए क्रास परागण या **वर्णसकरंण** द्वारा नये बीजों का निर्माण करता है जिनमें रोगों तथा कीटों के आक्रमण से प्रतिरोध करने की अत्यधिक क्षमता होती है तथा कई तरह की मिट्टियों एवं जलवायु को सहन करने की सामर्थ्य होती है। इस प्रकार मानव अपनी जरूरतों को पूरा करने के लिए पौधों का स्वयं चुनाव करता है और अन्य पौधों को समाप्त कर देता है। इसी प्रक्रिया को कृत्रिम चुनाव का नाम दिया गया है।

2. **विषमता**–पौधों में अत्यधिक विषमताएँ पाई जाती हैं। किसी भी समुदाय के विविध सदस्यों में भी एकरूपता नहीं पाई जाती यहाँ तक कि एक ही जनक (parents) की सन्ततियों में भी **विषमता** होती है। प्रत्येक पादप अपने जनक के गुणों को विरासत के रूप में प्राप्त करता है तथा इन गुणों का उस पादप की वृद्धि में पर्याप्त प्रभाव पड़ता है। वृद्धि के समय इन गुणों में पर्यावरण के प्रभावों के कारण कुछ परिमार्जन हो जाता है। इस तरह अपने जनक से उनके गुणों को विरासत के रूप में प्राप्त करने को **आनुवांशिक रूप** कहते हैं तथा सन्तति के विरासत के प्राप्त गुणों में पर्यावरण के प्रभावों से जनित परिमार्जन को **व्यक्तगुणोपलक्षण** कहते हैं।

3. **पृथक्करण**–पौधों के विकास में **अलगाव** या **पृथक्करण** का पर्याप्त महत्त्व होता है। पादपों में यह अलगाव जनन से सम्बन्धित होता है। पृथक्करण की प्रक्रिया के दौरान विभिन्न सदस्यों के मध्य, जीन का आदान–प्रदान अवरुद्ध हो जाता है। यह पृथक्करण कई तरह के अवरोधों के द्वारा होता है। इस प्रक्रिया को प्रभावित करने वाले कारकों को दो वर्गों में रखा जाता है–

(i) **बाहरी तत्त्व**–ये पौधों के बाहर से कार्य करते हैं तथा विभिन्न जाति (species) के सदस्यों मे क्रास परागण को रोकते हैं। बाहरी कारकों के अन्तर्गत क्षेत्रीय या भौगेलिक पृथक्करण, पारिस्थितिक, पृथक्करण, मौसमी पृथक्कीकरण, यांत्रिक पृथक्करण प्रमुख होते हैं। **भौगोलिक पृथक्करण** मुख्य रूप से **दूरी कारक** या **दूरी अवरोध** द्वारा होता है। जब पादप एक दूसरे की तुलना में अत्यधिक दूरी पर होते हैं (यथा एक जाति के सदस्यों के बीच विस्तृत सागर, रेगिस्तान, पर्वत आदि होते हैं) तो **क्रास जनन** या **क्रास परागण** नहीं हो पाता है।

(ii) ये पौधों के आन्तरिक अंगों में कार्य का संचालन करते हैं ये कारक **क्रास–परागण** होने पर भी **वर्ण संकरण** को नियंत्रित करते हैं तथा **वर्ण संकरण** के कारण एक ही जाति के सदस्यों में **अन्तः जनन** न होने के कारण एक ही **जाति**

से कई **उप–जातियाँ** विकसित हो जाती हैं।

जातियों का विकास

पदप तंत्र के अन्तर्गत विकास विकरण प्रमुख रूप से **जननिक पुनः संयोग, प्राकृतिक चयन** तथा **पृथक्करण** की प्रक्रियाओं द्वारा होती है, परन्तु पृथक्करण द्वारा जनन होने से ही नयी जातियों की उत्पत्ति तथा विकास होता है। जिस प्रक्रिया के माध्यम से जातियों का सृजन होता है, उसे जाति उद्‌भव की संज्ञा प्रदान की जाती है। यह उद्‌भव **क्रमशः** एवं **अचानक** दो रूपों में होता है। क्रमशः या क्रमिक उद्‌भवन को **भौगेलिक उद्‌भवन** भी कहते हैं, जिनके अन्तर्गत किसी समांग पर्यावरण में आरम्भिक प्रजनन वाले पादपों का विकास होता है। धीरे–धीरे इनकी संख्या में वृद्धि होती है और परिणामस्वरूप इस पर्यावरण वाले सदस्य समीपी पर्यावरण वाले निवास अथवा आवास में प्रवेश कर जाते हैं, जहाँ वे पूर्व में विकसित पादपों के मध्य इन नवागन्तुक सदस्यों की **उपजनसंख्या** या उपसमूह विकसित होता है। इन सदस्यों के वरणात्मक प्रभावों के कारण **उपजाति** का विकास होता है। आगे चलकर दूरी के कारण इनका पृथक्करण हो जाता है अर्थात् इस उपजाति के सदस्यों का एक दूसरे से तथा अपने मौलिक (आरम्भिक) सदस्यों से अलगाव हो जाता है। इस तरह के वितरण को **विषमजाति वितरण** कहा जाता है इसके द्वारा नवीन जाति का जन्म होता है। इसका प्रमुख कारण यह है कि भौगेलिक रूप से अलग किये गये सदस्य आपस में प्रजनन नहीं कर पाते हैं।

इस नयी जाति के कुछ सदस्य आगे चलकर अपने मौलिक आवास में पहुँच जाते हैं जहाँ पर अब भी उनके आरम्भिक जनक मौजूद होते हैं। यद्यपि मौलिक सदस्यों तथा उस मौलिक आवास से प्रवासित एवं पुनः आवासित सदस्यों (जो अब नयी जाति के सदस्य हो गये हैं) में कुछ समता अब भी होती है (इस तरह के पौधों के वितरण को (sympatric वितरण कहते हैं) परन्तु **जननीय अवरोधों** के कारण ये आपस में नहीं मिल पाते हैं। परन्तु जब इनमें मौलिक जनक सदस्यों या भौगेलिक रूप से अलग किये गये सदस्यों में आपसी प्रजनन होता है तो संकरण के माध्यम से नवीन समुदायों या जातियों का विकास होता है।

समुदायों अथवा जातियों की उत्पत्ति से जुड़ा डार्विन का सिद्धान्त काफी महत्त्वपूर्ण है उनका सिद्धान्त जातियों के क्रमिक प्रगामी विकास की संकल्पना से सम्बन्धित है। **डार्विन** ने अपने सिद्धान्त का प्रस्तुतीकरण सर्वप्रथम एक शोधपत्र के रूप में 1 जुलाई, 1958 को लन्दन में Linean Society की सभा में किया। ज्ञातव्य है कि **डार्विन** तथा **अल्फ्रेड रसेल वैलास** ने इस विषय पर साथ–साथ अपने शोध पत्रों को प्रस्तुत किया था। डार्विन ने **प्राकृतिक चयन** तथा **योग्यतम की उत्तरजीविता** द्वारा जातियों का उद्‌भव तथा विकास बताया है। डार्विन के सिद्धान्त के कुछ प्रमुख पक्ष है, जिन्हें निम्नलिखित पंक्तियों में स्पष्ट किया जा सकता है–

(i) एक जाति के कुछ सदस्यों में कुछ ऐसे खास या विशिष्ट गुण होते हैं जो उन्हें जीवन के संघर्ष में विभिन्न परिस्थितियों का मुकाबला करने तथा उन्हें सहन करने के लिए अधिक समर्थ तथा सक्षम बना देते हैं।

(ii) किसी भी जाति के सदस्यों (individuals) में विषमता होती है। यद्यपि यह विषमता कम ही होती है, परन्तु उसका अधिकाधिक महत्व होता है।

(iii) इसी तरह यदि जनक द्वारा अपनी सन्ततियों में प्रतिकूल गुणों का स्थानान्तरण होता है तो ऐसे जीव अपनी ही जाति के विशिष्ट अनुकूल गुणों वाले जीव की तुलना में कमजोर हो जाता है तथा अस्तित्व या जीवन के संघर्ष में पिछड़ जाता है और अन्ततः समाप्त हो जाता है।

(vi) इन विशिष्ट गुणों का जब जनक द्वारा उसकी सन्ततियों में स्थानान्तरण होता है तो आने वाले क्रमिक पीढ़ियों में अस्तित्व के संघर्ष के लिए श्रेष्ठत्व (superiority) आ जाता है जिस कारण जीव **आवास** विशेष के अन्य जीवों की तुलना में अत्यधिक समर्थ तथा सबल हो जाते हैं।

(v) इस तरह किसी जीव में अतिरिक्त अनुकूल विशिष्ट गुण उसे उत्तरजीविता (survival) तथा जनन के अच्छे एवं अनुकूल अवसर प्रदान करते हैं।

(iv) इस तरह जीवन के संघर्ष में विजेता (winner) **विकास** (evolution) का प्रतीक होता है तथा पराजित (loser) **विलोप** (extinction) का सूचक होता है।

समुदाय अथवा जातियों के विकास की विविध प्रणालियों के माध्यम से पादप तंत्र का किसी महत्त्वपूर्ण एवं विशिष्ट स्थल पर विकास होता है। पादप–विकास की प्रथम कड़ी **जाति** होती है। इन जातियों से उच्च श्रेणी के पौधों का विकास होता है। जातियों के अलगाव द्वारा **वंश** का निर्माण होता है। **अनुकूलन चयन पृथक्करण** तथा **गुण परिवर्तन** द्वारा परिवार का निर्माण होता है जिसमें कई वंश होते हैं और इसी तरह **कोटि**, **वर्ग**, **संघ** का निर्माण होता है तथा कई **संघ** मिलकर **पादप–जगत** बनाते हैं।

पृथ्वी के पादप–आवरण के विकास का इतिहास

किसी क्षेत्र विशेष में विभिन्न प्रकार की जातियों का उद्‌भव एवं विकास वहां के पर्यावरण की विशिष्टओं पर निर्भर करता है सदियों से उनके विकास का अनेक वनस्पति समुदाय के ऐतिहासिक विकास का अध्ययन अवसादी शैलों में स्थित वनस्पतियों के अवशेषों (fossils) के विश्लेषण तथा उनकी व्याख्या के आधार पर किया जाता है। अतः यह विषय **पुरावनस्पतिशास्त्र** के अन्तर्गत आता है। शैलों में स्थित वनस्पतियों के प्राचीन अवशेषों की खोज, उनकी पहचान, व्याख्या तथा उनका भूगर्भिक रचनाकाल के साथ समय सहसम्बन्ध का निर्धारण करना कोई सरल कार्य

नहीं है तथा शुद्ध व्याख्या की भी सम्भावना होती है। (इन पहलुओं का विवेचन, स्थानाभाव तथा प्रस्तुत विषय को विद्यार्थियों (खासकर भूगोल) के दृष्टिकोण से अबोधगम्य न बनाने के लिए, यहाँ पर नहीं किया जा रहा है) संक्षेप में यह व्यक्त किया जा सकता है कि शैलों में जीवों के अवशेषों (वनस्पति तथा प्राणी दोनों के) के अभिलेखों के आधार पर जीवों के विकासीय परिवर्तन की व्याख्या करने वाले पुराप्राणिशास्त्रियों को निम्न दो स्कूलों (schools) में बांटा जा सकता हैं ये दो स्कूल निम्नलिखित हैं–

1. संघीय अनुक्रमवाद–इस दृष्टिकोण के आधार पर पादप तंत्र की समस्त वर्गों या समुदायों की उत्पत्ति एवं विकास साथ–साथ क्रमशः क्रमिक रूप से मन्द गति से दीर्घकाल में होता है। यद्यपि कुछ का विकास अन्य की तुलना में तेजी से हो जाता है। इसे **क्रमिक उद्‌भवन** या **भौगेलिक उद्‌भवन** कहा जा सकता है।

2. सविराम समस्थिति–जीव जगत समस्थिति में होता है परन्तु समय–समय पर इस स्थिति में व्यवधान हो जाते हैं तथा दो स्थिर कालों के मध्य ऐसा लघु समय होता है जिस समय अचानक घटनायें (प्रलय) होने लगती हैं तथा जीवों का उद्‌भव एवं विकास अचानक होने लगता है। इसे **त्वरित** या **अचानक उद्‌भवन** कहा जाता है।

शैलों में पाये जाने वाले जीवावशेषों के आधार पर D.V.Ager (1976) का कहना है कि जीवावशेषों के अभिलेख क्रमिक विकास को इंगित नहीं करते हैं, बल्कि **खण्डकालिक घटना** के सूचक है।

भू–तल पर पौधों के उद्‌गमन एवं विकास विश्लेषण के भौमिकीय इतिहास के अनेक समयों की पृष्टि भूमि में होता है। जिसे निम्नलिखित पंक्तियों द्वारा समझा जा सकता है–

1. पर पोषित जन्तुओं व जीवों के आधार पर कुछ ऐसे प्राणियों या जीवों का उद्‌भव हुआ जो अपना आहार अपने आप तैयार कर सकते थे। बैक्टीरिया पादपों द्वारा जैविक विधि से ऑक्सीजन का निर्माण हुआ जिसके वायुमण्डल में विसरण के कारण अन्य जीवों का विकास भी सम्भव होने लगा। वायुमण्डल में ऑक्सीजन के सान्द्रण के फलस्वरूप **ओजोन मंडल** का निर्माण और अधिक विस्ताण हुआ जिस कारण प्रवेशी सौर्यिक विकिरण की पराबैंगनी किरणों का ओजोन गैस द्वारा अधिकाधिक अवशोषण होने से भू–तल का तापमान नियन्त्रित हो गया। फलस्वरूप भू–तल कई प्रकार के जीवों के रहने योग्य हो गया तथा ऑक्सीजन सेवी जीवों का विकास **ऑक्सीजन श्वसन** द्वारा सम्भव हो गया, जिस कारण बहुकोशिकीय पौधों तथा प्राणियों का जटिल रूप विकसित हो गया। आज से लगभग 600 मिलियन वर्ष पूर्व प्रथम बहुकोशिकीय जन्तु (स्पंज–शरीर पर छिद्र वाले जल में रहने वाले जलशोषक जीव, मूँगा, कृमि तथा रीढ़ वाले जन्तुओं के पूर्वज) का उद्‌भव हुआ।

2. भू–तल पर जीवों का ऐतिहासिक विकास **पूर्वकैम्ब्रियन** युग से शुरू होता है जबकि जलीय भागों में एक कोशिका वाले सूक्ष्मस्तरीय जन्तु का उद्‌गम हुआ ये ऑक्सीजन का न उपयोग करने वाले **परपोषित** जीव थे। ज्ञातव्य है कि प्रारम्भ में **प्रकाशसंश्लेषण** द्वारा आहार निर्मित करने वाले **स्वपोषित** तथा **प्राथमिक उत्पादक** जीवों का विकास नहीं हुआ था। तथा मौलिक परपोषित जीवों का आहार–पोषण अजैविक विधि से उत्पन्न कॉर्बनिक पदार्थों द्वारा होता था। उस समय तक ऑक्सीजन की उत्पत्ति भी नहीं हुई थी। इनका पोषक तरल आहार रूप में होता था जिनका सेवन ये बिना ऑक्सीजन के कर लेते थे। प्रारम्भ में अजैविक विधि से कॉर्बनिक आहार के निर्माण के विषय में सामान्य मत यह है कि कई साधारण तत्वों यथा मीथेन, अमोनिया, जलवाष्प के मिश्रण से पराबैगनी विकिरण या विद्युतीय विसर्जन द्वारा कई तरह के कॉर्बनिक यौगिकों का निर्माण हुआ होगा।

3. **डिवोनियन** युग के अन्तिम अवस्था में पेड़ की भांति प्रारंभिक पौधों का उद्‌भव हुआ (स्थलों पर) यथा प्रशाखी (शाखा वाले) लाइकोपाड्‌स (lycopods) तथा ऊँचे horsetails । आगे चलकर इनका विलोप हो गया। इन वृक्षों के साथ छिपे बीजाणुओं द्वारा जनन करने वाले फर्न के समान वृक्ष तथा पत्ती के समान सरंचना वाले वन वृक्षों (इनसे आगे चलकर आधुनिक कोंणाधारी वृक्षों का उद्‌भव हुआ है) का विकास हुआ तथा वनस्पति समुदाय का रूपान्तरण वनों के रूप में हो गया।

4. जैसा कि पूर्व में स्पष्ट किया जा चुका है कि पादप तथा जीवों का प्रारंभिक उद्‌विकास जल में हुआ जहाँ से इन जीवों का पलायन स्थलीय क्षेत्रों में हुआ। सबसे पहले पृथ्वी पर हरित पौधों का उद्‌गमन तथा उनका औपनिवेषीकरण (colonization) अन्तिम **सिल्यूरियन** तथा **डिवोनियन** युग में प्रारम्भ हुआ। उस समय स्थलों पर शुष्क पर्यावरण था। जलीय लाल एवं भूरे रंग की शैवालों से विकसित हुए ये हरे पौधे ऐसी विशेषता वाले थे। वे शुष्क पर्यावरण के साथ अपने को समायोजित करके स्थलों पर रह सकते थे। इस तरह के आरम्भिक स्थलीय पौधों में Rhynia तथा Cooksonia प्रथम पादप बताया जाता है। ये आरम्भिक पौधे सवंहनीय तंत्र (vascular System ; तरल पदार्थों का पौधे के एक भाग से दूसरे भाग में गमन) वाले थे तथा इनकी संरचना जाइलम (xylem रसवाहिनी), छाल (cuticle),तना सदृश हरी शिरायें, रंध्र (stomata), बीजाणु कोष (sporangia) आदि अंगों द्वारा हुई मानी जाती है।

5. **मेसोजोइक कल्प** ट्रियासिक, जुरैसिक तथा क्रिटैसियस इन तीनों युगों का मिश्रित रूप मेसोजोइक कल्पयुग बनाया गया है। इस युग के दौरान पृथ्वी पर जलवायु तथा वनस्पति एवं प्राणि जीवन में बड़े पैमाने पर परिवर्तन हुआ जिसका प्रमुख कारण लारेशिया (अंगारालैंड) तथा गोण्डवानालैंड का विखंडन (breaking) एवं विभिन्न दिशाओं में प्रवाह का होना था। मेसोजोइक कल्प के प्रथम चरण अर्थात्

टियासिक युग में अधिकांश क्षेत्रों पर शुष्क जलवायु का प्रभाव था और पर्मियन युग की अधिकांश वनस्पतियों (वनों के रूप में) के स्थान पर शुष्क जलवायु वाली विरल वनस्पतियों का विकास हो गया। कई पादपों तथा प्राणियों का (कार्बानिफेरस तथा पर्मियन युगों की) **विलोप** (extinction) हो गया परन्तु अब भी **डाइनासोर** (दीर्घकाल धरातल पर रेंगने वाला जानवर) बचा रहा है क्योंकि उसे भोजन देने वाले कुछ पादप बचे रहे क्योंकि इन्होंने नये पर्यावरण (शुष्क जलवायु) के साथ अनुकूलन करके अपने को समायोजित कर लिया था। जुरैसिक तथा क्रीटैसियम युगों में (जबकि अंगारालैण्ड तथा गोण्डवानालैंड के टूटे हुए भागों का विस्थापन एवं प्रवाह हो रहा था) जलवायु तथा वृहत् क्षेत्रों पर आर्द्र उपोष्ण कटिबन्धीय जलवायु का विस्तार होने से सदाबहार वनों का विकास हुआ जिनमें प्रमुख थे–conifers (कोणाधारी वृक्ष), ginkgos तथा cycads, इस समय डाइनासोर के दो समूहों की स्थिति थी–(i) शाकाहारी डाइनासोर और (ii) मांसाहारी डाइनासोर

6. **क्रीटैसियस** युग के दौरान भू–स्थल पर विद्यमान पौधों में प्रथम पुष्पी पौधों की उत्पत्ति एवं विकास की वजह से व्यापक स्तर पर बदलाव आया। इन पुष्पी पौधों का विकास इतनी तीव्र गति से हुआ कि शीघ्र ही इनका घने जंगलों के रूप में विस्तारण हो गया जिस कारण प्रारम्भिक जातियाँ तथा उनके सदस्यों की संख्या पुष्पी पौधों की तुलना में निहायत कम हो गयी। पुष्पी पौधे सर्वाधिक समर्थ तथा सबल हो गये। इन पुष्पी पौधों में प्रमुख थे–ओक, पोपलर, sycamore, मैपिल, तथा आधुनिक उष्ण कटिबन्धीय जातियों के समान पौधे आदि)। इन उच्च तथा वृहदाकार वृक्षों के नीचे छोटे पौधों तथा झाड़ियों का विकास हुआ और इनके नीचे अर्थात् धरातल के पास शाकीय पौधों का विकास हुआ। स्पष्ट है कि पुष्पी पादपों के उद्भव एवं विकास के साथ ही वनस्पति समुदाय में सुनिश्चित लम्बवत स्तरीकरण हो गया। पुष्पी पौधों के इस त्वरित विकास एवं उनके अन्य पादपों पर प्रभुत्व के लिए पुरावनस्पतिशास्त्रियों द्वारा निम्न कारण दिये गये हैं–

(i) इन पुष्पी पौधों में कई स्तरीय (लम्बवत्, जैसा कि ऊपर व्यक्त किया गया है) समुदायों की रचना करने की क्षमता का होना।

(ii) क्रीटैसियमश युग में यद्यपि पर्वतीकरण, स्थलीय भागों के सीमान्त क्षेत्र पर सागरीय प्रसार, जलवायु परिवर्तनों आदि के कारण विभिन्न पर्यावरण वाले आवासों (habitats) का निर्माण हुआ, परन्तु पुष्पी पौधों में नये पर्यावरण के साथ अनुकूलन (adaptation) एवं समायोजन करने की पर्याप्त क्षमता थी जिस कारण उन्होंने शीघ्र ही विभिन्न पर्यावरण वाले आवासों में अपने को समायोजित (adjust) कर लिया।

(iii) पुष्पी पौधों तथा कीटों का विकास आपसी सहयोग से हुआ। परिणामस्वरूप कीटों द्वारा **क्रासपरागण** होने से पुष्पी पौधों में तीव्र गति से विस्तार हुआ।

इस क्रासपरागण के कारण पौधों में आनुवांशिक तथा पारिस्थितिक विविधता होने से नयी जातियों का भी उद्भव हुआ।

7. **कार्बानिफरस** युग तक समस्त महाद्वीप एक भू–क्षेत्र के रूप में एक दूसरे से जुड़े थे। जिसे पैंजिया या सुपर महाद्वीप कहा गया है। **पैंजिया** के विभजन के समय के विषय में पर्याप्त मतभेद है। अधिकांश लोगों के अनुसार पैंजिया का विभाजन **जुरैसिक** युग से प्रारम्भ होता है, जबकि कुछ लोग इसका विभाजन **कार्बानिफरस** युग से ही मानते हैं। इतना तो निश्चित ही है कि पौधों तथा प्राणियों के विकास तथा वितरण पर **महाद्वीपीय विस्थापन** या **प्रवाह** का पर्याप्त प्रभाव पड़ा है। महाद्वीपीय विस्थापन का **प्लेट विवर्तनिकी** के आधार पर सत्यापन हो गया है।

यदि कार्बानिफरस से पैंजिया का विभाजन माना जाये तो सर्वप्रथम इसका दो भागों में विखण्डन हुआ। उत्तरी भाग को लारेशिया या अंगारालैण्ड (उत्तरी अमेरिका तथा यूरेशिया) तथा दक्षिणी भाग को गोण्डवानालैण्ड (दक्षिणी अमेरिका, अफ्रीका, अण्टार्कटिका, मालागासी, भारत तथा आस्ट्रेलिया का सम्मिलित रूप) कहा जाता है। कार्बानिफरस युग में लारेशिया पर शाखाओं वाले ऊँचे वृक्षों का घना जंगल विकसित हो गया था। इन वनस्पतियों (वृहदाकार क्लब मॉस–Lepidodendrum, Sigillaria, 30 मीटर से अधिक ऊँचाई वाले शंकुधारी पौधे–वृहदाकार horsetail पौधे आदि) का उद्भव तथा विकास दलदली आवास में हुआ माना जाता है। ये वनस्पतियाँ अवसादों के नीचे दबती गयी तथा ऊपर स्थित अवसादीय भार के कारण सम्पीड़ित होकर कोयले में बदल गयी। यूरोप तथा उत्तरी अमेरिका के अधिकांश कोयले का निर्माण **कार्बानिफरस** युग के अन्तिम चरण तथा **पर्मियन** युग में हुआ। इस दौरान निम्नलिखित तीन प्रजाति की वनस्पतियों की उत्पत्ति हुई।

(i) लारेशिया के पश्चिमी भाग (वर्तमान पूर्वी अमेरिका, पूर्वी तथा पश्चिमी यूरोप) में Eumerican Flora,

(ii) द. पू. अंगारालैण्ड (आधुनिक चीन, द. पू. एशिया) में Cathysian flora.

(iii) वर्तमान साइबेरिया में Angara flora

पूर्व में स्पष्ट किया जा चुका है कि इस युग के शुरूआती दौर में **गोण्डवानालैण्ड** पर भी **लारेशिया** के समान ही वनस्पति का विकास हुआ था, परन्तु कार्बानिफरस के अन्तिम चरण में वृहदस्तरीय जलवायु परिवर्तन के कारण इस भाग का **हिमानीकरण** हो गया तथा बाद में हिम के पिघलने के बाद शीत तथा शीतोष्ण आर्द्र जलवायु का सुत्रपात हुआ। इस समय गोण्डवानालैंड के वृहद् क्षेत्रों पर Glossopteris flora का विकास हुआ जिसके जीवावशेष आज भी द. अमेरिकी, अफ्रीका, मालागासी (मैडागास्कर), भारत आदि में पाये जाते हैं।

विभिन्न विद्वानों में पुष्पीय पौधों की उत्पत्ति स्थल या क्षेत्र के सन्दर्भ में एक जैसी अवधरणाएं नहीं मानते अधिकांश लोग इनका मूल उद्भव स्थान गोण्डवानालैंड

के पश्चिमी भाग को मानते हैं जहाँ से पुष्पी पौधों का विसरण विभिन्न क्षेत्रें में हुआ। पूर्व में स्पष्ट किया जा चुका है कि क्रीटैसियम युग में **डाइनासोर की चरम सीमा तक वृद्धि तथा विकास** हुआ। टर्शिटरी युग में वृहद्स्तरीय पर्वतीकरण (अल्पाइन पर्वतों–यथा रॉकीज, आल्प्स, एण्डीज, हिमालय आदि) तथा तत्सम्बन्धी जलवायु में परिवर्तन, **क्वाटरनरी युग** में उत्तरी अमेरिका तथा यूरेशिया के अधिकांश भागों का (प्लीस्टोसीन हिमकाल) हिमानीकरण, हिमकालों एवं अन्तर्हिमकालों के कारण जलवायु में बार–बार परिवर्तन, सागर–तल में उतार तथा चढ़ाव के कारण वनस्पतियों के प्रारूप एवं उनके जीवन–रूप (life form) पर बड़े पैमाने पर प्रभाव पड़ा है।

वनस्पतियों का वितरण

भू–तल पर पौधों के वितरण में अत्यधिक विषमताएँ पाई जाती हैं। भूमध्य रेखा से ध्रुवों तक तथा सागर–तल से उच्च पर्वतों तक पादपों के वितरण में कटिबन्धीय या मण्डलीय प्रारूप पाया जाता है। पादपों के वितरण पर **जलवायु कारकों** (तापमान, प्रकाश, आर्द्रता, मृदा में नमी आदि); **मृदा सम्बन्धी कारक** (edaphic factors मृदा में पोषक तत्वों की स्थिति, मृदा–गठन, मृदा–संरचना, उसकी अम्लता तथा क्षारीय गुण आदि); जैविक कारक (आवास विशेष में जीवित जीवों का खासकर प्राणी तथा मानव का पौधों पर प्रभाव, पादपों एवं प्राणियों में अन्तर्सम्बन्ध यथा–प्राकृतिक चयन, प्रतिस्पर्धा, परस्पर सहयोगवाद, सहभोजिता, परजीविता (paraticism) आदि); भौतिक कारक (उच्चावच, ढाल–कोण तथा ढाल–पहलू slope aspect, धरातली संरचना आदि); भूगतिक कारक (महाद्वीपीय विस्थापन तथा प्रवाह, प्लेट संचलन); अग्नि कारक (वनाग्नि–forest fire—मानव द्वारा सोद्देश्य वनों का जलाना, मानव द्वारा अनजाने में वन में आग लगना तथा प्राकृतिक वनाग्नि); पादपों का विसरण तथा प्रकीर्णन एवं मानव हस्तक्षेप आदि का महती प्रभाव होता है।

संसार में वनस्पतियों या पौधों के वितरण या पौधों के वितरण का विश्लेषण विभिन्न स्वरूपों में किया जा सकता है। जिनका विवरण इस प्रकार है–

स्थलीय वनस्पतियों का वितरण

जीवमण्डल में वनस्पति का अध्ययन दो रूपों में किया जाता है–

1. पादपों के किसी विशेष जाति का विश्वस्तरीय वितरण–जिसके अन्तर्गत पादपों के वितरण के प्रतिरूपों तथा उनके वैषम्य का अध्ययन जलवायु विभिन्नताओं, पादपों के **विसरण** तथा **प्रवास** तथा महाद्वीपों के विस्थापन एवं प्रवाह के सन्दर्भ में किया जाता है।

2. वनस्पतियों का अध्ययन पारिस्थितिक तंत्र के सन्दर्भ में किया जाता है, जिसके अन्तर्गत समान पर्यावरण वाले विभिन्न **आवासों** में पादपों की समस्त जातियों (जो वहाँ मौजूद होती हैं) का सामूहिक अध्ययन करते हैं। भूगोल में

वनस्पतियों का वितरण भौगोलिक प्रदेशों एवं जलवायु प्रदेशों के सन्दर्भ में किया जाता है।

क्रीटैसियस युग से **पुष्पी पौधों** का प्रादुर्भाव, विकास तथा भूमण्डल के विभिन्न भागों में विसरण तथा प्रवास होने से उनके अलग–अलग समूहों का विकास हुआ है। इस तरह के विशेष प्रकार के आवासों (समान पर्यावरण वाले) में वनस्पति समूहों में वृहद्स्तरीय रूपों को **वानस्पतिक जगत** कहते हैं। प्रत्येक वनस्पतीय जगत में भी प्रादेशिक स्तर पर कुछ विभिन्नतायें अवश्य होती हैं, अतः प्रत्येक **वनस्पतीय जगत** को लघु क्षेत्रीय **वनस्पतीय प्रान्तों** या **वनस्पतीय प्रदेशों** में विभक्त किया जाता है।

जैसाकि पूर्व में उल्लेख किया गया है कि समस्त पादप जगत में विभिन्न प्रकार के पादपों अथवा पौधों को सम्मिलित किया जाता है। वृक्ष घास, इसके प्रमुख उदाहरण है। इस प्रकार वनस्पतीय प्रदेश को 'Formation' भी कहते हैं। किसी भी पारिस्थितिक तंत्र में या **आवास** में पौधों तथा प्राणियों के सम्मिलित रूप को **जीवोम** या **बायोम** कहते हैं। **भूमण्डल** के वनस्पतीय प्रदेशों का विकास मुख्य रूप से टर्शियरी युग में हुआ परन्तु **क्वाटरनरी युग** में हुए जलवायु परिवर्तनों के कारण इन वनस्पतीय प्रदेशों में भी परिमार्जन तथा परिवर्तन हुए। ज्ञातव्य है कि पादपों की कुछ जातियों का ही विश्वव्यापी वितरण सम्भव हो पाया है जबकि अधिकांश जातियाँ कुछ निश्चित स्थानों में ही सीमित हैं। अतः जातियों के व्यापक वितरण के आधार पर सम्पूर्ण संसार को छः प्रमुख स्थलीय पौधों या वनस्पति तन्त्र में विभाजित किया गया है जिनका विवरण इस प्रकार है–

1. **केप पादप जगत**–अफ्रीका महाद्वीप के दक्षिणी भू–भाग में इस पादप मण्डल का विस्तार है।। इस क्षेत्र में शल्क कन्द वाले पौधे अत्यधिक मात्र में पाए जाते हैं (ऐसे पौधों की जड़ों में मृदा के नीचे बल्ब या कन्द का जनन होता है, जिनसे नये पौधों का जनन होता है, जैसे कन्दमूल आदि)। इस तरह के पौधे वाटिका के पुष्पी पौधे होते हैं तथा Lobelia, Kniphogia, Erica Freesia आदि जातियाँ हैं। ज्ञातव्य है कि इस क्षेत्र के यूरोपीय लोगों द्वारा औपनिवेशिकरण के बाद इन पुष्पी जातियों के पौधों को विश्व के अधिकांश देशों की वाटिकाओं में फूलों के लिए ले जाया जाता है। यद्यपि इन **वाटिका पुष्पी पौधों** का अन्यत्र विसरण एवं वितरण हुआ है परन्तु अपने मूल स्थान में ही इनकी संख्या तथा क्षेत्र में ह्रास हो रहा है क्योंकि इन्हें हटाकर कृषि के अन्तर्गत भूमि का क्षेत्र बढ़ाया जा रहा है। जिन क्षेत्रों में अभी तक कृषि का प्रसार नहीं हुआ है वहाँ पर Sclerophyllous झाड़ियाँ पायी जाती है जिनकी ऊँचाई एक मीटर से कई मीटर तक होती है। इनके नीचे **शाकीय झाड़ियाँ** होती हैं। ज्ञातव्य है कि इन वनस्पतियों के विकास के पहले यहाँ पर सदाबहार **शीतोष्ण कटिबन्धीय** वन थे, परन्तु यूरोपीय लोगों ने

इन मौलिक वनों को साफ कर दिया तथा बाद में उक्त झाड़ियों का विकास हुआ।

2. **अण्टार्कटिक पादप जगत**–इसका विस्तार एक पतली मेखला में अण्टार्कटिका महाद्वीप के उत्तर में दक्षिण अमेरिका के पैटागोनिया तथा दक्षिणी **चिली** से **न्यूजीलैंड** तक पाया जाता है। इस जगत का सर्वप्रथम पौधा Nothofagus (दक्षिणी बीच) है। न्यूजीलैंड में देशीय शीतोष्ण घासों में (आज से लगभग 100 मिलियन वर्ष पूर्व) ऐसी जातियाँ विकसित थी जो गुच्छेदार होती थी जिनके साथ **नरकुल** तथा **द्विबीजपत्री** झाड़ियाँ भी थी। परन्तु यूरोपीय लोगों के आगमन के साथ ही इनमें पर्याप्त परिमार्जन हुआ है। इन परिमार्जित तथा रूपान्तरित घासों में आज भी दो प्रमुख प्रकार के क्षेत्र पाये जाते हैं–(i) लघु तृणगुच्छ घास क्षेत्र जिनमें festuca तथा poa प्रमुख जातियाँ हैं। इनकी ऊँचाई 0.5 मीटर तथा रंग पीला–भूरा होता है, (ii) उच्च तृणगुच्छ घास क्षेत्र में प्रमुख जाति chiomechloa है। न्यूजीलैंड के गर्म शीतोष्ण भागों में वनों में अनावृत्तबीजी तथा आवृत्तबीजी वृझों की अधिकता है अनावृत्तबीजी में कोणाधारी **परिवार** (family) में प्रमुख हैं–Podcarpaceae, Cupressaceae तथा Araucariaceae। आवृत्तबीजी समूह में पुष्पी पौधे आते हैं जिनमें प्रमुख हैं–Nothofagus। न्यूजीलैड के उपोष्ण कटिबन्धीय वन सदाबहार प्रकार के हैं जिनमें ऊँचे–ऊँचे वृझ घने आवरण के रूप में पाये जाते हैं। न्यूजीलैंड में मानव क्रिया–कलापों तथा यूरोप से लाये गये स्तनधारी पशुओं की वजह से वनस्पति तंत्र में बड़े पैमाने में परिवर्तन हो गया है।

3. **आस्ट्रेलियन पादप जगत**–इसके अन्तर्गत समस्त आस्ट्रेलिया महाद्वीप आता है तथा यहाँ पर विशिष्ट प्रकार के पौधे पाये जाते हैं जिनमें सर्वाधिक महत्त्वपूर्ण युकेलिप्टस है, जिसकी संख्या आस्ट्रेलिया के सम्पूर्ण वृझों का 75 प्रतिशत है। यहाँ पर युकेलिप्टस की 600 जातियाँ पायी जाती हैं। इनमें पर्याप्त विषमता पायी जाती है। ऊँचे तथा वृहदाकार व छायादार वृझों से लेकर युकेलिप्टस तथा मरुस्थलीय **बौने** वृझों तक होते हैं। युकेलिप्टस को **मिमोसा** का सम्बन्धी बताया जाता है जिसकी कुछ जातियाँ आज भी द. अमेरिका में पायी जाती है। आस्ट्रेलिया से युकेलिप्टस का मनुष्य ने प्रायः प्रत्येक महाद्वीप में **विसरण**, किया है। भारत के प्रायः प्रत्येक प्रान्त में युकेलिप्टस के वृझ (मुख्य रूप से सड़कों तथा रेल लाइन के किनारे–किनारे) लगाये गये हैं तथा रेल विस्तार (मानव द्वारा) तीव्र गति से किया जा रहा है। महाद्वीपीय प्रवाह के कारण आस्ट्रेलिया के **पृथक्करण** के फलस्वरूप यहाँ पर विशेष **क्षेत्री वनस्पति** का विकास हुआ है।

4. **पुरा उष्णकटिबन्धीय जगत**–इस जगत में दक्षिण एशिया, दक्षिण पूर्वी एशिया, दक्षिण पश्चिम एशिया, चीन तथा अफ्रीका का अधिकांश भाग शामिल है इस वृहद् जगत को तीन प्रमुख उपजगत में विभक्त किया जाता है–अफ्रीका, उपजगत, भारत–मलाया उपजगत तथा पोलीनेसियन उपजगत तथा इन उपजगत को पुनः कई प्रदेशों में विभक्त किया जाता है। कुछ ऐसे पौधे हैं जो सभी प्रदेशों में पाये जाते हैं।

5. **नवीन अयनवर्तीय जगत**—इस जगत में दक्षिणी अमेरिका का दक्षिणी भाग को छोड़कर बाकी समस्त दक्षिणी अमेरिका को सम्मिलित किया गया है। **पुरायनवृत्तीय जगत** के वनस्पति प्रदेशों के कई वंश उभय रूप में मिलते हैं। प्रारम्भ में जबकि गोण्डवानालैंड के सभी सदस्य आपस में संलग्न थे **क्रीटैसियस युग** में उष्ण कटिबन्धीय पुष्पी पौधों का विकास गोण्डवानालैंड के अधिकांश भागों में हुआ। बाद में गोण्डवानालैंड के विभाजन तथा द. अमेरिका के पश्चिमी की ओर प्रवाह तथा अटलांटिक महासागर के **सागर–नितल प्रसरण** के फलस्वरूप विस्तार के कारण इसका गोण्डवानालैंड के अन्य सदस्यों से सम्बन्ध–विच्छेद हो गया जिस कारण (पृथक्करण isolation) द. अमेरिका तथा अफ्रीका की वनस्पतियों में अन्तर आ गया।

6. **उत्तरी पादप जगत**—इस जगत में यूरोप, उत्तरी एशिया, आर्कटिक, ग्रीनलैण्ड उत्तरी अमेरिका आदि को शामिल किया गया है। यह **वनस्पति जगत** में सर्वाधिक विस्तृत है। इसके अन्तर्गत कई उप–जगत तथा प्रदेशों का निर्धारण किया गया है यथा–रूस सागरीय प्रदेश, रॉकी पर्वतीय प्रदेश, अटलांटिक उत्तरी अमेरिकी प्रदेश, आर्कटिक तथा उप–आर्कटिक प्रदेश, यूरोसाइबेरियन प्रदेश आदि। इन उप–जगत तथा वनस्पति प्रदेशों का एक दूसरे से अलगाव महासागर, पर्वत, मरुस्थलीय अवरोधों द्वारा हुआ है।

सागरीय पौधों का वितरण

सागर वनस्पतियों का प्राथमिक उद्‌भव–स्थल है यहीं पौधे उद्‌भुत होकर स्थलीय भागों की ओर विस्तृत हुए। अतः इन पौधों को में बांटा जा सकता हैं–

(i) स्थलीय आवास

(ii) जलीय आवास

जलीय आवास को पुनः दो वृहद आवासों में विभक्त किया जाता है (i) **सागरीय आवास** तथा (ii) **अवलवणीय जलीय आवास** या स्थलस्थित जलीय भाग यथा नदी जिसमें जल सतत गतिशील रहता है एवं झील, तालाब, जलभण्डार जिनमें अपेक्षाकृत जल स्थिर रहता है)। सागरीय आवास को पुनः दो भागों में बांटा गया है जिसमें सागर की तली (sea bed) को ही सम्मिलित किया जाता है। सागरीय भागों में पादपों की स्थलीय पादपों की तुलना में बहुत कम प्रजातियाँ होती है। सागरीय पादप–जगत का निर्माण मुख्य रूप से **सूक्ष्मदर्शी फाइटोलैप्कटन** तथा छिछले भागों की तली में रहने वाले शैवाल (algae) से हुआ है। सागरीय पादपों में प्रायः समरूपता का मुख्य कारण यह है कि स्थलीय भागों की तरह इनमें **अवरोध** नहीं होते हैं, अपितु इनमें सागरीय गतियों के कारण पादपों में मुक्त मिश्रण होता रहता है तथा स्थलीय भागों की तरह तापमान में विषमता भी अधिक नहीं होती है। सागरीय पादपों में तली में रहने वाले तथा जल पर तैरने वाले

पादपों में ही सर्वाधिक विषमता होती है। सागरीय पौधों को सागरीय तापमान की दृष्टि से प्रमुख दो वर्गों में वर्गीकृत किया गया है–

(i) गर्म जल वाले पादप तथा

(ii) शीतल जल वाले पादप।

सागरीय पादपों की सर्वाधिक जातियाँ (species) तथा वंश (genera) उष्ण कटिबन्धींय भाग के गर्म जलमंडल में पाये जाते हैं। इस प्रदेश को चार समूहों में बांटा गया है जो निम्नवत हैं–

(i) पश्चिमी

(ii) पूर्वी प्रशान्त महासागरीय अनवर्ती भाग।

(iii) अटलाण्टिक अयनवर्ती भाग,

(iv) हिन्द महासागरीय अयनवर्ती भाग,

पादपों के सर्वाधिक प्रकार हिन्द–प. प्रशान्त महासागरीय मंडल के जलमग्न तटीय क्षेत्रों में परिलाक्षित होते हैं।

9

जन्तु तन्त्र

वर्तमान युग में प्रकृति की आन्तरिक एवं बाह्य स्वरूप काफी जटिल एवं आश्चर्यों से भरा पड़ा हुआ है। विभिन्न प्रकार की नैसर्गिक घटनाएं घटित होती रहती है, जिनका प्रभाव समस्त जीवजगत एवं वनस्पति जगत पर पड़ता है प्राकृतिक वर्तमान स्वरूप जिनमें जैविक व अजैविक दोनों तत्व स्वरूप कालान्तर के विकास के फलस्वरूप सृजित हुआ। जन्तुओं के भौगोलिक विश्लेषण को जन्तु भूगोल की संज्ञा प्रदान की गयी है जिसमें जन्तुओं का विभाजन, ऐतिहासिक विकास, वितरण व विलोपन का विश्लेषण किया जाता है। किसी भी प्रदेश या क्षेत्र के सभी जन्तुओं की पहचान तथा अभिनिर्धारण उनके विभिन्न आधारों पर वर्गीकरण तथा उनके वितरण प्रतिरूपों का अध्ययन किया जाता है। पौधों तथा जन्तुओं में सबसे बड़ा अन्तर उनकी स्थिरता तथा गतिशीलता से सम्बन्धित है। कुछ तैरने वाले जलीय पौधों को छोड़कर (जो कुछ सीमा तक सामुद्रिक गतियों द्वारा गतिशील होते हैं) प्रायः सभी पौधे अपने स्थान पर स्थिर होते हैं जबकि स्थलीय तथा जलीय दोनों प्रकार के जन्तु अत्यधिक गतिशील होते हैं। अधिकांश पौधे **स्वपोषित प्रकाशपोषित** तथा **प्राथमिक उत्पादक** होते हैं। इसके विपरीत सभी जन्तु **परपोषित** तथा उपभोक्ता होते हैं (ये तीन तरह के होते **हैं–शाकाहारी** या **प्राथमिक उपभोक्ता** यथा गाय, बकरी, भेड़, खरगोश आदि, **मांसाहारी** या

द्वितीयक उपभोक्ता यथा–शेर, भालू, चीता, बाघ, मेढक आदि तथा **सर्वाहारी**, खासकर मनुष्य, जो पौधों तथा जन्तुओं का सेवन करते हैं)।

पौधों की भांति जन्तुओं का विपचय या उपापचय **प्रकाशसंश्लेषी** नहीं होता है, अर्थात् पौधों की तरह **प्रकाशसंश्लेषण** विधि से अपना आहार स्वयं निर्मित नहीं करते हैं अपितु ये प्रकाशसंश्लेषी हरे पौधों पर (शाकाहारी जन्तु) तथा शाकाहारी जन्तुओं (मांसाहारी जन्तु) पर अपने आहार के लिए निर्भर रहते हैं। इस तरह पौधे **उत्पादक** तथा **स्वपोषित** होते हैं, जबकि जन्तु **परपोषित** तथा उपभोक्ता होते हैं। स्पष्ट है कि जन्तु अपना आहार कुछ स्रोतों से प्राप्त करते हैं जैसे,–स्वपोषित हरे पौधों से (यथा, चरने वाले शाकाहारी जन्तु–गाय, बैल, बकरी, खरगोश आदि); चरने वाले शाकाहारी जन्तुओं से (यथा–शेर, चीता, भालू, मनुष्य आदि); स्वपोषित पौधों से (शाक सब्जी, खाद्यान्न आदि के रूप में) तथा चरने वाले शाकाहारी जन्तुओं से (मांस के रूप में, दूध के रूप में आदि, ये सर्वाहारी जन्तु होते हैं यथा–मनुष्य) तथा मृत पौधों एवं जन्तुओं से (वियोजक सूक्ष्म जीव)।

प्रत्येक जन्तु के जीवन का एक पूर्ण चक्र होता है, जिसके अन्तर्गत प्रत्येक जन्तु निश्चित समय में अपना प्रौढ़ रूप प्राप्त करता है। जन्तुओं में वृहद् **कोशिकाधानी** अर्थात् कोशिका में रिक्त स्थान तथा दृढ़ कोशिका दीवाल का सर्वथा अभाव होता है, जबकि अधिकांश कोशिकीय तथा बहुकोशिकीय पौधों में ये विशेषतायें मौजूद होती हैं। जन्तुओं में बाह्य उद्दीपन के प्रति त्वरित प्रतिक्रियात्मकता होती है अर्थात् जन्तु बाह्य उत्तेजक क्रियाओं के प्रति अत्यधिक संवेदनशील होते हैं। अर्थात् यदि जन्तुओं को आग की लपट दिखाई जाये तो वे डर कर भागते हैं, चिड़ियाँ बन्दूक की आवाज सुनकर तुरन्त उड़ जाती है आदि। पौधों में ये गुण नहीं होते हैं।

जन्तुओं का विभाजन या वर्गीकरण

भू–तल पर जन्तुओं की संरचना, प्रकृति तथा उनकी क्रिया–विधियों में विषमता विद्यमान है। साम्यता के आधर पर इनका समूहन भी हुआ जिस कारण अनेक वर्गों का सृजन हुआ। इसी साम्यता के आधार पर प्राणि–जगत को अनेक वर्गों में वर्गीकृत किया जाता है। जन्तु जगत, स्तर, गण, श्रेणी, वर्ग परिवार, वर्ग, जाति आदि प्रमुख वर्गों में विभाजित किया जाता है। प्राणि–जगत अपनी विशिष्टता के कारण वर्तमान समय में अध्ययन तथा अनुसन्धान का प्रमुख विषय माना जाता है। जन्तुओं का वर्गीकरण निम्न चार आधारों पर किया जाता है। पहला पदानुक्रमिक वर्गीकरण दूसरा, वास्य–क्षेत्र के आधार पर वर्गीकरण और तीसरा, आहार पोषण के आधार पर वर्गीकरण और चौथा शारीरिक सरंचना के आधार पर वर्गीकरण। इन चारों वर्गीकरणों का सक्षिप्त उल्लेख नीचे किया गया है–

(1) पदानुक्रमिक वर्गीकरण–जन्तुओं का यह वर्गीकरण अत्यन्त महत्त्वपूर्ण माना जाता है। इसका आधार शारीरिक बनावट, प्रकृति तथा क्रिया–विधि है। इस आधार पर प्राणियों को विभिन्न भागों में बांटा गया है जिनका उल्लेख नीचे किया गया है–

(i) एक कोशिकीय जीव–इसके अन्तर्गत कोशिका वाले अत्यन्त सूक्ष्म जीवों को सम्मिलित किया जाता है, जिनकी जातियों की संख्या लगभग तीस हजार है। इनमें अधिकांश जीव ताजे तथा खारे, जल में निवास करते हैं जिनका अस्तित्व क्षणिक होता है। अल्प पारिस्थितिक प्रतिकूलता को ये समायोजित करने में असमर्थ होते हैं।

(ii) उदर रहित जीव–उदर रहित जन्तुओं को इस वर्गीकरण के अन्तर्गत सम्मिलित किया जाता है जिनकी जातियों की संख्या लगभग 9,650 है। इस प्रकार के जीव ताजे तथा खारे पानी में निवास करते हैं। परन्तु खारे जल में निवास करने वाले तन्तुओं की संख्या ताजे जल में निवास करने वाले जन्तुओं की संख्या से अधिक होती है। हाइड्रा, जेली फिश, सानीमोना, कोरल आदि जन्तु इसके प्रमुख उदाहरण हैं।

(iii) चपटे कृमि–चपटे कृमि वाले जीव इसके अन्तर्गत आते हैं जिनकी जातीय संख्या लगभग 15,000 है। ये ताजे जलवासी तथा लम्बे शरीर वाले जीव होते हैं जो परजीवी होते हैं। इनको कृमि, चपटे कृमि, फीता कृमि, जिगरकृमि आदि उप–वर्गों में वर्गीकृत किया जा सकता है।

(iv) सन्धियुक्त शरीर वाले जीव–छल्ले जैसे जोड़ों से युक्त शरीर वाले जीवों को इस वर्गीकरण में सम्मिलित किया जाता है, जातियों की संख्या लगभग 7,000 है। ये जीव जल तथा थल दोनों में निवास करते हैं परन्तु जल में निवास करने वाले जीवों की संख्या अधिक होती है। केंचुआ, जोंक आदि इसके प्रमुख उदाहरण हैं।

(v) सन्धिपाद जन्तु–जोड़ युक्त पैरों वाले जीव इसके अन्तर्गत सम्मिलित किये जाते हैं, जिनकी अत्यधिक जातियाँ (7,60,000) हैं। इनके शरीर में बाह्य अस्थिपंजर भी परिलक्षित होता है। लाबस्टर, केकड़ा, झींगा मत्स्य, टिड्डी, पतिंगा, तितली, मधुमक्खी, मकड़ा, तितली, मधुमक्खी, मकड़ा–मकड़ी, बिच्छू आदि जीव इसमें आते हैं। स्पष्ट है इस प्रकार के जीव जल और स्थल दोनों में वास करते हैं। इनमें शारीरिक संरचना तथा प्रवृत्ति में भिन्नता परिलक्षित होती है जिस कारण इनको वल्कमय जलचर, कीट तथा अष्टपाद कीट उप–वर्गों में वर्गीकृत किया जाता है।

(vi) कठोर खोल वाले जीव–कठोर खोल में रहने वाले जीवों को इसके अन्तर्गत सम्मिलित किया जाता है। इस प्रकार के जीव अधिकांशतः जल में वास करते हैं। परन्तु कभी–कभी बाहर भी आ जाते हैं। घोघा, कच्छप, आक्टोपस, एप्लीसिया आदि जीव इसके दृष्टांन्त हैं।

(vii) शल्य धर्म जीव–रीढ़ वाले जीव इसके अन्तर्गत आते हैं जिनकी जातियों की संख्या लगभग 5,700 है। इस प्रकार के जीव जलवासी हैं।

(viii) रीढ़युक्त हड्डी वाले जीव–इस वर्ग का उपगण **कशेरुका दण्डी है।** इसकी लगभग 5,000 जातियाँ है। कशेरुका दण्डी को पाँच उपवर्गों में वर्गीकृत किया जता है।

(क) मत्स्य,

(ख) उभय चर,

(ग) सरीसृप,

(घ) पक्षी,

(ङ) स्तनपायी।

स्तनपायी जीव को तीन वर्गों में वर्गीकृत किया गया है जो निम्नलिखित है

(क) अण्डजस्तन्य (डकबिल),

(ख) अनुस्तन्य (कंगारू, ओपोसम), तथा

(ग) उच्च स्तन्य में वर्गीकृत किया जाता है।

उच्च स्तन्य जीवों को निर्दन्त (स्लोथ, ऐंट ईटर), जलाधिवासी (व्हेल, पोरपोइज), जलवासी (ड्रयूगांग), खुरीय (गाय, भैंस, गदहा), मांसाहारी (कुत्ता, शेर भेड़िया), कर्तरुदंती (चूहा, गिलहरी, खरगोश), चर्मचटक समूह, कीटाहारी हेनहोग, श्रू) तथा उच्च स्तन्य में वर्गीकृत किया जाता है।

उच्च स्तन्य को तीन उपवर्गों में वर्गीकृत किया गया है जो निम्नलिखित है–

1. लीमर समुदाय, 2. टारसियर समुदाय, तथा 3. नृ–समुदाय है। नृ–समुदाय को दो उपवर्गों में वर्गीकृत किया गया है जो निम्नवत् है–

1. विस्तीर्ण नासिकीय तथा 2. संकीर्ण नासिकीय

विस्तीर्ण नासिकीय को दो परिवारों में बांटा गया है

1. हेपेलिडी, तथा 2. सेविडी में और संकीर्ण नासिकीय को 3 परिवरों में बांटा गया है **1. बन्दर, 2 वानर, तथा 3. मानव। बन्दर** को सेम्नोपिथेसिन और वानर को हाइलोबेडिटी तथा पोंगिडी उपपरिवारों में बाँटा जाता है। मानव (होमिनिडी) की मेधावी मानव (होमो सेपियन्स) जाति विशेष में पृथक किया जाता है।

(2) वास्य क्षेत्र के आधार पर वर्गीकरण–जन्तुओं के वास–क्षेत्र पृथक–पृथक होते हैं। कतिपय जीव स्थल पर, कतिपय जल में तथा कतिपय जीव जल व स्थल दोनों में निवास करते हैं। इनकी इसी प्रकृति के आधार पर इनको तीन वर्गों में

वर्गीकृत किया जाता है–

(i) जलवासी जीव, **(ii)** स्थलवासी जीव तथा **(iii)** उभयचर जीव

(3) आहार की प्रकृति के आधार पर वर्गीकरण–प्राणियों की भोज्य–प्रवृत्ति भिन्न–भिन्न होती है। कतिपय जीव मांसाहारी को कतिपय शाकाहारी व मांसाहारी दोनों होते हैं। इनकी इसी भोज्य–प्रकृति के आधार पर इनको तीन वर्गों में वर्गीकृत किया जाता है–

(i) शाकाहारी प्राणी **(ii)** मांसाहारी प्राणी तथा **(iii)** सर्वाहारी प्राणी

(4) शारीरिक संरचना के आधार पर वर्गीकरण–प्रार्णियों में शारीरिक संरचना में विषमता विद्यमान है, जिसके आधार पर इसको दो वर्गों में वर्गीकृत किया जाता है–

(i) रीढ़युक्त प्राणी तथा **(ii)** रीढ़रहित प्राणी

जन्तुओं का उद्‌भव तथा विकास

सौर मण्डल में जिस प्रकार पृथ्वी की उत्पत्ति तथा अवस्था का जिज्ञासा एवं तर्क का विषय रहा, उसी प्रकार पृथ्वी पर प्राणियों के उद्‌भव का विषय वैज्ञानिकों के लिए अत्यन्त महत्त्वपूर्ण है। पृथ्वी पर प्राचीनतम प्राणियों के उद्‌भव के प्रमाण–प्राचीनतम शैलों में तिरोहित जीवावशेषों (fossils) के आधार पर ही सुलभ होते हैं। यद्यपि इनके आधार पर प्राणियों के उद्‌भव के विषय में अनुमान का ही सहारा लेना पड़ता है, क्योंकि इन जीवावशेषों में बड़े पैमाने पर परिमार्जन तथा परिवर्तन हुए हैं। अनुमान है कि (शैलों में पाये जाने वाले जीवावशेषों के आधार पर) आरम्भिक बिना रीढ़ वाले सूक्ष्मदर्शी प्राणियों का विकास कैम्ब्रियन युग (आज से 4,600 मिलियन वर्ष पूर्व) में सागरीय पर्यावरण में हुआ होगा। इनके जीवावशेष बहुत कम मिलते हैं। जन्तुओं के उद्‌भव तथा विकास के कालक्रम का उल्लेख नीचे किया जा रहा है।

वास्तव में जीवों की उत्पत्ति एवं विकास एक इतिहास क्रम है। वर्तमान स्वरूप जो प्राणि जगत का दिखायी दे रहा है वह विभिन्न युगों में जीवों के संघर्षों का परिणाम है। इनको भू–गार्भिक काल के साथ जोड़कर भली–भांति समझा जा सकता है। युगानुसार प्राणियों एवं वनस्पतियों का उद्‌भव के सन्दर्भ में नीचे की सारणी द्वारा बड़ी सरलता से समझाया जा सकता है–

सारणीः—युगानुसार प्राणियों एवं वनस्पतियों का उद्भव

	कल्प	युग	समय	प्राणी तथा वनस्पति
1.	इवोजोइक	पूर्व कैम्ब्रियन	120 करोड़ वर्ष पूर्व	जीवन विहीन
2.	पैलियोजइक	1. कैम्ब्रियन	60 करोड़ वर्ष पूर्व	वनस्पति एवं रीढ़ वाले जन्तुओं का उद्भव।
		2. आर्डोविसियन	50 करोड़ वर्ष पूर्व	रीढ़ की हड्डी वाले प्राणियों का विकास।
		3. सिलूरियन	44 करोड़ वर्ष पूर्व	स्थलीय पौधों, मत्स्य तथा मूंगे का उद्भव।
		4. डियोनियन	40 करोड़ वर्ष पूर्व	मत्स्य का विकास
		5. कार्बानिफरस	35 करोड़ वर्ष पूर्व	उभयचरों का उद्भव एवं वस्पतियों का विकास।
3.	मेसोजोइक	1. ट्रियासिक	22.5 करोड़ वर्ष पूर्व	रेंगने वाले प्राणियों का विकास
		2. जुरैसिक	18 करोड़ वर्ष पूर्ण	डायनासोर जैसे वृहत् प्राणियों का उद्भव एवं विकास, वनस्पतियों में विविधता का उद्भव
		3. क्रिटैशियस	13.5 वर्ष पूर्व	पक्षियों का प्रादुर्भाव एवं पुष्पी पौधों का विकास

4. नियोजोइक या	1. पोलियोसीन	–	–
कैनोजोइक	2. इवोसीन	7 करोड़ वर्ष पूर्व	पूष्पी पौधों का विकास, स्तनधारी जन्तुओं का विकास
सीनोजोइक	3. ओलिगोसीन	4 करोड़ वर्ष पूर्व	आधुनिक स्तनधारी जन्तुओं का विकास
	4. माओसीन	2.5 करोड़ वर्ष पूर्व	बड़े स्तन–
पाइयों का			
			विकास
	5. प्लाओसीन	1.1 करोड़ वर्ष पूर्व	वनमानुष का उद्भव एवं विकास
5. चतुर्थक कल्प	1. प्लीस्टोसीन	1 लाख वर्ष पूर्व	प्रथम मनुष्य
		2. होलोसीन	10 हजार वर्ष पूर्व आधुनिक मानव से वर्तमान तक

1. प्राचीनतम जीवों (पादप तथा प्राणी दोनों) के अवशेष (fossils) (अन्तिम पूर्व कैम्ब्रियन युग के) जो लगभग 1,000 मिलियन वर्ष प्राचीन बताये गये हैं, अफ्रीका के जाम्बिया (H.Clemmay 1976) में पाये गये हैं। ये आदि जीव मलया (detritus) से आहार ग्रहण करते थे क्योंकि उस समय तक **प्रकाशसंश्लेषी** (photosynhtetic) पादपों का विकास नहीं हो पाया था। कोमल शरीर वाले रीढ़विहीन (invertebrates) जन्तु यथा jelly fish, segmented worms, soft corals आदि के अवशेष द. आस्ट्रेलिया के Ediacarra Hills में पाये जाते हैं जिनकी तिथि आज से 680–580 मिलियन वर्ष पूर्व बतायी गयी है। इसी तरह के अवशेष वर्तमान आस्ट्रेलिया, यूरोप, अफ्रीका तथा उ. अमेरिका में भी पाये गये हैं (ज्ञातव्य है कि ये महाद्वीप वर्तमान समय में एक–दूसरे से दूर स्थित है अतः यह तभी सम्भव हो सकता है, जबकि ये महाद्वीप उस समय आपस में मिले रहे होंगे)।

2. **कैम्ब्रियन युग** का प्रारम्भ 60 करोड़ वर्ष पूर्व हुआ था, जिसमें शीतलन की प्रक्रिया के फलस्वरूप पृथ्वी ठोस अवस्था को प्राप्त हुई। इस काल में जीवों के उद्भव का कोई प्रमाण उपलब्ध नहीं है। सागरीय भागों में जीवों तथा वनस्पतियों का

उद्‌भव हुआ था। प्राणियों में सूक्ष्मदर्शी जीव, रीढ़ विहीन जीव तथा वनस्पतियों में शैवाल, कवक, बैक्टीरिया आदि प्रमुख थे। इस युग में स्थलीय भागों में वनस्पतियों एवं जीवों के उद्‌भव एवं विकास की अनुकूल परिस्थितियाँ उपलब्ध थीं। केवल सागरीय भागों में अल्पकालिक छोटी–छोटी वनस्पतियों तथा जीवों का उद्‌भव हुआ था। इस युग में **ट्रिलोवाइटिस** प्रमुख जाति थी जिसकी 1000 जीव जातियों की खोज की जा चुकी है।

3. **आर्डोविसियन युग** वर्तमान से लगभग 50 करोड़ वर्ष पूर्व माना जाता है जिसमें निक्षेपात्मक एवं ज्वालामुखी के उद्‌गार की क्रिया सक्रिय थी जिस कारण अनेक उथले सागर सूख गये तथा जीव व वनस्पतियाँ नष्ट हो गयीं। रीढ़ वाले प्राणियों तथा नवीन सागरीय वनस्पतियों का उद्‌भव हो गया। घोंघा, मूंगा, स्पंज आदि जीवों की उत्पत्ति हुई। स्थलीय भागों पर वनस्पतियों एवं जीवों का उद्‌भव नहीं हो पाया।

4. **सिलूरियन युग** युग वर्तमान से लगभग 44 करोड़ वर्ष पूर्व था जिसमें पर्वतीकरण की क्रिया प्रारम्भ हो गयी थी। सागर वनस्पतियों से युक्त हो गया था। इन वनस्पतियों में शैवाल की अधिकता थी। वनस्पतियों की अधिकता से जीवों को भोज्य पदार्थ उपलब्ध हो गया जिरासे प्राणियों की संख्या में वृद्धि होने लगी। मूँगा, सागरीय लिलि, बिच्छू, मांसाहारी घोंघेदार प्राणी जीव प्रमुख थे। जीवों का स्थल की ओर झुकाव बढ़ने लगा क्योंकि इस युग में शीतल जलवायु का प्रादुर्भाव हो गया। स्थलीय भागों पर जीवों के उद्‌भव की परिस्थितियाँ उपलब्ध होने लगीं। कतिपय वनस्पतियों में जड़ जैसी संरचना होने लगी।

5. **डिवोनियन युग** (आज से 400 मिलियन वर्ष पूर्व; कुल अवधि 50 मिलियन वर्ष) में आरम्भिक प्राणियों के जीवन रूप (life form) में अत्यधिक विकास हुआ। आद्य मछलियों में अस्थि वाले गिल्स (gills) का निर्माण हुआ जो आगे चलकर जबड़ों के रूप में बदल गया। अलवण जल में रहने वाले मछलियों में अब अपना शिकार करने के लिए आक्रमण करने की आदत तथा क्षमता, एक दूसरे से संघर्ष करने की क्षमता आदि भी आ गयी। इस युग में सर्वप्रथम जल भूमिया जीवों (amphibians, जल तथा थल दोनों में रहने वाले) तथा मकड़ों (spiders) का उद्‌भव हुआ। पहले से उद्‌भव मछलियों में व्यापक प्रसार तथा विस्तार हुआ। भूमण्डल पर प्रायः समान जलवायु का वितरण था, परन्तु शुष्कता में वृद्धि हुई। परिणामस्वरूप स्थलीय जीवों में सूखे की लम्बी अवधि को सहन करने तथा उनके साथ अनुकूलन (adaptation) में क्षमता भी आ गयी। स्थलीय भागों पर ऊँचे वृक्षों (horsetaills) तथा फर्न सदृश पौधों वाले वनों के घने आवरण का पहली बार विकास हुआ। अतः वनस्पति में विविधता के साथ ही प्राणियों की संख्या तथा उनकी जाति गें वृद्धि हुई। विविध प्रकार के कीटों (insects, यथा–कुटकी mites, असंख्य पैरों वाले कीट –millipeds तथा विविध–प्रकार के कीट

पतंगों) का आविर्भाव एवं विकास हुआ। जलीय मछलियों के कुछ विशिष्ट प्रकारों (यथा –Lobe-finned fish) तथा दुमदार (पूँछ वाले) जलभूमिया प्राणियों का आविर्भाव हुआ।

6. **कार्बानिफरस युग** इस युग का सम्पूर्ण काल 80 मिलियन वर्ष था। इस दौरान समस्त भू–स्थल द्वितीय पैंजिया की भांति थे। गोण्डवानालैंड का हिमानीकरण प्रारम्भ हो गया जिस कारण प्राणियों की कई जातियों का विलोप हो गया। हिमानीकरण के पूर्व स्थलों पर वृझों वाले वनों का घना आवरण विकसित हो गया था जिस कारण प्राणियों की संख्या में आशातीत वृद्धि एवं उनकी जातियों में पर्याप्त विविधता का सुत्रपात हुआ। कीटों की संख्या में वृद्धि हुई तथा पेट के बल रेंगने वाले (reptiles) जीवों का आविर्भाव हुआ। कीटों में कुछ का बृहदाकार कीट भक्षी (predators) जैसे व्याध पतंग (giant dragonflies) के रूप में विकास हो गया। इसी तरह कीट भक्षी बड़े आकार वाले मकड़ों का आविर्भाव हुआ। स्थल पर **जलभूमिया जीव** (ampibians यथा मेढक) सर्वप्रथम थे। इन जलभूमिया जीवों में पर्याप्त विस्तार हुआ तथा इनमें से ही कुछ रेप्टाइल्स (पेट के बल रेंगने वाले जीव) के रूप में विकसित हो गये। ज्ञातव्य है कि कार्बानिफरस युग में विकसित अयनवर्तीय वनों के जमीन में दब जाने के कारण ही उ. गोलार्द्ध के अधिकांश कोयले का निर्माण हुआ है। कार्बानिफरस युग के उत्तरार्द्ध में गोण्डवानालैंड की जलवायु में परिवर्तन हुआ तथा अधिकांश भाग का हिमानीकरण हो गया जिस कारण कई जातियों का विलोप (exitinction) हो गया, परन्तु जो प्राणी इस प्रतिकूल पर्यावरण को सहन करने के बाद बच गये वे अत्यधिक शक्तिशाली हो गये।

7. **पर्मियन युग**–इस युग की सम्पूर्ण अवधि पर मिलियन वर्ष था इस युग के प्राथमिक अवस्था में सम्पूर्ण स्थलीय भाग **द्वितीय पैंजिया** के रूप में संलग्न थे। इस समय स्थलीय भागों पर पर्वतों का निर्माण, उनका अपरदन, रेगिस्तानों का आविर्भाव, कार्बानिफरस हिमकाल की हिम चादरों का प्रसार तथा निवर्तन सम्बन्धी घटनायें होती रही। जिनका प्रभाव पादप तथा प्राणी जीवन पर इतना अधिक हुआ कि कुछ लुप्त हो गये इन बदलती विषम पर्यावरण दशाओं को झेलकर बचे हुए प्राणियों में विविधता का सुत्रपात हुआ। अब भी **जलभूमिया** प्राणी सर्वप्रथम बने रहे। पेट के बल रेंगने वाले प्राणियों (reptiles) की संख्या में वृद्धि हुई तथा कुछ में इतना परिमार्जन हो गया कि उनमें आरम्भिक (peimitive) स्तनधारी प्राणियों जैसी विशेषतायें आ गयी। इनमें तेज चलने, दौड़ने तथा जल में तैरने के गुण विकसित हो गये।

8. **ट्रियासिक युग**–यह युग आज से लगभग 22.5 करोड वर्ष पूर्व था। इस युग की कुल अवधि मात्र एक करोड़ 90 लाख वर्ष थी। इसी युग में यद्यपि **पैंजिय** (द्वितीय) का **लारेशिया** एवं **गोण्डवानालैंड** में विभाजन हो गया, तथापि कुछ स्थलों द्वारा ये जुटे रहे। विश्वस्तरीय उष्ण कटिबन्धीय एवं उपोष्ण कटिबन्धीय जलवायु एवं कई रेगिस्तानों का आविर्भाव हुआ। रीढ़ विहीन प्राणियों की संख्या में (खासकर

संधिपाद –कई जोड़ों से **बने** पैर वाले–atrhropods यथा मकड़ा तथा कीट–पतंग) में अपार वृद्धि हुई। जल में तैरने वाले रेप्टाइल्स का आविर्भाव हुआ। कुछ रेप्टाइल्स में उड़ने का गुण भी विकसित हो गया जिनसे आगे चलकर पक्षियों का प्रादुर्भाव हुआ।

9. **जुरैसिक युग**–यह युग आज से लगभग 18 वर्ष करोड़ वर्ष पहले था जिनकी सम्पूर्ण अवधि 1.5 करोड़ वर्ष थी। इस युग में सागर–तल उच्च हो गया था जिनके कारण सागर के तटवर्ती क्षेत्र जल से डूब गये थे। इसी युग के दौरान कर्णधारी फर्न तथा CUCAD वनों का विस्तार हुआ तथा कुछ में पुष्प पौधों जैसी संरचना का निवास होने से कीटों के रूप में विविधता का समावेश हुआ। इन्हीं लघु प्राणियों से डाइनासोर का भी विकास हुआ। डाइनासोर का वास्य क्षेत्र–अर्द्धजलीय एवं स्थलीय भाग थे गया समुद्री जीव जन्तुओं का विकास हुआ। उड़ने वाले गुणों से युक्त कुछ रेप्टाइल से पक्षियों का विकास हुआ इसी युग में छिपकली तथा घड़ियाल का भी विकास हुआ।

10. **क्रीटैसियस युग**–यह युग आज से लगभग 13.5 करोड़ वर्ष जिसकी सम्पूर्ण अवधि एक करोड़ 20/ लाख वर्ष था। इसी दौरान रॉकी एण्डीज तथा यूरोप के पर्वतों की उत्पत्ति हुई तथा गोण्डवानालैंड का पूर्ण विभाजन हो गया। आन्तरिक (स्थलीय) सागरों तथा दलदलों का विस्तार हुआ। वनस्पतियों में पुष्पी पौधों में वृद्धि तथा कोंणधारी वनों में ह्रास हुआ। प्राणियों में रेप्टाइल्स में ह्रास तथा डाइनासोर में चरम विकास हुआ। स्तनधारी प्राणियों का विकास मन्द गति से होता रहा। सर्वाधिक विकास तथा विस्तार कीटभक्षी (insetivores) प्राणियों में हुआ। इन्हीं से कुछ का गर्भधारण करने वाले (placental) प्राणियों में रूपान्तरण हो गया। अलवण जल तथा सागरीय जल में अस्थि युक्त मछलियों की विभिन्न जातियों का विकास हुआ। अग्नि सहन करने वाले पूंछ युक्त जहरीले तथा रेंगने वाले प्राणी (salamanders) का आविर्भाव हुआ।

11. **टर्शियरी कल्प**–इस कल्प की सम्पूर्ण अवधि 69 मिलियन वर्ष माना जाता है। इस कल्प में इयोसिन, ओलिगोसिन, मायोसीन तथा प्लायोसिन युगों को सम्मिलित किया जाता है, इसी कल्प में विश्व के वर्तमान उच्चतम वलित पर्वतों यथा रॉकीज, एण्डीज, अल्पाइन शृंखला, हिमालय आदि का निर्माण हुआ, महाद्वीपों का प्रवाह तथा सागर–नितल का प्रसरण बड़े पैमाने पर हुआ तथा वर्तमान महाद्वीपों एवं महासागरों की स्थितियों का निर्धारण हुआ। यद्यपि ये स्थितियाँ भी स्थायी नहीं हैं क्योंकि सागर–नितल प्रसरण, पुराचुम्बकीय प्रमाणों तथा प्लेट संचलन के प्रमाणों के आधार पर यह सत्यापित हो गया है कि महाद्वीपों तथा महासागरों की स्थितियाँ सदैव परिवर्तनशील हैं।

(i) **इयोसिन युग–यह युग** वर्तमान युग से 7 करोड़ वर्ष पहले था जिनकी कुल अवधि 60 लाख वर्ष थी। इस युग के प्रारंभिक समय में जलवायु **प्रदेशों** का

सम्पूर्ण रूप से विकास हो चुका था और स्थलीय भागों का बड़े पैमाने पर अपरदन प्रारम्भ हो गया। वनस्पति जगत में पुष्पी पौधों का पूर्ण विकास हुआ तथा स्तनधारी प्राणियों का **विकासीय प्रस्फोट** (evolutionary explosion; अर्थात् इनकी संख्या, जाति तथा क्षेत्रीय विस्तार में तीव्र गति से वृद्धि हुई) हुआ। ज्ञातव्य है कि पैंजिया की अवस्था (जबकि समस्त वर्तमान महाद्वीप आपस में सम्बद्ध थे) में **अनावृत्तबीजी** (gymnosperms) पादपों तथा रेप्टाइल्स प्राणियों का प्रभुत्व था जबकि इन महाद्वीपों के अलग हो जाने पर **पुष्पी पादपों** (flowering plants-angiosperms) तथा **स्तनधारी** (mammals) प्राणियों का प्रभुत्व हो गया। इयोसिन युग के आरम्भिक चरण में गर्भ में अपने सन्ततियों का पोषण करने वाले स्तनधारी प्राणियों (placental animals), खासकर कीटभक्षी (insectivores) तथा शाकाहारी (herbivores) प्राणियों में पर्याप्त विविधता का सूत्रपात हुआ। प्राचीनतम मांसाहारी स्तनधारी प्राणियों का आविर्भाव हुआ। इनके साथ ही खुरवाले (hoofed) प्राणी तथा **कुतरने वाले तीक्ष्णदन्त जन्तु** (primitive rodents, वर्तमान चूहा, गिलहरी आदि का आरम्भिक रुप) के समान प्राणियों का विकास हुआ। इयोसिन युग के उत्तरार्द्ध में भी स्तनधारी जन्तुओं में विविधता बढ़ती रही तथा खुरवाले (eventoed) (यथा हिरण तथा अन्य घास चरने वाले पशु) तथा असमान खुरवाले (odd-toed) यथा–घोड़ा, गैण्डा–rhinocerous, हिप्पोपोटामस आदि शाकाहारी जानवरों का विकास हुआ। ज्ञातव्य है कि इयोसीन युग में जन्तुओं का प्रादेशिक रूप स्थापित हो गया था। यथा–अफ्रीका में हाथी, एशिया में जल–घोड़ा –tapirs, उत्तरी अमेरिका में घोड़ा, द. अमेरिका में armadillos आदि।

(ii) **ओलिगोसीन युग**–वर्तमान युग से करीब चार करोड़ वर्ष पहले ओलिगोसीन युग का अस्तित्व रहा, जिनकी कुल अवधि 45 वर्ष था। इस युग के दौरान में पृथ्वी के अधिकांश भाग में गर्म जलवायु विद्यमान थी, किन्तु अल्पाइन पर्वत श्रृंखलाओं की ऊँचाई में लगातार वृद्धि के कारण जलवायु शीतल होने लगी जिस कारण उत्तरी गोलार्द्ध से उष्ण कटिबन्धीय वनस्पतियों का निवर्तन हो गया। आधुनिक स्तनधारी जन्तुओं का विकास हुआ।

(iii) **मायोसीन युग**–इस युग का अस्तित्व आज से लगभग 2.5 करोड़ वर्ष पहले या जिनकी कुल अवधि 30 लाख वर्ष था। इस युग के दौरान शीतल जलवायु का विकास होने लगा, घास क्षेत्रों में वृद्धि तथा वन क्षेत्रों में ह्रास हुआ। स्तनधारी जन्तुओं की संख्या तथा **जाति** (species) में वृद्धि हुई। **बेरिंग जलडमरूमध्य** से होकर एशिया से हाथी सदृश जानवर का उत्तरी अमेरिका में प्रवास (migration) हुआ।

(iv) **प्लायोसीन युग**–यह युग आज से लगभग 1.1 करोड़ वर्ष पूर्व था जिनकी कुल अवधि 25 लाख वर्ष माना जाता है। इस युग के दौरान अयनवर्ती क्षेत्र के दोनों ओर शीत (ध्रुवों के पास) तथा शीतोष्ण (अयनवर्ती तथा शीत ध्रुवीय भागों के

मध्य) जलवायु का विकास हुआ। झाड़ियों तथा घास क्षेत्रों में विस्तार हुआ। स्तनधारी, नरपशु (Hominids) तथा अफ्रीकी वनमानुष (pongids) की संख्या में अत्यधिक वृद्धि हुई।

12. **चतुर्थक कल्प**–यह काल 1,00,000 वर्ष पूर्व से अब तक की अवधि को माना जाता है। इस युग में प्लीस्टोसीन –1,00,000 वर्ष पूर्व से 10,000 वर्ष पूर्व तक तथा होलीसीन –10,000 वर्ष पूर्व से वर्तमान समय तक दो युग अलग किये जाते हैं) में जलवायु में विश्वव्यापी परिवर्तन हुआ, जिनका वनस्पति तथा प्राणियों के वितरण पर प्रभाव पड़ना अवश्यम्भावी था। इस कल्प की सबसे बड़ी विशेषता यह रही कि बदलते पर्यावरण के कारण प्राणियों तथा वनस्पतियों में कई बार विसरण (dispersal) तथा वितरण एवं पुनर्वितरण हुए। क्वाटरनरी कल्प के उत्तरी अमेरिका में हाथी तथा गैंडा विद्यमान थे, परन्तु जंगली भैसा (bison) तथा बारहसिंगा (wapiti) उपस्थित नहीं थे परन्तु वर्तमान समय में हाथी तथा गैंडा का लोप हो गया है तथा जंगली भैंसा एवं बारहसिंगा बड़ी संख्या में पाये जाते हैं।

प्लीस्टोसीन युग अपने **महा हिमकाल** के लिए प्रसिद्ध है जिस समय उत्तरी गोलार्द्ध के महाद्वीपीय भागों के अधिकांश उत्तरी भागों का हिमानीकरण हुआ था। कुल चार बार हिमचादर का प्रसार (उपहिमकाल–उत्तरी अमेरिका में–**कन्सान, नेब्रास्कन, इलीनोइयन तथा विसकान्सिन** हिमयुग, यूरोप में–**गुंज, मिण्डेल, रिस** तथा **उर्म हिम युग**) तथा चार बार हिम चादरों का निर्वतन (retreat, अन्तर्हिमकाल) हुआ। हिमानीकरण के फलस्वरूप सागर–तल में ह्रास (fall in sea level) हुआ। इस हिमकाल के समय जलवायु के अतिसर्द होने तथा हिमचादरों के आगे बढ़ने तथा पीछे लौटने का प्राणियों पर विभिन्न प्रभाव पडा।

वर्तमान मानव का उद्‌भव एवं विकास आज से लगभग दस हजार वर्ष पूर्व हो चुका था, लेकिन इसके विकास की मात्र प्रथम इयोसिन युग के मानव की भांति जन्तुओं का उद्गम हुआ। ओलिगोसीन युग में प्रासीमियन्स से वृक्ष पर रहने वाली छछून्दर लंगूर अफ्रीका में पाया जाता है) तथा बन्दर मैडागास्कर में पाया जाता है) का विकास हुआ। इयोसीन युगीन मानव सदृश जन्तुओं से आगे चलकर नई दुनिया (उ. तथा द. अमेरिका) के बन्दरों तथा का विकास हुआ। विकसित तीसरी शाखा, नरपशु का (ओलिगोसीन में) विकास हुआ। इससे **प्लायोसीन** युग में पुनः दो शाखायें विकसित हुई –पुच्छहीन बन्दर तथा **कपि–मानव** पूर्व–मानव । पुच्छहीन बन्दरों से अन्तिम प्लीस्टोसीन में **गिबन ओरैंग गोरिल्ला** तथा **चिम्पैंजी** का विकास हुआ जबकि **कपि मानव** से आधुनिक मानव का विकास हुआ। सामान्य रूप में पूर्वी मध्य अफ्रीका को **मानव जाति** की उत्पत्ति का मूल स्थान माना जाता है (आज से लगभग 40,000 वर्ष पूर्व) परन्तु दक्षिणी आस्ट्रेलिया के तटीय भाग के क्लिफ पर में) मिले कुछ सागरीय जीवों के अवशेषों के आधार पर आस्ट्रेलियाई मानव विज्ञानी **अलन थार्न** तथा अन्य विशेषज्ञों यथा आदि का मत है (यद्यपि यह मत अभी तक पूर्णतया

सत्यापित नहीं हो पाया है) कि आज से लगभग 60,000 से 85,000 वर्ष पूर्व आस्ट्रेलिया में आदि मानव का विकास हो चुका था।

जन्तुओं का वैश्विक–विसरण

भोज्य पदार्थों का अभाव, सुरक्षा की भावना, जलवायु परिवर्तन ज्वालामुखी उद्गार के कारण जन्तुओं का वैश्विक स्त विसरण हुआ था। जीव मण्डल के अन्तर्गत प्राणियों के वितरण का विश्लेषण विभिन्न प्रकार से किया जा सकता है, जैसे–क्षेत्र विशेष में किसी खास जाति के सभी सदस्यों के वितरण का प्रारूप। इस दृष्टिकोण से विश्व को प्राणिजाति के आधिक्य या प्रभुत्व के आधार पर विभिन्न वितरण क्षेत्रों, में विभक्त किया जाता है। प्राणियों के वितरण का **प्राणि समुदाय** के स्तर पर भी अध्ययन किया जाता है। प्राणि–समुदाय के अन्तर्गत किसी क्षेत्र विशेष की सभी जातियों के सभी सदस्यों का सामूहिक अध्ययन किया जाता है। प्राणियों के वर्तमान विश्व स्तरीय वितरण के उल्लेख से पहले उनके वितरण को प्रभावित करने वाले कारकों का अध्ययन आवश्यक होता है।

विसरण पर प्रभाव डालने वाले तत्व

प्राणियों के उद्भव एवं विकास व सम्बर्द्धन की अनुकूल दशाएं जिस क्षेत्र विशेष पर प्रतिकूल नहीं होती है वहाँ पर इनकी संख्या बाहुल्य होती है जबकि दशाओं व परिस्थितियों में उसकी संख्या में गौणता अथवा शून्यता दिखाई देती है। कभी–कभी प्रतिकूल दशाओं में इनका स्थानान्तरण अपने मूल स्थान से दूसरे स्थान पर हो जाता है। कुछ प्राणियों का विसरण अपने उद्भव स्थल से विसरित होकर वैश्विक स्तर पर व्याप्त हो जाता है। साथ ही साथ एक प्रजाति के जीव या प्राणी में विभिन्न जातियां एवं उपजातियां उत्पन्न हो जाती है। जो कई क्षेत्रों में प्रवास करती है। स्पष्ट है कि जन्तुओं का विसरण सम्बन्धी विश्लेषण करना काफी कठिन है जन्तुओं पर प्रभाव डालने वाले प्रमुख दो तत्व है जिसमें प्रथम भौतिक तत्व और दूसरा जैविक तत्व है इन दोनों तत्वों का उल्लेख नीचे किया गया है।

1. भौतिक तत्त्व–प्रत्येक प्राणी एक निश्चित प्रकार के भौतिक पर्यावरण में रह सकता है क्योंकि उसके विकास के लिए खास प्रकार की भौतिक दशाओं की आवश्यकता होती है। प्राणियों के विसरण को प्रभावित करने वाले **भौतिक कारकों** में तापमान, आर्द्रता, जल, सौर्यिक प्रकाश, सौर्यिक विकिरण, दाब, गुरूत्व, ध्वनि, जल की अम्लता, क्षारीयता, लवणता आदि, वायु तथा घोल में गैसों का अनुपात, प्रमुख खनिजों की स्थिति आदि प्रमुख है। भौतिक स्थलाकृतियाँ (यथा –थल तथा जल का वितरण, उच्च पर्वत, रेगिस्तान) तथा जलवायु भी प्राणियों के विसरण पर व्यापक प्रभाव डालती हैं।

2. जैविक तत्त्व–जैविक तत्व का भी प्राणि–विसरण वृहत–स्तर पर प्रभावित करते हैं जैविक तत्वों में प्राणिसंख्या के **पारिस्थितिकीय पहलू** प्राणियों तथा उनके

भौतिक पर्यावरण के बीच पारस्परिक क्रिया (interactions), प्राणियों की आपस में पारस्परिक क्रिया, प्राणियों तथा पादपों में पारस्परिक क्रिया, प्राणियों की गतिशीलता, प्रवास, विसरण (dispersal) आदि प्रमुख है।

प्राणि–पारिस्थितिकीय पहलू के अन्तर्गत प्राणियों की संख्या का बाहुल्य (प्रचुरता), उनके जनसंख्या आकार का नियमन तथा जीवों में एवं जीवों तथा पर्यावरण के बीच पारस्परिक क्रियायें आदि प्रमुख हैं जो किसी क्षेत्र विशेष में प्राणी वितरण को प्रभावित करते हैं। किसी क्षेत्र में किसी खास जाति के प्राणियों की बहुलता या प्रचुरता उनके घनत्व, जन्म तथा मृत्यु दर, उनकी आयु, उनके रूप तथा **सामूहिक संचरण** (group movement) द्वारा प्रभावित तथा निर्धारित होती है। यथा–(i) **प्रवासी टिड्डी** में प्रायः एकाकी रहने की प्रवृत्ति होती है, परन्तु जब उनके **हारमोन** (शरीर में एक प्रकार का उत्तेजक रस) में अचानक परिवर्तन होता है तो उनमें एक साथ रहने की प्रवृत्ति विकसित हो जाती है और इस तरह से एक स्थान पर उनकी अत्यधिक संख्या हो जाती है और ये समूह तूफान की तरह एक दूसरे स्थान की ओर चल पड़ते हैं। इसे **प्रवासी दल** कहते हैं। इनका समूह जब दल में चलता है तो आकाश में और कुछ दिखाई नहीं देता है। उत्तरी भारत में जुलाई–अगस्त के महीनों में इस तरह का टिड्डी दल कभी–कभी आता है। इनमें इस समय प्रजनन की दर इतनी अधिक होती है कि एक जोड़े टिड्डी से चौबीस घंटे में हजारों सन्ततियाँ उत्पन्न हो जाती है।

टिड्डियों की भांति दीमक तथा मधुमक्खियों में भी समूहन की प्रवृत्ति पायी जाती है। इसी प्रकार की प्रवृत्ति पक्षियों में भी देखने को मिलती है। ये भी शीघ्र ही एक समूह का सृजन कर लेती है। वर्षा ऋतु में लाल चीटियों में भी पंख निकल आते है जिसे ग्रमीण क्षेत्रों में अधिकांश लोग पाँखी की संज्ञा देते हैं। ऐसी चीटियां अपने समूह के साथ एक स्थान से दूसरे स्थान पर प्रवास करती है। प्रजनन–दर की प्रवृत्ति भी प्रवास क्षेत्र तथा प्राणि–क्षेत्र पर प्रभाव डालती है।

कुछ जीव ऐसे भी होते है जिनमें प्रजनन की दर अत्यधिक होती हैं लेकिन प्रजनन स्थान पर पुनः वापस नहीं आते हैं। परिणामस्वरूप इनका प्रसरण तीव्रता से होता हैं। इसके विपरीत कुछ ऐसे भी प्राणी होते हैं (यथा–racoons अमेरिकी मांसाहारी रीछ) जिनमें निम्न प्रजनन दर होती है लेकिन ये अपने जन्म स्थान पर ही अधिक रहते हैं। परिणामस्वरूप स्थान विशेष में इनकी संख्या तो बढ़ती जाती है परन्तु इनका प्रसरण कम हो पाता है।

किसी भी क्षेत्र में प्राणियों का घनत्व उनके जन्म दर, मृत्यु दर, अप्रवास, उत्प्रवास, आयु संरचना, विसरण आदि पर निर्भर करता है। यदि जन्म दर मृत्यु दर से अधिक है, अधिकांश प्राणी प्रौढ़ अवस्था में है, आप्रवास उत्प्रवास से अधिक है तथा विसरण न्यून है तो क्षेत्र–विशेष में प्राणियों की जनसंख्या का घनत्व अधिक हो

जाता है।

मालथस विश्व विख्यात भूगोलवेत्ता मालथम के द्वारा प्रतिपादित जनसंख्या सिद्धान्त की भांति ही प्राणि संख्या का नियमन जब वह आदर्श सीमा से अधिक हो जाती है, भी प्राकृतिक रूप में स्वयं हो जाता है। अर्थात् क्षेत्र–विशेष में प्राणियों की संख्या एक निश्चित सीमा के ऊपर नहीं बढ़ने पाती है। जनसंख्या का यह **स्वतः नियमन** (self-regulation) प्राणियों में उत्पादकता तथा जन्म दर में ह्रास, प्रवास, जनसंख्या में वृद्धि होने पर, आहार में कमी होने पर मृत्यु दर में वृद्धि, संक्रामक रोगों के कारण मृत्यु दर में वृद्धि, आदि कारकों तथा प्रक्रियाओं द्वारा होता है।

किसी निवास अथवा आवास के अन्तर्गत एक ही वर्ग, जाति समुदाय व समूह के प्राणियों में मिश्रित प्रक्रिया को अन्तर्जातीय मिश्रित प्रक्रिया तथा अनेक प्रजातियों के जीवों व प्राणियों के मध्य मिश्रित प्रक्रिया जा व्यन्तर मिश्रित क्रिया की संज्ञा प्रदान की जाती है। इनके द्वारा प्राणियों की जनसंख्या अत्यधिक हो जाती है। यह पारस्परिक क्रिया ऋणात्मक तथा धनात्मक हो सकती है। ऋणात्मक पारस्परिक क्रिया का सर्वोत्तम उदाहरण परभक्षण है। इस तरह किसी भी क्षेत्र में प्राणियों की संख्या **परभक्षी–भक्ष्य सम्बन्धों** पर भी आधारित होती है। ज्ञातव्य है कि परभक्षण द्वारा किसी भी क्षेत्र में जातियों में सन्तुलन स्थापित होता है। उदाहरण के लिए यदि किसी क्षेत्र से परभक्षण प्राणी को या तो पूर्णतया हटा दिया जाये या उनका समूल नाश कर दिया जाये तो **भक्ष्य प्राणियों** की संख्या बहुत अधिक हो जायेगी तथा **जनसंख्यातिरेक** हो जायेगा। इस शताब्दी के प्रारम्भ में संयुक्त राज्य अमेरिका के एरिजोना प्रान्त में कैबाब (kaibab) हिरण की रक्षा के लिए उसके भक्षक प्राणियों को हटा दिया गया जिस कारण इन हिरणों की संख्या में अपार वृद्धि हो गयी। यदि भक्षक प्राणियों द्वारा क्षेत्र विशेष के समस्त भक्ष्य प्राणियों का नाश (खा जाने के कारण) हो जाता है तो भक्षक प्राणी भी समाप्त हो जाते हैं (भोजन के अभाव में)। जब विभिन्न जातियों में इस तरह की पारस्परिक क्रिया होती है इससे सभी को लाभ होता हो तो उसे **धनात्मक पारस्परिक क्रिया** कहते हैं।

स्थलीय जन्तुओं का विसरण

विश्व के सम्पूर्ण जीव व प्राणी अपने सयुक्त अतीत एवं जीव मण्डल का एक इकाई का रूप प्रदान करते हैं जो व्यापक स्तर पर प्राणि समूह के रूप परिलाक्षित होता है। यह समुदाय दो भागों में आवासीय स्तर की बँटाई–स्थलीय प्राणिमण्डल एवं जलीय प्राणियों में। स्थलीय प्राणी विश्व को वृहद प्राणी प्रदेश का रूप देते हैं। प्राणी प्रदेश से हमारा तात्पर्य जाति उदभवन, प्रवास, विसरण तथा विलोपन के साथ प्राणी विकास के प्रत्येक चरण की क्रिया शामिल है। स्वरूपगत स्तर पर प्राणियों का विश्व वितरण अत्यंत जटिल है। इसमें प्राणियों के कुछ खास मंडल शामिल है। सम्बन्धगत

स्तर पर इन प्राणिमंडलों में कुछ उभय विशेषताएँ भी रेखने को मिलती है। जीवी मण्डल का विभिन्न प्राणी प्रदेशों में वर्गीकरण इस आधार पर किया जाता है।

1. भौतिक पर्यावरण दशायें प्राणियों की संख्या, प्रचुरता (abundance), विविधता (diversity) आदि को निर्धारित करती है। सर्वाधिक विविधता उष्ण कटिबन्धीय भागों में स्थलीय तथा अलवण जलीय क्षेत्रों (fresh waters) के रीढ़ वाले (vartebrates) प्राणियों में मिलती है।

2. प्राणियों के वितरण में कटिबन्धीय प्रतिरूप (zonal pattern) पाया जाता है। यह कटिबन्धीय प्रतिरूप **क्षैतिज** (horizontal) तथा **लम्बवत** (vertical) दोंनों रूपों में होता है। क्षैतिज मंडलीय प्रतिरुप में अक्षांशों का नियन्त्रण सर्वाधिक होता है। जातियों की विविधता विषुवत रेखा से ध्रुवों की ओर घटती जाती है। ज्ञातव्य **है** कि भूमध्यरेखा से ध्रुवों की ओर प्राणी मण्डलों (animal zones) का विकास भूमध्य रेखा की ओर मण्डलों से निकली जातियों से हुआ है। यह मंडलीय विकास मुख्य रूप से प्राणियों के **प्रवास** (migration) तथा **जाति उद्भवन** द्वारा सम्भव हुआ है। यथा–शीतोष्ण कटिबन्धीय प्राणियों का विकास उष्ण कटिबन्धीय प्राणियों के प्रवास के दौरान व्यवकलन (subtration) द्वारा होता है।

3. द्वीपों पर विशिष्ट प्रकार के प्राणी पाये जाते हैं क्योंकि सागरीय अवरोध के कारण इनमें प्राणियों तथा पादपों का न्यूनतम विसरण हुआ है। हवाई द्वीप (जो किसी भी भूगर्भिक काल में स्थलीय भाग से सम्बद्ध नहीं था) में **रेप्टाइल्स, जलभूमिया जन्तु** (amphibians) अलवण जल की मछलियाँ तथा स्तनधारी प्राणियाँ (चमगादड़ की एक जाति को छोड़कर) पूर्णतया अनुपस्थित है।

4. प्राणियों का उत्पत्ति केन्द्र से चारों ओर विकिरण (radiation) हुआ है अर्थात् चारों ओर प्रसरण हुआ है। परिणामस्वरूप प्राणियों का वितरण संकेन्द्रीय मंडल (concentric zones) के रूप में पाया जाता है।

5. किसी भी क्षेत्र में प्राणियों में विविधता (diversity) उनके विसरण तथा औपनिवेषीकरण के फलस्वरूप हुई है।

6. प्राणियों का केन्द्रण (concentration) मुख्य रूप से **स्तनधारी प्राणियों** (mammals) में ही सम्भव हुआ है, अन्य प्राणियों का विसरण व्यापक रूप में पाया जाता है।

7. कुछ प्राणियों का विसरण असम्बद्ध (discontuknuous of disjunct) रूप में तथा कुछ का सम्बद्ध रूप में पाया जाता है। यथा –Moose (एक प्रकार का हिरन) का वितरण यूरेशिया तथा उ. अमेरिका के **टैगा प्रदेश** से सम्बद्ध मण्डलीय प्रतिरूप (continuous zonal pattern) में पाया जाता है जबकि Azure-winged magpie, Weather fish तथा Bitterling का वितरण असम्बद्ध रूप में पाया जाता है। इनके दो

असम्बद्ध मंडल पाये जाते हैं –एक मध्य तथा पश्चिमी यूरोप में तथा दूसरा पूर्वी एशिया में। इन दोनों मंडलों के मध्य विस्तृत भूभाग इन प्राणियों से रहित है।

सागरीय जन्तुओं का विसरण

सामुद्रिक एवं स्थलीय जन्तुओं के वितरण में काफी विषमता पायी जाती है। जिसका प्रमुख कारण यह है कि स्थलीय क्षेत्र में विभिन्न प्रकार वनस्पतियाँ पायी जाती है इसका प्रमुख उदाहरण शैवाल लेकर उच्च वृक्ष तक है तथा सागरों में अधिकतर सूक्ष्म **फाइटोप्लैंकटन** तथा सागरों के छिछले भागों में तली में रहने वाले **शैवाल** (algae) आदि ही पाये जाते हैं। स्थलीय भागों में समान सागरीय भागों में अवरोध (barriers) नहीं पाये जाते हैं अतः प्राणियाँ अधिक दूरी तक प्रवास कर जाती है। तापमान में भी भिन्नता कम ही होती है क्योंकि सागरों में क्षैतिज तथा लम्बवत गतियाँ तापमान का मिश्रंण कर देती हैं तथा उसे एक मात्र बनाने का प्रयास करती है। सागरीय प्राणियों को उनके **जीवन रूप** (life forms) के अन्तर के आधार पर दो प्रमुख श्रेणियों में विभक्त करते हैं–

पहला तटस्थ जीव या प्राणी तथा दूसरा तैरने वाले प्राणी। तापमान में विषमता की दृष्टिकोण से तैरने वाले प्राणी को प्रमुख दो भागों में विभाजित कर सकते हैं जिसमें पहला–ठंडे जल के प्राणी और दूसरा गर्म जल के प्राणि।

भूमध्यरेखा से ध्रुवों तक सागर के जल में जो तापमान में कमी आती है या भिन्नता होती है वह जल के उपरी भाग तक में ही सीमित होती है। यहाँ सागर–जल की गहराई में सर्वत्र तापमान की समरूपता पाई जाती है।

▣▣▣

10

जीवोम एवं इनके प्रकार

वनस्पति तथा प्राणियों का उद्भव सर्वप्रथम सागरीय भागों में हुआ जहां से अनुकूल भौगोलिक परिस्थितियों के फलस्वरूप उनका प्रसरण स्थल के तटवर्ती क्षेत्रों में हुआ। परिस्थितिक तंत्र के सम्पूर्ण जीव किसी क्षेत्र विशेष में एक निर्धारित परिवेश में निवास करते हैं समूह के रूप में वे उस परिवेश के साथ समायोजन स्थापित करते है और अपना प्रजनन अथवा विकास करते हैं। यदि इनमें से कोई भी कड़ी समाप्त होने लगती है तो वहाँ का पर्यावरण असन्तुलित हो जाता है। अतः किसी क्षेत्र विशेष में सजीवों द्वारा बनाये गये पर्यावरण को **'जीवोम'** (Biome) कहते हैं। यह जीवोम उस क्षेत्र विशेष के भौगोलिक तत्वों पर निर्भर करता है, जैसे मरूस्थलीय पर्यावरण में विशिष्ट प्रकार के जीव–जन्तु व पेड़–पौधे पाये जाते हैं। इसी प्रकार ठण्डे व गर्म स्थानों के मैदानों में पर्यावरण की भिन्नता के कारण यहाँ के जीवों में भी भिन्नताएँ पाई जाती है। अतः प्रत्येक क्षेत्र के जीवोम में भिन्नता पाई जाती है। जीवोम के उदाहरण है–उष्ण कटिबन्धीय वर्षा वन, पर्वतीय वन, सवाना, टुण्ड्रा, टैगा, मरूस्थल इत्यादि।आमतौर पर एक जीवोम में महाद्वीप के उन सभी भागों में समस्त पादप तथा प्राणियों को सम्मिलित करते हैं, जिनकी सामान्य विशेषताएँ उस समस्त भू–भाग में प्रायः समान होती है। विदित है कि जीवोम के अन्तर्गत प्रायः स्थलीय भाग के सभी जैव समुदायों (पादप व प्राणी) को ही सम्मिलित करते हैं, क्योंकि सागरीय जीवोम का निर्धारण कठिन

होता है, यद्यपि इस दिशा में प्रयास किये जा रहे है। जीवोम में पौधों व प्राणियों को सम्मिलित करते हैं, फिर भी इसमें हरे पौधों का प्रभुत्व होता है क्योंकि इनका सरल बायोमास जन्तुओं की तुलना में बहुत अधिक होता है।

जीवोम के प्रकार :–वास–क्षेत्र के आधार पर जीवोम को प्रमुख दो भागों में विभाजित किया गया है।

1. स्थलीय जीवोम
2. जलीय जीवोम

इन दोनों जीवोमों को कई उपभागों में बांटा गया है। जिसे निम्न सारणी द्वारा समझाया गया है।

वास–क्षेत्र के आधार पर	**प्रमुख बायोम (जलवायु तथा वनस्पति के आधार पर)**	**उप–बायोम (वनस्पति के आधार पर)**
(अ)	1. टुन्ड्रा बायोम	(क) आर्कटिक–टुन्ड्रा बायोम
		(ख) अल्पाइन–टुन्ड्रा बायोम
	2. शीतोष्ण कटिबन्धीय टैंगा वन	(क) पर्वतीय बायोम
		(ख) उत्तरी अमेरिका बायोम
		(ग) एशियाई बायोम
	3. शीतोष्ण कटिबन्धीय पतझड़ वन बायोम	(क) यूरोपीय बायोम
		(ख) उत्तरी अमेरिका बायोम
	4. शीतोष्ण कटिबन्धीय घास बायोम	(क) स्टेपी बायोम
		(ख) प्रेयरी बायोम
		(ग) पम्पाज बायोम
		(घ) अस्ट्रेलिया–घास बायोम
	5. रूम सागरीय बोयाम	(क) उत्तरी गोलार्द्ध बायोम
		(ख) दक्षिणी गोलार्द्ध बायोम
	6. शीतोष्ण कटिबन्धीय गर्म–शीत बायोम	
	7. उष्ण कटिबन्धीय वन बायोम	(क) सदाबहार वन बायोम
		(ख) पतझड़ वन बायोम

(ग) पर्वतीय बायोम

(घ) दलदली बायोम

8. उष्ण कटिबन्धीय घास बायोम या सवाना बायोम

(क) सवाना घास बायोम

(ख) सवाना वन बायोम

(ग) सवाना घास–वन बायोम

9. मरुस्थली बायोम

(ब) जलीय बायोम

1. सागर जलीय बायोम

(क) महाद्वीपीय मग्नतटीय बायोम

(ख) खुला सागर जलीय बायोम

(ग) उर्ध्वगामी सागर जलीय बायोम

2. स्थल जलीय बायोम

(क) सरिता बायोम

(ख) झील बायोम

(ग) तालाब बायोम

स्थलीय जीवोम या बायोमः

स्थलीय जीवोम में पाये जाने वाले सजीवों की सामान्य गुणों व विशेषताओं के आधार पर निम्न भागों में बांटा गया है

(1) टुन्ड्रा बायोग

टुन्ड्रा बायोम का विस्तार उत्तरी अमेरिका के उत्तरी भाग, ग्रीनलैण्ड, यूरोप, साइबेरिया आदि में पतली मेखला के रूप गें है। जलवायविक संरचना अत्यन्त जटिल है। वर्ष भर सूर्य प्रकाश एवं तापमान का अभाव रहता है। वर्षा हिमदृष्टि के रूप में होती है। वर्ष के अधिकांश महीनों तक धरातल हिमाच्छादित रहता है। तापमान शून्य के नीचे पहुँच जाता है। सम्पूर्ण क्षेत्र में बर्फीला तूफान अपनी चरम सीगा पर रहता है। हिमवृष्टि की मात्र लगभग 400 मिलीमीटर तक होती है। इस प्रकार की जलवायु की दशायें वनस्पतियों एवं जीव–जन्तुओं के विकास के प्रतिकूल होती है। ग्रीष्मकाल में सूर्य क्षितिज से थोड़ा ऊपर उठ जाता है, जिससे कहीं–कहीं पर हिमद्रवण हो जाता है। धरातल छोटी–छोटी झाड़ियों एवं रंग–बिंरगे पुष्पों से युक्त हो जाता है। इसका उत्तरी भाग स्थाई हिम क्षेत्र है जिसमें इस प्रकार की वनस्पतियों की सम्भवाना भी नहीं रहती है।

इस बायोम व जीवोम की जलवायविक बनावट एवं वनस्पति की उपलब्धता की दृष्टि से इसे दो भागों में बांटा गया है, जैसाकि सारणी में दर्शाया गया है। प्रथम–आर्कटिक टुन्ड्रा जीवोम और दूसरा अत्पाइन ट्रन्डा जीवोम।

आर्कटिक टुन्ड्रा का विस्तार टैंगा प्रदेश के उत्तर तथा आर्कटिक स्थाई हिम रेखा के मध्य पतली पेटी के रूप में कनाडा तथा यूरेशिया में है। साथ–ही–साथ कतिपय आर्कटिक द्वीपों पर भी इस बायोम का विस्तार पाया जाता है। इस बायोम में दक्षिण से उत्तर की ओर ज्यों–ज्यों बढ़ते जाते हैं जलवायु में तीव्रगति से परिवर्तन होता है जिस कारण वनस्पतियाँ भी उसी के सापेक्ष परिवर्तित होती जाती है। इसकी जलवायविक दशाओं ने इस बायोम में विषमता पैदा कर दिया है। जिनके कारण उसे तीन जीवोम प्रदेशों व क्षेत्रों में विभाजित किया गया है (i) टुन्ड्रा जीवोम क्षेत्र, (ii) मध्य टुन्ड्रा जीवोम क्षेत्र तथा (iii) निम्न टुन्ड्रा जीवोम क्षेत्र है।

उच्च टुन्ड्रा बायोम क्षेत्र में क्वीन एलिजाबेथ द्वीप समूह सम्मिलित है। इस क्षेत्र में छोटी–छोटी झाड़ियाँ पायी जाती हैं जिनका उद्भव हिमद्रवण के पश्चात् होता है। इसमें बड़े वृक्षों की कल्पना नहीं की जा सकती है। मध्य टुन्ड्रा बायोम क्षेत्र का विस्तार इसके दक्षिण में है जिससे बैंक्स आइसलैण्ड का उत्तरी विक्टोरिया आइसलैण्ड, कनाडा के उत्तरी–पूर्वी भाग का अल्पांश भाग सम्मिलित है। यहाँ पर वनस्पतियों का अपेक्षाकृत अधिक विकास हुआ है। निम्न टुन्ड्रा बायोम क्षेत्र सबसे दक्षिण में विस्तृत है, जिसमें कनाडा का उत्तरी अलास्का, बैंक्स द्वीप का दक्षिणी भाग, दक्षिणी विक्टोरिया द्वीप, दक्षिणी ग्रीनलैण्ड, साइबेरिया का उत्तरी भाग सम्मिलित है।

(2) शीतोष्ण कटिबंधीय टैंगा वन जीबोम

टैंगा बायोम की जलवायु सूक्ष्मतापीय है जो अत्यधिक कठोर है, जिसमें शीतकाल के सबसे शीतल महीनें का तापमान 0° सेल्सियस होता है। सबसे गर्म महीनें का तामान 10° सेल्सियस अंकित किया जाता है। इस जलवायु पर महाद्वीपीयता का प्रभाव परिलक्षित होता है। यहाँ पर वर्ष के अधिकांश महीनों में ध्रुवीय उच्च वायुदाब प्रणाली का प्रभाव रहता है। शीतकाल में यहाँ वायुदाब प्रणाली वर्षा में अवरोधक स्थिति उत्पन्न कर देती है। ग्रीष्मकाल में यह क्षेत्र चक्रवातीय तूफानों के चपेट में आ जाता है। ध्रुवीय वायु राशियों के उद्भव–स्थल के रूप में ज्ञातव्य इस क्षेत्र से ठंडी वायुराशि का अभिसरण दक्षिण की ओर होता है।

टैंगा बायोम के स्थलीय भाग में मौसमानुसार तापमान मे परिवर्तन अंकित किया जाता है। ग्रीष्मकाल में तापाधिक्य तथा शीतकाल में तापमान की अल्पता होती है। ग्रीष्म ऋतु छोटी व साधारण गर्म और शीत ऋतु लम्बी व कठोर होती है। शीतकाल में तापमान हिमांक के नीचे रहता है जिसकी पुष्टि बर्खोयान्स्क

(-50.6°C) , यार्कुटस्क (-43.3°C) , ओखोटस्क (-24°C) , **डॉसन** (-30°C) **ईगल** (-26°C), के तापमान से हो जाती है। बर्खोयान्स्क विश्व का सबसे ठंडा स्थान है। **ग्रीष्म काल** में आकस्मिक रूप से तापमान में वृद्धि अंकित की जाती है। जून तथा अगस्त के महीनों का औसत तापमान 10° से 15° सेल्सियस तथा जुलाई का औसत तापमान 16° सेल्सियस होता है।

टैंगा बायोम प्रदेश में वर्षा वर्ष भर होती है, परन्तु इसकी मात्र अल्प होती है। औसत वार्षिक वर्षा लगभग 38 सेमी. है। कहीं–कहीं पर वर्षा की अनुकूल परिस्थितियाँ होती हैं वहाँ पर 100 सेमी. से अधिक वर्षा अंकित की जाती है। तापमान की न्यूनता के कारण अल्प वर्षा भी वनस्पतियों के विकास के लिए पर्याप्त होती है।

3. शीतोष्ण कटिंबधीय घास जीवोम

शीतोष्ण कटिबन्धीय घास बायोम का विस्तार उत्तरी तथा दक्षिणी गोलार्द्धों में पाया जाता है। इसके अन्तर्गत उत्तरी अमेरिका, यूरेशिया, दक्षिणी अमेरिका, अफ्रीका, आस्ट्रेलिया आदि महाद्वीपों के भाग सम्मिलित है। इस घास के मैदानों को यूरेशिया में **स्टेपी**, उत्तरी अमेरिका में **प्रेयरी**, दक्षिणी अमेरिका (अर्जेन्टीना व युरूग्वे) में **पम्पास**, दक्षिणी अफ्रीका में **वेल्ड**, आस्ट्रेलिया (मरे डार्लिंग बेसिन) में **डाउन्स** के नाम से जाना जाता है।

4. रूम सागरीय जीवोम

रूम सगरीय बायोम 30° से 45° अक्षांशों के मध्य दोनों गोलार्द्धों में है। इसके अन्तर्गत यूरोप का रूम सागर तटीय क्षेत्र, उत्तरी पश्चिमी अफ्रीका का उत्तर–पश्चिमी भाग, दक्षिणी–पश्चिम भाग, उत्तरी अमेरिका का कैलीफोर्निया तटीय भाग, दक्षिणी अमेरिका का चिली तटीय भाग, आस्ट्रेलिया का दक्षिणी तटीय भाग सम्मिलित है।

रूम सागरीय प्रदेश बायोम, महाद्वीपों के पश्चिमी भाग में अधिकांशतः हैं जिसमें स्थलीय जलवायु के साथ–साथ स्थानीय सागरीय गतिपथियों का भी प्रभाव पड़ता है। जिस कारण एक पृथक बायोम का सृजन हुआ है। आन्तरिक 'साम्यता एवं बाह्य बायोम समूहों से भिन्नता के कारण इस स्वतन्त्र बायोम इकाई के रूप में स्वीकार किया गया है।

5. उष्ण कटीबंधीय घास बायोम या सावना बायोम

सवाना घास बायोम का विस्तार भूमध्य रेखा के दोनों ओर 5°–20° अक्षांशों के मध्य पाया जाता है जो उष्ण कटिबन्धीय वर्षा वन और अर्द्धशुष्क स्टेपी जलवायु के बीच एक संक्रमण पेटी के रूप में अपनी वानस्पतिक एवं जैविक विशेषताओं से विशिष्ट अपना पृथक स्वरूप सृजित किया है। दक्षिणी अमेरिका में कोलम्बिया,

वेनेजुएला, आरोनीको घाटी का लानोस क्षेत्र, गायना का पठारी क्षेत्र, ब्राजील का पम्पाज क्षेत्र; **अफ्रीका** में भूमध्य रेखा के दोनों ओर का क्षेत्र –जैरे का दक्षिणी भाग, जाम्बिया, अंगोला, मोजाम्बिक, तजानियाँ, युगान्डा, रोडेशिया का मध्यवर्ती भाग सम्मिलित है।

6. उष्णकटिबन्धीय सदाबहार वन जीवोम

सदाबाहर वन बायोम का विस्तार उन स्थानों पर है जहाँ वर्ष भर वर्षा होती है। इस प्रकार का वन 10° उत्तरी एवं दक्षिणी अंक्षाशों के मध्य दक्षिणी उत्तरी भागों, मध्य अमेरिका में मैक्सिकों एवं दक्षिणी संयुक्त राज्य अमेरिका के तटीय क्षेत्रों, अफ्रीका में कांगों बेसिन, सेचलीज व रीयूनियन द्वीपों से लेकर मेडागास्कर के पूर्वी भागों तथा एशिया में भारत के पश्चिमी तट, दक्षिणी–पूर्वी के द्वीपों में विस्तीर्ण है। जलवायविक, स्थलाकृतिक एवं वानस्पतिक दशायें इन क्षेत्रों में सदाबाहर वन बायोम के लिए उपयुक्त हैं। वर्ष भर वर्षा एवं उच्च तापमान के कारण वनस्पतियों एवं जीव–जन्तुओं का प्रचुर मात्र में इस बायोम में विकास हुआ है जिस कारण इसे अनुकूलतम बायोम की संज्ञा दी जाती है।

7. मानसूनी पर्णपाती वन जीवोम

मानूसनी वन बायोम का विस्तार एशिया में भारत, म्यांमार, हिन्दचीन, फिलीपीन्स, दक्षिणी चीन, ताइवान, जापान एवं कोरिया, अफ्रीका में गिनीतट, सियरालियोन, लाइबेरिया, पूर्वी अफ्रीका का भूमध्य रेखीय क्षेत्र एवं मालागासी का तटवर्ती क्षेत्र; दक्षिणी अमेरिका में ओरीनीको के मुहाने से लेकर, गियाना, सुरिनाम, फ्रेंच गियना, ब्राजील के उत्तरी तट में है। वास्तव में इस प्रकार का बायोम उन क्षेत्रों में पाया जाता है जहाँ पवनों की दिशाओं में मौसमानुसार परिवर्तन होता है। ग्रीष्मकाल में महासागरों से चलने वाली पवनों से भारी वर्षा होती है। शीतकाल में स्थल से महासागरों की ओर चलने वाली पवनों से मौसम शुष्क हो जाता है। यह इस प्रदेश की विशिष्ट विशेषता है।

जलवायविक दशायें–मानसूनी पर्णपाती वन प्रदेश बायोम में मौसमानुसार पवनों की दिशा के परिवर्तन से एक विशिष्ट प्रकार की जलवायु सृजित होती है। पवन–दिशा में परिवर्तन से जलवायु के अन्य तत्वों में क्षैतिज एवं उर्ध्वाधर वितरण, उनकी क्रियायें, मात्र आदि प्रभावित होते हैं जिस कारण यहाँ शीत, ग्रीष्म एवं वर्षा–मौसम अनवरत रूप से विद्यमान हैं।

मानसूनी पर्णपाती वन प्रदेश में ग्रीष्मकाल में उच्च तापमान एवं उच्च वर्षा तथा शीतकाल में निम्न तापमान तथ अल्प वर्षा होती है। ग्रीष्मकाल का औसत तापमान 27° से 32° सेल्सियस तक होता है जबकि कहीं–कहीं (भारत के उत्तरी विशाल मैदान) पर इस काल में 37° से 49° सेल्सियस तापमान अंकित किया जाता है जिस कारण स्थानीय गर्म हवायें (लू) चलती है। मौसम अत्यन्त कष्टकारक

हो जाता है। शीतकाल में तापमान अत्यन्त नीचा हो जाता है। कुछ भागों में तापमान 0° सेल्सियस से भी कम हो जाता है।

मानसूनी पर्णपाती वन प्रदेश वर्षाधिक वाला क्षेत्र है। वर्षा का 80 प्रतिशत भाग ग्रीष्म काल से प्राप्त होता है। ग्रीष्म काल में महासागरों से मानसूनी हवायें स्थल की ओर प्रवाहित होती है। पर्वतो के टकराने, आरोहित होने तथा अन्य अनुकूल परिस्थितियों के कारण भारी वर्षा करती है। यहाँ की औसत वार्षिक वर्षा 150 से 200 सेमी. होती है परन्तु वर्षा का वितरण प्रत्येक स्थान पर समान नहीं है। शीतकाल में स्थलीय पवनों का महासागरों की ओर प्रवाह तथा चक्रवाती दशाओं की उत्पत्ति के कारण वर्षा होती है। मानसूनी वर्षा में परिवर्तनशीलता पायी जाती है। साथ–ही–साथ वार्षिक, मासिक तथा स्थानिक वर्षा की मात्र में भी परिवर्तन अंकित किया जाता है।

मानसूनी वर्णपाती वन प्रदेश में तापमान एवं वर्षा की प्रवृत्ति का प्रभाव यहाँ के जीव–जन्तुओं एवं वनस्पतियों पर परिलक्षित होता है। यही कारण है कि यहाँ की अधिकांश वनस्पतियाँ पर्णपाती हैं जो शरदकाल के अन्त में अपनी पत्तियाँ गिरा देती है। पक्षियाँ तथा अन्य प्राणी भी अपने मूल स्थान से प्रवास करते हैं।

8. मरुस्थलीय जीवोम

सामान्यतया मरुस्थलों में वनस्पति का अभाव होता है। यहाँ वनस्पति मरुद्भिद और छितरी (Scarce) होती है। इन क्षेत्रों की शुष्कता (Aridity) मुख्य विशेषता है, किन्तु तापमान उच्च और निम्न हो सकता है। इसलिए दो प्रकार के मरूस्थल होते हैं –(1) गर्म मरूस्थल, (2) ठण्डे मरूस्थल। दोनों प्रकार के मरूस्थलों में वार्षिक वर्षा 40 सेमी. से अधिक नहीं होती है। इन क्षेत्रों में वर्षा वर्ष के कुछ ही महीनों में होती है। गर्म मरूस्थलों के उदाहरण हैं–अफ्रीका, में 'सहारा', भारतीय उपमहाद्वीप में 'थार', एशिया में 'अरब', उत्तरी अमेरिका में 'कोलोरेडो' तथा 'ऐरिजोना' दक्षिणी अमेरिका में 'पेरूविया', दक्षिणी अफ्रीका में 'कालाहारी' और समस्त पश्चिमी आस्ट्रेलिया महाद्वीप। ये सभी मरूस्थल या तो बालू से ढके हुए हैं अथवा चट्टानी सतह वाले हैं। ठण्डे रेगिस्तानों में सतह बर्फ से ढकी हुई रहती है जहाँ शुष्कता पाई जाती है। ऐसे स्थानों पर वनस्पति बहुत ही कम होती है। इनके उदाहरण है–टुण्ड्रा, भारत के लद्दाख, मध्य एशिया में तिब्बत, सिक्यांग, गोबी और तारिम एवं कनाडा के उत्तरी भाग।

सागरीय बायोम

सागरों एवं महासागरों में जल का विपुल भण्डार है, जिसकी एक निश्चित गहराई तक ही पौधों एवं जीवों का विकास सम्भव होता है। सागर जल का तापमान, लवणता, सूर्य प्रकाश की प्राप्ति, गैसें (CO_2 एवं O_2), सागरीय धाराओं का प्रभाव एवं गुण, ज्वार–भाटा, मग्न तटों की स्थिति एवं बनावट आदि का प्रभाव

जीवों एवं वनस्पतियों पर परिलक्षित होता है। साथ–ही–साथ ये सभी सागरों एवं महासागरों में समान रूप से नहीं है जिस कारण अनेक सागरीय बायोम का निर्माण हो गया है। सागरीय बायोम को निम्नांकित प्रकारों में विभक्त किया जा सकता है–

(1) महाद्वीपीय मग्न तटीय बायोम (4) सरिता बायोम,

(2) खुला सागर जलीय बायोम, (5) झील बायोम तथा

(3) उर्ध्वगामी सागर जलीय बायोम, (6) तालाब बायोम

महाद्वीपीय मग्न तटीय बायोम–महाद्वीपों के किनारे निर्मित मग्न तटों पर होता है। यहाँ पर जल की गहराई 100 फैदम तक होती है। इसके समस्त ऊपरी सतह पर सूर्य–प्रकाश की प्राप्ति होती है। परन्तु गहराई के साथ प्रकाश एवं तापमान में न्यूनता आती है। साथ–ही–साथ नदियों द्वारा निक्षेपित अवसाद की मात्र एवं गुण का प्रभाव भी पड़ता है। ज्वारा–भाटा, सागरी लहरें आदि इस बायोम की वनस्पतियों एवं जीव–जन्तुओं को प्रभावित करती हैं। भूमध्य रेखा से 40° अक्षांशों (दोनों गोलार्द्ध) के बाद वनस्पतियों एवं जीवों के विकास की प्रतिकूल परिस्थितियाँ विद्यमान हो जाती है। अनेक प्रकार की मछिलियाँ तथा छोटे जीव एवं वनस्पतियाँ इस बायोम में पायी जाती हैं।

खुला सागर जलीय बायोम की परिस्थितियाँ जीवों एवं वनस्पतियों के लिए अत्यन्त महत्त्वपूर्ण होती है। परन्तु अधिक गहराई पर जाने पर इनका विकास मन्द हो जाता है **उर्ध्वगामी सागरीय बायोम** में जीवों एवं वनस्पतियों का विकास कम होता है। **सरिता, झील** तथा तालाब बायोम की परिस्थितयाँ भिन्न–भिन्न होती है, जिस कारण प्रत्येक बायोम में वनस्पतियों एवं जीवों का विकास भिन्न–भिन्न होता है।

▣▣▣

11

भारत में जैव विविधता

भारत में विभिन्न प्रकार की जलवायु एवं धरातलीय दशाएं विद्यमान है। इन विभिन्नताओं के परिणामस्वरूप ही हमारे देश भारत प्राणी एवं वनस्पति की विविधता पायी जाती है। भारत में जैव विविधता की समृद्धता है और वनस्पति की समृद्धता के आधार पर भारत विश्व में दसवें स्थान पर है। जैव–विविधता सभी जीवों व परिस्थितिक तंत्र की विभिन्नता एवं असमानता को कहा जाता है।

पर्यावरण में विभिन्न प्रकार के प्राणियों और वनस्पतियों का समावेश है। इनकी उपस्थिति के संतुलित अनुपात से ही परिस्थितिक तंत्र का सुचारू रूप से संचालन संभव हो पाता है। पर्यावरण का यह संतुलन असंतुलित भी हो जाता है। इसका कारण प्राणियों और वनस्पतियों में सम्बन्धगत अनुपात के असंतुलन से उत्पन्न होने वाली बाते प्रमुख है। पर्यावरण में देखा जाय तो जैव–विविधता के दिन–प्रतिदिन वृद्धि पायी जा रही है। इसके अन्तर्गत असंख्य प्राणियों जीव जंतुओं तथा पादपों, वनस्पत्तियों की उपस्थिति का अध्ययन शामिल है। पृथ्वी के विभिन्न–क्षेत्रों में जैव विविधता का रूप अलग–अलग है। इसके अन्तर्गत कही प्राणियों, वनस्पतियों की प्रजातियों में व्यापकता दिखाई देती है, तो कही इसमें विरलता का समावेश है। परिस्थितिक संतुलन के लिए वन मैं जैव विविधता की भूमिका उल्लेखनीय है। गत दशकों में कई

समस्याओं की वजह से जैव मण्डल की समस्याएं उभरकर सामने आई है और एक वैज्ञानिक अध्ययन के अनुसार, कई प्रकार की मानवीय क्रियाओं की वजह से पृथ्वी की 4 करोड़ प्रजातियाँ में से लगभग 10 हजार जैव प्रजातियों का प्रतिवर्ष समापन या विलोप हो रहा है। इसी तरह सागरीय जल के प्रदूषित होने से भी सागरीय जीवों की असंख्य प्रजातियाँ नष्ट होती जा रही है। वनों के विनाश, कृषि क्षेत्रों में विस्तार, कृषि उत्पादन बढ़ाने हेतु कृत्रिम उर्वरकों एवं कीटनाशकों के प्रयोग, मृदा अपरदन, विद्युत संयंत्रों, बांधों, जलाशयों आदि के निर्माण, औद्योगीकरण, नगरीकरण आदि मानवीय क्रियाओं के कारण भू–तल पर जैव विविधता में ठ्रास होता जा रहा हैं। जैव विविधता में ठ्रास से उत्पन्न होने वाले पर्यावरण असंतुलन एवं भयानक संकटों के प्रति दो–तीन दशकों से विश्व समुदाय में जागरूकता आयी है एवं अन्तर्राष्ट्रीय समस्याओं में जैव विविधता में ठ्रास की समस्या प्रमुख हो गयी हैं। विश्व में सृष्टि एवं पारिस्थितिक संतुलन को बनाये रखने हेतु विविध प्रकार के जीवों तथा वनस्पतियों का अस्तित्व परमावश्यक हैं।

पर्यावरण को संतुलित एवं सुरक्षित बनाए रखने के लिए जैव विविधता एक जरूरी तथ्य है। लेकिन पिछली शताब्दियों में होने वाले तीव्र औद्योगीकरण, नगरीकरण, कृषि में विस्तार तथा प्रकृति से मनुष्य के उपभोगवादी सम्बंध से अपने संसार में जैव विविधता की सुरक्षा खतरे में पड़ गयी है। इन प्रक्रियाओं से पर्यावरण प्रदूषण का भयावह खतरा उत्पन्न हुआ है जिससे प्राणियों एवं वनस्पतियों की बहुत सी प्रजातियों का विनाश हो रहा है इसको जानना जरूरी हैं। क्योंकि ये प्रक्रियाएं मनुष्य के जीवन को कई तरह की भयानक समस्याओं की और ले जा रही है।

जैव विविधता में ठ्रास के प्रमुख कारण

जैव विविधता में ठ्रास के लिए प्राकृतिक एवं मानवीय दोनों प्रक्रियाएं उत्तरदायी हैं। पृथ्वी के जीवमंडल में जाति उद्भवन (Speciation) और जाति विलोप (ectinction of species) की प्रक्रियाएं जैव विकास के साथ क्रियाशील होती हैं। उल्लेखनीय है कि प्राकृतिक कारणों से जातियों का विलोपन एक प्राकृतिक पारिस्थितिक प्रक्रिया है जिसके तहत जाति उद्भवन, विसरण एवं विलोपन में गतिक संतुलन बना रहता है और इससे सामान्यतः भयंकर पर्यावरणीय समस्याएं नहीं उत्पन्न होती हैं। किन्तु मानव जन्य कारणों से होने वाली जाति विलोपन की प्रक्रिया अनपेक्षित और तीव्रगति से क्रियाशील होती हैं, जिसके कारण पारिस्थितिक संतुलन विनष्ट हो जाता है और अनेक प्रकार की भयानक एवं संहारक पर्यावरणीय समस्याएं उत्पन्न होती हैं, जो मानव जीवन सहित अन्य प्राणियों, सूक्ष्म जीवों तथा पादपों वनस्पतियों के लिए घातक होती हैं। आधुनिक काल में जैव विविधता में तीव्र ठ्रास हेतु मुख्यतः मानव जन्य क्रियाएं ही उत्तरदायी हैं जिनका विवरण निम्नलिखित है।

1. पशुओं का आखेट–विभिन्न प्रकार के पशुओं तथा जन्तुओं का शिकार हिंसक पशु–पक्षी और मानव द्वारा किया जाता है। हिंसक पशु–पक्षियों के शिकार से साधारणतः किसी प्राणि प्रजाति का विलोपन नहीं होता है। वर्तमानकालीन आर्थिक मानव ने अधिक–से–अधिक लाभ प्राप्त करने के उद्देश्य से कई तरह के वन्य प्राणियों, जल जीवों, पक्षियों आदि का अंधाधुंध आखेट करके उनके अस्तित्व के लिए खतरा उत्पन्न कर दिया है। वन विनाश के साथ ही गलत रूप से वन्य पशुओं के शिकार किये जाने से बाघ, हाथी, शेर, काले हिरन आदि कई पशुओं की संख्या घटती जा रही है और कुछ का तो अस्तित्व भी खतरे में है। अत्यधिक आखेट के कारण विविध सागरीय भागों में कुछ विशिष्ट मत्स्य प्रजातियाँ लुप्तप्राय हो चुकी हैं और कुछ लुप्त होने के कगार पर हैं।

2. निर्वनीकरण–तीव्र गति से बढ़ती जनसंख्या के भरण–पोषण के लिए वृहत पैमाने पर वनों को साफ करके कृषि क्षेत्र में विस्तार किया जा रहा है। उष्ण कटिबंधीय वनों के कई भागों में आदिम जातियों द्वारा की जाने वाली स्थानांतरणशील कृषि के लिए वन वृक्षों को काटकर प्रति दो–तीन वर्ष पश्चात नयी भूमि पर खेती की जाती है। औद्योगिक विकास और नगरीकरण के कारण भी वनों का विनाश होता रहा है। वनों के विनाश से विविध प्रकार के पादपों की विभिन्न प्रजातियाँ समाप्त हो जाने से वनों में रहने वाले पशुओं, पक्षियों तथा सूक्ष्म जीवों की कई प्रजातियाँ हमेशा के लिए समाप्त हो जाती हैं। वन असंख्य प्रकार की वनस्पतियों तथा छोटे–बड़े जन्तुओं के आवास होते हैं। वन मानव सहित प्रत्येक प्राणियों के लिए प्राण वायु ऑक्सीज़न प्रदान करते हैं एवं पर्यावरण को संतुलित रखते हैं। वन जैव विविधता के सबसे मुख्य संरक्षक होते हैं। अतएव वनों के विनाश से पादपों तथा प्राणियों की संख्या स्वतः कम हो जाती है।

प्राकृतिक आवासों के समाप्त हो जाने के फलस्वरूप अनेक जंगली पशु, वनस्पतियां एवं सूक्ष्म जीव नष्ट एवं लुप्त हो जाते हैं और पारिस्थितिक असंतुलन की स्थिति पैदा हो जाती है। वनों का विनाश प्राकृतिक एवं मानवीय दोनों कारणों से होता है। परन्तु मानव के द्वारा विनाश किये गये वन हमेशा के लिए समाप्त हो जाते हैं जबकि प्राकृतिक कारणों से विनिष्ट वन कुछ समय बाद फिर उग जाते हैं। बढ़ती जनसंख्या के भरण–पोषण के लिए कृषि क्षेत्र में विस्तार, ग्राम एवं नगर के रूप में आवासीय क्षेत्र में विस्तार, ग्राम एवं नगर के रूप में आवासीय क्षेत्र का विस्तार, कारखानों की स्थापना, विद्युत संयंत्रों एवं जलाशयों के लिए विस्तृत भूमि को प्राप्त करने जैसे अनेक उपयोगों के लिए वनों को काटा जाता रहा हैं। जैव विविधता में ह्रास का सर्वाधिक महत्त्वपूर्ण कारण वन विनाश है।

3. पर्यावरण प्रदूषण–वैश्विक स्तर पर पर्यावरण की समस्या व्याप्त है जिनमें इस प्रदूषण का जिम्मेदार मानव ही है। पर्यावरण पदूषण में वायु प्रदूषण, जलप्रदूषण, मृदा प्रदूषण, क्रिया धर्मी प्रदूषण आदि समस्याओं से असंख्य वनस्पतियों एवं जीव–जंतुओं

के अतिरिक्त संकट उत्पन्न हो गया है। कई प्रकार के पशु पक्षी जलीय जीव सूक्ष्म जीव पर्यावरण के प्रदूषण से नष्ट हो जाते हैं। इसे गिद्धों के विलोपन की घटना के रूप में इटवा जा सकता है। एक वैज्ञानिक रिपोर्ट अनुसार पशुओं से इलाज में प्रयुक्त होने वाली दर्द निवारक दवाईयाँ गिद्धों के विनाश का बड़ा कारण बनी भारत में पाए जाने वाले लम्बी गरदन एवं चोंच वाले गिद्ध इसी वजह से विलुप्त हुए कई अन्य प्रजाति के प्राणी का अस्तित्व भी संकट से घिरा है। इन्हें संकटग्रस्त प्रजाति के नाम से जाना जाता है। प्राकृतिक या मानवजन्य कारणों से उत्पन्न वायु प्रदूषण, जल प्रदूषण, मृदा प्रदूषण, रेडियोधर्मी प्रदूषण आदि के द्वारा असंख्य प्रकार के वानस्पतिक एवं जीव–जन्तुओं का जीवन काफी खतरे में पड़ जाता है वर्तमान समय में विस्फोट के रूप में औद्योगीकरण, नगरीकरण, जीवाश्म ईंधनों के ज्यादा प्रयोग, कृषि उत्पादन हेतु कीटनाशकों एवं रासायनिक उर्वरकों के उपयोग आदि के द्वारा पर्यावरण प्रदूषण में चिन्तनीय बढ़ोत्तरी हुई है। पर्यावरण के प्रदूषित हो जाने से कई प्रकार के पशु, पक्षी, जलीय जीव तथा सूक्ष्म जीव नष्ट हो जाते हैं। एक रिपोर्ट के अनुसार पशुओं के इलाज में प्रयुक्त होने वाली दर्द निवारक दवाइयां गिद्धों के जीवन के लिए खतरा बन गयी हैं। ऐसी जहरीली दवाओं को खाने वाले जानवर के शव को खाने के गिद्धों की मृत्यु हो जाती है। भारत में मरने वाले गिद्धों में एक तिहाई की मृत्यु इसी कारण से हो रही है। भारत में 99 प्रतिशत सफेद गिद्धों तथा लम्बी गरदन एवं लम्बे चोंच वाले 95 फीसदी गिद्धों का सफाया पहले ही हो चुका है। इस रफ्तार से पर्यावरणीय प्रदूषण के कारण कुछ ही वर्षों में हमारे देश से गिद्धों का पूरा–पूरा सफाया हो जायेगा।

तटवर्ती सागरीय जल में आयल टैंकरों से खनिज तेल के रिसाव से या तेल वाहक जलपोतों के दुर्घटनाग्रस्त होने पर यदा–कदा तटीय सागरों के जल की सतह पर खनिज तेल बड़ी शीघ्रता से फैल जाता है और सागरीय जल विषाक्त हो जाता है, जिससे मछलियों सहित कई सागरीय जीव मर जाते हैं।

जैव विविधता का संरक्षण

जैव–विविधता का आर्थिक, पर्यावरणीय, समाजिक एवं सांस्कृतिक महत्त्व उसके संरक्षण के विषय पर बल देता है। वन्य जीवन कोई शिकार की वस्तु नहीं है बल्कि प्रकृति द्वारा दिया हुआ एक निःशुल्क उपहार है। आज–कल जैव–विविधता के लिए विश्व स्तर पर विभिन्न कदम उठाये जा रहे हैं इस सन्दर्भ में उठाएं गये हैं, जो निम्नलिखित हैं।

1. प्रथम विश्व स्तरीय पृथ्वी सम्मेलन–पृथ्वी तथा उसके पर्यावरण की सुरक्षा एवं जैव विविधता के संरक्षण हेतु 1992 में 3 से 14 जून तक चलने वाले अन्तर्राष्ट्रीय सम्मेलन का आयोजन ब्राजील के रियोडिजेनेरो नगर में किया गया था। इसे **'पृथ्वी बचाओ सम्मेलन'** (Save the Earth Conference), **पृथ्वी सम्मेलन** (The

Earth Conference) और **रियो सम्मेलन** के नाम से जाना जाता है। इस सम्मेलन में विकसित तथा विकासशील देशों के संपूर्ण 178 देशों के प्रतिनिधियों ने हिस्सा लिया था। इस सम्मेलन में पर्यावरणीय विषयों के अतिरिक्त जैवविविधता को समृद्ध बनाने के लिए तीन प्रमुख बिन्दुओं पर विचार किया गया जो इस प्रकार हैं–(1) जैव विविधता के संरक्षण को सुनिश्चित करना, (2) जैव सम्पदा का संपोषणीय उपयोग, और (3) जननिक (मूल) संसाधनों का उपयोग करने से प्राप्त होने वाले लाभ की समुचित तथा बराबर की भागीदारी का होना। तीसरे प्रस्ताव के अनुसार किसी देश की जैव सम्पदा पर उसका पूरा अधिकार हैं और उससे प्राप्त लाभ पर भी उसका पूर्ण अधिकार बनता है। अगर कोई अन्य देश इसका व्यापारिक स्तर पर उपयोग करता है तो वह उससे प्राप्त होने वाले लाभ की हिस्सेदारी के लिए समझौता कर सकता है। इस प्रस्ताव को 1993 से क्रियान्वित किया गया लेकिन उपलब्धि वांक्षित लक्ष्य से बहुत दूर रही है।

2. द्वितीय वैश्विक पृथ्वी सम्मेलन–प्रथम पृथ्वी सम्मेलन (रियो सम्मेलन) के पांच वर्ष बाद 1997 में न्यूयार्क में द्वितीय पृथ्वी सम्मेलन का आयोजन 23 से 27 जून, 1997 को किया गया। इस सम्मेलन में कुल 170 देशों के प्रतिनिधियों ने हिस्सा लिया। इस सम्मेलन का उद्देश्य रियो सम्मेलन में पारित प्रस्तावों एवं कार्यक्रमों के क्रियान्वयन एवं प्रगति का मूल्यांकन करना था। इस सम्मेलन के अंत में कोई ठोस प्रस्ताव पारित नहीं हो पाया जिसका मुख्य कारण विकसित एवं विकासशील देशों के दृष्टिकोण में अधिक मतभेद का होना था।

3. तृतीय पृथ्वी सम्मेलन--तृतीय पृथ्वी सम्मेलन का आयोजन दक्षिण अफ्रीका संघ की राजधानी जोहांसबर्ग में 26 अगस्त से 4 सितम्बर, 2002 तक किया गया था। इसे 'पोषणीय विकास पर विश्व सम्मेलन' (World Summit on Sustainable Development) के नाम से जाना जाता है। इस सम्मेलन में गरीबी उन्मूलन, विश्व व्यापार, मत्स्य संसाधन, गैर परम्परागत ऊर्जा, जल एवं स्वच्छता आदि विषयों के साथ ही जैव पिविधता पर भी विचार विमर्श किया गया। इस सम्मेलन में दुर्लभ तथा संकटापन्न (rare and threatened) प्राणियों तथा वनस्पतियों की प्रजातियों के विलोपन दर (extinction rate) में 2010 तक भारी कमी लाने पर सहमति व्यक्त की गयी। इसमें यह तय किया गया कि विकासशील देशों की जैव विविधता की जीन सम्पदा के उपयोग से जो लाभ प्राप्त होगा उसमें जीन सम्पदा के प्रमुख देशों को भी हिस्सा दिया जायेगा।

भारत में वन्य जीवन

भारत विश्व के समृद्ध जैव–विविधता राष्ट्रों में एक है। जैव–विविधता में अफ्रीका पहला और भारत का दूसरा स्थान है। जहाँ जैव उद्विकास तथा वन्य जीवन हेतु जरूरी पर्यावरणीय दशाओं में अधिक विविधता पायी जाती है। यद्यपि

वन्य जीवन की प्रचुरता में अफ्रीका को अग्रणीय माना जाता है किन्तु वन्य जीवन की विविधता में भारत अफ्रीका से भी ज्यादा समृद्ध है। विश्व में जैव विविधता की दृष्टि से भारत अफ्रीका के बाद दूसरा सबसे समृद्ध देश है। भारत में प्राणियों एवं वनस्पतियों की व्यापक विविधता देखने को मिलती है भारतीय वन्यजीवन की चर्चा इस प्रसंग में महत्त्वपूर्ण है। भारत के वन जैव समृद्धि की दृष्टि से उल्लेखनीय हैं। भारतीय वनों में संसार के तकरीबन एक तिहाई जैव प्रजातियों का अस्तित्व पाया जाता है। इस दृष्टि से भारतीय वन एवं भूमि जैव सम्पन्नता से समृद्ध है। यह दुनिया के अन्य देशों की तरह प्राणियों एवं वनस्पतियों के वास की दृष्टि से भारत में भी प्राकृतिक अधिवासों का काफी विनाश हुआ है और इससे कई प्राणियों, पादपों का लोप हुआ है। इसके बावजूद भारत में वन्य प्राणियों तथा तमाम प्रजातियों का विवरण इस प्रकार है–जैव विविधता की दृष्टि से आज भी भारत विश्व में शीर्ष देश है।

आधुनिक काल में वन्य जन्तुओं एवं उनके वास स्थानों (habitat) के व्यापक विनाश के कारण भारत की वन्य जीव सम्पदा की काफी क्षति हुई है जिसके फलस्वरूप वन्य जन्तुओं की कई प्रजातियाँ लुप्तप्राय हो गयी हैं और कई प्रजातियाँ विलुप्त होने के कगार तक पहुँच गयी हैं। वर्तमान समय में भारत में वन्य जन्तुओं की प्रजातियों की संख्या निम्नलिखित है–

1. वन्य पक्षी (Wild birds)–लगभग 2510 प्रजातियाँ,
2. वन्य स्तनी प्रजातियाँ–लगभग 350 प्रजातियाँ,
3. कीट तथा अन्य अकशेरुकी प्रजातियाँ–लगभग 30,000 प्रजातियाँ।

जंगली जीव–जन्तुओं का वितरण : भारतीय परिप्रेक्ष्य में

1. **हिमालय पर्वतीय क्षेत्र**–हिमालय के उच्चवर्ती भागों में पाये जाने वाले वन्य प्राणियों में कस्तूरी मृग, लम्बे बालों वाली भेड़ें, बकरियाँ, हिम चीते, भालू आदि प्रमुख हैं। हिम तीतर (Snow Patridge) तथा गरुड़ इस क्षेत्र के प्रमुख पक्षी हैं। निचले पर्वतीय ढालों पर कुरंग (ऐन्टीलोप), छछूँदर, खरगोश, नेवले, गिलहरी, भेड़िया, रंगबिरंगी लोमड़ियाँ आदि वन्य प्राणी पाये जाते हैं।

(i) तराई क्षेत्र–हिमालय के दक्षिण संकीर्ण तराई क्षेत्र में विभिन्न तरह के शाकाहारी और मांसाहारी जन्तु मिलते हैं। शाकाहारी जन्तुओं में मृग, कुरंग (एन्टलोप), हाथी, एक श्रृंगी गैंडे और मांसाहारी जन्तुओं में श्रृंगाल, तेंदुआ, लकड़बग्घा, बाघ आदि प्रमुख हैं। जलाशयों में मगरमच्छ और घड़ियाल पाये जाते हैं।

(ii) गंगा का मैदान क्षेत्र–पंजाब से लेकर पश्चिम बंगाल के सुन्दरवन तक फैले हुए समतल मैदानी भाग में विभिन्न प्रकार के वन्य जन्तु पाये जाते हैं। गंगा के मैदानी क्षेत्रों में पाये जाने वाले शाकाहारी जन्तुओं में कुरंग, मृग, हाथी, बंदर, सांभर आदि एवं

मांसाहारी जन्तुओं में जंगली कुत्ते, चीते, तेंदुए, बाघ, भेड़िया आदि प्रमुख हैं।

(iii) पूर्वोत्तर भारत–वर्षा की अधिकता के कारण यहाँ सदाबहार वन पाये जाते हैं और यह सम्पूर्ण क्षेत्र हरे भरे जंगलों से आच्छादित रहता है। यहाँ घने जंगलों में चीता, बाघ, गैंडा, तेंदुआ, हाथी, बन्दर, नेवला, गंधविलाव (Civet), गिब्बन (कपि) आदि अधिक संख्या में पाये जाते हैं।

(iv) थार रेगिस्तान क्षेत्र–राजस्थान के थार रेगिस्तान में कुछ विशेष तरह के कुतरने वाले प्राणी पाये जाते हैं यथा–चूहा, मोर, छिपकली, फाख्ता (Dove), हुकना (Bustard) आदि। राजस्थान के अर्द्धशुष्क भागों में श्याम मृग (Black Buck) प्रायः देखने को मिल जाते हैं।

(v) मध्य तथा दक्षिणी भारत क्षेत्र–पश्चिमी समुद्र तटीय हिस्सों एवं नीलगिरि के जंगलों के नेवला, बंदर, गंधविलाव तथा विभिन्न प्रकार की पक्षियों की चहचहाट सुनने को मिलता है अधिक वर्षा वाले पूर्वी समुद्रतटीय क्षेत्रों में हाथी, साही, लीजर, रीछ, गोर, पैंगोलिन आदि जन्तु मिलते हैं। आंतरिक हिस्सों में अनेक प्रकार के जंतु पाये जाते हैं जिनमें हाथी, बाघ, भालू, बंदर तथा विभिन्न प्रजातियों के पक्षी प्रमुख हैं। नदियों तथा जलाशयों में मगरमच्छ और घड़ियाल भी ज्यादा संख्या में पाये जाते हैं।

2. **लुप्तप्राय जीवों के संरक्षण का प्रयास**–वन्य जीवों तथा उनके आवासों को सुरक्षित रखने हेतु भारतीय केन्द्र सरकार तथा विविध राज्य सरकारों द्वारा कई तरह विभिन्न प्रकार के महत्त्वपूर्ण कदम उठाये गये हैं। इसके लिए देश के विविध भागों में अनेक संरक्षित क्षेत्र बनाये गये हैं। जिसके तहत राष्ट्रीय उद्यान, अभयारण्य, प्रकृति आरक्षित क्षेत्र, जीवमंडल आरक्षित क्षेत्र आदि शामिल हैं। भारत में संकटापन्न प्रजातियों को संरक्षण प्रदान करने के उद्देश्य से कतिपय विशिष्ट परियोजनाओं का संचालन किया जा रहा है, निम्नलिखित हैं–

(i) व्याप्त परियोजना–इस परियोजना का प्रारंभ अप्रैल 1973 में किया गया, जिसके तहत देश के 9 राज्यों में बाघों के संरक्षण के लिए 9 बाघ आरक्षण क्षेत्रों की स्थापना की गयी। सन् 2000 तक भारत के 14 राज्यों में कुल 27 बाघ आरक्षण क्षेत्र स्थापित किये जा चुके थे जिनका विस्तार करीब 38 हजार वर्ग किमीॉ क्षेत्र पर है। ये आरक्षित क्षेत्र पलामू, मेलाघाट, रणथम्भौर, सुन्दरवन, सिमलीपाल, बक्सा, इन्द्रावती, पेरियार, सरिस्का, नागार्जुन सागर, दुधवा, काटरनिया, घाट, बाल्मीकी, पैच, बांधवगढ़, पन्ना, भद्रा, पेंच, बांदीपुर, नगरहोल, कान्हा, मानस, कार्बेट, सतपुड़ा, पंचमढ़ी आदि स्थानों पर स्थित हैं।

(ii) गैण्डा परियोजना–1987 में असम में गैण्डों के संरक्षण हेतु यह परियोजना शुरू किया गया।

(iii) हाथी परियोजना–हाथियों के संरक्षण के उद्देश्य से इस परियोजना का

आंरभ 1992 में किया गया।

(iv) हिम तेंदुआ परियोजना–हिम तेंदुओं के संरक्षण हेतु हिमाचल प्रदेश में 12 केन्द्र स्थापित किये गये हैं।

(v) घड़ियाल प्रजनन परियोजना–इस परियोजना का प्रारंभ सबसे पहले 1975 में उड़ीसा के टिकरपाड़ा नामक स्थान पर किया गया। 1975–78 के समय में कुल 16 घड़ियाल (मगरमच्छ) केन्द्र विकसित किये गये। इस परियोजना के तहत 11 अभयारण्य घोषित किये गये जिनमें कृष्णा अभयारण्य (आंध्र प्रदेश) और चंबल अभयारण्य (उ. प्र., म. प्र. एवं राजस्थान) देश के सबसे ज्यादा विस्तृत घड़ियाल अभयारण्य हैं।

(vi) गिर सिंह परियोजना–सिंहों के संरक्षण के लिए 1972 में यह परियोजना शुरू की गयी। यह परियोजना सौराष्ट्र (गुजरात) के गिरवन में संचालित की गयी जो एशियाई सिंहों का सिर्फ आवास (habitat) है। गिर अभयारण्य का विस्तार 1412 वर्ग किमीॉ क्षेत्र पर है। इसे राष्ट्रीय परियोजना घोषित किया गया है।

(vii) जीवमंडल आरक्षित क्षेत्र–भारत के संकटग्रस्त प्राणियों एवं पादपों के संरक्षण के लिए समाजवादी गैर सरकारी स्तर पर कई महत्त्वपूर्ण प्रयास किए जा रहे हैं। इसमें केन्द्र तथा राज्य सरकार के प्रयास शामिल है भारत में इस कार्यक्रम के अन्तर्गत समस्त वन क्षेत्र संरक्षित क्षेत्र घोषित किया गया है और इन्हे राष्ट्रीय उद्यान अभयारण्य, प्रकृति आरक्षित क्षेत्र, जीव मंडल आरक्षित क्षेत्र आदि में बाँटा गया है। भारत में संकटापन्न वन्य प्राण्यिों एवं वनस्पतियों के संरक्षण के लिए कई महत्त्वपूर्ण परियोजनाओं की शुरूआत की गई है–

3. **भारत में लुप्तप्राय वन्य जन्तु प्रजातियाँ**–भारत में पाये जाने वाले जन्तुओं की कई प्रजातियाँ संकटग्रस्त और विलुप्त होने के कगार पर हैं। वन्य जन्तुओं के विलोप के कारणों में कृषि क्षेत्र में विस्तार, वनों का विनाश, नगरीकरण, औद्योगीकरण, अतिचारण, अवैध शिकार आदि प्रमुख हैं। भारत में विलुप्त होने के कगार पर पहुँच चुके वन्य जन्तुओं का विवरण निम्नांकित है–

(i) पक्षी वर्ग–पक्षियों में हंस, बाज, सारस, निकोबारी कबूतर, हार्नबिल, बत्तख, गिद्ध, ची, बस्टार्ड, फाल्कन, फीजेन्ट आदि की कुछ प्रजातियाँ विलुप्त हो चुकी है और कुछ शीघ्र ही विलुप्त होने वाली हैं।

(ii) जन्तु वर्ग–भारतीय बाघ, सिंह, लकड़बग्घा, भेड़िया कुत्ता, लाल लोमड़ी, जंगली बिल्ली, भारतीय एक सींग वाला गैंडा, एशियाई दो सींग वाला गैंडा, जंगली गधा, बारहसिंहा, अल्पाइन, कस्तूरी मृग, अंडमानी जंगली सुअर, वन्य कस्तूरी मृग, भारतीय पैंगोलिन, भारतीय कुरंग (एंटीलोप), जंगली भैंस, असमी खरगोश, उड़ने वाली गिलहरी, गांगेय डाल्फिन, बकीन ह्वेल, समुद्री डाल्फिन, हिमालयी हरा भालू,

नीलगिरी लंगूर, सुनहरा बंदर, पूँछदार मैकाक, हूलाक, गिब्बन आदि।

(iii) सरीसृप वर्ग—दलदलों तथा आर्द्र भूमियों और जलाशयों में रहने वाले अनेक रेंगने वाले जन्तु भी अपने अस्तित्व की लड़ाई लड़ रहे हैं। कई प्रकार के कछुए, मगरमच्छ, घड़ियाल, अजगर, छिपकलियाँ, सांप आदि संकटापन्न प्रजातियों के उदाहरण हैं।

(iv) अन्य जन्तु—कई प्रकार के कीड़े—मकोड़े तितलियाँ, बीटल, केकड़े, मेढक आदि।

4. जैव विविधता संरक्षण के भारतीय वैधानिक प्रयास—स्तवत्रंता पश्चात भारतीय सविधान में जैव विविधता के संरक्षण सम्बन्धी कानून को सम्मिलित किया गया है। 1970 के बाद जैव विविधता संरक्षण से सम्बंधित नीतियों एवं कानूनों को प्रभावशाली बनाये जाने के उद्देश्य से कई प्रबुद्ध भारतीय नागरिकों तथा स्वयंसेवी संगठनों ने जनहित याचिकाओं के द्वारा सरकार एवं प्रशासन पर जोर डालने का सराहनीय कार्य किया है। यद्यपि संवैधानिक प्रावधान देश में पूर्ण संरक्षण प्रदान करने में सक्षम हैं किन्तु विभित्र कारणों से सुलभ वैधानिक प्रावधानों का प्रयोग नहीं किया जा रहा है। हमारे देश में इसकी सुरक्षा हेतु विभिन्न प्रकार के कानून बनाये गये हैं जिनका उल्लंघन करना दण्डनीय है कुछ प्रमुख प्रावधानों व कानूनों का उल्लेखनीय किया गया है।

(i) संवैधानिक प्रावधान—भारतीय संविधान के खण्ड चार में राज्य के नीति निर्देशक सिद्धान्तों का वर्णन है। इसके अनुच्छेद 48 (क) में कहा गया है कि 'राज्य का यह प्रयत्न होगा कि वह पर्यावरण की रक्षा तथा सुधार करे एवं वनों एवं वन्य जीवों को संरक्षण प्रदान करे।'' इसी तरह नागरिकों के मौलिक कर्तव्यों के तहत अनुच्छेद 51 (क) में कहा गया है कि ''सभी नागरिक को वनों, झीलों, नदियों तथा वन्य जीवों सहित प्राकृतिक पर्यावरण का संरक्षण तथा सुधार करना चाहिए एवं प्रत्येक जीव के प्रति दया भाव रखना चाहिए।'' नागरिकों को जीवन का अधिकार प्रदान करने वाला अनुच्छेद 21 में जैव विविधता संरक्षण पर्यावरण संरक्षण की दिशा में एक प्रभावशाली यंत्र साबित हुआ है।

(ii) कानूनी प्रावधान—संवैधानिक प्रावधानों के अलावा जैव विविधता एवं पर्यावरण संरक्षण से संबंधित कई अधिनियम, उपनियम, अधिसूचनाएं एवं मार्गदर्शिकाए निश्चित की गयी है। इस दिशा में (a) वन्य जीव संरक्षण अधिनियम, 1972 (b) वन्य संरक्षण अधिनियम—1980, (c) राष्ट्रीय वन नीति, 1988 आदि प्रमुख हैं।

भारतीय संसद द्वारा 42वें संविधान संशोधन अधिनियम 1976 के अंतर्गत वनों को सविधान की समवर्ती सूची में डाल दिया गया जिससे केन्द्र सरकार और राज्य सरकारें मिलकर वनों के संरक्षण तथा संवर्धन का कार्य कर सकेंगी। इसके पहले वनों का प्रबंधन एवं प्रशासन राज्यों के हाथ में था। वन संरक्षण अधिनियम 1980 के द्वारा

केन्द्र सरकार विभिन्न राज्यों में स्थित वन भूमियों पर नियंत्रण रखती है और यह निर्धारित करती है कि वन भूमि का प्रयोग किसी अन्य प्रयोजन के लिए न हो सके। 1988 में इस अधिनियम को पहले से अधिक कठोर बना दिया गया और उसके उल्लंघन करने पर जुर्माने तथा दण्ड का प्रावधान कर दिया गया।

(iii) राष्ट्रीय वन नीतियाँ–सबसे पहले 1899 ई0 में ब्रिटिश सरकार ने भारतीय वन नीति बनाई थी। स्वतंत्रता प्राप्ति के पश्चात् 1952 में भारतीय वन नीति में जरूरी संशोधन किया गया। वनों के लगातार नष्ट होने से चिन्तित केन्द्र सरकार ने 1988 में राष्ट्रीय वन नीति (National Forest Policy, 1988) बनायी, जिसका मुख्य प्रावधान अग्रलिखित हैं–

(a) नदियों तथा झीलों के प्रवाह क्षेत्रों में मृदा अपरदन को रोकना तथा वहाँ की वनस्पतियों की सुरक्षा करना,

(b) वनों के संरक्षण एवं प्रबंधन में स्थानीय जनता को भागीदार बनाना और उनका मदद प्राप्त करना,

(c) वनों के कटाई को नियंत्रित करने के उद्देश्य से लकड़ी के विकल्पों की खोज करना और वनोत्पादों के सही उपयोग को प्रोत्साहित करना

(d) पारिस्थितिक संतुलन और पर्यावरण को स्थायित्व प्रदान करना,

(e) प्राकृतिक सम्पदा को संरक्षण प्रदान करना,

(f) राष्ट्रीय आवश्यकताओं की पूर्ति के लिए वनोंत्पादों का संवर्धन करना,

(iv) वन्य जीव संरक्षण अधिनियम–1972–गैर पालतू जीवों, वायु में उड़ने वाले पक्षियों, कीटों, रेंगकर चलने वाले जीवों तथा स्थल पर एवं जल में रहने वाले जीवों के संरक्षण के उद्देश्य से 1972 में वन्य जीव संरक्षण अधिनियम पारित किया गया। इसके प्रमुख प्रावधान जैसे–किसी वन्य जीव, उसके किसी अंग या उससे बने किसी सामान को साथ रखना अवैध है। अभयारण्य क्षेत्रों में मत्स्याखेट पर पूर्ण प्रतिबंध है। किसी वन्य जीव, उसके किसी अंग या अंग से निर्मित किसी वस्तु का व्यापार करना अवैध है। किसी वन्य जीव का शिकार करना, पकड़ना अथवा जाल में फंसाना दण्डनीय अपराध है। हाथी दांत और हिरण की सींग को रखने या उसकी बिक्री पर पूर्ण रोक है।

(v) जैव विविधता अधिनियम–2000–जैव–विविधता की सुरक्षा एवं संरक्षण के सन्दर्भ में भारत सरकार ने संसद में जैव–विविधता अधिनियम 2000 प्रस्तुत किया। इस विधेयक के प्रमुख पक्ष इस प्रकार थे–

किसी जैव संसाधन या जेनेटिक पदार्थ का पेटेन्ट अथवा बौद्धिक सम्पदा अधिकार को सरकार की अग्रिम अनुमति के पश्चात् ही प्राप्त किया जा सकता है।

देश के किसी भी जैव संसाधन या जेनेटिक (जीवीय) पदार्थ को सरकार की अनुमति के बिना किसी अन्य देश को हस्तांतरित नहीं किया जा सकता। इसमें प्राणि एवं पादप प्रजातियों के वास स्थान (habitat) तथा प्रजातियों को संरक्षण प्रदान किया जायेगा। जैविक सम्पदा के आंतरिक उपयोग को नियंत्रित करने का अधिकार भारत सरकार के पास होगा। समुचित विधान अथवा प्रशासकीय विधान द्वारा जैव संसाधनों के विषय में स्वदेशी ज्ञान को संरक्षण प्रदान किया जायेगा। इसके लिए स्थानीय प्रांतीय तथा राष्ट्रीय स्तर पर पंजीयन की व्यवस्था होगी। जैवीय विधि से परिवर्तित किये गये जीवों से उत्पन्न होने वाले खतरों से बचाव के लिए समुचित माध्यमों का प्रयोग किया जायेगा। किसी भी योजना को स्वीकृति प्रदान करने से पहले जैव विविधता के संरक्षण पर विचार किया जायेगा।

जनसंख्या विस्फोट की संकल्पना

आधुनिक सभ्यता के दौरान विश्व जनसंख्या को दुगुना होने में लगने वाले समय में कमी आई है परन्तु 20 वीं सदी में सर्वाधिक जनसंख्या की वृद्धि हुई। यहां जनसंख्या विस्फोट का अर्थ है, जनसंख्या में होने वाली तीव्र बढ़ोत्तरी जिसके कारण खाद्य पदार्थ तथा जीवन के लिए आवश्यक वस्तुओं एवं साधनों का अभाव उत्पन्न हो जाता है और जीवन का स्तर नीचे गिरने लगता है। विगत 50 वर्षों में विश्व के कई विकासशील देशों में जनसंख्या विस्फोट की स्थिति उत्पन्न हुई है जहाँ संसाधनों के विकास एवं विदोहन की तुलना में आबादी में ज्यादा तीव्रता से बढ़ोत्तरी हुई है। जनसख्या विस्फोट की संकल्पना अति आबादी या जनातिरेक से सम्बन्धित है। किसी देश या राज्य की जनसंख्या जब उसके पोषणीय क्षमता से ज्यादा हो जाती है और सामान्य जीवन स्तर निम्नतर हो जाता है जब अति जनसंख्या की समस्या उत्पन्न होती है। जिससे उपलब्ध भूमि और संसाधनों पर जनसंख्या का भार भी बढ़ता है और प्रति व्यक्ति खाद्यान्न एवं अन्य आवश्यक वस्तुओं की आपूर्ति कम हो जाती है। जनसंख्या विस्फोट के दो मौलिक कारण होते हैं;

(1) तीव्र जनसंख्या बढ़ोत्तरी, और

(2) आवश्यक संसाधनों में मन्द बढ़ोत्तरी।

माल्थस के सिद्धान्त के अनुरूप जनसंख्या में बढ़ोत्तरी ज्यामितीय दर अर्थात् 1 : 2 : 4 : 8 : 16 आदि अनुपात में होती है, लेकिन खाद्य पूर्ति में बढ़ोत्तरी अंकगणितीय दर अर्थात् 1 : 2 : 3 : 4 : 5 आदि अनुपात में होती है। इसलिए सामान्य दशा में जनसंख्या विस्फोट की स्थिति उत्पन्न होना स्वाभाविक है। मालूम हो कि प्राकृतिक जनसंख्या बढ़ोत्तरी कुल जन्मों और कुल मृत्युओं का परिणाम होती है। वास्तविक जनसंख्या बढ़ोत्तरी में आप्रवासी को जोड़ दिया जाता है और उत्प्रवासी जनसंख्या को घटा दिया जाता है।

द्वितीय विश्वयुद्ध के बाद करीब सभी देशों द्वारा स्वतंत्र जनसंख्या प्रवास पर रोक लगायी जा चुकी है, अतएव अब जनसंख्या बढ़ोत्तरी का मूल और प्रधान कारण कुल जन्मों और कुल मृत्युओं का अंतर (प्राकृतिक बढ़ोत्तरी) ही होता है। जननांकिकीय संक्रमण की प्रथम अवस्था में जन्मदर एवं मृत्युदर दोनों उच्च होते हैं, जिसके कारण जनसंख्या स्थायी होती है या काफी मंदगति से बढ़ती है। इस अवस्था में आबादी थोड़ी होती है एवं अर्थव्यवस्था अत्यंत पिछड़ी हुई होती है। जननांकिकीय संक्रमण की द्वितीय अवस्था में जन्मदर लगभग स्थिर होती है, किन्तु मृत्युदर में कमी होता जाती है जिसके परिणामस्वरूप जनसंख्या द्रुतगति से बढ़ने लगती है। जनयंख्या की तेज गति से बढ़ोत्तरी के अनुपात में खाद्य सामग्री तथा अन्य जरूरी वस्तुओं के उत्पादन में बढ़ोत्तरी न हो पाने पर अति जनसंख्या की समस्या उत्पत्र हो जाती है। आगे चलकर संक्रमण की तृतीय अवस्था में जन्मदर में भी कमी होने लगती है किन्तु यह मृत्युदर के पतन से कम रहता है। इस प्रकार अब भी जनसंख्या बढ़ोत्तरी तीव्र बनी रहती है। अतः जनांकिकीय संक्रमण की द्वितीय एवं तृतीय अवस्थाओं (जनसंख्या बढ़ोत्तरी की अवस्था) में जनसंख्या विस्फोट की प्रबल सम्भावना पायी जाती है।

जनसंख्या वृद्धि की प्रमुख समस्या विकासशील राष्ट्रों में परिलक्षित होती है। औद्योगिक दृष्टि से रूप से विकसित देशों में जनसंख्या का घनत्व ज्यादा होने पर भी वहाँ जनसंख्या विस्फोट की स्थिति नहीं है, क्योंकि वहाँ जीवनोपयोगी वस्तुओं एवं संसाधनों की कमी नहीं है और मृत्युदर की भाँति जन्मदर भी निम्नतम स्तर (10 प्रति हजार से नीचे) तक पहुँच गयी है जिसके कारण जनसंख्या लगभग स्थायी हो गयी या अत्यंत मंदगति से बढ़ रही है। और जनसंख्या की वृद्धि दर वहां के विकास दर से कम है।

जो देश अभी विकास के पथ पर है वहां की स्थिति बिल्कुल अलग है। विश्व के सबसे पिछड़े हुए–अफ्रीकी देश अंगोला, इथोपिया, जायरे, नाइजीरिया, कीनिया, तंजानिया, आदि में जन्मदर 45 हजार या इससे भी अधिक है किन्तु मृत्युदर 10 से 20 प्रति हजार के बीच है। इन देशों की वार्षिक बढ़ोत्तरी दर 3 फीसदी से अधिक है। लीबिया, यूगांडा, काँगो, नाइजर, गैम्बिया आदि अफ्रीकी देशों में भी जनसंख्या की वार्षिक बढ़ोत्तरी दर 3 प्रतिशत से अधिक है। दक्षिण–पश्चिमी एशिया के अनेक देशों में भी जनसंख्या की बढ़ोत्तरी दर उच्च है। सउदी अरब, कतर और ओमान में 4 फीसदी वार्षिक से अधिक और कुवैत, जार्डन, यमन, अफगानिस्तान आदि देशों में 3 फीसदी से ज्यादा वार्षिक वृद्धि हो रही है। एशिया में भारत, बाग्लादेश, पाकिस्तान, ईरान, इजराइल, टर्की, मलेशिया, फिलीपाइन्स आदि देशों, अफ्रीका में मिस्त्र, दक्षिण अफ्रीका, घाना, अल्जीरिया, नामीबिया, बोत्सवाना, सूडान आदि देशों तथा लैटिन अमेरिका में मैक्सिको, कोलम्बिया, पेरू, इक्वेडोर, वेनेजुएला, परागुवे आदि देशों में जनसंख्या की वार्षिक बढ़ोत्तरी दर 2 प्रतिशत या इससे उच्च है। इस तरह विश्व के अधिकांश विकासशील देश जनसंख्या विस्फोट की समस्या से गुजर रहे हैं।

जनसंख्या विस्फोट से उत्पन्न समस्याएं

किसी देश में उपलब्ध प्राकृतिक तथा मानवीय संसाधनों की तुलना में जब तीव्र बढ़ोत्तरी के कारण जनसंख्या ज्यादा हो जाती है, तब वहाँ कई प्रकार की सामाजिक, आर्थिक एवं जननांकिकीय समस्याएं उत्पत्र होती हैं जिनमें कुछ प्रमुख निम्नांकित हैं–

1. तीव्र जनसंख्या वृद्धि–जनसंख्या विस्फोट की अवस्था में तीव्र बढ़ोत्तरी दर 2 फीसदी से ऊपर रहती है। कुछ देशों में यह 4 प्रतिशत से भी ऊपर हो सकती है। भारत, बांग्लादेश, पाकिस्तान, मिस्र, इण्डोनेशिया, टर्की, मैक्सिको आदि विशाल जनसंख्या वाले विकासशील देशों में 2 प्रतिशत की वार्षिक बढ़ोत्तरी दर से ही प्रतिवर्ष 50 लाख से ज्यादा जनसंख्या बढ़ जाती है। तेजी से बढती हुई जनसंख्या के लिए भोजन, वस्त्र, आवास आदि की समस्याएं बढ़ती जा रही है। पिछले दो दशकों में चीन की जन्मदर में काफी कमी (16 प्रति हजार के नीचे) आयी है और यह जनसंख्या विस्फोट की अवस्था से बाहर निकल आया है, किन्तु दूसरे विकासशील देशों में परिवार नियोजन कार्यक्रम प्रभावी तरीके से लागू नहीं हो पाने के कारण जनसंख्या बढ़ती जा रही है।.

2. निर्धनता एवं बेरोजगारी–जनसंख्या विस्फोट की स्थिति विकासशील देशों में पायी जाती है, जहाँ अधिकांश जनसंख्या कृषि तथा प्राथमिक कार्यों में सलंग्न होती है और उद्योग, व्यापार, सेवाओं आदि द्वितीयक एवं तृतीयक क्षेत्रों का विकास अधूरा है। कृषि भूमि सीमित होने तथा यंत्रीकरण आदि कारणों से कृषि क्षेत्र में रोजगार के अवसर सीमित होते हैं। जनसंख्या वृद्धि से प्रति व्यक्ति उपलब्ध कृषि भूमि की मात्र लगातार घटती जा रही है। इस तरह विकासशील देशों में बेरोजगारी में बढ़ोत्तरी से ग्रामीण निर्धनता में वृद्धि होती है। रोजगार आवश्यक ग्रामीण क्षेत्रों से नगरीय क्षेत्रों हेतु जनसंख्या के पलायन से नगरों में भी जरूरत से अधिक जनसंख्या का संकेन्द्र होने लगता है जिससे वहाँ भी बेरोजगारी की समस्या गम्भीर हो जाती है। ग्रामीण क्षेत्रों में अकुशल बेरोजगारी तथा नगरों में शैक्षिक बेरोजगारी ज्यादा पायी जाती है।

3. आवास की समस्या–तीव्र गति से बढ़ती हुई जनसंख्या के कारण रहने के लिए अतिरिक्त गृहों की जरूरत होती है। ग्रामीण क्षेत्रों में अत्यधिक गरीबी के कारण असंख्य निर्धन परिवार रहने हेतु गृह या आश्रय नहीं बना पाते हैं और टूटी–फूटी झोपड़ियों में किसी तरह आश्रय लेते हैं। ग्रामीण प्रवास के कारण नगरों में गृहों की कमी, उच्च किराया आदि कारणों से बहुत से अल्प आय वाले तथा निर्धन एवं बेरोजगार लोग सार्वजनिक भूमियों पर अवैध रूप से कब्जा करके झुग्गी–झोपड़ी बनाकर रहने लगते हैं जिससे मलिन बस्तियों का विकास होता है। नगरीय झुग्गियों में जलापूर्ति, बिजली, सड़क, जल निकास आदि आवश्यक सुविधाओं का अभाव पाया जाता है। प्रदूषणयुक्त इन गन्दी बस्तियों में मुम्बई, चेन्नई, दिल्ली,

कोलकाता, कानपुर आदि बड़े–बड़े नगरों की 30 से 50 प्रतिशत तक जनसंख्या रहती है।

4. पोषक आहार की समस्या–विश्व के ज्यादातर विकासशील देश कुपोषण एवं आहार की समस्याओं से ग्रसित है। इसका मुख्य कारण जनसंख्या की तीव्र वृद्धि एवं उसके अनुपात में खाद्य पदार्थो की अनुकूल एवं पोषक आहार की कमी है। यह परिस्थिति जनसंख्या के एक बड़े हिस्से का कुपोषण एवं अस्वस्थ्य की रक्षा की ओर जाती तेजी से बढ़ती जनसंख्या के साथ पोषक की समस्या प्रमुख रूप से विचारणीय है। ज्यादातर विकासशील देशों में तेजी से बढती जनसंख्या के अनुपात में खाद्य पदार्थों तथा पोषक आहार में बढ़ोत्तरी न हो पाने के कारण कुपोषण तथा अल्पाहार की समस्याएं पायी जाती है। कुपोषण से शिशु मृत्यु दर एवं मातृ मृत्युदर ज्यादा ऊँची रहती है। जनसंख्या के एक बड़े हिस्से को भरपेट भोजन तथा संतुलित एवं पोषक आहार प्राप्त न हो पाने के कारण सामान्य जनस्वास्थ्य में कमी आती है, जिससे कार्यक्षमता पर विपरीत प्रभाव पड़ता है। सामान्यतः खाद्य पदार्थों के उत्पादन में बढ़ोत्तरी जनसंख्या बढ़ोत्तरी की तुलना में कम हो पाती है, जिसके परिणामस्वरूप खाद्य समस्या भयावह स्वरूप धारण कर लेती है। इस तरह जनसंख्या विस्फोट की अवस्था से गुजर रहे देशों को जनता की भूख मिटाने के लिए प्रत्येक वर्ष बड़ी मात्र में खाद्यानों तथा अन्य पदार्थों को आयात करना पड़ता है। इससे देश का व्यापारिक संतुलन विपरीत हो जाता हैं और विकास कार्य अवरूद्ध हो जाते हैं।

5. आर्थिक विकास में रुकावट–तीव्र जनसंख्या बढ़ोत्तरी वाले विकासशील देशों को अपनी राष्ट्रीय आय का अधिकांश भाग जनसंख्या की प्राथमिक आवश्यकताओं यथा भोजन, आवास आदि की पूर्ति में व्यय करना पड़ता है, जिसके कारण विकास कार्यों के लिए बहुत कम बच पाता है। विकास सम्बन्धी जो कार्य हो पाते हैं वे भी द्रुत जनसंख्या बढ़ोत्तरी के कारण कुछ ही वर्षों में अपर्याप्त या निरर्थक हो जाते हैं। इन देशों में पूँजी और उन्नति प्रौद्योगिकी तथा कुशल श्रमिकों के अभाव के कारण औद्योगीकरण की गति भी शिथिल पायी जाती है। इस प्रकार प्रतिव्यक्ति वास्तविक आय में भी गिरावट आती है, जिससे जीवन–स्तर में भी कमी आती है।

जनसंख्या विस्फोट की रोकथाम के उपाय

जनसंख्या विस्फोट से बचाव या मुक्ति पाने के लिए उन कारकों पर नियंत्रण लगाना जरूरी होता है, जिसके कारण तीव्र आबादी बढ़ोत्तरी होती है। इसके समाधान के लिए निम्नलिखित उपाय हैं–

1. जन्मदर पर नियंत्रण–उच्च जन्म दर ही जनसंख्या विस्फोट का मुख्य कारण होती है। यदि मृत्यु दर भी जन्म दर की भांति उच्च रहती है तब जनसंख्या की बढ़ोत्तरी तीव्र नहीं होने पाती। यह स्थिति तब उत्पन्न होती है जब आर्थिक विकास के साथ–साथ चिकित्सकीय सुविधाओं के तीव्र विकास के कारण मृत्यु दर में

तीव्र पतन होता है। अतः अवधि पर नियंत्रण पाने के लिए जन्मदर में कमी लाना एकमात्र उपाय है। कृत्रिम साधनों के प्रयोग से जन्मदर को घटाया जा सकता है।

2. उत्पादन दर में बढ़ोत्तरी–नवीन उन्नत प्रौद्योगिकी का प्रयोग करके संचित संसाधनों का अपेक्षित विकास किया जा सकता है। संसाधनों के विकास तथा उनके गहन उपयोग से उत्पादन में पर्याप्त बढ़ोत्तरी की जा सकती है। विकासशील देशों में बेकार पड़ी हुई कृषि योग्य भूमि को कृषि के तहत लाकर उस पर उन्नत कृषि यंत्रों, उन्नत बीजों, उवर्रकों, सिंचाई आदि का उपयोग करते हुए वर्तमान कृषि उत्पादम को कई गुना ज्यादा किया जा सकता है। इसी तरह अनेक प्राकृतिक संसाधनों–वन, जलाशय, खनिज आदि के सदुपयोग द्वारा उत्पादन में बढ़ोत्तरी की प्रबल सम्भावनाएं विद्यमान हैं। बढ़ती जनसंख्या हेतु अनिवार्य वस्तुओं के उत्पादन में जनसंख्या बढ़ोत्तरीदर से अधिक बढ़ोत्तरी करके जनसंख्या विस्फोट की स्थिति को पीछे करना या कुछ समय के लिए उससे छुटकारा पाना सम्भव है। उदाहरण के लिए भारत में 1960 के दशक में जनसंख्या की तुलना में खाद्यात्र उत्पादन बहुत कम होने के कारण खाद्य समस्या ने विकराल स्वरूप धारण कर लिया था। प्रति वर्ष लाखों टन खाद्यान्न विदेशों से आयात करना पड़ता था। 1965 के बाद हरित क्रान्ति पर विशेष ध्यान दिया गया और कृषि उत्पादन बढाने हेतु कृषि भूमि में विस्तार के साथ–साथ नवीन शोधों द्वारा विभिन्न प्रकार की फसलों के उन्नत और अधिक उत्पादन देने वाले बीज तैयार किये जाने लगे और रासायनिक उवर्रकों, सिंचाई के साधनों, उन्नत कृषि यंत्रों का उपयोग करते हुए उत्पादन को कई गुना अधिक बढ़ाने में उल्लेखनीय सफलता प्राप्त हुई। कृषि उत्पादन विशेष रूप से खाद्यान्नों के उत्पादन में बढ़ोत्तरी होने से अगले 20–25 वर्षों में खाद्यान्नों के मामले में देश आत्मनिर्भर हो गया। ज्ञातव्य है कि पिछले 40 वर्षों में खाद्यात्रों के उत्पादन में बढ़ोत्तरी जनसंख्या बढ़ोत्तरी दर से भी अधिक सम्भव हुई है जिससे वर्तमान स्थिति 1965–66 की स्थिति से बेहतर है किन्तु कृषि उत्पादन में बढ़ोत्तरी की भी सीमाएं हैं। अतः उत्पादन बढ़ोत्तरी जनसंख्या विस्फोट की स्थिति से बचने का दीर्घकालीन उपाय नहीं है।

12

जलवायु

वैश्विक स्तर पर देखा जाय तो विश्व के विभिन्न हिस्सों में भिन्न–भिन्न तरह की जलवायु पाई जाती हैं। जलवायु की विभिन्नता को समझने के लिये इसके वर्गीकरण का अध्ययन करना आवश्यक है। विभिन्न विद्वानों ने इसका वर्गीकरण प्रस्तुत किया है। लेकिन इस वर्गीकरण को तभी समझा जा सकता है जब हम इसमें अपनाये गये उपागमों का अध्ययन करेंगे।

जलवायु के वर्गीकरण के निम्नांकित तीन प्रमुख उपागम हैं जिनका अब तक अनुसरण किया जाता है–(अ) आनुभविक, (ब) जननिक व (स) व्यावहारिक या क्रियात्मक।

आनुभविक वर्गीकरण–इस प्रकार का वर्गीकरण जलवायु की प्रेक्षित विशेषताओं के आधार पर किया जाता है। इस उपागम के अन्तर्गत जलवायु के विविध प्रकारों और उनकी सीमाओं का निर्धारण स्वयं जलवायु के विविध तत्त्वों के मौजूद आँकड़ों या प्राकृतिक वनस्पतियों पर जलवायु के प्रभाव के आधार पर किया जाता है। **कोपेन** व **थार्नथ्वेट** के वर्गीकरण इसके विशिष्ट उदाहरण हैं। इन दोनों वैज्ञानिकों ने प्राकृतिक वनस्पति को जलवायु का सूचक मानकर अपने वर्गीकरण प्रस्तुत किये। लेकिन **थार्नथ्वेट** ने अपने संशोधित वर्गीकरण (1948)

में जलवायु के प्रेक्षित आँकड़ों को ही ज्यादा महत्त्व प्रदान किया है। इस वर्गीकरण में तापमान तथा वर्षण जैसे जलवायु के दो प्रमुख तत्त्वों को ही प्रधानता दी गई है। जलवायु का आनुभविक वर्गीकरण जलवायु की विशेषताओं के आधार किया जाता है। इस वर्गीकरणों में जलवायु के विविध प्रकार, उसके विविध तत्त्वों उनकी सीमाओं का निर्धारण आधार के रूप में रखा जाता है। जलवायु का कोपेन थानेरवेट के द्वारा किया गया वर्गीकरण आनुभविक वर्गीकरण के अन्तर्गत आता है। इन वैज्ञानिक द्वारा प्राकृतिक वनस्पति को जलवायु का सूचक मानकर अपना वर्गीकरण प्रस्तुत किया लेकिन थार्नथ्वेट के वर्गीकरण में जलवायु के प्रतिशत में आँकड़ों का ज्यादा महत्त्व नहीं दिया गया है। उन्होंने तापमान तथा वर्षण का अपना अध्ययन के आदमी को प्रमुखतः शमिल किया। आनुभविक वर्गीकरण प्रणाली में प्रेक्षप तथा अनुभव कद ही जलवायु वर्गीकरण का आधार बनाया जाता है। प्रारणों यथा, वायु राशि, पवन प्रवाह प्रणाली आदि पर विचार नहीं किया जाता। इस उपागम के अन्तर्गत जलवायु के वर्गीकरण के लिये प्रेक्षण तथा अनुभव को ही आधार मान लिया जाता है।

जननिक वर्गीकरण–इस प्रकार का वर्गीकरण विभिन्न प्रकार की जलवायु की उत्पत्ति के कारणों के आधार पर किया जाता है। व्यावहारिक दृष्टि से इस प्रकार के वर्गीकरण का आधार सैद्धान्तिक हो जाता है। जिसमें अपूर्णता का होना स्वाभाविक है। इस प्रकार का वर्गीकरण भूगोलवेत्ताओं, शस्य वैज्ञानिकों व अन्य लोगों की जरूरतों की पूर्ति करने में पूर्णरुपेण सहायक कभी नहीं हो सकता, क्योंकि ट्रेवार्था के विचारानुसार जननिक वर्गीकरण पर आधारित जलवायु के किसी एक प्रकार (समूह) के अन्तर्गत एक से अधिक आनुभविक जलवायु समूह आ जायेंगे।

व्यावहारिक या क्रियात्मक वर्गीकरण–इस वर्गीकरण का आधार जलवायु का अन्य वस्तुओं पर पड़ने वाला प्रभाव है। इसके द्वारा उन विशिष्ट समस्याओं के हल में सहयोग मिलता है जिनका सम्बन्ध जलवायु के सिर्फ एक अथवा दो तत्त्वों से होता है। मानव के स्वास्थ्य और शारीरिक सुख पर जलवायु का जो प्रभाव पड़ता है, उसे आधार मानकर जलवायु के विभिन्न प्रकारों का विभाजन किया जा सकता है। इसी प्रकार प्राकृतिक वनस्पतियों व तापमान व आर्द्रता में अनेक अन्तर्सम्बन्ध पाये जाते हैं–इस आधार पर भी जलवायु का क्रियात्मक वर्गीकरण सम्भव है। वस्तुतः व्यावहारिक जलवायु विज्ञान के अध्ययन क्षेत्र में जलवायु और मनुष्य जीवन के विभिन्न पक्षों के सहसम्बन्धों की विवेचना की जाती है। इन सहसम्बन्धों के प्रादेशिक वितरण को प्रदर्शित करने वाले मानचित्र वास्तव में जलवायु के विशिष्ट वर्गीकरण के उदाहरण प्रस्तुत करते हैं।

कोपेन द्वारा विश्व की जलवायु का वर्गीकरण

कोपेन का विश्व की जलवायु का वर्गीकरण मात्रत्मक व आनुभविक है। **कोपेन** द्वारा जलवायु का वर्गीकरण सबसे पहले सन् 1900 में प्रस्तुत किया गया,

जिनका आधार विश्व के वनस्पति प्रदेश थे। उन्होंने अपने वर्गीकरण को अनेक बार संशोधित किया। प्रस्तुत वर्गीकरण का अंतिम स्वरूप सन् 1931 में तैयार हुआ। जलवायु के इस वर्गीकरण को प्रदर्शित करने वाला मानचित्र उनके प्रसिद्ध ग्रंथ "Grundriss der Klimakunde" में उसी वर्ष प्रकाशित हुआ। **कोपेन** के मौलिक वर्गीकरण का अन्तिम संशोधित प्रारुप सन् 1953 में प्रकाशित हुआ जो **कोपेन–गीगर–पॉल** के वर्गीकरण के नाम से अत्यधिक प्रसिद्ध है। **कोपेन** मुख्यतः जलवायुशास्त्री तथा वनस्पति–भूगोलविद् थे, इसलिए उनका मुख्य उद्देश्य यह था कि जलवायु–समूहों की ऐसी सीमायें निर्धारित की जायें, जो प्रमुख वनस्पति–प्रदेशों की सीमाओं से मेल खाती हों। उनका वर्गीकरण आनुभविक तथा वस्तुनिष्ठ होने के कारण भूगोलवेत्ताओं में अत्यधिक प्रसिद्धि प्राप्त कर सका। प्रस्तुत वर्गीकरण में हर जलवायु–प्रदेश का निर्धारण तापमान तथा वर्षा के औसत वार्षिक मानों के आधार पर किया गया है। इस प्रणाली में जलवायु के बड़े समूहों, उप–समूहों व उनके उप–विभागों के तापमान व वृष्टि सम्बन्धी विशेषताओं को प्रदर्शित करने के लिये अक्षर–समूहों का उपयोग किया गया है। जलवायु के कुल पाँच प्रकार बतलराये गये हैं जिनका विवरण निम्न प्रकार है–

1. **उष्ण कटिबन्धीय आर्द्र जलवायु**–इस प्रकार की जलवायु में हर माह का औसत तापमान 18° सेल्सियस होता है। ऐसी जलवायु में शीत ऋतु की कमी होती है। वार्षिक वर्षा की मात्र ज्यादा होती है व वाष्पीकरण की अपेक्षा वृष्टिं हमेशा अधिक होती हैं–(Precipitation always exceeds evaporation)।

2. **शुष्क जलवायु**–इस जलवायु में वाष्पीकरण वर्षा से ज्यादा होता है–(Evaporation exceeds precipitation)।

3. **मध्यतापीय (मेसोथर्मल) जलवायु**–इसे उष्ण–शीतोष्ण आर्द्र जलवायु भी कहा जाता है। इसमें शीतऋतु जटिल नहीं होती। इस जलवायु प्रदेश में सबसे गर्म महीने का औसत तापमान 18° सेल्सियस के कम व सबसे ठण्डे माह का औसत 18° सेल्सियस के बीच अंकित किया जाता है। यहाँ ग्रीष्म व शीत दोनों ऋतुयें पाई जाती हैं।

4. **अल्पतापीय (माइक्रोथर्मल) जलवायु**–इसे आर्द्र अल्पतापीय जलवायु भी कहते हैं। इसमें शीतऋतु कठोर होती है। सबसे ठण्डे महीने का औसत तापमान –3° सेलिसयस से कम व सबसे गर्म महीने का औसत 10° सेल्सियस से ज्यादा होता है। 10° की समताप रेखा वन प्रदेशों की ध्रुवीय सीमा बनाती है।

5. **ध्रुवीय जलवायु**–इस जलवायु प्रदेश में ग्रीष्म ऋतु नहीं होती, व सबसे गर्म माह का औसत तापमान 10° C से कम होता है। इस जलवायु को उप–समूहों में विभाजित करने के लिए T व F दो बड़े अक्षरों (Capital Letters) का प्रयोग किया गया। T टुण्ड्रा तुल्य व F हिमाच्छादित जलवायु (ice-cap) का प्रतीक है।

ज्ञातव्य है कि उपर्युक्त चार जलवायु समूहों अर्थात् A,C,D व E का आधार औसत वार्षिक तापमान व B अर्थात् शुष्क जलवायु का आधार वर्षा तथा वाष्पीकरण का अनुपात है। A,C, व D जलवायु समूहों में वनों के विकास के लिये तापमान तथा आर्द्रता की मात्रयें अनुकूल होती हैं।

ऊपर बतालाये गये पाँच समूहों के कुछ उपसमूह भी बतलाये गये हैं। ये उस समूह मौसम के आधार पर बतलाये है इन समूहों के लिए बड़े अक्षर के साथ दूसरे अक्षरों का उपयोग किया गया है जो निम्नवार हैं–

S अर्द्ध शुष्क (स्टेप्स),

W शुष्क (मरुस्थल)।

उपर्युक्त दोनों बड़े अक्षरों (S व W) को सिर्फ B समूह की जलवायु के लिये प्रयुक्त किया जाता है, जैसे BS व BW। छोटे अक्षरों से जिन दशाओं का बोध होता है, वे निम्नांकित हैं–

6. आर्द्र जलवायु–वर्ष के हर माह में वर्षा होती है। कोई ऐसा महीना नहीं होता जिसमें वर्षा बिल्कुल न हो। इस छोटे अक्षर का प्रयोग A,C व D के साथ होता है। शुष्कतम महीने में अल्पतम वर्षा की मात्र 6 सेन्टीमीटर होती है।

7. मानसूनी जलवायु–इस अक्षर का प्रयोग सिर्फ A के साथ किया जाता है, जिसमें शुष्क ऋतु छोटी होती है। सबसे अधिक शुष्क महीने में वर्षा की मात्र 6 सेन्टीमीटर से कम होती है।

8. ग्रीष्म ऋतु शुष्क होती है।

तापमान की अन्य विशेषताओं के आधार पर उपर्युक्त समूहों के उप–विभाग किए गए जिसके लिये अक्षर समूहों में तीसरा अक्षर जोड़ा गया जिसका वर्णन निम्नलिखित है–

गर्मी के मौसम में अत्यधिक गर्म व सबसे गर्म माह का औरात तापमान 22° से.। इस संकेताक्षर का उपयोग C व D के साथ किया जाता है। ग्रीष्म ऋतु सामान्य होती है और सबसे गर्म महीने का औसत तापमान 22° सेल्सियस से कम होता है। इसका सिर्फ C व D के साथ प्रयोग किया जाता है। ग्रीष्म ऋतु छोटी और कम गर्म होती है व चार महीने से कम समय में 10° से. का औसत तापमान अंकित किया जाता है। शीत ऋतु में अत्यधिक ठंड होती है व सर्वाधिक ठण्डे महीने का औसत तापमान –38° सेल्सियस होता है। वस्तुतः यह D समूह की जलवायु का गौण भाग है। गर्म तथा शुष्क जलवायु, औसत वार्षिक तापमान 18° से.। यह B समूह की जलवायु का गौण भाग है। शुष्क व सर्द जलवायु, औसत वार्षिक तापमान 18° से. होता है। यह भी B समूह की जलवायु का गौण भाग है। इस अक्षर से वर्ष भर कोहरे का संकेत मिलता है। इस प्रकार कोपेन ने विश्व की जलवायु को पाँच प्रमुख समूहों

व ग्यारह उप–समूहों में विभक्त किया। इन उप–समूहों को दुबारा गौण भागों में विभक्त किया गया, जिसके परिणामस्वरूप जलवायु के जो प्रकार प्राप्त हुए वे निम्नलिखित हैं–

1. अयनवर्ती वर्षा वन, उष्ण, सभी ऋतुओं में वर्षा।

2. अयनवर्ती मानसून, उष्ण, ग्रीष्म ऋतु में अधिकतर वर्षा।

3. अयनवर्ती सवाना या घास के मैदान, उष्ण, शीत ऋतु शुष्क।

4. अयनवर्ती स्टेप्स, अर्द्धशुष्क, उष्ण।

5. शीतोष्ण कटिबन्धीय स्टेप्स, अर्द्ध–शुष्क, शीतप्रधान।

6. उष्ण मरुस्थल, शुष्क व गर्म।

7. शीतोष्ण मरुस्थल, शुष्क और शीतप्रधान।

8. आर्द्र उपोष्ण कटिबन्धीय, सभी ऋतुओं में वर्षा,शीत ऋतु सामान्य, ग्रीष्म ऋतु लम्बी और गर्म।

9. सागरीय, शीतऋतु सामान्य, सभी ऋतुओं में वर्षा, ग्रीष्म ऋतु साधारण गर्म।

10. सागरीय, शीतऋतु सामान्य, सभी ऋतुओं में वर्षा, ग्रीष्म ऋतु छोटी और शीतल।

11. भूमध्य सागरीय आन्तरिक क्षेत्र, शीतऋतु सामान्य, ग्रीष्म ऋतु शुष्क व गर्म। Csb तटवर्ती भूमध्य सागरीय, शीत ऋतु सामान्य, ग्रीष्म ऋतु छोटी, शुष्क, साधारण गर्म।

12. उपोष्ण कटिबन्धीय मानसूनी जलवायु, शीत ऋतु सामान्य व शुष्क, ग्रीष्म उष्ण।

13. आयनवर्ती ऊँचे प्रदेश, शीतऋतु सामान्य व शुष्क, ग्रीष्म ऋतु साधारण गर्म।

14. आर्द्र महाद्वीपीय, शीत ऋतु कठोर, वर्षा सालभर, ग्रीष्म ऋतु लम्बी व गर्म।

15. आर्द्र महाद्वीपीय, वर्षा साल भर, शीत ऋतु कठोर, ग्रीष्म ऋतु साधारण गर्म।

16. उप–आर्कटिक, शीत ऋतु अपेक्षाकृत अधिक सर्द, वर्षा साल भर, ग्रीष्म ऋतु छोटी व शीतल।

17. आर्द्र महाद्वीपीय, शीत ऋतु कठोर, शुष्क और लम्बी, ग्रीष्म ऋतु गर्म।

18. आर्द्र महाद्वीपीय, शीत ऋतु कठोर, शुष्क व लम्बी, ग्रीष्म छोटी और शीतल।

19. उप–आर्कटिक, शीत ऋतु अत्यधिक सर्द व शुष्क, ग्रीष्म ऋतु छोटी और शीतल।

20. टुण्ड्रा, बहुत छोटी ग्रीष्म ऋतु, सबसे गर्म महीने का औसत तापमान 0° से 10° सेल्सियस के मध्य।

21. ध्रुवीय जलवायु, वर्ष भर हिमाच्छादन।

मूल्यांकन

कोपेन ने जो वर्गीकरण प्रस्तुत किया है उसमें तापमान और वर्षा के आँकड़ों का उपयोग किया गया है। मौसम के ये तत्त्व सुगमता पूर्वक नापे जा सकते हैं। मौसम के अन्य तत्त्वों की तुलना में इनकी माप संसार के अधिकतर भागों समस्त मौसमसूचक केन्द्रों पर की जाती है। इसलिए सांख्यिकीय प्राचलों (variables)पर आधारित होने के कारण हर जलवायु प्रदेश को वास्तविक रूप में सीमांकित किया जा सकता है। तापमान और वर्षा मौसम के सबसे अधिक महत्त्वपूर्ण और प्रभावी तत्त्व हैं। जलवायु के विभिन्न कारकों की परिवर्तनशीलता का सर्वाधिक प्रभाव इन्हीं तत्त्वों द्वारा परिलक्षित होता है।

ये तत्व सम्पूर्ण मानवीय क्रियाओं, वनस्पतियों, जीव–जन्तुओं, मृदाओं व भू–दृश्यों को व्यापक रूप से प्रभावित करते हैं इस प्रकार स्पष्ट है कि प्रस्तुत वर्गीकरण पर्यावरण के उन पक्षों से सम्बद्ध रखता हैं। तापमान और वर्षा के औसत वार्षिक तथा मासिक मानों को अपने वर्गीकरण का आधार मानकर **कोपेन** ने वर्षण–प्रभाविता का भी उसमें समावेश कर दिया है। ज्ञातव्य है कि प्राकृतिक वनस्पति का वर्षण ही प्रभाविता से गहरा सम्बन्ध होता है। वृष्टि की प्रभाविता संभाव्य वाष्पोत्सर्जन की दर पर आश्रित है, जब कि इस दर को तापमान नियंत्रित करता है। **कोपेन द्वारा** प्रदर्शित जलवायु प्रदेशों की सीमायें प्राकृतिक वनस्पति प्रदेशों की सीमाओं से मेल खाती हैं। उदाहरणार्थ वर्ष के सर्वाधिक गर्म महीने की 10° सेल्सियस की समताप रेखा टुण्ड्रा प्रदेश की सीमा का आरम्भ करने के साथ ही वृक्षों के विकास की ध्रुवीय सीमा भी है। प्राकृतिक वनस्पतियों से सम्बन्धित होने के कारण इस वर्गीकरण की भौगोलिक उपयोगिता बहुत ही बढ़ जाती है। इसके अलावा, किसी प्रदेश के औसत वार्षिक तथा मासिक तापमान व वर्षा का ज्ञान होने पर हमें उसकी जलवायु के वर्ग का जल्दी ही ज्ञान हो जाता है। जलवायु का प्रस्तुत वर्गीकरण आनुभविक तथा मात्रत्मक है। वर्णनात्मक व साधारणीकृत होने के साथ ही यह वर्गीकरण न तो विशुद्ध रूप से सैद्धान्तिक है, न ही किसी प्रयोजन पर आधारित है। इसके अलावा, प्रस्तुत वर्गीकरण अपनी सरलता के कारण ही अत्यन्त प्रसिद्ध है। अध्ययन और अध्यापन की सुविधा इस वर्गीकरण की सबसे बड़ी विशेषता है।

दोष–कोपेन द्वारा किया गया जलवायु का वर्गीकरण समय–समय पर संशोधित होता रहा है फिर भी यह सन्तोसजनक नहीं हो सका। विभिन्न जलवायु प्रदेशों का विभाजन करने में कोपेन ने औसत मासिक वर्षा व तापमान का उपयोग किया, लेकिन इन औसत आँकड़ों से वृष्टि की प्रभाविता का अनुमान मात्र ही किया जा सकता है, उसका पूर्ण शुद्धता के साथ मापन नहीं किया जा सकता। इसलिए विभिन्न जलवायु प्रदेशों का तुलनात्मक अध्ययन दुष्कर हो जाता है। अपने वर्गीकरण को आसान बनाने के प्रयत्न में कोपेन ने मौसम के अन्य महत्त्वपूर्ण तत्त्वों की निन्दा कर डाली। इसके अलावा, इस वर्गीकरण में मौसम के विभिन्न घटकों, वायुमण्डलीय परिसंचरण के सिद्धान्तों व चक्रवात तथा प्रतिचक्रवात जैसे महत्त्वपूर्ण तूफानों की भी निन्दा की गई है।

थार्नथ्वेट द्वारा जलवायु का वर्गीकरण

यह वर्गीकरण सन् 1931 में प्रस्तुत किया गया। इसके मूलतः दो आधार हैं–वर्षण–प्रभाविता एवं तापमान दक्षता। इन दोनों के सूचकांकों को आधार मानकर थार्नथ्वेट ने विश्व को पाँच आर्द्रता प्रदेशों में विभाजित किया, जिनमें से हर का सम्बन्ध एक विशेष प्रकार की वनस्पति से जोड़ दिया गया।

वर्षण–प्रभाविता पर आधारित जलवायु समूह

आर्द्रता प्रदेश	*विशिष्ट वनस्पति*	*PeE सूचकांक*
A- अति आर्द्र प्रदेश	वर्षा वन	128 से ऊपर
B- आर्द्र	वन	64–127
C- उपार्द्र	घास के मैदान	32–63
D- अर्द्धशुष्क	स्टेप्स	16–31
E- शुष्क	मरुस्थल	16 से कम

पुनः वर्षा के मौसमी वितरण के आधार पर उपर्युक्त आर्द्रता प्रदेशों को निम्नांकित भागों में विभाजित किया गया–

r- सभी ऋतुओं में भारी वर्षा

s- ग्रीष्म ऋतु में वर्षा का अभाव।

w- शीत ऋतु में वर्षा का अभाव।

d- सभी ऋतुओं में वर्षा का अभाव।

फिर तापीय दक्षता के आधार पर विश्व को निम्नांकित 6 तापमान प्रदेशों में विभक्त किया गया–

सारणी वर्षण–प्रभाविता पर आधारित जलवायु समूह

तापमान प्रदेश	*तापीय दक्षता सूचकांक*
A- अयनवर्ती	128 व इससे अधिक
B- मध्यतापीय	64–127
C'- निम्न तापीय	32–63
D'- टैगा	16–31
E'- टुण्ड्रा	1–15
F'- तुषार (frost)	0

वर्षण प्रभाविता, वर्षा के मौसमी वितरण व तापीय दक्षता का अभिसरण देने से सैद्धान्तिक रूप से जलवायु के 120 प्रकार सम्भव हैं, जब कि अपने जलवायु के विश्व मानचित्र पर थार्नथ्वेट ने केवल 32 जलवायु खण्ड ही दिखाये हैं।

1948 में प्रस्तुत वर्गीकरण

थार्नथ्वेट ने जलवायु का दूसरा वर्गीकरण भी प्रस्तुत किया सम्भाव्य वाष्पोत्सर्जन की संकल्पना पर आधारित है। सम्भाव्य वाष्पोत्सर्जन से तात्पर्य आर्द्रता की उस अधिकतम मात्र से है जो, वर्षा के उपलब्ध होने पर, धरातल से होने वाले वाष्पन व वनस्पतियों से होने वाले वाष्वोत्सर्जन के द्वारा वायुमण्डल में वाष्प रूप में पहुँच जाती है। प्रथम वर्गीकरण की भाँति प्रस्तुत वर्गीकरण में भी वर्षण–प्रभाविता, तापीय दक्षता व वर्षा के मौसमी वितरण का उपयोग किया गया, लेकिन उन्होंने हमेशा भिन्न–भिन्न तरीके से प्रयोग किया। 1931 के वर्गीकरण में प्राकृतिक वनस्पति का उपयोग एक ऐसे मौसम विज्ञान सम्बन्धी यंत्र के रूप में किया गया था जो जलवायु की विशेषताओं का मापन करने में सक्षम होता है। लेकिन 1948 के वर्गीकरण में प्राकृतिक वनस्पति को एक ऐसी भौतिक प्रक्रिया के रूप में ग्रहण किया गया जिसके द्वारा धरातल से वायुमण्डल में आर्द्रता का स्थानान्तरण हो जाता है। वस्तुतः वनस्पतियों को वाष्पीकरण का यन्त्र मान लिया गया। प्रस्तुत वर्गीकरण में संभाव्य वाष्पोत्सर्जन की प्रक्रिया को वर्षा के समान जलवायु का एक महत्त्वपूर्ण कारक माना गया है।

थार्नथ्वेट का मानना है कि वाष्पोत्सर्जन तापीय दक्षता तथा आर्द्रता की क्षति का एक महत्त्वपूर्ण अभिसूचक होता है। उदाहरण के लिए, अगर किसी उष्ण मरुस्थल में जल की अधिक मात्र मौजूद हो, तो वहाँ अधिक वनस्पति विकसित हो सकती है व इसके साथ ही वाष्पीकरण तथा वाष्पोत्सर्जन की प्रक्रियाओं से आर्द्रता की अधिक मात्र का खर्च किया जा सकता है। इस प्रकार शीतकाल की अपेक्षा ग्रीष्मकाल में व शीतल जलवायु की अपेक्षा उष्ण जलवायु वाले प्रदेशों में अधिक

पानी की आवश्यकता होती है।

किसी प्रादेशिक जलवायु की दशा का विश्लेषण वर्षा से प्राप्त होने वाली पानी की मात्र और उससे वहाँ बनने वाली आर्द्रता से किया जा सकता है। इससे किसी प्रदेश की आर्द्रता शुष्क होने का उचित मूल्यांकन भी किया जा सकता है। इस वर्वीकरण में जलवायु के विभिन्न तत्त्वों के सीमांकन में वर्षण एवं वाष्पोसर्जन का आधार बनाया गया है। तथा प्राकृतिक वनस्पतिक मिट्टी एवं भूमि उपयोग जैसे कारकों का अधिक महत्त्व नहीं दिया गया। सम्पूर्ण विश्व की जलवायु प्रदेशों में विभाजित करने के लिए सम्भाव्य वाष्पोत्सर्जन के आँकड़ों को इकट्ठा करने में कठिनाई हुई, उसे दूर करने के लिए थार्नथ्वेट ने एक अत्यधिक कठिन तथा आनुभविक सूत्र निकाला जिसमें तापमान व सूर्य प्रकाश की अवधि को चर्चा का विषय माना गया। वर्षा से प्राप्त होने वाले पानी की मात्र व उसकी अपेक्षित मात्र की तुलना करके आर्द्रता की दशाओं का ज्ञान प्राप्त किया जा सकता है। साथ ही, किसी प्रदेश की जलवायु के आर्द्र या शुष्क होने का सही मूल्यांकन भी सम्भव है। इसलिए स्पष्ट है कि प्रस्तुत वर्गीकरण में जलवायु के विभिन्न समूहों या प्रकारों का सीमांकन सिर्फ वर्षण व सम्भाव्य वाष्पोत्सर्जन के अनुपात द्वारा किया गया। इस वर्गीकरण में प्राकृतिक वनस्पति, मिट्टी व भूमि–उपयोग आदि भौगोलिक कारकों की निन्दा की गई। सिर्फ जलवायु सम्बन्धी आँकड़ों को ही वर्गीकरण के लिये पर्याप्त समझा गया। सम्पूर्ण विश्व को जलवायु प्रदेशों में विभाजित करने के लिये सम्भाव्य वाष्पोत्सर्जन के आँकड़ों को मौजूद करने में जो मुश्किल हुई, उसे दूर करने के लिए **थार्नथ्वेट** ने एक अत्यधिक कठिन तथा आनुभविक सूत्र निकाला जिसमें तापमान व सूर्य प्रकाश की अवधि को चर माना गया।

पुनः किसी जगह में होने वाली वर्षा की कुल मात्र व वहाँ के सम्भाव्य वाष्पोत्सर्जन के आधार पर जलवायु के प्रकार को निर्धारित करने के लिए चार अभिलक्षणों का चुनाव किया गया–(1) आर्द्रता की पर्याप्तता, (2) तापीय दक्षता, (3) आर्द्रता की पर्याप्तता का मौसमी वितरण, उपर्युक्त में से हर को एक विशेष सूचकांक से दर्शाया गया। इन्हीं मानों के आधार पर विभिन्न जलवायु प्रदेशों की सीमाओं का निर्धारण मात्रत्मक तरीके से किया गया। ज्ञातव्य है कि उपर्युक्त सूचकांकों की गणना करना बड़ा मुश्किल कार्य है।

आर्द्रता–सूचकांक के आधार पर जलवायु को निम्नलिखित 9 प्रकारों में विभक्त किया गया–

सारणी जलवायविक आर्द्रता के प्रकार

प्रकार	*आर्द्रता सूचकांक*
A अतिआर्द्र	100 व अधिक
B_4 आर्द्र	80–100
B_3 आर्द्र	60–80
B_2 आर्द्र	40–60
B_1 आर्द्र	20–40
C_2 नम उपार्द्र	0–20
C_1 शुष्क उपार्द्र	–33.3 से 0
D' अर्द्ध–शुष्क	–66.7 से –33.3
E शुष्क	–100 से –66.7

पुनः तापीय दक्षता व उसके ग्रीष्मकालीन संकेन्द्रन, प्रत्येक के आधार पर जलवायु के 9 प्रकारों का विभाजन किया गया–

सारणी तापीय दक्षता व उसका ग्रीष्मकालीन संकेन्द्रन

तापीय जलवायु–प्रकार	*सूचकांक (से.मी.)*	*प्रकार ग्रीष्मकालीन संकेन्द्रन*	*संकेन्द्रन प्रतिशत*
A' मेगाथर्मल	114 व अधिक	a	48.0 से कम
B'_4 मध्य तापीय	99.7–114.0	b_4	48.0–51.9
B'_3 मध्य तापीय	85.5–99.7	b_3	51.9–56.3
B'_2 मध्य तापीय	71.2–85.5	b_2	56.3–616
B'_1 मध्य तापीय	57.2–712	b_1	61.6–68.0
C'_2 निम्न तापीय	42.7–57.2	c_2	68.076.3
C'_1 निम्न तापीय	28.5–42.7	c_1	
D' टुण्ड्रा	14.2–28.5	d	88.0 से अधिक
E' हिम	14.2 से कम		

आर्द्रता की मौसमी पर्याप्तता के आधार पर जलवायु के अन्य गौण विभाग किये गये, जो निम्न सारणी से स्पष्ट हो जाता है–:

सारणी आर्द्रता की पर्याप्तता का मौसमी वितरण

आर्द्र जलवायु (A,B,C_2)	*शुष्कता सूचकांक*
r जल का कोई अभाव नहीं	0–10
s ग्रीष्मकालीन साधारण अभाव	10–20
w शीतकालीन साधारण अभाव	10–20
s_2 ग्रीष्मकालीन अधिक कमी	20 से ऊपर
w_2 शीतकालीन अधिक कमी	20 से ऊपर
शुष्क जलवायु (C_1,D,E)	*आर्द्रता सूचकांक*
d जल की बचत नगण्य	0–16.7
s शीतकालीन बचत साधारण	16.7–33.3
w ग्रीष्मकालीन बचत साधारण	16.7–33.3
S_2 शीतकालीन बचत बड़ी मात्र में	33.3 से ऊपर
W_2 ग्रीष्मकालीन बचत बड़ी मात्र में	33.3 से ऊपर

जलवायु के चार उपर्युक्त घटकों (components) के सम्मिलित आधार पर किसी जगह की जलवायु को निर्धारित किया जा सकता है। प्रस्तुत वर्गीकरण के विवेचन से हमें इसकी कठिनता का बोध होता है। अतः जलवायु के विभिन्न प्रकारों की संख्या ज्यादा होने के कारण उन्हें विश्व मानचित्र पर नहीं दिखाया जा सका।

ट्रेवार्था का जलवायु वर्गीकरण

ट्रेवार्था का वर्गीकरण कोपेन के अनुभविक–मात्रत्मक वर्गीकरण का संशोधित रूप है। ट्रेवार्था ने भी जलवायु के दो मूलभूत तत्त्वों अर्थात् तापमान तथा वर्षा को जलवायु के वर्गीकरण का आधार बनाया है। लेकिन कोपेन प्रणाली के अन्तर्गत विभिन्न जलवायु प्रदेशों की सीमाओं के निर्धारण के लिए प्रयुक्त संख्यात्मक मानों को प्रस्तुत वर्गीकरण में छोड़ दिया गया है। इस वर्गीकरण में जलवायु को कुल छः प्रमुख समूहों में विभक्त किया गया है, जिनमें से 5 तापमान व एक वर्षण पर आधारित है।

▣▣▣

13

पर्यावरण में गिरावट या अवनयन

प्रत्येक प्राणी के लिये वातारण या पर्यावरण का विशेष महत्त्व होता है। इसका विकास पर्यावरण पर काफी हद तक निर्भर करता है। पर्यावरण के अवनयन हेतु मनुष्य ही सर्वाधिक जिम्मेदार है। पर्यावरण के प्राकृतिक स्वरूपों में कई स्तर पर मानवीय हस्तक्षेप का भी प्रभाव पड़ता है। इसमें प्रकृति की नियामक प्रक्रिया पद्धति विघटित होती दिखाई देती है। कई जैविक एवं भौतिक संघटक पर्यावरण को नियंत्रित करते हैं। पर्यावरण के संचालन में ये तत्त्व प्रक्रिया के रूप में सक्रिय होते हैं। इस प्रक्रिया में उपस्थित होने वाली समस्या प्रकृति के अतः निर्मित स्वनियामक क्रिया विधि द्वारा नियंत्रित होती रहती है। इस तरह पर्यावरण तंत्र में संतुलन कायम रहता है। लेकिन इस तंत्र में मानव सर्वाधिक शक्ति सम्पन्न परिवर्तन–कर्त्ता है। वह अपनी आर्थिक व प्रौद्योगिकीय क्रियाओं द्वारा आवश्यकताओं की पूर्ति हेतु पर्यावरण तंत्र के संघटकों में इस सीमा तक बदल देता है कि एक तरफ स्वनियामक क्रिया विधि द्वारा उसकी क्षतिपूर्ति नहीं हो पाती है और दूसरी तरफ वह बदलाव जैव समुदाय विशेषकर मानव के लिये प्राणघातक होने लगता है तथा उसका जीवन खतरे में पड़ने लगता है। अतः पर्यावरण में मानव जन्य असीम परिवर्तनों को पर्यावरण अवक्रमण कहते हैं। पर्यावरण अवक्रमण से पारिस्थितिक तंत्र की गुणवत्ता में कमी आती है और तंत्र में असंतुलन आ जाता है। इसकी वजह से जैव समुदाय तथा मानव जीवन खतरे में पड़

जाता है। उदाहरणार्थ यदि वन पारिस्थितिक तंत्र में वनों की तेजी से कटाई कर दी जाय तो वनों का पुनर्जन्म तत्काल नहीं हो पायेगा। फलतः निर्वनीकरण के कारण धरातल का अपक्षय व अपरदन होने लगेगा, उर्वर, मिट्टी प्रवाही जल द्वारा बह जायेगी, अवसादों के निक्षेपण से नदी तल उथली होने लगेगी और बाढ़ आने की संभावना बढ़ जाएगी तथा वृष्टि की कमी होने से सूखे का प्रकोप बढ़ेगा। इन सबका कारण है–पर्यावरण असंतुलन, पर्यावरण अवनयन से जैव समुदाय का जीवन खतरे में पड़ जायेगा। इस प्रकार जब प्राकृतिक पर्यावरण में मानव क्रियाकलापों द्वारा इतना ज्यादा परिवर्तन पर्यावरण की लोचकता (Resilience) एवं सहन करने की क्षमता से अधिक हो जाते हैं तो पर्यावरण में असंतुलन उत्पन्न हो जाता है।

पर्यावरण प्रदूषण व पर्यावरण ह्रास : तुलनात्मक अध्ययन

इन दोनों का यदि हम तुलनात्मक अध्ययन करेंगे तो निम्ननिखित अन्तर परिलक्षित होंगे।कृ

पर्यावरण ह्रास

1. भौतिक प्रक्रमों व मानव क्रिया कलापों द्वारा पर्यावरण के अधिकांश संघटकों पर पड़ने वाले कुप्रभावों को इसके तहत शामिल किया जाता है।
2. यह पर्यावरण प्रदूषण का मूल आधार है।
3. यह पर्यावरण प्रदूषण के विपरीत वृहत क्षेत्र में होता है।
4. इसमें पर्यावरणीय गुणवत्ता में ह्रास मानव क्रियाकलापों द्वारा स्थानीय, प्रादेशिक व विश्व स्तर में से किसी स्तर पर हो सकता है।

पर्यावरण प्रदूषण

1. यह सीमित क्षेत्र में होता है लेकिन कुछ प्रदूषणों का विस्तृत क्षेत्र होता है।
2. स्थानीय स्तर पर इसमें मानव क्रिया–कलापों द्वारा पर्यावरणीय गुणवत्ता में ह्रास होता है।
3. मानव क्रियाकलापों द्वारा पर्यावरण के किसी एक संघटक विशेषकर मानव समुदाय पर पड़ने वाले कुप्रभावों को इसके तहत शामिल किया जाता है।
4. यह पर्यावरण अवनयन का परिणाम है।

पर्यावरण अवनयन का वर्गीकरण

पर्यावरण अवनयन प्रमुख रूप से दो प्रकार का है–(क) चरम घटनायें व प्रकोप तथा (ख) पर्यावरण प्रदूषण। चरम घटनायें व प्रकोप दो प्रकार के होते हैं।

(अ) प्राकृतिक प्रकोप

(ब) मानव जन्य प्रकोप

पर्यावरण अवनयन हेतु उत्तरदायी कारक

पर्यावरण अवनयन के कारकों को दो वर्गों में विभाजित किया गया है–(1) प्राकृतिक कारक और (2) मानवीय कारक। इनमें प्राकृतिक कारक चरम घटनाओं और उनके द्वारा जो बदलाव होते हैं उनमें अतिशीघ्र प्रति संतुलन स्थापित हो जाता है। लेकिन मानव कारक प्राकृतिक प्रकोपों की गति को और तेज करने के साथ–साथ प्राकृतिक संसाधनों के विदोहन द्वारा पर्यावरण अवनयन उत्पन्न करता है। मानवीय कारण (1) पर्यावरण के संघटकों में परिवर्तन करके (2) निर्वनीकरण करके (3) पर्यावरणीय कारकों में बदलाव करके यथा कृत्रिम बादल बनाकर उनका दिशा परिवर्तन करके पर्यावरण को अवक्रमित कर रहा है। (4) मौलिक जीव जन्तुओं का विनाश करके अथवा अन्य जीव जन्तुओं, द्वारा प्रतिस्थापित करके (5) स्थल, जल व वायुमण्डल में जहरीली रासायनिक तत्त्वों का विमोचन करके। (6) वायुमण्डलीय गैसों के संन्तुलन को बिगाड़ करके।

पर्यावरण अवनयन के कारण

पर्यावरण अवनयन के उत्तरदायी कारणों व उनका विवरण निम्नवत् है–

1. जनसंख्या विस्फोट–पर्यावरण अवनयन /संकट का प्रमुख व प्रत्यक्ष कारण विश्व की तीव्र जनसंख्या वृद्धि है। एक आंकलन के अनुसार 8,000 ईसा पूर्व विश्व की जनसंख्या मात्र 5 मिलियन थी जो ईसा के जन्म काल में 20 मिलियन, 1650 ई. में 47 मिलियन और 1800 ई. में 91.9 ई. मिलियन हो गई। औद्यौगिक क्रान्ति के पश्चात् जनसंख्या में तीव्र वृद्धि हुई। सन 1900 में विश्व की जनसंख्या 157.1 मिलियन हो गई थी। 20 वीं शताब्दी में विभिन्न बीमारियों व महामारियों पर नियंत्रण हो जाने के कारण मृत्यु दर में पर्याप्त गिरावट आई। लेकिन जन्म दर में ळ्रास नहीं हुआ। फलस्वरूप विश्व जनसंख्या 1950 में 251.3 मिलियन, 1960 में 302.7 मिलियन, 1980 में 441.5 मिलियन एवं 1990 में 527.5 मिलियन हो गई। 2000 ई0 में 619.9 मिलियन तथा 2015 में 8000 मिलियन विश्व की जनसंख्या हो जाने की संभावना है।

2. धार्मिक कारण–आध्यात्मिक आधार पर यह माना जाता है कि धर्म मानव के लिये बनाया गया है। इसका प्रभाव यह हुआ है कि मानव ने प्राकृतिक संसाधनों का सबसे ज्यादा विदोहन किया है, जिससे पर्यावरण अवनयन हुआ है।

अतः जनसंख्या के दो गुना होने का समय भी घटता जा रहा है। उदाहरण के तौर पर 8,000 ईसा पूर्व से 1650 ई0 तक जनसंख्या के दो गुना होने में 1500 वर्ष लगे थे। लेकिन वर्तमान समय में विश्व की आबादी मात्र 35 वर्षों में दोगुना होने जा रही है। कुछ देशों में जनसंख्या 25 वर्षों में दो गुना होने लगी है।

उपर्युक्त जनसंख्या आकड़ों से स्पष्ट है कि विश्व की जनसंख्या में काफी वृद्धि हो रही है।

बढ़ती हुई जनसंख्या की जरूरतों की पूर्ति हेतु कृषि भूमि का अधिक से अधिक विस्तार किया जा रहा है। प्राकृतिक संसाधनों का बेरहमी के साथ विदोहन किया जा रहा है। औद्योगीकरण नगरीकरण तथा अति विकसित प्रौद्योगिकी का विकास किया जा रहा है जिससे कई पर्यावरणीय समस्यायें तथा पर्यावरण अवनयन उत्पन्न हो रहा है।

3. कृषि विकास व अतिविकसित कृषि तरीके–विश्व की जनसंख्या में तीव्र गति से बढ़ोत्तरी हो रही है। बढ़ती जनसंख्या की उदरपूर्ति के लिए अधिकाधिक खाद्यान्नों का उत्पादन किया जा रहा है। खाद्यान्नों का उत्पादन बढ़ाने हेतु अति विकसित कृषि प्रौद्योगिकी का उपयोग किया जा रहा है। कृषि विकास द्वारा उदरपूर्ति की समस्या हल कर ली गई है। लेकिन कृषि से हो रही पर्यावरण की क्षति को पूरा नहीं किया जा रहा है। कृषि विकास निम्नलिखित प्रकार से किया जा रहा है।

(i) **कृषि क्षेत्र में विस्तार**–ज्यादा कृषि उत्पादन प्राप्त करने हेतु कृषि क्षेत्रों का विस्तार किया जा रहा है। इसके लिये वनों को साफ किया जा रहा है। उदाहरणार्थ–प्रेयरी, स्टेप्स, वेल्ड, पम्पास, डाउन्स आदि घास क्षेत्रों की घास को साफ करके कृषि क्षेत्रों का विस्तार किया गया है। उष्ण व उपोष्ण प्रदेशों में वनों को साफ कर खेती की जा रही है, जिससे वनों का लगातार विनाश हो रहा है। भारत के हिमाचल प्रदेश व उत्तर प्रदेश के पर्वतीय भागों में वनों को साफकर सेब की खेती का विस्तार किया जा रहा है। भूमध्यसागरीय प्रदेशों में वनों को साफकर बागान कृषि को बढ़ावा दिया जा रहा है। इस तरह कृषि क्षेत्र विस्तार के लिये व्यापक पैमाने पर वनों का विनाश किया गया है। वन विनाश से मिट्टी अपरदन, मिट्टी की उर्वरता में ळ्रास, मिट्टी अपरदन जन्य अवसादों के नदियों में निक्षेपण से तल का उथला होना परिणामतः बाढ़ का आना एवं फसल का नुकसान, वर्षा का कम होना परिणामतः सूखे का प्रकोप, कई जीवों का अन्यत्र विसरण, कतिपय जीवों का विलोप आदि समस्यायें पैदा हो रही हैं और पर्यावरण अवनयन से संकट बढ़ता जा रहा है।

(ii) **गहरी कृषि**–मिट्टी से ज्यादा उत्पादन प्राप्त करने के लिये गहरी कृषि की जा रही है। एक ही कृषि क्षेत्र से वर्ष में कई फसलें प्राप्त की जा रही हैं। इससे मृदा अपरदन हो रहा है तथा मिट्टी की उर्वरता में गिरावट हो रही है। उदाहरण के लिए संयुक्त राज्य में कपास के उत्पादन में कमी आई है तथा उसकी गुणवत्ता में ह्रास के साथ–साथ वहाँ की पर्यावरणीय दशाओं में अवनयन हुआ है।

(iii) **सिंचाई**–ज्यादा कृषि उत्पादन के लिए उत्तम सिंचाई की व्यवस्था की जा रही है। पम्पों व ट्यूबबेल से भूमिगत जल सिंचाई के लिए ज्यादा–से–ज्यादा मात्र में निकाला जा रहा है जिससे भूमिगत जल तल के नीचे खिसकने की समस्यायें उत्पन्न होती जा रही हैं। अतः सिंचाई के लिए नदियों पर बाँध व जलाशय का निर्माण

कर नहरें निकाली जा रही है जो पर्यावरण में गिरावट हेतु जिम्मेदार है। इससे होने वाले पर्यावरण अवनयन को निम्न प्रकार समझा जा सकता है–

(i) वृहद जलाशयों वाले भागो में भूकम्प आने की प्रबल संभावना बनी रहती हैं टिहरी भूकम्प इसके उदाहरण हैं।

(ii) जलाशयों के कारण अनेकों खरपतवार उग आते हैं जो विभिन्न बीमारियों को जन्म देते हैं

(iii) जलाशयों व बांधों के निर्माण पर काफी ज्यादा लागत आती है, जिसके लिए अल्प विकसित देशों को विदेशों से ऋण लेना पड़ रहा है और एक बार ऋण जाल में फंस जाने पर उससे निकलना कठिन हो जा रहा है।

(iv) जलाशय के पीछे वाला भाग सदैव के लिये जलमग्न हो जाता है।

(v) वनों को बांधों व जलाशयों के निर्माण के लिये साफ करना पड़ता है जिसके अनेकों पर्यावरणीय कुप्रभाव होते हैं।

(vi) जहाँ भूमिगत जल पम्प सेट, रहट, ट्यूबबेल आदि से अधिक मात्र में निकाला जा रहा है वहाँ का भूमिगत जल स्तर नीचा होता जा रहा है। इससे भूसतह के नीचे मीठे पानी के जलागारों में बदलने की संभावना बढ जाती है।

(vii) नहरों द्वारा सिंचाई से जल जमाव होता है, जिससे रासायनिक लवणों के सतह पर जमा होने से मिट्टी बंजर होती जा रही है।

(viii) वन विनाश से पशुओं का पलायन तथा कुछ का विलोप होता जा रहा है।

4. **पर्यावरण विषयक जानकारी का अभाव**–पर्यावरण संकट की समस्या के सम्बन्ध में जागरूकता एवं जानकारी का अभाव इस समस्या का एक प्रमुख पहलू है। पर्यावरण संरक्षण से जुड़ी सूचनाएं एवं शिक्षा समाज एवं मनुष्य का प्रकृति एवं संरक्षण की दिशा में सचेष्ट करती है। पर्यावरण विषयक जानकरी व्यक्तिगत एवं सामाजिक मनुष्य की पर्यावरण में होने वाले बदलाव के करीब ले जाती है। उदाहरणार्थ नागासाकी व हिरोशिमा पर हुए अणुबम विस्फोट का कुपरिणाम शिक्षित समाज देख चुका है। परिणामतः अणुशक्ति परीक्षण व प्रयोग का विरोध हो रहा है तथा अणु अस्त्र शस्त्रों को परिसीमित करने की कोशिश चल रही है। इसी प्रकार डी. डी. टी. जैसे 12 कीटनाशकों के कुप्रभाव को शिक्षित समाज देख चुका है। यही कारण है कि अब बड़े बड़े बाँधों व जलाशयों के निर्माण पर बल दिया जा रहा है। यह पर्यावरण बोध का ही प्रतिफल है कि भारत में लोग पीपल, बरगद, तुलसी इत्यादि वृक्षों के प्रति अति संवेदनशील हैं। इन पौधों को काटने या क्षति पहुँचाने पर लोगों को कष्ट होता है। प्राकृतिक संसाधनों कोयला का अंधाधुंध विदोहन न करके उसके संरक्षण पर बल दिया जाय तो काफी हद तक पर्यावरण को संरक्षित किया जा सकता है। अतः यह स्पष्ट है कि अशिक्षा, अज्ञानता व पर्यावरण का

उचित बोध न होने के कारण पर्यावरण अवनयन/संकट बढ़ता जा रहा है।

5. **निर्धनता**–कम विकसित व विकासशील देशों में जहाँ निर्धनता अधिक है वहाँ के लोग अपनी जरूरतों की पूर्ति के लिए पर्यावरण संतुलन को बिना ध्यान में रखे संसाधनों का अंधाधुंध विदोहन करते हैं जिस वजह से पर्यावरण अवनयन हो रहा है। गरीब देश अपने उपभोक्ता सामानों को प्राप्त करने के लिए विकसित देशों के निर्देशन पर संसाधनों का दोहन करते हैं। गरीब देश विदेशी मुद्रा की प्राप्ति के लिये, व्यापार संतुलन बनाये रखने के लिये, विदेशी उपभोक्ता सामग्रियों की प्राप्ति के लिए, विदेश कर्ज का भुगतान इत्यादि करने के लिए अपने संसाधनों का निर्दयतापूर्वक शोषण करते हैं। ब्राजील में वन विनाश, आमेजन घाटी में वन विनाश, भारत में खनिज संसाधनों का विदोहन निर्धनतावश उक्त वजहों से किया जा रहा है जिससे वहाँ पर्यावरण संकट बढ़ता जा रहा है।

अल्प विकसित देशों में गरीबी के कारण झूम विधि से कृषि तथा तीव्र ढालें पर्वतीय भागों पर सीढ़ीनुमा खेत बनाकर कृषि की जा रही है, जिससे मिट्टी अपरदन, वन विनाश, भूमि स्खलन इत्यादि वहाँ बढ़ रहा है।

पारिस्थितिकी तंत्र में असन्तुलन आने पर उसका शिकार भी गरीब लोग ही होते हैं। जैसे खान दुर्घटना होने पर गरीब लोग ही मृत्यु का शिकार होते हैं। वन विनाश जिस प्रकार भी हो उसका शिकार गरीब लोगों को ही होना पड़ता है। जैसे वनों का सफाया होने पर ईंधन की व्यवस्था के लिये गरीब लोगों को ही दूर तक जाना पड़ता है। यदि पर्वतीय ढालों पर खेती करने से भूमि स्खलन या मृदा अपरदन होता है तो उसका भी शिकार गरीब लोग ही होते हैं।

चूँकि ऐसा न होने पर उनके जीवन का आधार छिन जाता है। यदि बाढ़ या प्राकृतिक प्रकोप आते हैं तो उसका भी परिणाम गरीबों को ही भोगना पड़ता है। गरीबी के कारण ही सामाजिक पर्यावरण दूषित होता जा रहा है। इस प्रकार निर्धनता पर्यावरण अवनयन का कारण व परिणाम दोनों है।

6. **वृहत स्तर पर उत्खनन**–भूगर्भ में पड़े खनिजों का असीमित खनन किया जा रहा है। इस खनन कार्य से एक तरफ भूपटल उँचा नीचा हो रहा है तो दूसरी तरफ खनन के समय निकले धूल से वायुमण्डल प्रदूषित होता है। वर्तमान समय में खुले तरीके से कोयले का खनन किया जा रहा है। परिणामतः वहाँ के लोगों को अन्यत्र स्थानान्तरित होना पड़ रहा है तथा उससे निःसृत कोयले की धूलि से वायु अशुद्ध हो रही है और उससे अनेकों प्रत्यक्ष व अप्रत्यक्ष कुप्रभाव मानव स्वास्थ्य, कृषि भूमि, मिट्टी, वनस्पति, भूमिगत जल आदि पर पड़ रहे हैं। जैसे देहरादून घाटी तथा मंसूरी की समीपवर्ती पहाड़ियों के वनों को साफ कर तथा पहाड़ियों को डायनामाइट से तोड़ कर खनिज पत्थर निकाला जा रहा है जिससे वहाँ का जल स्रोत समाप्त हो रहा है, मिट्टी अपरदन भू–स्खलन की घटनायें बढ़ती

जा रही हैं तथा देहरादून के बासमती चावल व लीची की कृषि पर कुप्रभाव पड़ रहा है। इस प्रकार वृहत स्तर पर खनन से संबंधित क्षेत्रों में पर्यावरण अनवयन हो रहा है।

7. भौतिक सुख सुविधाओं की बढ़ती आवश्यकताएं–मुनष्य का भौतिक जीवन के लिए भी प्राकृतिक पदार्थों को विनष्ट किया जाता है। इससे पर्यावरण प्रदूषित हो रहा है। इसमें उसके भोग विलासिता की बात भी शामिल है जो पिछली दो शताब्दी में तीव्र हुई है। विकसित देशों में रोज नूतन विलासितापूर्ण साधनों, तीव्रगामी रेल, उपभोक्ता वस्तुओं, अत्याधुनिक मॉडल की कारें, भव्य साज–सज्जायुक्त भवनों, तीव्रगामी वायुयानों, सामानों, आकर्षक सामग्रियों खाद्य मनोरंजन के सामानों इत्यादि की मांग और खपत बढ़ती जा रही है। ऐसे ही विकसित देशों में कैलोरी, प्रोटीन, वसा इत्यादि का भी प्रयोग बढ़ता जा रहा है। इसके परिणामस्वरूप विकसित देशों द्वारा संसाधनों का अत्यधिक विदोहन किया जा रहा है जिससे पारिस्थितिक तंत्र को संतुलित रखने वाले जैव–भू–रसायन चक्र पर दबाव बढ़ता जा रहा है।

8. असमान विकास–प्रत्येक देश, राज्य व समाज में आर्थिक विकास एक जैसा नहीं है। अन्तर्राष्ट्रीय स्तर पर सयुंक्त राज्य अमेरिका, कनाडा, पश्चिमी यूरोप के देश जापान आदि आर्थिक विकास की दृष्टि से सम्पन्न हैं तथा प्रति व्यक्ति आय भी ज्यादा है वहीं दूसरी तरफ अफ्रीका, लैटिन अमेरिका व एशिया के देश हैं जहाँ आर्थिक विकास का स्तर कम है तथा प्रति व्यक्ति वार्षिक आय भी अति न्यून है। ऐसे ही यदि हम भारत पर नजर डालें तो देश की लगभग 40÷ जनसंख्या गरीबी रेखा के नीचे जीवन यापन कर रही है। इस प्रकार जो व्यक्ति आर्थिक विकास में लाभों से वंचित है वे लोग पर्यावरण अवनयन की न तो चिन्ता करते हैं और न पर्यावरण विकास योजनायें तथा पर्यावरण विकास कार्यक्रमों मे कोई भागीदारी निभाते हैं। पारिणामस्वरूप विकास योजनायें तथा पर्यावरण विकास कार्यक्रम असफल सिद्ध हो रहे हैं।

इस असमानता को दूर करने हेतु अल्प विकसित व विकासशील देश विकसित देशों से कर्ज लेते हैं और कर्ज अदायगी के लिए अनेक संसाधनों का निर्दयतापूर्वक विदोहन कर रहें हैं जिससे पर्यावरण अवनयन बढ़ता जा रहा है। अतः यह कथन अतिशयोक्तिपूर्ण नहीं होगा कि आर्थिक असमानता ही पर्यावरण संकट व आर्थिक विकास की प्रमुख समस्या है।

(i) विषैली गैस कचरा, औद्योगिक अपशिष्ट पदार्थ, रासायनिक अवक्षेप, विषैली गैसें, राख, धूल, धूम्र इत्यादि निकलते रहते हैं जो जल, वायु मिट्टी, जीवों इत्यादि को कुप्रभावित कर पारिस्थितिक तंत्र को असंतुलित बना रहे हैं। अम्ल वर्षा की वजह से वनस्पतियां नष्ट हो रही हैं तथा जल प्रदूषित हो रहा है। इसी का परिणाम है कि औद्योगिक देशों में आज न तो श्वांस लेने के लिए शुद्ध वायु मिल रही है और न पीने के लिये शुद्ध जल।

(ii) **प्राकृतिक संसाधनों का बढ़ता विदोहन**–विश्व के किसी भी देश में बढ़ते औद्योगीकीकरण के साथ–साथ कारखानों में प्रयोग के लिये कच्चे पदार्थों की जरूरत होती है जिनकी प्राप्ति के लिये प्राकृतिक संसाधनों का काफी ज्यादा विदोहन किया जाता है। पर्यावरण की गुणवत्ता में निम्न रुपों में ह्रास होता है–

(a) . वन विनाश से वन पर्यावरण में ह्रास।

(b) भूमि उपयोग में खनिज पदार्थों के उत्खनन से परिवर्तन तथा बंजर भूमि में वृद्धि।

(c) औद्योगिक विकास से कृषि भूमि का कम होना।

(d) भूमिगत जल के ज्यादा उपयोग से सौम्य जल स्तर में गिरावट तथा भूमि का अवतलन।

(e) अन्य प्राकृतिक संसाधनों यथा कोयला, खनिज तेल इत्यादि के विदोहन से संरक्षण की समस्या।

(iii) **रासायनिक उत्पादन**–रासायनिक उर्वरक, रोगनाशी, शाकनाशी कीटनाशी, इत्यादि रासायनिक दवायें रासायनिक कारखानों में तैयार की जा रही हैं जिनका उपयोग कृषि में किया जाता है, जिससे कृषि उत्पाद प्रदूषित हो रहा है तथा मिट्टी की उत्पादकता व गुणवत्ता में ह्रास होता है। जब ये रसायन जलाशयों, झीलों, सागरों, नदियों आदि में वर्षा जल के साथ पहुँचते हैं तो जल विषाक्त हो जाता है जिसके उपयोग से जीव जन्तु मर जाते हैं। जिसके कारण इराक में 1972 में पारायुक्त जहरीली मिथाइल दवा से गेहूँ धोया गया। इस प्रदूषित गेहूँ को खाने से लगभग 460 लोगों की मृत्यु हो गयी। इसी प्रकार जापान में मीनीमाता खाड़ी में एक रासायनिक कारखाने से पारा छोड़ा गया जिसका सेवन मछलियों ने किया एवं उन मछलियों को खाने से कई मछुआरे मर गये। यदा–कदा खनिज तेल टैंकर समुद्र में डूब जाते हैं या उनमें रिसाव होने लगता है तो यह खनिज तेल जल की सतह पर फैल जाता है जिससे कई समुद्री जीव जन्तु मर जाते हैं। जैसे 1967 में कर्नवाल तट (इंग्लैंड) पर एक तेल वाहक पोत फट गया। इसका परिणाम यह हुआ कि पेट्रोल की मोटी परत विशाल जल क्षेत्र पर फैल गई जिससे कई जलीय जीव जन्तु मर गये। कभी–कभी खनिज तेल पोतों पर आग लग जाने से भी खनिज तेल जल की सतह पर फैल जाता है।

(iv) **CO_2 का वायुमण्डल में सान्द्रण**–औद्योगिक कारखानों में लकड़ी, कोयला, खनिज तेल आदि जलाये जाते हैं, जिससे चिमनियों से निकलने वाले निःसृत गैसें, धूम्र इत्यादि वायुमण्डल को प्रदूषित करते हैं। यही कारण है कि वायुमण्डल में CO_2 का सान्द्रण बढ़ता जा रहा है। हरितगृह प्रभाव के कारण तापमान में बढ़ोत्तरी होने का खतरा पैदा हो गया है। अतः क्लोरोफ्लोरो कॉर्बन व हैलोन गैसों के वायुमण्डल में फैलने से ओजोन परत का क्षय हो रहा है जिससे तापमान में वृद्धि होने

एवं विश्व स्तर पर जलवायु परिवर्तन होंगे जिससे पौधों व जीव जन्तुओं को हानि होगी।

(v) **द्रुतगामी यातायात के साधनों में वृद्धि**–इस प्रकार के साधनों का विकास औद्योगिकीकरण की देन है। जिनके धुएं से निकलने वाले विविध जहरीले पदार्थ जैसे कार्बन मोनोऑक्साइड, गंधक, हाइड्रोकार्बन, शीशे के कण इत्यादि वायु प्रदूषण पैदाकर पर्यावरण को नुकसान पहुँचा रहे हैं जिनसे फेफड़े का कैंसर, तथा रक्त प्रवाह में व्यवधान पैदा होने से कई लोग मृत्यु के शिकार हो जाते हैं।

(vi) **विषैली गैसों का संयंत्रों से रिसाव**–विभिन्न औद्योगिक कारखानों से विषैली गैसों का रिसाव होने से भी पर्यावरण पर बुरा प्रभाव पड़ता है। । कभी–कभी मानव लापरवाही से आणविक संयंत्रों से जहरीली गैसों का रिसाव होने लगता है जिससे कई लोगों की मृत्यु हो जाती है। 3–4 दिसम्बर 1984 को भोपाल गैस त्रसदी तथा दिसम्बर 1986 में चेरनोबिल गैस दुर्घटना आदि वर्तमान औद्योगिक विकास पर कलंक हैं जिनमें अनेकों लोगों की जानें गई।

उपयुरोक्त तथ्यों से स्पष्ट है कि औद्योगीकीकरण/औद्योगिक विकास पर्यावरण अवनयन का मुख्य कारण है।

9. शहरीकरण–पर्यावरण के अवनयन में शहरीकरण का भी योगदान है। किसी देश की कुल जनसंख्या में नगरीय जनसंख्या के अनुपात को या इस अनुपात के बढ़ने की प्रक्रिया में बढ़ोत्तरी होती है तो उसे शहरीकरण कहते हैं। इस प्रकार शहरीकरण एक प्रक्रिया है जिसके माध्यम से ग्रामीण जनसंख्या एक शहरी जनसंख्या में बदल जाती है। परिणामतः नगरीय जनसंख्या का अनुपात बढ़ जाता है।

नगरीकरण में औद्योगीकरण के कारण वृद्धि हो रही है। 1950 ई. के बाद से विश्व में नगरीकरण में भारी वृद्धि हुई है। 1950 में नगरीकरण की मात्र विश्व में 29÷, विकसित देशों में 52.5÷ तथा विकासशील देशों में 16.7÷ थी, लेकिन 2000 ई. तक नगरीकरण की मात्र विश्व में 51.3÷, विकासशील देशों में 43.5÷ तथा विकसित देशों में 78.8÷ हो जाने की संभावना है।

विकसित देशों में पर्यावरण अवनयन व प्रदूषण के कारण लोगों का नगरों से गावों की ओर पलायन भारी मात्र में हो रहा है। लेकिन कम विकसित व विकासशील देशों में अभी ग्रामों से नगरों की ओर पलायन हो रहा है जिससे इन देशों में नगरीकरण के बढ़ने की प्रबल संभावना है। इस प्रकार नगरीकरण की मात्र में तीव्र गति से वृद्धि हाने के कारण अनेको पर्यावरणीय समस्यायें निम्न रूपों होती जा रही हैं–

(i) **शहरी अधिवासों का अनियंत्रित विस्तार**–नगरों का अनियंत्रित फैलाव ग्रामीण क्षेत्रों से नगरों की ओर जनसंख्या के पलायन के कारण होता

जा रहा है। समुद्र के किनारे स्थित नगरों में अधिवास बनाने के लिए जगह की कमी पड़ जाती है। परिणामतः वहाँ सघन व बहु–मंजिलें मकान बनाने पड़ते हैं जिनका रख–रखाव कठिन होता है, पेय जल की व्यवस्था करना मुश्किल कार्य हो जाता है, वायु प्रदूषण बढ़ने से श्वांस लेने के लिए शुद्ध हवा नहीं मिलती है, गलियाँ संकरी व गन्दी हैं जो कई प्रकार की समस्याओं को जन्म देती हैं। पर्वतीय ढालों पर स्थित नगरों में अनियंत्रित फैलाव होने पर आस–पास के भागों में स्थित नगरों में मकानों का विस्तार होने पर कृषि भूमि में कमी आने लगती है। पर्वतीय ढालों पर स्थित नगरों में अनियंत्रित विस्तार होने पर आस–पास के भागों को काटकर सपाट बनाना पड़ता है जिससे वन नाश व भूमि स्खलन की समस्यायें बढ़ जाती हैं। नदियों के किनारे स्थित नगर पेय जल, आवागमन, वाहित मल जल निस्तारण आदि के लिये सुविधाजनक होते हैं। परंतु जब ऐसे नगरों का फैलाव होने लगता है तो गड्ढो, नालों आदि को पाटकर भवन निर्मित किये जाते हैं जिससे वर्षा ऋतु में जल निकास अवरुद्ध हो जाने के कारण जल जमाव की समस्या उत्पन्न हो जाती है जिससे अनेकों बीमारियों के होने की संभावना बढ़ जाती है।

(ii) **आवागमन के साधन में वृद्धि**– नगरों में सड़कों पर स्कूटर, मोटर साइकिल, आटो रिक्सा, बसों, कारों, ट्रकों, मोटरों, इत्यादि की संख्या काफी तेज गति से बढ़ रही है जिनके पेट्रोल से निःसृत धुएं से नगर का पर्यावरण प्रदूषित होता जा रहा है और श्वाँस लेने के लिए शुद्ध हवा नहीं मिल रही है तथा अनेकों सड़क दुर्घटनायें हो रही है।

(iii) **भूमिगत जल का पूर्ण शोषण**–नगरों की बढ़ती जनसंख्या के कारण पेय जल उपलब्ध कराने हेतु भूमिगत जल का पूरी तरह से शोषण किया जा रहा है जिससे यदा–कदा सतह के नीचे कोटरों का निर्माण हो जाता है, जिसके कारण वहाँ की भूमि अवतलित हो जाती है। इन कोटरों में यदा–कदा नजदीक सागरीय लवण युक्त जल का प्रवेश हो जाता है जिससे भूमिगत जल अपेय हो जाता है। संयुक्त राज्य अमेरिका का गुरुकुल नगर इसका उदाहरण है।

(iv) **उद्योगों का सान्द्रण**–नगरीकरण के कारण नगरों के आस–पास की जमीन पर अनेकों अणुगृहों, उद्योगों, ताप विद्युत संयंत्रे आदि का सान्द्रण हो जाता है। इसका परिणाम यह होता है कि इन उद्योगों से कॉर्बन मोनोऑक्साइड, सल्फर ऑक्साइड, नाइट्रोजन ऑक्साइड, धूल, राख, धूम्र, कुहरा, जहरीले पदार्थ, अपक्षय पदार्थ आदि निकलते हैं जो जल व वायु में पहुँचकर उसे प्रदूषित करते हैं, जिससे नगरों का पर्यावरण अवक्रमित हो जाता है। भारत के महानगरों के वायुमण्डल में नाइट्रोजन एवं सल्फर में ऑक्साइड्स इतनी अधिक हो गई है कि वहाँ अम्ल वर्षा का खतरा पैदा हो गया है।

(v) **जलाशयों एवं बांध का निर्माण**–आज जलाशयों पर बड़े–बड़े बाँध बनाना बहुत ही आसान हो गया है इसका प्रमुख कारण तकनीकों का विकास है। जहाँ इनसे कई लाभ है वही दूसरी तरफ इनके निर्माण से वन विनाश, जीवों का पलायन व विलोपन, बाढ़, जल जमाव, लागों का विस्थापन, भूकम्प, इत्यादि प्रकोप विघटित हो रहे हैं जिससे पर्यावरण अवनयन हो रहा है। एशिया की सबसे बड़ी खारे पानी वाली चिल्का झील में झींगा परियोजना की स्वीकृत सरका ने टाटा को दी है जिसके अंतर्गत झील चिल्का के अन्दर एक तालाब बनाकर झींगे पाले जायेंगें। इससे 80 हजार मछुवारे प्रभावित हो सकते हैं तथा इस झील की मछलियों व अन्य जीवों के मर जाने की आशंका है। चिल्का बचाओ आन्दोलन अतः पर्यावरण अवनयन को ध्यान में रखकर चलाया जा रहा है।

(vi) **जलवायु परिवर्तन**–तकनीकी विकास के चलते जलवायु में व्यापक परिवर्तन हो रहा है जैसे मेघ बीजन द्वारा कृत्रिम वर्षा कर रहा है व इन मेघों को वांच्छित स्थानों पर जाकर वर्षा करा रहा है। इसी प्रकार भयंकर आँधी व तूफानों की पूर्ण जानकारी कर उनका दिशा परिवर्तन करके उनकी विभीषिका को कम कर दे रहा है। ठंडे प्रदेशों में मानव भूमि में कृत्रिम तापमान विद्युतीकरण द्वारा उत्पन्न करके खेती का विकास कर रहा है। वायुमण्डल में इसके द्वारा सांद्रण करके हरित गृह प्रभाव द्वारा तापमान में वृद्धि कर रहा है। इसके द्वारा वायुमण्डल की ओजोन परत में Co_2 छिद्र कर रहा है, जिससे भू–तल पर तापमान के बढ़ जाने की संभावना बढ़ती जा रही है। अतः स्थानीय व विश्व स्तर पर जलवायु परिवर्तन होने से पर्यावरण में असंतुलन व संकट बढ़ेगा। इसका बुरा प्रभाव मानव के उपर पड़ेगा।

(vii) **आणविक संयत्रों में रिसाव**–आज विभिन्न प्रकार के आणविक संयत्र स्थापित हो चुके हैं। जिनसे रिसाव होने पर जीव जन्तु मर जाते हैं, पेड़ पौधे सूख जाते हैं, पर्यावरण विषाक्त हो जाता है और उसका कुपरिणाम पीढ़ी दर पीढ़ी विकृत अंगों के रूप में देखना पड़ेगा।

(viii) **विषैले अपक्षय पदार्थ**–कई तरह के जहरीले अपशिष्ट पदार्थ अत्याधुनिक तकनीकी पर आधारित कारखानों से निकलते हैं जो पर्यावरण में पहुँचकर उसका अवनयन करते हैं।

(ix) **विलासतापूर्ण सामग्रियों का उत्पादन**–अत्याधुनिक प्रौद्योगिकी के कारण ही विलासिता के सामानों जैसे रेफ्रिजरेटर, शीत ताप नियंत्रक, स्प्रेकैन इत्यादि का उत्पादन किया जा रहा है। अग्निशामक यंत्रों का उपयोग आग बुझाने हेतु किया जा रहा है। इन उत्पादों के कारण वायुमण्डल में क्लोरोफ्लोरो कॉर्बन तथा हैलेन गैसें वायुमण्डल में पहुँचकर ओजोन परत को क्षति पहुँचा रही हैं जिससे सूर्य से आने वाली पराबैंगनी किरणों–धरती तक बिना किसी अवशोषण के पहुँचकर तापमान में वृद्धि करेगी। फलतः मनुष्य में चर्म कैंसर विशेष कर गोरी चमड़ी वाले लोगों में होने लगेगा।

(x) **आणविक विस्फोट**–हाइड्रोजन बम, अणु बम इत्यादि अत्याधुनिक तकनीकी की उपजें हैं जिनके विस्फोट का दुष्परिणाम नागासाकी व हिरोशिमा नगरों में देखा जा चुका है।

(xi) **कृषि विकास**–कृषि में जुताई, बुवाई, सिंचाई, निराई, अन्नों का भण्डारण, उन्नतशील बीजों, कटाई, रासायनिक उर्वरकों, कीटनाशी, रोगनाशी व शाकनाशी दवाओं इत्यादि का उपयोग अत्याधुनिक कृषि प्रौद्योगिकी की देन हैं जिससे एक ओर कृषि उत्पदान में आशा से ज्यादा बढ़ोत्तरी हुई है तो दूसरी तरफ रासाायनिक उर्वरकों, विविध कीटनाशी रसायनों इतयादि के द्वारा मृदा प्रदूषण, अन्न प्रदूषण, जल व वायु प्रदूषण इत्यादि बढ़ता जा रहा है। फलतः पर्यावरण अवनयन बढ़ता जा रहा है।

उपरोक्त तथ्यों से स्पष्ट होता है कि अत्याधुनिक प्रौद्योगिकी का पर्यावरण अवनयन में मुख्य भूमिका है।

उक्त विवरण से यह निषकर्ष निकलता है कि विकसित देश अपने भौतिक जीवन स्तर को और ज्यादा ऊँचा उठाने हेतु और अल्पविकसित देश अपनी गरीबी दूर करने एवं विकासशील देश आर्थिक विकास कर विकसित देशों की पंक्ति में आने हेतु प्राकृतिक संसाधनों का निर्दयतापूर्वक विदोहन कर पर्यावरण अवनयन की समस्या उत्पन्न कर रहे हैं।

14

मृदा का संनिर्माण

मृदा निर्माण की प्रक्रिया आन्तरिक रूप से ऊर्जा व पदार्थों (तत्वों) का विरूपण करती दिखाई देती है। अन्य शब्दों में मिट्टियाँ, मिट्टी प्रदत्त चट्टानों, जैवीय जगत व पर्यावरण, जिसमें धरातल, जलवायु व भौगोलिक स्थिति आदि तथ्यों की लम्बी तथा मुश्किल अन्तर्क्रियाओं का ही प्रतिफल है। मोटे रूप से मिट्टियों के निर्माण के तथ्य (Factors) शब्द का उपयोग किसी भी प्राकृतिक अन्तर्निभर घटनाओं के लिए या जो ऊर्जा पदार्थों व मिट्टियों के निर्माण में सहयोग करते हों, या वह दशाएँ जो इनके समय तथा स्थान के आधार पर विकास की अवधि को नियन्त्रित करती हों, लागू होता है। ये तथ्य दो समूहों में बाँटे जा सकते हैं जिनका विवरण निम्न प्रकार है–

प्रथम समूह तथ्य

1. वायुमण्डल का वह भाग जो विशेषकर धरातल के समीप है।
2. जलमण्डल का वह भाग जो अधोभूमि तथा जलाशय का है।
3. थल मण्डल मिट्टी प्रदत्त चट्टानें।
4. जैवीय मण्डल, जैवीय तत्व, वनस्पति पौधे, पशु आदि।

द्वितीय समूह तथ्य

1. स्थान भौगोलिक स्थिति
2. समय, मिट्टियों की आयु
3. धरातल धरातलीय आकृतियाँ
5. मानव की उत्पादित गतिविधियाँ कृषि आदि।
4. ब्रह्मण्डलीय ऊर्जा

मिट्टियों के निर्माण की मुख्य अवस्था, जो सौर ऊर्जा, ताप व प्रकाश के रूप में मिलती है। यह मिट्टियों द्वारा नियमित की जाती है क्योंकि धरातल का विकास मिट्टियों से बहुत कम प्रभावित होता है। मनुष्य की सांस्कृतिक गतिविधियाँ तथा आरम्भिक दशाएँ मिट्टियों पर आश्रित है। मिट्टियों का मनुष्य के क्रियाकलाप, उत्पादन क्रियाएँ व सांस्कृतिक क्रियाओं पर प्रत्यक्ष प्रभाव न होकर विषयक (Subject of Conditional) रहा है। इसी तरह मिट्टियों का समय तथा स्थान से एक पक्षीय सापेक्षिक सम्बन्ध रहा है। मिट्टियों के निर्माण का मुख्य तथ्य वनस्पति युक्त हरा तत्व होता है, जो कॉर्बनिक तत्वों अथवा जैवीय पदार्थों का संश्लेषण कर, सूर्य प्रकाश व ताप की मदद से फोटोसिन्थेसिक की क्रियाएँ कर विभिन्न जीवाश्मों का भोजन तैयार करता है।

पौधे सूर्य–ऊर्जा को प्राप्त कर उनकी निश्चित मात्र को ग्रहण कर कई प्रक्रियाएँ करते हैं। इस तरह मिट्टियाँ वनस्पतियों तथा खनिज भण्डारों को अपने गुण विरासत या वंशानुक्रम के रूप में देती हैं। मिट्टियों के किसी एक गुण के बदलने पर दूसरा स्वतः परिवर्तित होगा। यथा, मिट्टियों में तापमान की बदलती गतियाँ इनके खनिज एवं जैविकीय प्रक्रियाओं के साथ को प्रभावित करती है। मिट्टियों में पानी की मात्र के बदलाव से नमी का कम या अधिक होना अन्य गुणों के बदलाव के साथ इनके विकास की दिशा में परिवर्तन ला देता है। इनके ताप व पानी के वातावरण में बदलाव होने से ताप चालन मिट्टियों की संरचना तथा घुलनशीलता की सघनता, संगठन तथा रन्ध्रता आदि में भी परिवर्तन आ जाता है।

गुण सदैव दिशाओं के बदलाव के साथ–साथ परिवर्तित होते हैं। क्योंकि मिट्टियाँ स्वयं एक वेक्टर या वाहक का कार्य करती हैं। इसी सिद्धान्त के आधार पर इनकी बनावट तथा संरचना नें बदलाव होते रहते हैं। धरातल पर सामान्य (निम्न) जीवों के उदय या प्रकट होने के साथ मिट्टियों का निर्माण प्रारम्भ हुआ। मृदा का निर्माण कुछ इस प्रकार हुआ संभवतः एक पदार्थ के दूसरे में अबाध्य रूप से परिवर्तन की प्रक्रियाएँ प्रारम्भ हुईं, उदाहरणार्थ खनिज, कॉर्बन एवं जैवीय व जैवीय खनिजों के रूप में, तो खनिजों तथा जैवीय तत्वों की अन्तर्निर्भरता भी बढ़ती चली गई। समय पौधों की क्रियाओं को प्रभावित नहीं करता अर्थात् अवधि में भी पौधे कभी थकते नहीं

हैं। अपितु कालान्तर में मिट्टियों को समृद्ध बनाते हुए इनकी उर्वरता बढ़ाते रहते हैं। यदि ऐसा नहीं होता तो हमें आज गहरी चरनोजम, ह्यूमस–कार्बोनेट युक्त या पूर्णतया समृद्ध तथा उर्वरा मिट्टियाँ उपलब्ध नहीं होतीं।

वनस्पति के विकास की अवधि में द्विफल देने वाला मेपिल (Maple) की पत्तियाँ, समग्र रूप से भूमि की मिट्टियों पर एकत्रित होती हैं, वह 120 किलो (Cao) कैल्शियम ऑक्साइड, 16 किलो (K_2O) पोटैशियम ऑक्साइड, 5 किलो (P_2O_3) फॉस्फोरस ऑक्साइड का निर्माण करती हैं। अन्य चौड़ी पत्तियों के जड़ीय जाति के पौधे मिट्टियों की ऊपरी परत को कॉर्बनयुक्त राख (Ash) तत्वों में बदल देती हैं। वह समस्त जीव, जो मिट्टियों पर जन्म लेकर विकसित होते रहते हैं, अपने शरीर में फॉस्फोरस युक्त तत्वों का संचयन करते हैं और मरते समय अपनी सतह पर फॉस्फोरस तत्वों का जमाव करते हैं। यद्यपि फॉस्फोरस भी अन्य जैवीय तत्वों की भांति पानी के द्वारा मिट्टियों से हटाकर, फसलों आदि से नगरों की ओर बह जाया करते हैं।

पानी के बहाव के कारण इसकी गुणवता में क्षति होना स्वभाविक हैं जिसकी रोकथाम मिट्टियों में विक्षालन (Leaching) पर रोक करके अथवा अन्य खनिज व जैविक युक्त खाद आदि का प्रयोग करके की जा सकती है।

पौधों का उन्नत विकास मिट्टी की उर्वरकता शक्ति पर निर्भर करता है। यह मात्र संख्यात्मक प्रक्रिया न होकर गुणात्मक रुपान्तरण (Qualitative Transformation) भी है, जो मिट्टियों के निर्माण की विभिन्न दशाओं का भी द्योतक है। साधारणतः मिट्टियाँ अपने–आप में उर्वरापन के स्तर में बदलती रहती हैं। पर प्रकृति में इनके एकांकीपन से उर्वरापन के समय व विकास की अवस्थाओं में पिछड़ने की गतियों में भेद पाया जाता है।

हालांकि अस्थाई तौर पर एक स्तर तक उर्वरापन बढ़ाया जा सकता है। जैसा कि–पोडजोलाइजेशन, क्षारीय, दल–दलीय, स्टेपी आदि के निर्माण में देखा जा सकता है। यदि धरातल पर कॉर्बनिक पदार्थों में संश्लेषण की प्रक्रिया निरन्तर होती रहती है अथवा इनके विघटन की क्रियाओं पर हावी हो जाती है (खनिजों में), तब मिट्टियों के निर्माण का परिणाम प्रत्येक क्षेत्र में इनके विपरीत गतियों में होता है। यथा जैवीय चट्टानों का (कॉर्बन), पीट, ग्रेफाइट, कोल प्रकृति में कॉर्बनिक पदार्थों के सम्पूर्ण संश्लेषण (Synthesis) के कारण इनका भी विघटन हो जाता है, जिसके परिणामस्वरूप इनके निम्न जीवाश्म प्रतिक्रियाएँ कर वनस्पतिक पदार्थों का रुपान्तरण करने में सफल होते हैं। इस संश्लेषण के अन्तर्गत जैविक–पदार्थों के विघटन से मिट्टियों के निर्माण के अवशिष्ट (Essence) पदार्थों का सृजन किया जाता है।

अपक्षयण के विपरीत मिट्टियों का निर्माण एक सृजनात्मक (Creative) जैविकीय प्रक्रिया है। इस प्रक्रिया में पौधों की प्रजनन–शक्ति का विकास कर मिट्टियों की

उर्वरक शक्ति में वृद्धि की जा सकती है।

प्रकृति में मिट्टी की उर्वरता बढ़ाने की ऐसी कोई निश्चित सीमा नहीं है क्योंकि पौधों के भोजन तत्वों के आधार पर इनकी पहचान नहीं की जा सकती। इस कठिन प्राक्रम को न सिर्फ एग्रोकेमिकल या एग्रोटक्निकल बदलाव से अपितु मिट्टी–निर्माण की प्रक्रिया के नियंत्रण द्वारा भी नियमित किया जा सकता है। यह नियंत्रण उत्पादन के दृष्टिकोण से ज्यादा महत्त्वपूर्ण है।

कुछ महत्त्वपूर्ण तथ्यों व दशाओं की प्रक्रियाओं का विवरण निम्नांकित किया जा रहा है :

मिट्टी प्रदत्त चट्टानें

मिट्टी प्रदत्त चट्टानें विस्तृत रवेदार ग्रेनाइट, प्रोफीराइट, बेसाल्ट, डायोराइट आदि) रूपान्तरित (शिष्ट, नीस, स्लेट, क्ले फाइलाइटस, माइका, मारबल, क्वार्टजाइट, वेलसाइट आदि) और परतदार (कसेई दोमट, बलुआ पत्थर, चूना युक्त चट्टान, खड़िया, चाक आदि) अपक्षयण के फलस्वरूप हो सकती है। मूल चट्टानों अथवा पैतृक चट्टानों में जैसी परतदार चट्टानें मिट्टी प्रदत्त चट्टानें ही हैं, जो अपक्षयण के सतत प्रभाव से चूर्ण बनती हैं।

प्राचीनतम परतदार चट्टानें ज्यादातर नयी क्वार्टरली जमावों की चट्टानों से ढक दी गई हैं व बाद वाली चट्टानें धरातल के ऊपरी सतह पर पाई जाती हैं। इस तरह मूलभूत पैतृक चट्टानों में जो विस्तृत फैली हुई हैं वह महाद्वीपीय नवीन क्वार्टरली जमाव की चट्टानें ही हैं।

पुराने एवं नये हिममृत कार्यों हिमोढ़ आदि से चट्टानों पर बराबर गतियों (Eluvium, Deluvium) से व प्राचीन हिमोढ़ जमाव में कंकड़ पत्थर (Boulders) जो 50 से 60 मीटर की गहराई पर जमा हो गये थे, से लोयस (Loess) का निर्माण मानते हैं। ये महाद्वीपीय नये जमावों में से है। हिमोढ़ (Moraines), जिन्हें अतिरिक्त हिमानी जमावों से सेन्डर्स मैदान (Sanders Plain) का निर्माण मानते हैं, ये हिमनद पानी के परिणामतः वेदिकाओं में बने हुए प्राचीन झीलों में स्तरीकरण के जमाव भी हैं। हिम–जल (Fluvo Glacial) के मिले–जुले कार्यों में विस्तृत जमावों के निचले अथवा दक्षिणी भागों में लोयस तरह (Loess Like) के जमाव पाए जाते हैं।

लोयस एक प्रकार की पीली, सूक्ष्म व समरुप भी पाई जाती है, जिसमें रन्ध्रों के साथ–साथ कार्बोनेट की भी बड़ी मात्र पायी जाती है, जिसे लम्बवतीय भाग में पृथक् किया जा सकता है। लोयस एक चट्टान के रूप में बड़ी नदियों की घाटियों, यथा–डेन्यूब, बुग, डान, नीपर, बोल्गा आदि में इसकी विस्तृत मात्र सम्मिलित होती है। पश्चिमी साइबेरिया थ्यान–श्यान, पामीर उत्तरी चीन में इसकी मोटाई 400–500 मीटर तक है। दक्षिणी क्षेत्रों में, जहाँ यह 20 मीटर गहरी है, कई जीवावशेषों की परतों

से पृथक की जाती है। लोयस मृदा के संबंध में विभिन्न प्रकार के सिद्धान्तों का समय–समय पर प्रतिपादन हुआ है, जिनमें वायूढ़ (Aeolian), डेल्यूवियल (Deluvial), हिमकृत (Glacial, Fluvo-Glacial) मिट्टीकृत (Soil Eluvial) आदि मुख्य आधार रहे हैं।

लोयस का स्तरीकरण (Stratification), पिघली हुई बर्फ (Fluvo-Glacial) बालू के रूप में विकास व हिमोढ़ की जलीय उत्पत्ति आदि कारणों से सम्भव हुआ। मुख्यतः पुराने बाढ़ग्रस्त मैदान, ऐसी वेदिकाओं का विकास जो प्राचीन नदी पेटे के कछारी जमाव है, लोयस का ही पर्याय माना जा सकता है। इसकी आधार भूत संरचना अभूतपूर्ण किस्में यूढ़ प्रक्रिया का ही नतीजा कहीं जा सकती है। यद्यपि वायूढ़ क्रियाओं द्वारा इनके निर्माण की गतियों को अस्वीकृत नहीं किया जा सकता। लोयस व लोयस जमाव चट्टानों का निर्माण अनेक प्रक्रियाओं का परिणाम है। किन्तु यह प्रक्रियाएँ नरम चट्टानों का निर्माण भी कर सकती हैं। इनमें लोयस समान बलुई एवं चिकनी मिट्टी (Sand-Clay) आदि है।

विभिन्न प्रकार से निर्मित चट्टानों का स्वीकृत रूप लोयस को माना गया है। यांत्रिकी व रासायनिक संरचना में लोयस के कई बदलाव धरातलीय पर्वत से मैदान, अनुरुप, मैदानों से नीचे नदी–नालों में मिलते हैं। इसी तरह लोयस का वर्गीकरण जो अपक्षय से दुबारा जमाव के रूप में लायस से लोयस समान दोमट (Loam) बन जाती है पर स्वतः लोयस से भिन्नता रखती है। काली तथा पीली मिट्टियाँ, जो नदी की घाटियों में पाई जाती हैं, यथार्थ में अपरदन के परिणामतः बनी होती हैं। विशेष कर लाल मिट्टी गहरी होती है। इस प्रकार की मृदा की मुख्य विशेषता यह है कि इसमे परतें न होकर जिप्सम की मात्र के साथ चूना युक्त पदार्थों की भरमार खाली स्थानों तथा गोल छिद्रों में पाई जाती है। लाल मिट्टी पर पीली मिट्टी की चद्दर छा जाती है, जो एलूवियम (Eluvium) या डिलूवियम (Deluvium) के जमावों की वजह होती है। इस मिट्टी पर भी लाल मिट्टी के बाहरी भागों में प्रक्रिया स्वरूप एलूवियम भांति ही जमाव मिलते हैं। नदीकृत विभिन्न तरह की मिट्टियाँ इनके निर्माण की स्थिति के अनुरुप पुकारी जाती हैं। निचली वोल्गा नदी के बाएं किनारे पर इस तरह का विस्तृत मिट्टियों का बिछाव मिलता है, जिन्हें सिर्ट (Syrt) कहते हैं। यह भाग काफी ऊबड़–खाबड़ तथा अनेक तरह की मिट्टियों का भाग बन गया है। ये मिट्टियाँ परतीली, सम आकार, कार्बोनेट युक्त हैं, जिनमें sio2 की मात्र लोयस की अपेक्षा में कम होती है (50 से 60%) और इसके गहरी होने से पानी छनने की क्षमता कम होती है।

गंधक तथा क्लोराइड विभिन्न मात्र में मिलते हैं। पश्चिमी भागों में जहाँ अधिक जमाव हुए हैं वहाँ विक्षालन (Leaching) अधिक होता है। ये डेल्टा एल्यूवियम तरह की मिट्टियाँ हैं। इनके आगे कैस्पियन सागर के पुराने समुद्री जमावों के अवशिष्ट मिलते

हैं, जिनमें चूना युक्त जीवावशेष पाए जाते हैं। किन्तु इस तरह के जमाव सभी क्षेत्रों में नहीं मिलते हैं क्योंकि कुछ भागों में अन्तिम भू–गर्भिक जमावों का प्रभाव हुआ है जैसा कि डेल्यूवियम, एल्यूवियम व इल्यूवियम का है।

इल्यूवियम–इल्यूवियम शब्द महाद्वीपीय भू–गर्भिक निर्माण के फलतः चट्टानों के मूल आधार क्षेत्रों में टूट–फूट व बदलाव के परिणामतः हुए जमावों के लिए किया जाता है। यह चट्टानों के अपक्षयित मलवे के लिए भी प्रयोग में लाया जाता है जिसमें मूल चट्टान के अबाध्य विकास क्रम के निर्माण में जैवीय व शैलीयकरण जैसी विशेषताएँ मिलती हों या मूल–पैतृक चट्टान के गुण उपस्थित हों। किसी चट्टान पर जहाँ तीव्र अपरदन या गहरे संचयन के चिह्न व निर्माण की गतियों का प्रभाव न हुआ हो वहाँ इल्यूवियम का निर्माण हो सकता है।

उपरोक्त गतियों के विपरीत इल्यूवियम का विरूपण आरम्भ हो जाता है। धरातल की सभी चट्टानें होती हैं किसी–न–किसी कारण से इल्यूवियम की प्रक्रिया से प्रभावित जिसके कारण ये परिवर्तित भी होती हैं। यह प्रक्रियाएँ स्थलविरुपण (Denudation), अपक्षयण (Weathering) या मिट्टियों के निर्माण की घटनाएँ हो सकती हैं। इन प्रक्रियाओं के तीव्र प्रभाव से ही इल्यूवियम से एल्यूवियम निर्मित होती हैं। यह प्रक्रिया मुख्य रूप से धरातल की ऊपरी परत (Upper Horizon) पर सम्पन्न होती है। यह विभिन्न क्षेत्रीय ढाल, मैदानों आदि से अलग की जा सकती है। ढाल व नतोदन ढालों में अवशिष्ट इल्यूवियम (Residuel Eluvium) का निर्माण अथवा नवीनीकरण (Rejuvenation) होता है।

भौतिक तथा भौगोलिक दशाओं में तीव्र परिवर्तन के कारण अन्तिम जमावों पर आवरणिक परिवर्तन होता है। इसमें विभिन्न जीवावशेषों के निर्माण की क्रियाएँ संभव होती हैं। धरातलीय अवसाद जो इस प्रक्रिया में दब जाते हैं जीवांश या शैलीय तेल आदि के कारण सरलता से पहचाने जा सकते हैं। इल्यूवियम की चारित्रिक विशेषता उस चट्टान पर निर्भर होती है जिस पर इसका निर्माण हुआ हो। इस प्रकार मैदानी इल्यूवियम, जो रवेदार चट्टानों से निर्मित हुई हैं, नरम परतदार चट्टान से बनी इल्यूवियम से निश्चित रूप में पृथक होती है। साधारणतः किसी भी संगठित चट्टान के ऊपरी भाग में चट्टान के विघटन के कारण बिखरा नरम मलबा अपक्षयण से इस प्रकार महीन कणों में बदल जाता है कि उसकी मूल पहचान करना मुश्किल हो जाता है कि वह वास्तविक रवेदार चट्टान का ही भाग है या ऊपरी सतह चट्टान का। इसी प्रकार गहराई के साथ भी इसके निर्माण तथा विशेषताओं में भिन्नता पाई जाती है। कभी–कभी अधिक गहराई पर वास्तविक चट्टान का ज्ञात होना पाया जाता है जिससे ऊपरी इल्यूवियम सम्बन्धित होती है।

विघटन की प्रक्रिया को हवा तथा पानी दोनों ही भरपूर मात्र में प्रभावित करते हैं। हवा व पानी के काफी अन्दर प्रवेश कर जाने से चट्टान में तीव्र गति से विघटन

की क्रियाएँ आरम्भ हो जाती हैं, जिसके परिणामस्वरूप अपेक्षाकृत अधिक गहराई पर जाकर नरम (Loose) मलबा बन जाता है। जबकि इसके ऊपरी भाग पर (कुछ गहराई पर) रवेदार चट्टान का आवरण कम विघटित स्थिति में मिलता है। परतदार चट्टान के इल्यूवियम की औसत गहराई मौसमी पानी की अधिकतम गहराई के आधार पर मापी जाती है। पृथ्वी की आन्तरिक एवं बाह्य प्रक्रियाओं के परिणामतः धरातल के स्वरूप व विकास के दौरान समय–समय पर अपरदन व अन्य पटल विरूपण आदि गतियों में बदलाव की दिशा इल्यूवियम की मोटाई आदि का निर्धारण करती है। यद्यपि यह सभी चट्टानों में विघटन की सघनता व अपक्षयण में स्थानान्तरित पदार्थों की गति पर निर्भर करती है।

इल्यूवियओं की प्रक्रिया में बढ़ोतरी एवं स्थिरता होने के कारण जमावों की मोटाई सर्वाधिक प्रभावित होती है। साधारणतः जमावों की मोटाई बढ़ती जाती है जिसमें संरचना तथा विशेषताओं के आधार पर मूल चट्टानों से के मध्य अन्तर करना संभव हो जाता है। ऐसी ही पुराने अपक्षयित सर्पाकार क्षेत्र ओरस्क खालीलेवों का है जिसमें इनकी मोटाई करीब 50 मीटर तक पाई जाती है। इल्यूवियम (Eluvium) उतनी ही पृथक होती है जितनी कि चट्टानें व परतीय (Zontal) विशेषताएँ दर्शाती हैं।

शुष्क भागों में क्षारयुक्त एलकलीक तथा नम प्रदेशों में अम्लिक गुण रखती है। अम्लिक माध्यम से यह ईंट सदृश्य रूप धारण कर लेती है। क्षारीय (Alkaline) अवस्था में कार्बोनेट व खड़िया मलवे की लोयस का क्षारयुक्त रूप बन जाता है। जहाँ पानी मिलता है वहाँ Co_2 समृद्ध होते हैं किन्तु पानी नहीं होने से कॉर्बनिक एसिड (अम्ल) की उदासीनता बढ़ने से एल्केलाइन प्रतिक्रिया चालू हो जाती है। ठण्डे प्रदेशों में रासायनिक अपक्षयण की प्रक्रियाएँ सिलिकेट के विभाजन का कार्य कर के ओलाइजेशन की प्रक्रिया करती है जिससे इनका रंग गहरा नीला, स्लेटी, दलदली क्ले की तरह का चिकना होता है। ठंडे प्रदेशों में इनका संचयन पीला, लाल, भूरा रंग, दोमट के तरह का होता है। महाद्वीपीय भागों पर शुष्कता के बढ़ने से इनका रंग हल्का पीला–लोयस की तरह, जिरागें जिप्सम मिला होता है।

नम जलवायु में विक्षालन (Leaching) के कारण इनमें घुलनशील क्षार व सीलेसिक अम्ल बढ़ जाता है। उष्ण आर्द्र भागों में इल्यूवियम से एल्केलाइन के समाप्त होने से Sio_2 की मात्र बढ़ती है। इनके साथ $Al_2 O_2$ व $Fe_2 O_3$ के संचयन से इनका रंग लाल ईंट सदृश्य अथवा बॉक्साइट सा हो जाता है क्योंकि लौह–ऑक्साइड तत्वों की मात्र में वृद्धि हो जाती है जिससे इन पर हाइड्रेशन, ऑक्सीजन व डीसिलिकेशन आदि की प्रक्रियाएँ भी तीव्र होती हैं।

मरुस्थलों में इल्यूवियम में पानी के अभाव के कारण कुछ घुलनशील पदार्थ रह जाते हैं। अर्द्ध मरुस्थलों की ऊपरी परत में ऐसे क्षार तत्वों का संचयन ज्यादा हो जाता

है। इनमें लोहे तथा मैंगनीज ऑक्साइड की मात्र से लाल तथा काली मिट्टियाँ मुख्य रूप से देखी जा सकती हैं। व पीला रंग आयरन–हाइड्रोक्साइड के कारण व स्लेटी आयरन मैंगनीज–हाइड्रोक्साइड के कारण बनता है। ढालू भागों पर जहाँ इल्यूवियम में नमी पायी जाती है। वहाँ बिना किसी बाधा के वह पदार्थ अपक्षयण के प्रभाव से निचले भागों में खिसक जाते हैं।

यह पदार्थ आधारभूत चट्टानों को, जो इनके नीचे होती है, प्रभावित नहीं करते हैं। इस तरह निचले ढालू भागों में जमा हुआ मलबा जिसमें कंकड़–पत्थर आदि होते हैं कभी–कभी भू–स्खलन (Land Slide) के फलस्वरूप भी बनते हैं जिन्हें कोलूवियम (Colluvium) के नाम से पुकारते हैं। इल्यूवियम की प्रक्रिया शनैः–शनैः डेल्यूवियम (Deluvium), एल्यूवियम (Alluvium) व वायूढ़ (Aeolian) जमावों के प्रकारों के निर्माण की दशाएँ प्रयुक्त करती हैं। यह विभिन्न भू–गर्भिक जमावों के निर्माण की सामग्री भी तैयार करती है।

ऊपरी भागों से समुद्री मुहानों तक की तमाम सामग्री किसी–न–किसी रूप से इल्यूवियम से ही बनी होती है। यह इल्यूवियम धरातलीय विभिन्न कालों की घटनाओं के फलतः विभिन्न परतों में जमा होती रहती है, जो अनेक चट्टानों के विघटन का ही नतीजा है। इस तथ्य के बावजूद कि इल्यूवियम अबाध्य रूप से प्रत्येक क्षेत्र में पाई जाती है पर इसकी गहरी परत सिर्फ उन्हीं भागों में मिलती है, जहाँ इसके अनुकूल दशाएँ तथा सरंक्षण उपलब्ध होता है। अपरदन व संचयन की क्रियाएँ इसे सर्वाधिक प्रभावित करती है इसके निर्माण में बाधा उत्पन्न करती हैं क्योंकि जहाँ यह इकट्ठा होना प्रारम्भ होती हैं वहाँ पानी व हवा इन्हें हटा देती हैं व पदार्थों की वहन शक्ति से स्थानान्तरित भी हो जाती है।

धरातल के नये इल्यूवियम, डेल्यूवियम आदि जमावों को छोड़कर जिन पर इनके जमाव की क्रियाएँ संभव नहीं होती शेष सभी तत्वों पर इनका प्रत्यक्ष असर देखा जा सकता है। ऐसा इसलिए भी है कि नये जमावों की गतियों पर व भू–गर्भिक प्रक्रियाओं पर इल्यूवियम प्रक्रिया का नियंत्रण नहीं रहा है। पुराने एल्यूवियम या डेल्यूवियम व हिमोढ़ आदि के जमावों पर इल्यूवियम के जमाव देखे जा सकते हैं। डेल्यूवियम के साधारण ढालों पर व इल्यूवियम के उच्च सोपानों (Terraces) पर इल्यूवियम का निर्माण लोयस की तरह एल्यूवियम में मिलता है, जिनका लम्बे अर्से में परिवर्तन विशेष वायूढ़ लोयस (Aeolian Loess) के रूप में देखा जा सकता है। धरातल पर इल्यूवियम प्रक्रिया के माध्यम से परतदार चट्टानों पर भी इसके प्रभावों को प्रत्यक्ष रूप में देखा जाता है किन्तु इनके जमावों पर रासायनिक व भौतिक क्रियाओं द्वारा बदलाव नहीं होता है तब तक इन्हें पहचानना कठिन होता है।

अतः परिणामस्वरूप इन चट्टानों की उत्पत्ति जैसे महाद्वीपीय हो, लगती है और इनकी परतों में भिन्न–भिन्न रुप–रंग मिलते हैं। इनमें फेरूजिनस, मृत्तिका, बलुई

दोमट, दोमट व चिकनी मिट्टी लोयस व खड़िया सदृश्य मिट्टी, ईंट सदृश्य व ईंट बॉक्साइट आदि मुख्य हैं। धरातल पर अबाध गति से इल्यूवियम प्रक्रिया के सम्पन्न होने से अपने सम्पूर्ण काल के दौरान यह नई विशेषताएँ तथा गुण एकत्रित करती रहती है। धरातल पर जीवों के विकास व मनुष्य की उत्पादित कार्यशीलता के कारण इल्यूवियम के विकास में एक नया मोड़ आ जाता है जिसे एन्थ्रोपोजेनिक (Anthropogenic) अवस्था कहते हैं। इल्यूवियम प्रक्रिया के अतिरिक्त अपरदन व जमावों की गति को नियंत्रित कर मानव भूमि को खेती का उचित उपयोग कर सकता है। भूमि नियंत्रण संगठन के क्रम में भूमि परत को वायुखाम (Deplation) अपवर्तन (Ablation) व अपरदन की क्रियाओं से बचाना है, जिसमें मिट्टियों पर कृषि, वनस्पति आवरण, नदियों के धरातल पर लगातार बहाव की गतियाँ सुचारु कर भूमिगत जल का सदुपयोग किया जा सकता है।

डेल्यूवियम

डेल्यूवियम शब्द दोमट (Loamy) मिट्टी के जमावों से सम्बन्धित है, जो विभिन्न रासायनिक संरचना एवं रन्ध्रता लिये होती है। इन मिट्टियों की उत्पत्ति बहते हुए पानी की धारा, जिसका अपना निश्चित आधार न होकर, ऊपरी ढालू भागों से नीचे की ओर बहते हुए क्रियाएँ करना है जो पानी की वहन शक्ति, कार्य क्षमता व समय के साथ होने वाले बदलाव का नतीजा है। डेल्यूवियम जमाव तब तक होते रहते हैं जब तक कि पानी के बहाव की प्राथमिक या प्रारम्भिक प्रणाली व लम्बवतीय अपरदन क्रिया निश्चित नहीं हो जाती है। डेल्यूवियम एक निश्चित, लम्बे प्रकरण की प्रक्रिया है जिसमें (1) क्षेत्रीय जलवायु की दशा, (2) चट्टान, (3) ढाल का स्वरूप व झुकाव, (4) ढाल का नियंत्रित क्षेत्र, व (5) मिट्टियों का निर्माण व वनस्पति–आवरण आदि प्रमुख तथ्य हैं। ढालू भागों में डेल्यूवियम की यांत्रिक क्रियाओं द्वारा मोटे आकार (Coarse Grain) से बारीक आकार के कणों (Fine-Grain) में बदलाव एक स्वाभाविक क्रिया है।

इसी तरह का कार्य लम्बवतीय दिशा में भी देखने को मिलता है, जहाँ डेल्यूवियम बिछाव की तली में मोटे कण तथा ऊपरी भाग में बारीक कण मिलते हैं। क्योंकि बहाव के कम होने तथा ऊपरी भागों के साधारण कटाव से सिर्फ महीन कण ही जमा हो पाते हैं, जबकि निचले हिस्सों में क्रिया अपेक्षाकृत तीव्र होती है। डेल्यूवियल परत के सम्पूर्ण पार्श्व चित्र (Profile) में कुछ जीवावशेष भी देखे जाते हैं जो इनके निर्माण के दौरान गहरे जमावों में अन्तराल के द्योतक हैं। ये जीवयुक्त मिट्टियाँ डेल्यूवियम की मोटाई, जो परतों (Horizons) के रूप में मिलती है, भिन्न–भिन्न कालों में विभाजित होती है।

ऐसी परतों वाली डेल्यूवियम की भौतिक तथा थलीय संरचना में भी भिन्नता पाई जाती है, जो इनके (डेल्यूवियम) के निर्माण में परिवर्तनकारी तथ्यों पर आश्रित

है। डेल्यूवियम समरूपता व कभी–कभी असमरूपता में भी पायी जाती है, जिनका अधिकतम विकास घाटी के एक ढाल पर होता है। ये हल्के भौतिक संरचना के साथ अक्सर उन्नतोदर आकारों में मिलती है। लम्बे साधारण ढाल पर तेज भौतिक संरचना का प्रभाव मिलता है। इस तरह ढालों का प्रभाव इनके भौतिक संरचना पर पूर्णतया पड़ता है। इनके जमावों से दक्षिणी भागों में कार्बोनेट तत्वों के जमाव के कारण विक्षालन कम अथवा नहीं होता है। इनके पार्श्वचित्रों का अध्ययन करने पर अपरदन और विरूपण तथा पुराने जीवावशेषों के आधार पर प्रमाण मिल सकते हैं।

भौतिक संरचना में दोमट (Loam) ही मूल रूप में मिलती है। इस लिए इनकी मोटी परत हल्के पानी के बहाव व विस्तृत ढालों पर नहीं मिल सकती। बारिश का पानी बलुई चट्टानों में नीचे बहने के पहले आसानी से रिस (Percolate) जाता है। इसलिए कठोर चट्टान का विघटन आरम्भ हो जाता है। इससे विभिन्न आकारों में कंकड़–पत्थर टूट–फूट कर डेल्यूवियम के निर्माण की क्रिया प्रारम्भ कर देते हैं। आरंभिक कृषि डेल्यूवियम क्षेत्र में आंरभ हुई। उसकी मूल वजह थी कि मानव को सिंचाई की सुविधा नदी से मिलती थी। साथ ही डेल्यूवियम की मोटी परत जो काफी उपजाऊ थी कृषि के अनुकूल थी। इनके विस्तृत अपक्षयण से ज्ञात होता है कि कहीं–कहीं डेल्यूवियम के प्रमुख आधार का निर्माण घाटी के गहरा होने के बाद निश्चित हुआ है। पुरानी डेल्यूवियम के नीचे नये डेल्यूवियम की मोटी परत, जो कभी–कभी ह्यूमस व डेल्यूवियम मिलकर एल्यूवियल–डेल्यूवियल (Alluvial-deluvial) गहरे स्लेटी (Dark Grey) रंग में नदी के नवीन सोपान (Terraces) पर जमाव के रूप में प्राप्त होती है। शायद इन्हीं क्षेत्रों में आरम्भिक कृषि की जाने लगी।

एल्यूवियम

एल्यूवियम मूलतः बाढ़ग्रस्त मैदान थे जहाँ मैदान की दो परत मिलती हैं। जिसमें बालू तथा बलुई कंकड़ीले पाए जाते हैं जबकि ऊपरी परत जो टोमट मिट्टी से भरपूर थे कृषि के काफी अनुकूल थी क्योंकि बाढ़ में उपजाऊ मिट्टी का फैलाव हो जाता था। एल्यूवियम मूलतः बाढ़ग्रस्त मैदान थे जहां ये भूमि क्षेत्रों के बाढ़–ग्रस्त मैदानों पर चट्टान चूर्ण (Debris) के जमा हुए पदार्थों को एल्यूवियम की संज्ञा दी गई है। किसी भी बाढ़–ग्रस्त मैदान अथवा क्षेत्र, जहाँ एल्यूवियम के जमाव मिलते हैं, दो तरह के होते हैं :

प्रथम क्षेत्र–जिसे निचला मैदान (Lower floor) कहा जा सकता है, इसमें नदी पेटी के जमाव बलुई व बलुई कंकड़ीले (Sandy Pabbly) होते हैं व दूसरे ऊपरी मैदान के (Top floor) जमाव बाढ़ मैदान में होते हैं, जिसमें दोमट चिकने (Loamy Clayey) तरह की मिट्टियाँ ज्यादातर क्षैतिज रूप में फैली होती हैं। एल्यूवियल प्रक्रिया के परिणामतः ये क्षेत्रीय भागों में विभक्त हो जाती हैं। पानी के नीचे जलस्तर व बाढ़–जल स्तर से अलग–अलग प्रक्रियाएँ आरम्भ होती हैं। यदि इन दोनों को ही

साथ मिला लिया जाए तब यह एक जटिल स्वरूप प्रस्तुत करती है। दोनों एक ही भौतिक–भौगोलिक पर्यावरण में बने होते हैं। नदी के सोपान व बाढ़ग्रस्त क्षेत्रों के नीचे अलग–अलग रूपों से पहचाने जा सकते हैं। दोनों की जटिलता बाढ़ के उच्चतम स्तर एवं नदी पेटी की निम्नतम सीमा जहाँ भिन्न–भिन्न रूप से अपरदन की क्रियाएँ होती हैं, जमावों व इनकी विशेषताओं में भिन्नता उत्पन्न कर देती है। नदी पेटी में इनकी मोटाई और बाढ़–ग्रस्त मैदानों में इनके जमाव नदी पानी के प्रवाह के औसत तल पर अश्रित होता है। साधारणतया इनकी मोटाई 50 मीटर से ज्यादा ही मिलती है।

जहाँ तक एल्यूवियम मैदान की भू–आकृति का प्रश्न है यह विभिन्न कालों में मिट्टी के जमाव के परिणामस्वरूप विविध प्रकार की होती है। पहाड़ी क्षेत्र से मैदान तक आते–आते नदी शुरूआती क्षेत्रों में अपने ढलान के आधार पर पहले बड़े पत्थर, छोटे व कंकरीले पत्थर और फिर मैदानी इलाकों में मृदा की एक मोटी परत छोड़ती है मैदानी क्षेत्र में नदी अपनी गति को धीमी कर देती है और अनेक भू–आकृतियों को जन्म देती है। बाढ़ग्रस्त मैदान के जमाव सम्पूर्ण बाढ़ के मैदानों में जमा होते हैं जो समय–समय पर बाढ़ के पानी में डूबते रहते हैं जबकि नदी पेटी के जमाव नदी पानी के बहाव की प्रक्रिया का परिणाम होते हैं। बाढ़ के मैदानों में एल्यूवियम की विशेषताएँ उनके विभिन्न कालों में जमावों की होती हैं। जैसे सर्पाकार जमावों में मिट्टियाँ चिकनी तथा झीलकृत दलदली होती है। नदी पेटी के जमावों की सीमा अवशिष्ट एल्यूवियम, जो मोटे मलवे के रूप में होते हैं, पर्वतीय क्षेत्रों में नदी के आधारतल पर पाए जाते हैं। नदी पेटी के जमाव यथार्थ में नदी के वहन कार्यों का नतीजा है, जिसमें वहनीय पदार्थ (Transported Material) व बाढ़ पदार्थ, जो पानी में घुलनशील व अर्द्ध लटकी हुई स्थिति में रहते हैं, जमा होते हैं। इस तरह इनकी भौतिक संरचना नदी में पाए जाने वाले पदार्थों के भार (Load) पर आश्रित है।

पैतृक चट्टानों की संरचना व वर्गीकरण

मिट्टियों की भौतिक तथा रासायनिक विशेषताएँ उनके पैतृक गुणों पर आश्रित है। किन्तु इनकी जैवीय प्रक्रियाओं के कारण इन्हें अन्य मिट्टी प्रदत्त चट्टानों पर भी देखा जा सकता है, यथा–चरनोजम, हिमोढ़, एल्यूवियम, लोयस व अन्यों के साथ देखा जा सकता है। इसके विपरीत विभिन्न मिट्टियाँ एक तरह की चट्टान पर भी पाई जा सकती हैं। उदाहरणार्थ –हिमोढ़ पर पाडजोलिक, सोढी–पाडजोलिक, चरनोजमिक आदि मिट्टियाँ हो सकती हैं। किन्तु मूल चट्टान का महत्त्व इससे कम नहीं हो जाता है जिससे मिट्टियाँ बनती रहती हैं। पौधों की जल–प्रणाली का भौतिक आधार नरम मिट्टी प्रदत्त चट्टानों द्वारा निश्चित किया जाता है। हकीकत में ये ही मिट्टियाँ अपने में रन्ध्रता व पानी के प्रवेश की सुगमता के कारण पौधों के निमित्त हवा तथा पानी का संचार होने में मददगार होती हैं।

वनस्पतियों में खनिज आहार, जल एवं वायु के प्रसार के अनुसार मृदा प्रदत्त चट्टानों को प्रमुख छः विशाल श्रेणियों में बांटा गया है जो इस प्रकार हैं–

1. वह पदार्थ जो चिकनी मिट्टी के विघटन के पश्चात् दुबारा संचित होकर जमावों के रूप में निर्मित हुए हो व एल्यूमिनियम की प्रधानता रखते हैं, इस वर्ग में आते हैं। इनमें मुख्य रूप से [$Al(OH)_3$] एल्यूमिनियम युक्त हाइड्रो–ऑक्साइड से निर्मित पदार्थ होते हैं व Sio_2 की अपेक्षा में $Al_2 O_3$ की अधिकता होती है। ये चट्टानें विक्षालन चलित होती हैं, अपेक्षा कार्बोनेट के साथ घुलनशील (क्षार) भी रखती है जो मिट्टियों को क्षारयुक्त बना देते हैं।

2. धूल–कण तरह की–इसके अन्तर्गत चिकनी और बलुई मृदा कणों का अभाव पाया जाता है। यह अपक्षयण में छटे हुए पदार्थों के दुबारा जमाव से निर्मित होती रहती है। अपक्षयित चट्टान का बालू वहीं जमा रह जाता है जबकि (धूल महीन कण) उड़कर कहीं दूर जमा रहते हैं व महीन चिकने कण और भी दूर उड़ाकर ले जाए जाते हैं। ऐसे उदाहरण नदी के पास बाढ़ मैदान के जमाव धूल कण युक्त बालू जो लोयस चट्टानों से बनी होती है, आदि मिलते हैं।

3. मध्यम कणों वाली चट्टानें–मध्यम कणों वाली चट्टानों के अन्तर्गत शिलिका ऑक्साइड जैसे कारक 90 से 35÷ तक विद्यमान होते हैं अथवा विघटित चट्टानों के सिलिकेट्स ही अवशिष्ट रूप में इकट्ठा रह जाते हैं। क्वाट्र्ज (Quartz) जैसे पदार्थ, जो अपक्षयण से लम्बे समय तक संघर्षरत रहते हैं, इसमें बने रहते हैं।

4. छोटे कणों वाली चट्टानें–दोमट (Loamy) चिकनी मिट्टी, जो छोटे तथा मध्यम कणों के साथ मिली होती है, जमावों के रूप में पाई जाती है। इस तरह की चट्टानों के पदार्थ धीरे–धीरे घुलते हैं व इनमें पानी रखने की मध्यम क्षमता होती है। इन चट्टनों से निर्मित मिट्टी अत्यंत उपजाऊ होती है जो कृषि अनुकूल होती है।

5. अच्छे कणों वाली मृदा–यह चिकनी छोटे कण वाली मिट्टी होती है, जिसमें चिकनेपन की अधिकता पायी जाती है। ($Al_2 O_3$) एल्यूमिनियम ऑक्साइड में इनकी मात्र 16.20% से कम होती है व (Sio_2) सिलिका ऑक्साइड 60% से ज्यादा होता है। इनके जमाव शीताष्ण प्रदेशों में ज्यादा मिलते हैं। इनमें क्षारक (Bases) जो पानी में विलय नहीं होते हैं, पानी के साथ अपने में रखने की क्षमता रखती है व लम्बे समय तक नमी को बरकारार रखती है।

6. मिश्रित कंकड़ीली चिकनी मिलीजुली पथरीली चिकनी मृदा–इसके अन्तर्गत अपक्षयित खनिज तत्व होते हैं। किन्तु इनमें खनिज भोजन जैसे तत्वों की कमी होती है। कंकड़–पत्थर अनिश्चित आकारों के व पत्थर आदि, जिन्हें पानी अलग नहीं कर पाता है, मोटी बलुई मृदाएं इकट्ठा करती रहती हैं। इनकी मुख्य विशेषताएँ पानी को सोखने अथवा बनाए रखने की क्षमता का न होना है।

मृदाओं के संनिर्माण में जलवायु की भूमिका

जलवायु मृदा निर्माण में अत्यधिक महत्त्वपूर्ण भूमिका निभाते हैं। वर्षा, नदी, उष्णता व शीत, हवाओं की तीव्रता और उनका स्वरूप हिमपात, सागर की लहरें आदि भी मृदा के निर्माण में मुख्य भूमिका निभाते हैं। मृदाएं जलवायु की कर्णधार होती है। अनेक जलवायु परिस्थितियों में मृदाओं का संनिर्माण की स्थिति तथा विकास की गतिविधियों का ज्ञान प्राप्त होता है। जलवायु की परिस्थितियों को निम्न वर्गों में विभाजित किया जा सकता है जैसे–निवल जलवायु जहाँ वर्षा हिमपात के रूप में होती है। आर्द्र जलवायु जहाँ वर्षा की मात्र पानी वाष्प की दर से ज्यादा हो व शुष्क या मरुस्थलीय जलवायु जहाँ वाष्पीकरण की दर वर्षा अथवा वायुमण्डल से किसी रूप में नमी की प्राप्ति से ज्यादा हो।

विविध जलवायु की परिस्थितियों में जिन मृदाओं का निर्माण हुआ है उमें लगभग एक दूसरे में भिन्नता पायी जाती है। यहाँ तक कि मृदाओं को मिलने वाला ह्यूमस तत्व की मात्र भी भिन्न–भिन्न जलवायु व दशाओं पर आश्रित है। जैसे साधारण गर्म जलवायु में ह्यूमस अधिक व ठण्डी एवं गर्म शुष्क जलवायु में इसकी मात्र का अभाव पाया जाता है। जलवायु मृदाओं के निर्माण में एक मुख्य तथ्य (Factor) के रूप में तथा इसके महत्त्व को जलवायु खण्डों व मृदाओं के प्रदेशों के अपेक्षात्मक अध्ययन से ज्यादा स्पष्ट रूप से समझा जा सकता है। इनका प्रादेशिक वितरण धरातल पर मिलने वाले ताप विकिरण व पानी के संतुलन अथवा धरातल तथा वायुमण्डल में ताप व नमी के आदान–प्रदान की प्रक्रियाओं पर आश्रित है। मृदाओं के अपक्षयण में स्थानीय जलवायु अथवा मृदाओं का ज्यादा महत्त्व होता है। एक ओर मृदाओं पर जलवायु का निश्चित प्रभाव इनकी विशेषताओं में ह्यूमस तत्व, आर्द्रता, तापमान, शुष्कता आदि के रूप में पाया जाता है।

दूसरी ओर वनस्पति का विकास जो विभिन्न धरातलीय दशाओं में होता है, मृदाओं पर ही आश्रित है। इनके निर्माण के दौरान जलीय, जैवीय, भूआकृतीय, थलीय के साथ सामाजिक व आर्थिक गतियों का प्रभाव मृदाओं के सभी निर्माण की प्रक्रियाओं पर पड़ता है। मृदाओं की संरचना व संनिर्माण में नयी व सूर्य का प्रकाश सबसे महत्त्वपूर्ण तथा माना जाता है। वायुमण्डलीय नमी वर्षा, हिमपात और जलवाष्प के रूप में प्राप्त होती है, जो धरातल पर तथा मिट्टियों में ओस अथवा अन्य संघनन के रूप में ग्रहण की जाती है। जो कुछ नमी किसी भी रूप में वायुमण्डल से प्राप्त होती है मिट्टियों के लिए जरूरी ही नहीं अपितु मिट्टियों की आर्द्रता की प्रवृत्ति विशेषकर जब वनस्पति का विकास हो रहा हो, विशेष महत्त्व की है।

वृष्टि से प्राप्त कुछ जल पृथ्वी के भीतर और कुछ बहकर तथा भाप वाष्पीकरण के जरिये लुप्त हो जाता है। बहता हुआ जल धरातलीय परत का अपरदन तथा घर्षण कर ढालू भागों आदि के जमावों को प्रभावित करता है। वर्षा

का पानी मृदाओं की उर्वरता में वृद्धि एवं उनकी नियमित नमी अनुकूलतम दशा के निर्धारण में योगदान दे सकता है, जैसा कि चरनोजम में होता है। इसके विपरीत मृदाओं में पर्याप्त नमी का न होना तथा शुष्कता का बढ़ना, कम ह्यूमस, जैसे सिरोजम व (नमी) आर्द्रता के ज्यादा बढ़ने से दलदली व कीचड़ युक्त मृदाओं को विकसित करती है।

अनियमित सामयिक वर्षा भी मिट्टियों में अनुपयुक्त पानी व्यवस्था को बढ़ाती है व सूखा जैसी परिस्थितियाँ पैदा करती हैं या कभी–कभी अवांछित अधिक बारिश से अधिक नमी को बढ़ाती है। सूखा या शुष्क दशाओं से ऊपरी भाग की मिट्टियाँ शुष्क होकर अपने में क्षारीय तत्वों का संचयन करती है। इस तरह मिट्टियाँ लवणीय हो जाती हैं। जहाँ पर हिमपात होता है, वहाँ शनैः–शनैः वर्षा का आवरण बढ़ने से ठोस बर्फ चट्टान के रूप में ज्यादा मोटाई के साथ जमा हो जाती है। इससे आन्तरिक गर्मी का बाहर निकलना बन्द होकर यह भाग भी धीरे–धीरे ठंडा होकर जम (Freez) जाते हैं और उस क्षेत्र की मिट्टियों के पानी योजना को प्रभावित करते हैं। इस तरह वायुमण्डलीय नमी वर्षा के रूप में मिट्टियों की नमी तथा जलयोजना को नियंत्रित कर विभिन्न परतों को जैविकीय परतों में अतर्भेद कर सम्पूर्ण रूप से प्रभावित करती है। प्रकृति के विभिन्न तत्व जिनमें मुख्य रूप से वर्षा, उष्णता, वायु आदि मृदा संरचना को प्रभावित करते है। इनसे जहाँ एक ओर मृदा में नमी के तत्व बढ़ते हैं वहीं दूसरी तरफ अत्यधिक उष्णता, तीव्र वायु के द्वारा अपरदन क्रिया मिट्टी को अनुर्वर और कम नमी वाले बनाते हैं।

मृदा की जैविक निर्माण को भी यह प्रभावित करता है। इस प्रकार अल्प नमी या आर्द्र में निर्मित मृदाएं अल्प चिकनी होती है जैसे–अर्द्ध मरुस्थल, गर्म मरुस्थल, ठण्डे या आर्कटिक प्रदेश हैं। अपेक्षतया, निश्चित अथवा स्थिर तापमान की दशाओं में नमी के बढ़ने के साथ–साथ चिकनी मिट्टी के तत्व भी बढ़ते जाते हैं। इसी तरह स्थिर या स्थाई आर्द्रता पर, तापमान के बढ़ने के साथ–साथ ये तत्व कम हो जाते हैं। इनके प्रभाव आर्द्र प्रदेशों में सुस्पष्ट होते हैं जबकि शुष्क भागों में अस्पष्ट। जल का मृदाओं की संरचना में योगदान बारिश के रूप में तथा धरातलीय जल उपलब्धता का भी परिस्थितियों से संबद्ध होता है। विश्व के विविध जलवायु क्षेत्र भी मृदा संरचना पर महत्त्वपूर्ण असर डालते हैं। मरुस्थलीय क्षेत्र में मृदा अनुर्वक और रेतयुक्त होती है उष्ण कटिबंधीय क्षेत्र में जहाँ गर्मी और वर्षा पर्याप्त मात्र में होती है वहां मिट्टी ज्यादा उर्वक होती है। इस मृदा में जैविक तत्व पर्याप्त मात्र में पाए जाते है जबकि शीत प्रदेशों में मृदा अनुर्वक रहती है तथा वनस्पति का अभाव पाया जाता है। इसमें मृदाओं का जल से साहचर्य जो आपेक्षित आर्द्र से संबद्ध है उसे निम्न सूत्रों के द्वारा समझा जा सकता है–

K = (1—C) P

E

इसमें, K = Co-efficient

P = Mean annual amount of precipitation (in MM)

E = Calculated amount of evaporation (in MM)

During the same period.

C = Index of surface run off.

K = 1— Constant 6.

मृदाएं अपेक्षतया अस्थाई जल–सामंजस्य बनाए रखती हैं, जैसा चरनोजम तरह की मिट्टियों में पाया जाता है।

K > 1— Means-Soils of excessive moisture.

K < 1— Means-Insufficient Moisture.

दूसरे जलवायु तथ्य, वायु व मृदाओं में तापमान है। तापमान की दशाएँ मिट्टियों की रासायनिक तथा जैवीय प्रक्रियाओं की दर को प्रभावित करती है, जिसके अनुरूप वान्टअफ (Von't Hoff) का नियम की रासायनिक प्रक्रिया की दर प्रत्यक्ष रूप से तापमान की आनुपातिक बढ़ोत्तरी के साथ होती है। (10° से. ताप की वृद्धि में यह दर 2–3 गुना बढ़ जाती है)। स्थानीय तापमान की दशा तथा वनस्पति जीवन का कुल समय मिट्टियों के सघन मौसमी निर्माण के समय का निर्धारण करते हैं। हिमांक बिन्दु के नीचे लगातार रहने के कारण उन इलाकों में मृदाओं का संनिर्माण बहुत धीरे–धीरे होता है।

धरातल पर 30° उत्तरी तथा 30° दक्षिणी अक्षांशों के मध्य (स्थानीय दशाओं के आधार पर) तथा उष्ण पेटी में मृदाओं का संनिर्माण अबाध्य गति से होता रहता है व रुक–रुककर (मध्यान्तर के साथ) उपरोक्त पेटी के उत्तरी तथा दक्षिणी भागों में मिट्टियाँ बनी होती हैं क्योंकि इन क्षेत्रों में शीतकाल तापमान को कम कर देता है। ग्रीष्म तथा शीत काल के तापमान के आधिक्य तथा कमी को पॉजिटिव व निगेटिव के रूप में माना जाता है। कम ताप की प्राप्ति तथा निगेटिव ताप में भी इसका प्रभाव मिट्टियों पर उल्टा देखा जाता है, जिसमें ह्यूमिक (Humic) अम्ल का निर्माण होता है। अघुलनशील कारकों के साथ मिश्रित होकर मृदाओं में कॉर्बन व कॉर्बन खनिज का निर्माण होता है। इसी तरह असामयिक पॉजिटिव व निगेटिव तापमान का अन्तर भी, जहाँ जमने तथा पिघलने की क्रियाएँ होती हैं, मिट्टियों को चटकाने में मददगार होता है।

ताप के प्रभाव के कारण कुछ चट्टानें कमजोर हो जाती हैं तथा उनमें दरारें पड़ जाती है। परिहिमानी (Pemafrost) के क्षेत्रों में गर्मी के मौसम में ऊपरी बर्फ पिघल

जाती है परन्तु भीतरी बर्फ ज्यों की त्यों जमा रहती है। इस तरह ऊपरी परत प्रभावित होती है जबकि अनंदयनी परत प्रभावित।

कम ताप, सामान्यतया पानी वाष्प के साथ मिलकर जहाँ मृदाओं में अतिरिक्त नमी होती है, अर्द्ध दल–दली कीचड़ युक्त मृदाओं का निर्माण करता है जिसमें अर्द्ध विक्षिप्त जैविक वनस्पति तत्वों का संचयन आरम्भ हो जाता है। उच्च ताप जलवाष्पीकरण तेज होने से मृदाओं की शुष्कता के साथ जैविक तत्वों का खनिजीयकरण तेजी से होने लग जाता है। ऐसी स्थिति में मृदाओं के गठन तथा इनकी बनावट में अन्तर आ जाता है। हवा मृदाओं के ऊपरी तल के धूल कणों को हटाकर अथवा अन्य पदार्थों को जमा कर इनके निर्माण पर प्रभाव डालती है।

मृदाओं तथा तापमान के बीच वायु विकास एवं परिवर्तन की प्रक्रिया करती है तथा पृथ्वी व मृदाओं के जल गतिविधियों पर विशिष्ट तौर पर मृदाओं के संनिर्माण की गतिविधियों को प्रभावित करती है तथा विविध प्रकार की मृदाओं का संनिर्माण अन्य कारकों के साथ मिश्रित होकर करती है।

मृदाओं के संनिर्माण में धरातल की भूमिका

पृथ्वी और मृदा परस्पर संबंधित और एक दूसरे की पूरक है। धरातल की भूमिका मृदा संरचना में प्रत्यक्ष व अप्रत्यक्ष दोनों रूपों में हो सकता है। प्रत्यक्ष रूप में ज्वालामुखी का लावा का धरती पर आना, अत्याधिक वर्षा, नदी द्वारा मिट्टी का जमाव आदि प्रत्यक्ष कारण है जबकि अप्रत्यक्ष कारणों में पेड़–पौधे जैविक पदार्थों का धरातल में मिलना ये सब कारक मृदा का निर्माण करते है। पृथ्वी अथवा मृदाएं व परस्पर एक दूसरे पर निर्भर होते हुए भी निर्मित होते है। धरातल की भीतरी व बाहरी क्षमताएं भी पृथ्वी पर ही प्रक्रियाशील है। पटल–विरूपण शक्तियों के विपरीत मिट्टियों के निर्माण की शक्तियाँ धरातल के संगठन तथा समतलन में कार्यरत रहती है जबकि बाकी दोनों शक्तियाँ इसके खिलाफ असमान धरातल का निर्माण करने में लगी रहती हैं। धरातल की प्रमुख (तत्वों) आकृतियों में जलप्रपात, घाटियाँ, ढाल जिनमें अनेक स्वरूप और विकसित होकर इनमें अन्तर्भेद करते हैं।

एक परिपूर्ण (परिपक्व) घाटी विभिन्न ढालों के साथ सोपानों, बाढ़ मैदान, डेल्टा व घाटी की पेटी (Beds) आदि का निर्माण करती है। समस्त स्वरूपों के आधार पर अपनी–अपनी अन्तरदशाओं के आधार पर भिन्न–भिन्न मृदाओं का निर्माण होता है। धरातल (Belief) के प्रमुख वर्गीकृत रूपों के आधार पर मृदाओं का निर्माण अन्तनिर्भर दशाओं में होता चला जाता है। यह वर्गीकरण वृहद मध्यम व लघु धरातल के रूप में होता है। किसी भी क्षेत्र में एक मुख्य स्थल स्वरूप वृहद भाग में होता है जिसमें अन्य सभी छोटे–छोटे आकार निर्मित होते हैं जो पहाड़ी, पर्वत या मैदान के रूप में होते हैं। इनके अलावा नदी, जलप्रपात घाटियां, ढाल, आदि के अपरदन क्रियाओं से मृदा का निर्माण होता है। साथ ही समुद्र की लहरें, हवाएं आदि चट्टानों के अपरदन

से मृदा का निर्माण होता। मध्यम भूमि की आकृतियां प्रमुख रूप से द्वितीय वर्ग व श्रेणी में सम्मिलित हैं जैसे छोटी–छोटी पहाड़ियां पठार, बड़े गड्ढे, नतोदर आदि सम्मिलित है। जबकि लघु अथवा छोटी धरातलीय आकृतियाँ सीमित क्षेत्र की होती हैं जिन्हें आसपास की भूमि के सन्दर्भ में ही समझा तथा देखा जा सकता है व वृहद व मध्यम क्षेत्रों में ही इनका निर्माण होता है। यहाँ इनकी अनेक ऊँचाइयाँ अथवा गहराइयाँ जो कुछ सौ–हजार फीट या मीटर में ही होती हैं व जिनका क्षेत्र कुछ ही हजार वर्ग मीटर का होता है, लघु भूमि के स्वरूपों में शामिल किए जाते हैं। इस तरह कुछ विशेष मिट्टियों की परतों के पार्श्व समतल अथवा विस्तृत पानी प्रपातों जैसे स्वरूपों के सम्बन्ध में समझे जा सकते हैं, जहाँ इनके समान मिट्टियों का निर्माण किया जाता है।

जल प्रपातों के ऊपरी ढालों पर तथा निचले भागों में मिट्टियाँ पानी द्वारा काट ली (Washed off) जाती है और दोनों ही जगह जमाव नहीं हो पाते हैं। ये ऊपरी भागों में पानी के माध्यम से हटाई हुई तथा निचली भाग में धुली हुई (Washed in) मिट्टियाँ होती हैं। सिर्फ साधारण ढालों पर जहाँ करीब 5° से कम प्रवणता पाई जाती है, वहीं मिट्टियों के जमाव होते हैं क्योंकि इन भागों पर अपरदन क्रिया ना के समान ही होती है, जो मिट्टियों के पार्श्व (Profile) के निर्माण में अवरोध पैदा करती है। ढालों के अनुरूप साधारण (5° – 10°) माध्यमिक साधारण (10° – 15°) व तेज ढाल (15° – 20°) पर अपरदन क्रमशः तेज तथा स्पष्ट होता है। ज्यादा तेज ढालों पर (20° – 45°) अपरदन बहुत ही तेज होता है।

जहाँ ऊपरी परत घर्षित होकर मिट्टियों की परत यहाँ–वहाँ या अलग–अलग रूप में धुली हुई नजर आती हैं। बहुत तेज ढालों (45° से अधिक) पर सिर्फ चट्टानें ही नजर आएँगी, उन पर मिट्टियाँ आदि अपरदित होकर साफ कर दी जाती हैं। वह ढाल, जो हर परिस्थितियों में अप्रभावित तथा अपरिवर्तनीय होते हैं, पैतृक चट्टान व मृदाओं की भौतिक संरचना पर प्रभाव डालते हैं। इनका झुकाव जितना स्पष्ट व तेज होगा, उनसे उतने ही बड़े आकार के कणों की मृदाओं का निर्माण होगा। धरातल के ढालों के उतार–चढ़ाव (Descending or Ascending) के संतुलित होने के साथ–साथ मृदाओं का अन्तर्सम्बन्धी विकास हो रहा है। चढ़ाव उन्नतोदर ढाल के रूप में होता है जो अपरदन के आधार तल के कारण निश्चित होकर नीचे के कटावों व नदी–घाटियों के रूप में विकसित होता है।

जल प्रपातों का अपरदन सरिताओं की अपेक्षा धीरे–धीरे होता है जिससे नदी घाटी और प्रपात के मध्य विभक्तिकरण की एक आनुपातिक व सापेक्षिक ऊँचाई बन जाती है। ऐसा क्षेत्र एक स्पष्ट विभाजन की रेखा वाला बन जाता है जिस पर पुनर्निर्माण की क्रियाएँ आरम्भ हो जाती हैं। बहुत तेज उन्नतोदर ढालों पर मिट्टियाँ पूर्णतया हटा दी जाती हैं। यह अपरदित मिट्टियों का अपूर्ण पार्श्व कहलाता है। निरन्तर अपरदन की सघनता साधारण तल की ऊचाइयाँ कम करता है तथा अधिकतम ऊँचे उठे भागों को निम्न तल पर ले आता है। ऐसी स्थिति में

जो ढाल निर्मित होते हैं, उन्हें तटस्थ (Neutral) अथवा बीच के ढाल कहते हैं।

यह ढाल परिपूर्ण रूप से परिपक्व होते हैं, जिसके अन्तर्गत मृदाओं के पार्श्व निर्धारित होते हैं। यह वह क्षेत्र हैं जहाँ एक तरफ जल प्रपातों के कटाव तथा दूसरी तरफ नदी घाटी के कटाव के बीच का सापेक्षिक आदान–प्रदान होता है। किन्तु जब बाद में आधार तल के अपरदन के स्थायीपन आ जाता है तब घाटी में कटाव बन्द होकर जमाव की प्रक्रियाएँ आरम्भ हो जाती हैं। सीधे ढाल सामान्य ढालों में परिवर्तन करके पुरानी गहरी मृदाओं के एकत्रित होने से भर जाते हैं। तटस्थ (Neutral) धरातल शनैः–शनैः उतर धरातल के रूप में बढ़ता जाता है जो पूर्ववत धरातल तथा प्रपातों को नीचे करने की प्रक्रियाओं में व नदी घाटी में जमावों से विकसित होता रहता है। यही धीरे–धीरे चरमावस्या में जाकर जब समतल दशा में पहुँचता है तो दोनों के बीच एक सीधी रेखा स्थापित हो जाती है किन्तु अपरदन के नये आध्धर तल में विस्थापन के कारण यह चक्र नई विकास की अस्थाओं में दुबारा दोहराया जाता है। इस तरह किसी भी भू–स्वरूप तथा मृदाओं का अस्थाई अस्तित्व एक इतिहास होता है। भू–आकृतियों की दृष्टि से मृदाओं के आधार पर विज्ञान निम्नलिखित सिद्धान्तों को स्वीकार करता है–

1. एक समान भू–आकार विभिन्न दशाओं में अलग तरीकों से विकसित हो सकते हैं। यथाः हिमानी अपरदन, ज्वालामुखी, पहाड़ी का निर्माण, हवाओं आदि क्रियाओं का परिणाम हो सकता है।

2. समय के अन्तराल में एक भू–आकार दूसरे में परिवर्तित होता है। जैसे–एक प्रदेश या क्षेत्र धीरे–धीरे पर्वतों से समतल क्षेत्र में बदल जाता है।

3. प्रत्येक भू–आकृति पारस्परिक रूप से मृदाओं के साथ उत्पन्न होते हैं जैसे–एक नदी घाटी जो धरातल पर पूर्ण कटाव का तथा भूमि को काटकर विभिन्न ढालू–जल प्रपात, भागों का घर्षण तथा अपरदन करती हुई सघन अपरदन कर काट–छाँट का कारण बनती है। ऊपरी भागों में अधिक से अधिक मिट्टियों को काटकर ढालू भागों से नदी के ढाल व रेवाइन्स में नदी घाटी में अनेक विकास की दशाओं पर प्रभाव डालती है।

4. समान दशाएँ भी भिन्न–भिन्न भू–आकार का निर्माण कर सकती हैं। उदाहरण के लिए हिमकृत घटनाएँ अथवा क्रियाएँ, श्रेणियाँ (Ridges) व हिमकृत मैदान (Out wash plains) घाटियों का निर्माण करती हैं।

अपरदन परिवर्तन व अवसादों के जमाव अपवाह, आर्द्रीकरण या दोनों मिलकर अनेक रासायनिक, भौतिक तथा जैवीय प्रक्रियाओं का मिला–जुला प्रभाव, मृदाओं के निर्माण या बदलाव की गतियों पर पड़ता है। इस प्रकार धरातल का मृदाओं के सृजन में विशिष्ट भूमिका होती है। धरातल का प्रभाव तथा इसकी महत्ता इस बात से आँकी जाती है कि पौधों तथा जीवों के लिए ब्रह्माण्डलीय तथ्यों जैसे ताप प्रकाश, नमी आदि

से मिट्टियों की जलवायु तथा स्थानीय धरातल व जलीय ताप द्वारा जैवीय रसायन की प्रक्रियाओं का निर्माण होता है।

भू–आकृति में धरातल का प्रभाव इस तथ्य से पता चलता है कि भिन्न–भिन्न धरातल की दशाओं में ताप व पानी की भिन्न–भिन्न मात्र के आधार पर प्राकृतिक उर्वरक तत्वों के दुबारा वितरण पर कितना प्रभाव पड़ता है। किसी भी समतल क्षेत्र में जितना पानी वर्षा से प्राप्त होता है उस क्षेत्र की मृदाओं का निर्माण उसकी जलवायु की विशेषताओं के समान ही होगा। शीतोष्ण प्रदेशों में जहाँ वर्षा के अतिरिक्त पानी बढ़ता रहता है, वहाँ मृदाओं का निर्माण उनके उत्तरी भागों के अनुरूप ही हुआ है। जबकि उन ढालों पर जहाँ दक्षिणी भागों का प्रभाव है वहाँ इन्हीं के अनुरूप मृदाओं का निर्माण हुआ है। वह मृदा जो मैदानी भागों की तुलना निम्न शुष्क जलवायु में पाई जाती है, स्थानीय शुष्क (Dry) कही जा सकती है। इसी तरह वह मृदा, जो मैदानी भाग की तुलना किसी निचले भाग में है, जहाँ ज्यादा पानी प्राप्त होता है, स्थानीय आर्द्र कही जाती है। किसी एक ही क्षेत्र की विभिन्न स्वरूपों पर बनी हुई हैं।

संरचना, बनावट तथा विशेषताओं में भिन्नता लिए हुए होती है। इस तरह निचले क्षेत्रों में आर्द्र परत की मोटाई पहाड़ी अथवा ढालू भागों की अपेक्षा में ज्यादा मोटी होगी। निचले हिस्सों की अपेक्षतया कम पानी वाली मिट्टियाँ, ऊँचे क्षेत्रों की अपेक्षा में ज्यादा जैविक तत्व तथा नाइट्रोजन युक्त होती है। बड़े क्षेत्रों में जहाँ ऊपरी परतों से नमी, तत्वों के आधार पर मृदाओं की प्रतिक्रिया संतृप्त तल तथा अम्लीयकरण की दिशा में आगे बढ़ती जा रही है। धरातल जो पानी के बहाव को नियंत्रित तथा विभक्त करता है, इन्हें दो श्रेणियों में विभाजित किया जा सकता है–

1. वह क्षेत्र जो पानी के बहाव से वंचित हैं।
2. वह क्षेत्र जो पानी के बहाव वाले हैं।

पहाड़ी अथवा मैदान की सबसे बड़ी विशेषता उसकी ढाल तथा ऊचाई में निहित होती है। धरातल वर्षा, पानी तथा बर्फ से पिघले हुए पानी के वितरण में हस्तक्षेप करता है। इसका प्रभाव जलवायु व वनस्पति के वितरण तथा उन्नति पर पड़ता है। परिणामस्वरूप मृदाओं पर भी प्रभाव पड़ता हैं। विभिन्न ढाल चाहे उत्तर अथवा दक्षिण के हों जहाँ नमी, पानी की भिन्नता कें साथ हवाओं में अन्तर मिलते हैं। अतः ऐसे ढालों की मिट्टियों की नमी, हवा, जलयोजन व ताप की असमानता मिलने से इनकी मूल विशेषताओं में भिन्नता आ जाती है। अन्य तथ्यों की साधारण दशाओं में शीतोष्ण भागों के उत्तरी भागों की मिट्टियाँ दक्षिण भागों की अपेक्षा में ज्यादा विक्षालन करती है, क्योंकि पानी व ताप के साथ–साथ ढालू भागों में जैविक अवशिष्टों में भिन्नता पाई जाती है जिससे ह्यूमस की रासायनिक संरचना में भिन्नता उत्पन्न हो जाती है।

स्टेपी मैदानों में या नतोदर खड्ड क्षेत्रों में अधिक नमी पाकर वनस्पति का विकास (वृद्धि) मिट्टियों में अधिक ह्यूमस तत्व होने के कारण तेजी से होता है। धरातल का असर भूमि की गहराई पर जहाँ तक पानी स्तर (Water Table) होता है व जहाँ भूमिगत खनिज पानी पाया जाता है, होता है। किसी भी नतोदर ढाल में जलस्तर ऊपरी परत के समीप मीठा होता है। ऐसे क्षेत्रों में (अक्सर) मिट्टियाँ जिनका पानी स्तर गहरे व अपेक्षाकृत निरन्तर प्रवाह वाले क्षेत्रों की अपेक्षा ऊँचा है, वहाँ P^H मान की अधिकता नहीं होती है।

अतः धरातल का मिट्टियों की सृजन में नकारात्मक प्रभाव, जल मिट्टियों के सृजन व जैविक दशाओं के समान पड़ता है। इसी तरह विभिन्न छोटी–छोटी ऊँचाइयों का प्रभाव मिट्टियों के निर्माण की प्रक्रियाओं पर सतत रहता है। जैसे असमान भौम्याकारों पर विभिन्न मिट्टियों का बिछाव मिलता है। इन ऊँचाइयों अथवा असमान धरातल को निम्न धरातल तथा ऊँचाई के रूप में माना गया है। ऐसे ही क्षेत्रों पर मानव की सभ्यता एवं संस्कृति का विकास हुआ जो विशेषकर घास के क्षेत्रों के विकास से जुड़ा है।

निचले मैदानी क्षेत्रों में पेड़ पौधे व वनस्पति का विकास ऊपरी भागों की कम नम तथा पतली परत वाली मिट्टियों की अपेक्षा में ज्यादा हुआ है। ऐसे ऊँचे–नीचे क्षेत्रों में विभिन्न फसलों का पाया जाना अस्वाभाविक है, अपितु धरातल पर सही मिट्टियों के विकास तथा फसलों के उपयुक्त वितरण के लिए असमान धरातल की दशाओं में मूल बदलाव की क्रियाएँ भी सम्मिलित हैं। ऐसी स्थिति में मूल योगदान बृहद क्षेत्र (Macro relief) का तथा इसके अन्य तथ्यों का भी रहता है। विशेषकर पर्वतीय भागों में मिट्टियाँ अनियमित रूप से भिन्न पाई जाती हैं, जिससे इनका विरूपण तथा अपरदन अधिक से अधिक होता है।

मृदाओं के संनिर्माण में जैविकीय मण्डल की भूमिका

जैसाकि स्पष्ट किया जा चुका है कि परिस्थितिक तंत्र में जैविक व अजैविक दो तत्व पाये जाते हैं इन दोनों तत्वों का विस्तृत स्वरूप जहां दोनों तत्वों का भेद बताना सम्भव नहीं है। मृदाएं इस प्रकार के कारकों का मध्यम प्रारूप है। दूसरे शब्दों में, मिट्टियाँ जीवित व अजीवित प्रकृति के बीच होने वाली अन्तर्क्रियाओं तथा अन्तर्निर्भरता में होने वाली प्रक्रियाओं का आधार प्रस्तुत करती हैं। इस तथ्य के बावजूद भी पौधों के लिए नित नया भस्मी भोजन (Ash food) तैयार करने में मिट्टियों के खनिज तत्व उनके संचयन तथा संगठित होने में मददगार नहीं होते हैं। मिट्टियों में भस्म (Ash) व नाइट्रोजन युक्त भोजन के तत्वों का संगठन मिट्टियों की जैविकीय तत्वों को ग्रहण करने की क्षमता पर आश्रित है।

जो खनिज तत्व पानी में अघुलनशील होते हैं वे प्राणियों में भी संचयित नहीं हो पाते हैं। प्रत्येक क्षण जीवित जीव मरते रहते हैं, उनके खनिज तत्व घुलते अथवा

गलित होते रहते हैं। अगर ये फिर से नये जीव में नहीं पहुँच पाते हैं तब यह परिवर्तित होकर के मुख्य भू–गर्भिक चक्र में आ जाते हैं। मिट्टियों में भष्मी भोजन तत्वों के संगठन तथा जमाव जीवित जीवों का कार्य होता है, जिसमें वनस्पति मुख्य है। मिट्टियों में जीव–खनिज पदार्थों का संचयन इन्हीं पौधों द्वारा जो विकसित तथा मृतप्राय होते रहते हैं, किया जाता है।

पौधों में शुष्क पदार्थ (Dry Matter) का औसत–प्रतिशत इस तरह मिलता है –C-45, O-42, H-6.5, N-1.5 व भस्म (Ash) करीब 5.0 है। भस्मी राख का निर्माण अनेक तत्वों, जिनकी मात्र पौधों के आधार पर भिन्न होती है। इस तरह धरातल पर जो वनस्पति आवरण व सूक्ष्म जीव इनके साथ होते हैं, से मिट्टियों का निर्माण होता है।

धरातल के सम्पूर्ण हरित वनस्पतियों या पौधों को प्रमुख दो श्रेणियों में विभाजित किया जा सकता है जैसे–प्रथम लकड़की वनस्पति तथा दूसरा शाकीय पौधे।

समस्त लकड़ीदायक पौधे वर्ष वाहिनी अथवा चिरस्थायी होते हैं। कोणधारी वनों में जहाँ पाडजोलिक मिट्टियाँ विक्षालन (Leaching) के कारण अशक्त अथवा राख भष्मी भोजन बनाने में निरूपाय हो जाती हैं, वहीं पतझड़ वनों से वनस्पति तुलनात्मक ह्यूमस युक्त मिट्टियाँ व कार्बन राख युक्त भोजन जैसे तत्वों का अधिकता से निर्माण होता है। शाकीय पौधे वार्षिक अथवा चिरस्थाई दोनों ही होते हैं। अपने राख तत्वों में अधिक से अधिक मात्र में क्षार (Alkaline) व क्षार गिट्टियाँ (Alkaline earth) जैसे तत्वों को रखते हैं। इस तरह लकड़ी के वनों की अपेक्षा शाकीय वनस्पति का मिट्टियों पर अलग–अलग प्रभाव होता है।

शाकीय वनस्पति के प्रभाव से मिट्टियों के निर्माण में भिन्नता पाई जाती है, जो अपनी दशाओं के अनुसार होती है। जहाँ पर घास (Meadow) जैसी वनस्पति होती है वहाँ मिट्टियों के निर्माण की प्रक्रिया भी घास बदलेगी, जो दलदली (Boggy) के रूप में निर्मित होती है। स्टेपी (Steppe) तरह की वनस्पति स्टेपी तरह की मिट्टियों के निर्माण की प्रक्रिया करेगी। मरुस्थलीय वनस्पति मरुस्थल अथवा अर्ध मरुस्थलीय मिट्टियों का निर्माण ही करेगी। जड़ तंत्र (Root System) जो धरातल पर पौधे के ऊपरी भाग की अपेक्षा में ज्यादा फैला रहता है जिनका विकास तथा वितरण मिट्टियों में निहित नमी व पोषक तत्वों पर आधारित होता है, एक अलग ही जड़ परत का जैवीय परत में भिन्नता के साथ निर्माण करता है।

जड़ें उपापचयी (Metabolic) तत्वों जैसे घुलनशील कार्बोहाइड्रेट्स (Co_2) व जैविक अम्ल तथा लेक्टीक अम्ल (Lactic) का निर्माण करते हैं। पौधों की अधिचर्म मृतक कोशिकाओं से जिन्हें जड़ें बाहर निकाल देती हैं, जैविक पदार्थ–तत्वों के मूल स्तम्भ होते हैं व जिनसे सूक्ष्म जीवों का आहार तैयार होता है। इन जीव पदार्थों अथवा कॉर्बन तत्वों की परत जो जड़ों के चारों ओर बनी होती है उसे रीजोस्फेयर

(Rhizosphere) व माइक्रोफ्लोरा (Microflora) अथवा जीवाणुमण्डल (Bacteriorhiza) कहते हैं। पौधों तथा सूक्ष्मजीवों के बीच एक–दूसरे के पूरक–पोषकता का स्रोत तथा आधार रीजोस्फेयर व बेक्टीरियोरिजा ही है।

मृतक जड़ों से कार्बन तत्वों का निर्माण होता है, उन्हीं तत्वों से ह्यूमस जैसे तत्वों का निर्माण होता है। जहाँ तक जड़ें अन्दर तक प्रवेश कर पाती हैं वहाँ तक मिट्टियों में ह्यूमस के कारण काला रंग हो जाता है। पौधे पोषक तत्वों का निष्कासन करते रहते हैं और समाप्त होने के बाद नाइट्रोजन युक्त तथा कॉर्बनिक पोषक खनिजों का संचयन करते हैं।

प्रत्येक वनस्पति के निर्माण में विभिन्न जाति के सूक्ष्म जैविक कठिन अनुकूल निहित होती है जो मृदाओं में समयानुसार परिवर्तन लाते हैं।। इसलिए मिट्टियों के जीव तथा इनके निर्माण की प्रक्रिया में घनिष्ट सम्बन्ध पाया जाता है। पौधों की जड़ें कुछ लाभप्रद तथा कुछ हानियुक्त जीवाणु (फंजाई के रूप में), परत के रूप में जड़ों को घेरे हुए रहते हैं। अतः उपयुक्त पौधों व इनकी फेरी (Rotation) से मिट्टियों में अवांछित सूक्ष्म जीवाणु के विकास को रोकने अथवा नष्ट करने का एक अच्छा मौका प्राप्त होता है, जो लाभदायक भी है। सूक्ष्म जीवाणुओं के महत्त्वपूर्ण कार्यों को किसी नियमित रूप में परिवर्तित किया जा सकता है।

मृदाओं के निर्माण में ह्यूमस तत्वों के ज्यादा संचयन को नमी की दशाओं में वांछित बदलाव द्वारा प्रभावित किया जा सकता है। लम्बे समय तक अतिरिक्त आर्द्रता से वातनिरक्षेप (Anaerobic) जीव नाइट्रोजन को छोड़ देते हैं। सही तथा नियमित सिंचाई से नाइट्रोजन युक्त जीवों का विकास कर संचयन किया जा सकता है। सिंचाई द्वारा भिन्न–भिन्न तरह के सूक्ष्म जीवों व इनकी भौतिक क्रियाओं का विकास किया जा सकता है। पानी बड़ी सरलता से घुलनशील नाइट्रेट्स को विक्षालन के द्वारा समाप्त कर देता है। इस तरह पानी या सिंचाई की विधियाँ भिन्न नतीजे देती है। सिंचाई द्वारा बाढ़ से नाइट्रेट्स के हानि को भी पूरा किया जा सकता है।

सिंचाई की सुव्यवस्था से सूक्ष्म जीवों के समाप्त व संश्लेषण की प्रक्रियाओं, जो ह्यूमस तत्वों के निर्माण में मददगार होती है, नियमित की जा सकती है। ह्यूमस (Humus) के समाप्त होने पर सूक्ष्मजीव (Microbes) पौधों में जीवन संचार के तत्व जैसे नाइट्रेट्स तथा कार्बन (भस्म) युक्त भोजन के पौष्टिक तत्व बाहर निकाल देते हैं। जीवाणु व फंजाई जैसे लोअर इक्लारोफेलस (Loweracholorophyllous) पौधों से हरे पौधों के शेष भागों का विघटन अथवा अपरदन आरम्भ हो जाता है। इस तरह के सूक्ष्मजीवों से न सिर्फ कॉर्बनिक तत्वों का अपितु मिट्टियों के खनिज तत्वों का रूप परिवर्तित हो जाता है। कॉर्बनिक तत्वों का विनाश वातनिरपेक्ष (Aerobic) जीवों से भी होता है। जीवाणुओं द्वारा मिट्टियों में प्रतिक्रिया नहीं के समान होती है। फंजाई (Fungi) अम्लिक क्रिया करती है।

हवा में स्वतंत्र ऑक्सीजन न मिलने पर, निचली परत तथा दलदली मृदाओं के कार्बनिक तत्व वातनिरपेक्ष जीवाणुओं द्वारा अपघटित हो जाते हैं। यह जीवाणु अनेक तत्वों से ऑक्सीजन प्राप्त करते रहते हैं। इनका कुछ हिस्सा सूक्ष्म जीवों द्वारा प्रयोग में लिया जाता है, जो मिट्टियों के घोल में बने रहते हैं। वातनिरपेक्ष की वजह पौधों में तीक्ष्ण अम्ल (Tamic Acid) व रालदार (Resinous) तत्वों का भी अपसंचयन हो जाता है। यह प्रक्रिया फंजाई के आम्लिक के तल पर फैलने की प्रतिक्रिया स्वरूप होती है।

मृदाओं जैविक चक्र का आधार स्पष्ट करती हैं। जहाँ पौधों व पशुओं के अवशिष्टों को जीवाणु तथा फंजाई अपक्षयित कर आदि जीवी प्रोटोजोआ (Protozoa) जीवों का भोजन बनाते हैं, यथा अमीबा। मूलामास (Rhizopods) इन्फुसोटिया जैसे जीवाणु केंचुए (Worm) कीड़ों आदि के लिए भोजन बनाते हैं व यही जीव (Larva) जीवाणु (Bacteria) आदि के लिए भोजन बनते हैं। आधुनिक जीव विज्ञान के विश्लेषण ने मिट्टियों के जीवों के बारे में अधिक से अधिक गुणात्मक तथा संख्यात्मक अध्ययन प्रस्तुत किया है।

कतिपय निर्धारित छोटे–छोटे जीवों को समूहों या जातियों को चयनित करके उनके जीने की विधियों का विश्लेषण किया गया है। ये जीवाणु गतिमान व गतिहीन होते हैं, जो झुण्ड के रूप में शृंखलाबद्ध समूहों में अथवा कालोनी के रूप में रहते हैं। कुछ मिट्टियों में इनकी संख्या बहुत अधिक हो जाती है। एक ग्राम मिट्टी में अनगिनत सूक्ष्म जीवों का वास होता है मिट्टी के 0.1 से 3% कॉर्बनिक तत्वों की कोशिकाओं में जीवित जीव पाये जाते हैं कृषि योग्य मृदाओं में प्रति हेक्टेयर भाग में करीब 7 टन सूक्ष्मजीवों की कोशिकाएँ पाई जाती हैं जो मरते रहते हैं और प्रजनन करते रहते हैं। एन. ए. क्रासीलनिकोव (N. A. Krasilnikov) के आधार पर मिट्टियों में एक माह के अन्दर सूक्ष्म जीवों की करीब 2 से 3 पीढ़ियाँ गुजर चुकी होती हैं व एक वनस्पति के काल में करीब 12–18 (27) पीढ़ियाँ। इनका निर्माण उत्तर की तुलना दक्षिणी क्षेत्रों में अत्यधिक होता है।

ग्रीष्म ऋतु में कृषि किये जाने वाली भूमियों पर दर्जनों टन जीवित जीवाणुओं का विभिन्न रूप में विकास होता रहता है जिसमें सभी आदिकालीन जीव, एल्गी, एक्टीनोमस, फंजाई आदि मुख्य है। इनके विकास की गतियाँ मुख्य रूप से भौतिकी–भौगोलिक दशाओं द्वारा नियंत्रित होती है जिसके अन्तर्गत जलवायु (ताप–वर्षा), मिट्टियाँ, भौतिकी रासायनिक प्रक्रियाएँ व मिट्टियों पर विभिन्न कृषि की दशाओं को शामिल किया जा सकता है। सूक्ष्मजीव (Micro Organism) मिट्टियों में समान रूप से नहीं पाए जाते हैं।

गर्मी के मौसम में जहां समुचित नमी पायी जाती है वहां पर इनका उद्गम बड़ी तीव्र गति से होता है। मृदाओं की ऊपरों सतह पर इन जीवों की संख्या सर्वाधिक होती है। जो गहराई के साथ (200 सेमी.) कम होती रहती है। अनेक मीटर की गहराई पर

मिट्टियाँ पूर्णतया निर्वत हो जाती हैं। सूक्ष्मजीवों की प्रक्रिया के लिए अधिकतम तापमान 20° – 30° व 40° से. तक होता है। जिन मिट्टियों को अच्छी तरह कुरेदा (Ploughed) गया हो व खाद आदि दिया हो। अनुउपजाऊ अथवा बंजर भूमि तथा अल्प स्थायी मृदाएं, क्षारीय मृदाओं की तुलना में इन छोटे छोटे जीवों के उद्गम हेतु उपयुक्त नहीं होती है। जीवांशों की परतों के आधार पर सूक्ष्म जीवों की किस्में (प्रकार) भिन्न–भिन्न पाई जाती हैं। किसी भी ठण्डी परत की गहराई तक गर्मी के मौसम में शीतकाल की तुलना में ये जीव बढ़ते हैं और इनकी किस्में अनेक होती हैं। ठंड में ऊपरी परत करीब–करीब अनुपयुक्त हो जाती है। ऐसे बहुत से जीवाश्म व इनकी गतियाँ जो मिट्टियों में निहित रहती हैं, जिन्हें जीवाणु केन्द्र की संज्ञा दी गयी है। इसमें नाइट्रीयस जीवाणु प्रमुख होते हैं, जो अमोनिया को नाइट्रिक अम्ल में बदल देते हैं।

कॉर्बनिक पदार्थों की नाइट्रोजन (NH_3) एमोनिया में परिवर्तित कर (NO_2) नाइट्रोजन डाई–ऑक्साइड में बनती है। इसे जीवाणु दुबारा (NO_3) नाइट्रेट में बदलते हैं। खेती में इन जीवाश्मों के कार्य की महत्ता को इस बात से आंका जा सकता है कि न तो वायुमण्डलीय नाइट्रोजन तथा न ही कॉर्बनिक तत्वों (पदार्थों) की बल्कि वह जो मिट्टियों में मिलकर पौधों तथा पशुओं के निस्राव से परोक्ष रूप से पौधों को मिलती है, घुलनशील लवणों के साथ मिलकर खेती में महत्त्वपूर्ण योगदान देती है। कुछ महत्त्वपूर्ण जीवाणु जो वायुमण्डल में नाइट्रोजन को निश्चित करते हैं, जो इस प्रकार है–

1. ग्रन्थिका जीवाणु (Nodule Bacteria), जो फलीदार वनस्पति के पौधों की जड़ों में चिपका रहता है व करीब प्रति हेक्टेयर मिट्टियों से 160–300 किलोग्राम नाइट्रोजन प्राप्त करता है।
2. वायुजनक स्वतंत्र जीवीय हवा में स्वतंत्र रूप से विचरणशील होते हैं।

प्रोटीन युक्त पदार्थों के संयोजन से सल्फर जीवाणु ऑक्साइड (H_2s) को सल्फर के सूक्ष्मकणों व ऑक्साइड को फिर से $H_2 So_4$ में निर्मित करता है। सल्फर जीवाणु का प्रमुख योगदान है क्योंकि मिट्टियाँ सल्फर के मुख्य तत्व को इल्यूवियम यौगिक के रूप में ग्रहण कर पौधों में संचारित करती है। यह पौधों को प्रत्यक्ष रूप से प्राप्त नहीं हो पाते हैं। इसी तरह लौह–जीवाणु (Iron Bacteria) दलदली जलीय तथा कीचड़ युक्त मिट्टियों में फेरस लवणों के ऑक्साइड अथवा भस्म को हाईड्रेटेंड फेरिक ऑक्साइड निर्मित करते हैं। इसी तरह कुछ जीवाणु सिलिकेट्स का विनियोजन कर फॉस्फोरस पोटैशियम एकत्रित कर फॉस्फोरस यौगिक में निर्मित करते हैं, जो पौधों के लिए जरूरी है। रीजोस्फियर (Rhizosphere) का निर्माण वायुजनक स्वतंत्र जीवों के पुंज से होता है। बलगेरी (Balgare) व कोली (Coli) इसी किस्म के जीवाणु हैं। यूरिया का एमोनिकल अंश ऐसे ही यूरो जीवाणुओं के माध्यम से होता है, जो क्षार (Alkaline) के माध्यम से विकसित होते हैं। सेल्यूलोज (Cellulose) के विनियोजन से H,

CH_4, CO_2 का निर्माण होता है, जो वायुजनक जीवाणु होते हैं। यह जीवाणु चिकने पदार्थों जैसे (Butyric) जीवाणुओं से जुड़े रहते हैं, जिसका निर्माण मक्खन युक्त (Buttery) होता है। ऐसे जीवाणुओं से एल्यूमिनस तत्व प्राप्त होता है।

मृदाओं में कभी–कभी सिंचाई अथवा नये ताजा कॉर्बनिक पदार्थों से, वायुजनक डीनाइट्रीफाइंग जीवाणुओं हेतु उपयुक्त दशाएँ निर्मित होकर नाइट्रेट्स (No_2) को नाइट्रोजन ऑक्साइड (No_3) तथा नाइट्रिक ऑक्साइड जो मिट्टियों से समाप्त हो जाती है, का इस तरह पुनः निर्माण होता है। यह प्रक्रिया निम्न तरह से सम्पन्न होती है–

$$KN_3 \quad KNO_2 \rightarrow 2KNO \rightarrow N_2$$

इस तरह के जीव में विद्यमान होते हैं एवं इनका रूप एल्गी की भाँति होता है इनसे कुछ जीव वायरस (Virus) की तरह होते हैं।

एल्गी व डायटम (Diatom) मिट्टियों के अपक्षयण व विभाजन में मुख्य योगदान देते हैं। डायटन का प्रभाव चूना युक्त चट्टानों पर व एल्गी का शीत तथा वसन्तकाल में विस्तृत रूप से देखा जा सकता है। किन्तु कभी–कभी एल्गी में क्लोरोफिल होने से प्रकाश संश्लेषण क्रिया, जिसमें कॉर्बन डाई–ऑक्साइड ग्रहण कर ऑक्सीजन छोड़ती है जो पानी में घुलकर दलदली अथवा कीचड़ युक्त मिट्टियों का विकास करती है। इसी तरह फंजाई (Fungi) जो मिट्टियों के नीचे रह कर हेटेरोट्रॉफिक (Heterotrophic) पौधे के रूप में विकसित होती है। यह अधिकांशतः वनों की मिट्टियों में ज्यादा विकसित होती है। इससे पेनीसिलियम (Penicillium) व एसपरगिलस (Aspergillus) जैसे तत्वों का स्राव होता है।

ये जीव प्रोटीन को विनोयिजित कर NH_3 का निर्माण करती है। मिट्टियों में अन्य परजीवी फंजाई का निर्माण होता रहता है। मिट्टियों में काई की भी महत्ता होती है जो संगठित चट्टानों की विदरों में प्रवेश कर इनका विघटन करती है। मृदाओं में साधारण जीवाणुओं का विकास होता रहता है। जिसके अन्तर्गत विभिन्न प्रकार के जीवाणु जैसे प्रोटोजोआ अमीबा व सिलिऐटा तरह के मुख्य हैं। एक कोशिकीय केंचुआ तथा अनेक कीड़े ऐसे मिट्टियों में पाये जाते हैं।

इस प्रकार की मृदाओं में लार्वा (Larvae) कीड़ों का विकास नहीं हो पाता है। मृदा में लगातार परिवर्तन होते रहने के कारण यह स्थायी रूप से नहीं रह पाते। मृदाओं के अन्तर्गत कशेरूकी (Vertebrates) जिनमें रोडेन्ट ससलाइक, हमस्टरस, पोलकेट, मोल–रेट, माईस आदि मुख्य हैं जो मिट्टियों में अपने घर बनाकर रहते हैं। इस तरह प्रकृति में जीव मण्डल का कार्य क्षेत्र मिट्टियों के निर्माण, विनाश, विनियोजन, परिवर्तन, संगठन आदि के रूप में पाया जाता है, जो इन सभी के जीवन

चक्र का एक अंग है।

मृदाओं के संनिर्माण में अन्य तत्व की भूमिका

स्थान की भूमिका

मृदाओं के संनिर्माण में स्थान का विशेष महत्त्व है। उसके संनिर्माण, स्थान के महत्त्व व विशेषता को भू–तल पर मृदाओं के भौगोलिक वितरण के एक महत्त्वपूर्ण तथ्य के रूप में लिया गया है जिसे मूल स्थानीय परत (Native Soil Zones) व अधिक संकीर्ण रूप में इनके सीमान्तवर्ती वर्गीकरण को जो स्थानीय सीमाओं के सन्दर्भ में हो सकता है, यथा–समुद्री तट रेखा, वनों की सीमान्त रेखा, मरुस्थलों में बालू की वितरण रेखा, ढाल के आरम्भ से लेकर अन्त तक का क्षेत्र या पर्वतीय चोटी से तराई तक के भाग आदि हो सकते हैं। मिट्टियों के वितरण की आन्तरिक अथवा विरामीय विशेषताएँ जो बीच–बीच में रुक कर विकसित होती हैं, इनकी भिन्नता की वजह मालूम की जा सकती है जो इनके मूल परत (Native Zones) क्षेत्रों से जुड़ी होती है।

पाडजोल मिट्टियाँ सोडी–पाडजोलिक से ऐसे ही अलग की जाती हैं। सोडी–पाडजोलिक स्लेटी–वनों की मिट्टियाँ से व चरनोजम से अलग की जाती है। वितरण की सतत विशेषताओं में बहुत ही सूक्ष्म स्थानीय मिट्टियों के आधार पर एक–दूसरे से अलग की जाती है। परम्परागत रूप से अनेक समूहों, उपसमूहों, किस्मों आदि में विभाजित किया जाता है। क्षेत्र के अक्षांश–देशान्तरीय विस्तार के आधार पर भौगोलिक नजरिये से इनको मूल क्षेत्र (Native Zones) या प्रान्तों के आधार पर एक–दूसरे समूह से विभक्त कर अलग–अलग वर्गीकृत किया जाता है।

अवधिक भूमिका

मृदाओं के संनिर्माण में समय अथवा अवधि की महत्त्वपूर्ण भूमिका होती है। जिस प्रकार प्रकृति का परिवर्तन होता है उसी प्रकार मृदा की समय के साथ–साथ निर्मित होती हैं। इनकी आन्तरिक विशेषताएँ तथा संरचना आदि में निरन्तर बदलाव होता रहता है, जिसके फलतः बाह्य विशेषताओं में बदलाव देखने को मिलता है। इन सभी गतियों में मिट्टियों की प्रक्रियाएँ तथा इनके निर्माण में बदलाव के अनेक कारणों तथा तथ्यों का महत्त्व होता है। धरातल के कुछ क्षेत्रों तथा जगहों पर मिट्टियों के घुल जाने, अपरदित व जमावों आदि के कारण इनका नवीनीकरण एक निश्चित मध्यान्तर से होता रहता है। किसी क्षेत्र में मिट्टियाँ पूर्णरूप से नष्ट कर दी जाती हैं व पुनः निर्मित होती हैं व इस क्रम की विभिन्न अवस्थाओं जैसे प्राथमिक से परिपक्व में इनका विकास होता रहता है। कुछ क्षेत्रों में यह विकास तीव्रता से होता है तो कुछ में मृदा परतदार–अवसादीय चट्टानें जो पौधों के पोषक तत्वों से युक्त होती हैं, कठोर संगठित चट्टान की अपेक्षा में अधिक तीव्र गति से विकसित होती हैं।

यह अन्तर मुख्य रूप से इनमें प्रत्यक्ष रूप से पाई जाने वाली उर्वरता के आधार

पर ही है। वर्तमान दौर की मृदाओं में भेद यथार्थ उम्र के अनुसार किया जाता है। मृदा की यथार्थ अवस्था या आयु उसका यथार्थ अवधि या समय ही होता है, जो उसके निर्माण के ठीक समय से आरम्भ होकर आज तक है। समय के आधार पर यदि मिट्टियों के निर्माण तथा प्रकट होने का समय अन्यों की अपेक्षा में और भी पीछे जाता है तो उनका काल निश्चित रूप से और भी ज्यादा है।

जिन मृदाओं एवं चट्टानों का निर्माण एक ही समय में होता है, उसके विकास की अवस्था में भेद होता है। कुछ जीन का विकास तीव्र गति से हुआ है, धीमी गति से विकसित होने वाली चट्टानों के सापेक्षिक काल से ज्यादा आयु की है। कुछ चट्टानें अपेक्षाकृत अन्यों की अपेक्षा में कम विकसित (नई मिट्टियाँ) किन्तु वह एक ही काल की होते हुए भी उनकी परिपक्वता तीव्र गति से होती है।

ऐसा भी संभव है कि पूर्णरूप से पुरानी मिट्टियाँ कुछ पूर्ण नयी युवा मिट्टियों से भी नई देखने में आती हैं। इस तरह की घटना न सिर्फ मिट्टी प्रदत्त चट्टानों की भिन्नता के साथ सम्बन्धित हैं अपितु अनेक भौतिकी भौगोलिक दशाओं के साथ भूमि आकार, भौतिक–रसायन से जैविकीय घटनाओं की भिन्नता के साथ भी सम्बन्धित हैं।

ज्यादातर मृदाओं की यथार्थ अवस्था कई मिलियन, जिसका वास्तविक अंक भी पिछले कई वर्षों से लुप्त हो चुका काम में ली जाने वाली मिट्टियों की आयु निर्धारण तो सम्भव है जो मानवीय क्रियाओं के अवशिष्टों, यथा–ईंटों के टुकड़े, एसफाल्ट, काँच, एवोनाइट, कांक्रीट, फिनीट व धातु के हथियार, सिक्के जिन पर तारीख आदि का उल्लेख आदि है।

वैसे मिट्टियों का निर्माण अपेक्षाकृत तेज गति से होता है। सड़कों की खुदाई, कगार–दीवार, अपूर्ण छोड़ी हुई सड़कों, तालाबों के बाँध आदि के काम में ली जाने वाली मिट्टियाँ जो नवीन हैं व वास्तविक मिट्टियों के काफी अनुरूप मिलती हैं।

धरातलीय भिन्नता के कारण मृदाएं धरातल से दिखाई नहीं देती है। व उन पर नई मिट्टियों का आवरण बिछ जाता है, जिनमें इल्यूवियम, एल्यूवियम, ज्वालामुखी, हिमोढ़, दलदली, वायूढ़ आदि अनेक नई मिट्टियों के जमाव शामिल हैं। महासागरों के अतिक्रम काल में या हिमानी के बढ़ने से भी मिट्टियाँ समाप्त हो जाती हैं। हिमयुग काल में विशाल भू–भाग बर्फ की परत के नीचे ढक गयी थी ताकि मृदाओं का निर्मित होना सम्पूर्ण रूप से अवरूद्ध हो गयी। हिमानी के पीछे हटने अथवा आगे बढ़ने की क्रियाएँ अनेक, हजारों वर्षों तक चलती रहीं। बर्फ से जमीन को आजाद होने पर उस नई वनस्पति के साथ नई मिट्टियों का निर्माण हुआ।

उत्तरी भाग की अपेक्षा दक्षिणी भागों में स्थित अनेक शताब्दियों पहले ही बर्फयुक्त हो चुके थे, वहाँ वर्तमान में पूर्ण रूप से उत्तरी प्रदेशों की नवीन युवा मिट्टियों की अपेक्षा में पुरानी मिट्टियों का बिछाव है। वे क्षेत्र जो हिमानीकृत कार्यों से बचे हुए हैं, उनकी अधिकांशतया मिट्टियाँ पुरानी हैं, किन्तु फिर भी वहाँ

प्री–क्वार्टनरी युग की मिट्टियाँ प्राप्त नहीं होती हैं। यह सर्वमान्य सत्य है कि अपरदन, पटलविरुपण, जमावों के संचयन के कारण धरातल का निरन्तर पुनर्निर्माण तथा नवीनीकरण होता रहा है।

कुछ क्षेत्रों में किसी कारणों से जल प्रपातों के समतल होने पर प्राच्य मृदाएं परिलक्षित होती है। जबकि नवीन क्षेत्रों दलानी क्षेत्रों में नवीन मृदाएं जमाव उपलब्ध होते हैं। जिनका धुलने व डेल्यूवियम जमावों के कारण नवीनीकरण होता रहा है। इस तरह मिट्टियों की आयु का निर्धारण करने की अनेक पद्धतियों का सहारा लिया गया है जिनमें भूकालानुक्रम (Geochronological), पुरातत्वीकालानुक्रम (Geochemical) आदि मुख्य हैं। इल्यूवियल मिट्टी की उम्र एल्यूवियल सिल्ट के जमावों से आँकी जा सकती है।

ह्यूमस मिट्टियों की बनावट C^{14} की मात्र से धरातल पर प्राचीनतम मिट्टियों का निर्धारण, तत्वों के विघटन व उनके आइसोटोप्स (Isotopes) के आधार पर किया जा सकता है। वास्तविक व सापेक्षिक मिट्टियों का आंकलन एक महत्त्वपूर्ण काम है इनका महत्त्व इनके क्रियात्मक तथा प्रयोगात्मक रूप से ज्यादा है।

मनुष्य की भूमिका

मृदाएं मानव के उत्पादन क्रिया से अधिक से अधिक प्रभावित होती हैं। पिछली कुछ सदियों से इनका प्रयोग बहुत ही गहन होने से ह्रास हुआ है। यह कभी नकारात्मक व कभी सकारात्मक रूप से रही है। अधिक से अधिक प्रयोग द्वारा अधिकतम उत्पादन के लाभ, बिना उचित विकास अथवा भविष्य की उर्वरता पर मिट्टियों की शक्ति का ह्रास व विनाश हुआ है। बहुत बड़े क्षेत्रों की मिट्टियाँ कुछ जगहों पर पानी अथवा हवा द्वारा अपरदित होकर अपनी बनावट में बदलाव कर रही हैं।

भूतकाल में असमान–भेदपूर्ण सिंचाई के कारण अथवा विस्तृत क्षारीय या दलदली बनती जा रही हैं। जंगलों के जलाए जाने तथा कटने से सूखे जैसे हानिकारक परिणाम हो रहे हैं क्योंकि इन क्रियाओं से ह्यूमस तत्वों, भौतिक तथा रासायनिक गुणों आदि से मिट्टियाँ विक्षिप्त तथा नष्ट होती हैं। कुछ वर्षों पहले निर्माण व बस्ती वाले क्षेत्रों के पास की भूमि के उपयोग का इतना महत्त्व नहीं था। किन्तु वर्तमान में विज्ञान के विकास की अवस्था ने मिट्टियों को कृषि उत्पादन व श्रम उत्पादक बना दिया है। मनुष्य की उत्पादन गति तथा विधियाँ मिट्टियों के निर्माण की संस्कृति में एक मुख्य तथ्य बन गई है।

कहीं–कहीं मृदाओं को उर्वरा बनाने में कई सदियां लग जाती हैं तो कहीं–कहीं कम समय में कृषि योग्य मृदाये तैयार कर देती है। मिट्टियों के अधिकाधिक प्रयोग से अधिकतम उत्पादन लेने की प्रक्रिया अब ज्यादा सघन होती जा रही है। मिट्टियों के निर्माण की संस्कृति (विकास के रूप में) आज के सन्दर्भ में ज्यादा उर्वरा शक्ति

व अद्‌भुत सम्भावित साधन के रूप में विकसित हो रही है। मिट्टियों का अधिकतम विकास कर मनुष्य उपयोगी बनाई जाने की क्रिया को मिट्टियों के निर्माण की संस्कृति कहा गया है क्योंकि मिट्टियों की कृषि एक तरह से विभिन्न प्रयोग द्वारा नई वांछित मिट्टियों के निर्माण की कला ही मिट्टियों की संस्कृति कहा जाता है।

मृदा के प्रमुख कारक

मृदा में जैव एवं खनिज दोनों तत्त्व दोनों विद्यमान होते हैं। मृदा के कुछ प्रमुख कारक इस प्रकार हैं–

1. कैल्शियम, नाइट्रोजन, फास्फोरस तथा पोटैशियम मिट्टी के प्रधान पोषक तत्त्व है। इन खनिजों से मिट्टी को उर्वरा शक्ति प्राप्त होती है :
2. सिलिकन, ऑक्सीजन, एल्युमीनियम तथा लोहा ज्यादा मात्र में पाये जाते हैं, जिनसे मिट्टी का ढेर बढ़ता है, लेकिन पौधों की उपज के दृष्टिकोण से इनका महत्त्व नहीं है,

(3) मिट्टी में जैव पदार्थ का भी होना अनिवार्य है जो विघटित होकर तथा सड़–गल कर मिट्टी की उर्वरा शक्ति बढ़ाते हैं। इन मिट्टियों के कुछ प्रमुख कार्य इस प्रकार हैं–

(i) पानी में घुलकर तथा विविध खनिजों के साथ मिलकर ये पौधों के भोजन बनते हैं :

(ii) अपनी विघटन प्रक्रिया द्वारा ये जैव–अम्ल (Organic Acid) प्रदान करते हैं जिससे मिट्टी में समाविष्ट पदार्थों के घुलने में आसानी होती है;

(iii) जैविक तत्त्वों को पृथक–पृथक करने वाले जीवाणुओं के अस्तित्त्व के लिए जैव–पदार्थ का उपलब्ध होना जरूरी है।

(iv) जैव पदार्थ में छिद्र–बहुलता होने के कारण पानी सोखने की शक्ति होती है। साथ ही पानी को अन्दर से निकालने अथवा मिट्टी के अनिवार्य तत्त्वों को पानी के साथ अधिक नीचे चले जाने से रोकने में भी मददगार होते है।

(v) जैव पदार्थों के विद्यमान रहने से मिट्टी के कणों की बनावट तथा उसका परस्पर ग्रन्थन इस प्रकार का होता है। जिससे खेती करने तथा पौधों के विकास में सुविधा होती है।

(4) मिट्टी के गौण पोषक तत्त्व सल्फर, मैंगनीज, मैग्नीशियम, लोहा, आयोडीन, जस्ता, तांबा, कोबाल्ट आदि हैं।

खनिज तथा जैव पदार्थों की उपस्थिति मात्र मिट्टी खेती के लिए अच्छी नहीं होती। मिट्टी में बनावट सम्बन्धी कुछ विशेषताएँ भी प्रमुख होती हैं। कणों के आकार

में ज्यादा स्थानीय भिन्नता मिलती है। उसी प्रकार पृथ्वीतल के भीतर भी बढ़ती गहराई के अनुसार कणों के आकार में अन्तर मिलती है। बलुई मिट्टी में कण बड़े आकार के, दोमट में मध्यम आकार के तथा चीका (Clay) में सूक्ष्म आकार के होते हैं। इसी तरह की भिन्नता कणों के पारस्परिक ग्रन्थन (Teture) में भी मिलती है। ऐसी मिट्टी जिसमें कणों के बीच पानी, हवा आदि के प्रवेश के लिए उपयुक्त जगह होती है, जिस मिट्टी में चूना अथवा जैव पदार्थ मिलते हैं, उनमें ऐसी स्थिति मिलती है, परन्तु जिस मिट्टी में इनका अभाव होता है उसके कण एक दूसरे से घने सटे रहते हैं। परिणामतः हवा–पानी का सही प्रवेश न हो पाने से पौधों का पूरी तरह विकास नहीं हो पाता। मिट्टी का एक प्रमुख तत्त्व इसकी रासायनिक प्रतिक्रिया भी है। मिट्टी में घुले खनिजकण विद्युतवेशित होते हैं। इन्हें आयन कहते हैं। धनात्मक आयन को कैशन (Cation) कहते हैं। सर्वाधिक कैशन एल्युमीनियम कणों में होती है। इसके उपरांत क्रमशः मैंग्नेशियम, कैल्शियम, सोडियम, पोटैशियम तथा हाइड्रोजन का स्थान आता है। अधिक कैशन क्षमतायुक्त खनिज कम कैशन क्षमतायुक्त खनिज को विस्थापित कर देता है। इस कैशन विस्थापन क्षमता के आधार पर अम्लीय या क्षारीय मिट्टी की पहचान होती है। हाइड्रोजन आयन के आधार पर इसका मापन करते हैं जिसे Ph मान कहते हैं। 0 से 6.0 Ph मान की मिट्टी अम्लीय (Acid) होती है। Ph मान 7.4 से ज्यादा होने पर मिट्टी क्षारीय (Alkaline) होती है। सबसे अच्छी मिट्टी वह होती है जो तटस्थ अर्थात् 6.0 से 7.4 Ph मान की होती है।

मृदा की पार्श्विका

मृदाओं की निर्माण प्रक्रिया दीर्घ अवधि तक क्रियाशील रहती है। इसमें भिन्न–भिन्न रासायनिक तथा भौतिक विशेषताओं वाले तत्वों का निर्माण होता है, जो उर्वर मिट्टी के होने के सूचक है। पृथ्वी तल से नीचे की ओर ठोस मूल चट्टान तक स्तर–अनुक्रम मिट्टी की पार्श्विका द्वारा प्रदर्शित किया जाता है। मिट्टी पार्श्विका में सामान्यतः तीन स्तर होते हैं। ऊपर 'अ' स्तर, मध्य में 'ब' स्तर तथा सबसे नीचे 'स' स्तर होता है। 'अ' स्तर अन्य स्तरों से रंग, कणों के आकार तथा कणों के आपसी ग्रन्थन में भिन्न होता है। लेकिन मिट्टी की जलवायु तथा वनस्पतिक दशाओं के अनुसार इस स्तर में जैव पदार्थ की उपलब्ध मात्र में अन्तर मिलती है। घास वाले वनस्पति क्षेत्रों में सबसे ज्यादा जैव पदार्थ मिलते हैं। वन प्रदेश में निर्मित मिट्टी में जैव पदार्थ की पतली परत मिलती है। आर्द्र जलवायु प्रदेश की मिट्टी में अपक्षालन (Leaching) द्वारा घुलनशील जैव पदार्थ निचले स्तरों में चले जाते हैं। जैव पदार्थ के सूक्ष्म तत्त्व भी पानी के साथ बहकर नीचे चले जाते हैं। इस प्रक्रिया को अपवहन (Eluvation) की संज्ञा दी जाती है। इस तरह आर्द्र जलवायु प्रदेश की मिट्टी में 'अ' स्तर में जैव पदार्थ का अभाव होता जाता है तथा मिट्टी के कणों का आकार तुलनात्मक रूप से बड़ा होता है। 'ब' स्तर में विनिक्षेपण की संभावना अत्यधिक होती है। उसी तरह शुष्क जलवायु प्रदेशों में कोशिका क्रिया (Capaillary action) द्वारा

'स' स्तर से भी चूना आदि का जमाव 'ब' स्तर में हो सकता है। इस प्रकार 'ब' स्तर कुछ मिट्टी में खनिज तथा जैव पदार्थों की दृष्टि से सबसे ज्यादा सम्पन्न होता है। 'स' स्तर में मूल चट्टान का चूर्ण मिलता है जो ज्यादातर अपरिवर्तित होता रहता है।

हर मिट्टी स्तर की गहराई मिट्टी के विभिन्न प्रकारों में कभी–कभी एक घना अथवा अभेद्य स्तर बन जाता है जिसे 'पैन लेयर' (Pen Layer) कहते हैं। ऐसी मिट्टी में पौधों की जड़ें भीतर तक नहीं जा पातीं तथा कभी–कभी पानी भी अन्दर प्रवेश नहीं कर पाता। 'पैन लेयर' का निर्माण विविध कारणों से होता है। साधारणतया इसका निर्माण आर्द्र जलवायु प्रदेशों में अत्यधिक जल इकट्ठा होने तथा शुष्क प्रदेशों में कार्बोनेट के जमा होने की वजह से होता है। दोनों ही स्थितियों में सबसे ज्यादा विनिक्षेपण से ऐसे स्तर बन जाते हैं। आमतौर पर 'हाई पैन' पाये जाते हैं।

मृदा का वितरण

विश्व स्तर पर मिट्टी को तीन प्रकारों में विभाजित किया गया है, जिन्हें कटिबन्धीय (Zonal), कटिबन्धान्तरिक (Intrazonal) तथा अपशिर्वक (Azonal) मिट्टी कहते हैं।

कटिबन्धीय मिट्टी उस तरह की मिट्टी को कहते हैं जो जलवायु तथा वनस्पति के दीर्घकालीन प्रभाव से पूर्ण विकसित होती है। चूँकि इस तरह की मिट्टी का वितरण जलवायु–वनस्पति प्रदेशों के अनुसार मिलता है–इसलिए इन्हें कटिबन्धीय मिट्टी कहते हैं। कटिबन्धीय मिट्टी प्रधानतः दो तरह की होती है। इन्हें 'पेडाल्फर' तथा 'पेडोकल' कहते हैं। पेडाल्फर (Ped+Al+fe) शब्द का अभिप्राय है कि वह मिट्टी जिसमें एल्युमीनियम तथा लोहा की मात्र ज्यादा होती है। ऊपर बताया गया है कि जिस मिट्टी के निर्माण में 'लैटोजेशन' प्रक्रिया काम करती है अर्थात् जिसमें प्रमुख खनिज तथा जैव–पदार्थ अपक्षालन एवं अपवहन द्वारा 'अ' स्तर से नीचे चले जाते हैं उसमें 'अ' स्तर में लोहा तथा एल्युमीनियम जैसे बड़े आकार वाले खनिज ही बच जाते हैं। 'पॉडजॉलाइजेशन' प्रक्रिया से निर्मित मिट्टी में इन्हीं खनिजों की प्रधानता होती है चूँकि उसमें जीव–पदार्थ कम पाये जाते हैं। अतः आर्द्र एवं अपेक्षाकृत ज्यादा नमी वाले भागों की मिट्टी इसी प्रकार की होती है। 'पेडाल्फर' मिट्टी में लोहा तथा एल्युमीनियम की समान मात्र नहीं होती, परन्तु इसमें अधिकता की प्रवृति होती है। जैव–पदार्थ तथा खनिजों की मात्र तथा 'अ' एवं 'ब' स्तरों की विशेषता में भी वनस्पति की विशेषताओं के अनुसार विभिन्नता मिलती है। अतः पेडाल्फर मिट्टी को भी दो वर्गों में वर्गीकृत करते हैं–1. वन प्रदेशों की मिट्टी 2. लम्बी घास वाले प्रदेशों की मिट्टी । पेडोकल (Ped+Cal) मिट्टी का तात्पर्य वह मिट्टी है जिसमें कैल्शियम की मात्र ज्यादा है। इस मिट्टी में कोशिका द्वारा चूना ऊपर आ जाता है जिसमें कैल्शियम मिलता है। वनस्पति

के आधार पर इसे भी दो भागों में विभाजित किया जाता हैं–1. छोटी घास वाले प्रदेशों की मिट्टी तथा 2. अर्द्धमरूस्थली मिट्टी। छोटी घास वाले प्रदेशों की मिट्टी में चूना ज्यादा मात्र में सतह के नीचे ही जमा रहता है। जैव–पदार्थ तुलनात्मक रूप से कम होते हैं।

पदार्थों की विशेषता व मात्र के आधार पर मिट्टियों को निम्नलिखित प्रकार विभाजित किया गया है।

वन प्रदेश की मृदाएं

1. लैटराइट मृदा–यह मृदा खासतौर पर आर्द–उष्ण भागों एवं विषुवतीय रेखीय वनों में पाये जाते हैं। यहाँ 'लैटराइजेशन' प्रक्रिया काम करती है। इस मिट्टी की गहराई अधिक होती है। 'अ' स्तर की गहराई करीब तीन फुट तक होती है पर अपक्षालन तथा अपवहन के कारण 'अ' स्तर में जैव–पदार्थ एवं प्रमुख खनिजों की कमी रहती है। यह मृदा अत्यधिक उपजाऊ होती है।

2. पॉडजाल मृदा–यह मिट्टी उत्तर ध्रुवीय, दीर्घशील ऋतु एवं संक्षिप्त ग्रीष्म ऋतु वाले प्रदेशों में जहाँ कोणधारी वन मिलते हैं, पाई जाती है। अलास्का, स्कैण्डिनेविया तथा रूस के ज्यादा उत्तरी भाग में ऐसी मिट्टी मिलती है। 'पाडजॉलाइजेशन' प्रक्रिया से विकसित होने का वर्णन जैव–पदार्थ तथा कैल्शियम आदि खनिजों की कमी होती है। इसमें मिट्टी की गहराई कम होती है। 'अ' स्तर एक फुट से भी कम गहरा होता है। इसमें कुछ जैव–पदार्थ सतह के नीचे केवल 2 इन्च तक पाये जाते हैं जिसके नीचे बड़े आकार के कण मिलते है। 'ब' स्तर की गहराई करीब एक फुट होती है। इस वजह से मिट्टी की उर्वराशक्ति खत्म हो जाती है।

3. पॉडजॉलिक मृदा–यह मिट्टी पॉडजाल मिट्टी प्रदेश के दक्षिण में मिलती है। यद्यपि यहाँ भी 'पॉडजॉलाइजेशन' प्रक्रिया काम करती है तथापि तुलनात्मक रूप से कम ठंडक होने से यहाँ जीवाणु ज्यादा पैदा होते तथा सक्रिय रहते हैं। मिश्रित वनों की चौड़ी पत्तियों से अपेक्षाकृत अधिक जीवांश भी मिलता है। इस मिट्टी की सामान्य गहराई भी अपेक्षाकृत अधिक होती है।

संसार की प्रमुख मिट्टियों में लैटेराइट, चरनोजम, चरनोजमी मरुस्थलीय, मरूस्थलीय, टुण्ड्रा, जलोढ़, विविध वर्गीय, पॉडजोल, पॉडजॉलिक, पॉडजॉलिक–लैटोजॉलिक आदि के नाम आते हैं।

लम्बी घास वाले प्रदेशों की मृदाएँ

पॉडजॉलिक एवं लैटराइट मिट्टी वाले प्रदेशों के बीच में तुलनात्मक रूप से आर्द्र भागों में जहाँ प्रधानतः लम्बी घासों वाली वनस्पति मिलती है, लैटराइजेशन तथा पॉडजॉलाइजेशन दोनों प्रक्रियाएँ अलग–अलग अनुपात में काम करती हैं। दक्षिणी–पूर्वी

संयुक्त राज्य तथा दक्षिणी ब्राजील, दक्षिणी–पूर्वी चीन, दक्षिणी अफ्रीका संघ, भारत एवं दक्षिणी जापान में इस प्रकार की मिट्टीयां मिलती हैं। इसमें खनिज तथा जैव–पदार्थ की भिन्नता के अनुसार उष्ण कटिबन्धीय लाल तथा पीली मिट्टी तथा प्रेयरी मिट्टी में जैव–पदार्थ अपेक्षाकृत ज्यादा मिलते हैं। वह एक तरफ आर्द्र वनाच्छादित प्रदेशों एवं दूसरी ओर शुष्क छोटी घास वाले प्रदेशों के मध्य विकसित होती है। जैव–पदार्थ की बहुलता के कारण इसका रंग गहरा भूरा अथवा काला होता है। प्रेयरी मिट्टी संयुक्त राज्य में उत्तर में मिन्नेसोटा से दक्षिणी टेक्सास तक पाई जाती हैं। दक्षिणी यूक्रेन तथा रूस में पूरब से पश्चिम 5,000 किमी. लम्बी तथा उत्तर–दक्षिण 300 से 500 किमी. चौड़ी पेटी में मिलती है। इसके अलावा यह मिट्टी उरूग्वे, अर्जेन्टाइना एवं दक्षिणी पराग्वे में भी मिलती है। यह उपजाऊ मिट्टी होती है।

पेडोकल मृदाएँ

पेडोकल वर्ग में तीन प्रकार की मृदाएँ सम्मिलित हैं–

चरनोजम मृदा–छोटी घास वाले भागों में यह मिट्टी विकसित होती है। इस प्रकार इसमें नाइट्रोजन तथा जैव–पदार्थ की बहुलता होती है। इसमें 'ब' स्तर से नीचे चूना एकत्र रहता है। 'अ' स्तर में जैव–पदार्थ तथा महीन मिट्टी के कण पाये जाते हैं। इसमें 'अ' स्तर की गहराई करीब डेढ़ फुट तथा 'ब' स्तर की गहराई ढाई से तीन फुट तक होती है। इसका रंग काला होता है। संयुक्त राज्य में यह मिट्टी प्रेयरी मिट्टी वाले प्रदेश के पश्चिम 300 किमी. चौड़ी पेटी में विस्तृत है। यूक्रेन में भी प्रेयरी मिट्टी प्रदेश के दक्षिण 600 किमी. लम्बाई तथा 300–500 किमी. चौड़ी पेटी में यह मिलती है।

भूरी स्टेप्स मृदा–यह चरनोजम तथा मरुस्थली मिट्टी के मध्य भाग में पाई जाती है। इसमें जैव पदार्थ तुलनात्मक रूप से कम होते हैं तथा चूने की परत तुलनात्मक ऊपर मिलती है। अतः 'अ' तथा 'ब' स्तर की गहराई सीमित होता है।

मरुस्थली मृदा–यह मिट्टी खासतौर पर शुष्क प्रदेशों में मिलती है। इस मिट्टी की गहराई बहुत कम होती है। इसमें जैव पदार्थ नहीं मिलते तथा चूना सतह के दो चार इंच नीचे ही जमा रहता है। इसमें स्तरों का पूर्ण विकास नहीं हो पाता।

कटिबन्धान्तरिक मृदाएँ

कुछ मृदाओं में जलवायु तथा वनस्पति की अपेक्षा मूल चट्टान का प्रभाव ज्यादा होता है, जैसे–कटिबन्धान्तरिक मिट्टियों पर मूल चट्टान की कुछ विशेषताओं अथवा जल प्रवाह सम्बन्धी विशेष परिस्थितियों का ज्यादा प्रभाव पड़ता रहता है। मिट्टियाँ उपजाऊ–अनुपजाऊ दोनों तरह की होती हैं। रेंडजीना मिट्टी उपजाऊ मिट्टी का उदाहरण है।

जिन मरुस्थलों में अन्तर्स्थलीय अपवाह होता है उस जगह की मृदा में नमक की अधिकता होती है एवं इससे पौधों को नुकसान पहुँचता है। हिम नदी के पिघलने

वाले क्षेत्रों में तथा समुद्रतटीय दलदलों में जल प्रवाह के कारण ज्यादा जल एकत्र होता है, पर ज्यादा जल रहने तथा हवा के मिट्टी में प्रवेश न कर पाने के कारण इस प्रकार की मिट्टी बेकार हो जाती है।

अपार्श्विक मृदाएँ

जलोढ़, हिमोढ़ एवं लोएस मिट्टीयाँ एक स्थान पर पर्याप्त समय तक नहीं रहतीं और उन पर मिट्टी–निर्माण की किसी प्रक्रिया–विशेष का प्रभाव नहीं रहता। अतः ये मिट्टीयाँ अविकसित होती हैं। अर्थात् उनमें अलग–अलग स्तरों का निर्माण नहीं होता है। अतः इन्हें अपार्श्विक मिट्टीयाँ कहते हैं। इनमें अलग–अलग स्थानों के जैव पदार्थ एवं खनिजों का समावेश होता है। अतः ये बहुधा उपजाऊ होती है।

मृदा संरक्षण के सामान्य नियम

मिट्टी से दीर्घकालीन दृष्टिकोण से ज्यादा से ज्यादा लाभ प्राप्त करने के लिए भूमि संरक्षण अनिवार्य है। मिट्टी संरक्षण का उद्देश्य मिट्टी को अपने स्थान पर कायम रखना, मिट्टी की उर्वरता एवं अन्य तत्त्वों की अभिवृद्धि करना अथवा कम से कम अपेक्षित मात्र एवं अनुपात में बनाये रखना तथा दीर्घकाल तक उत्पादन करते रहने के लिए इसकी उत्पादन क्षमता में वृद्धि करना है।

मिट्टी संरक्षण के लिए सबसे ज्यादा आवश्यक कदम मिट्टी का उपयोग करने वालों में यह जागरूकता लाना है कि मिट्टी को अपने स्थान पर कायम रखा जा सकता है तथा इसकी उर्वरता एवं उत्पादन क्षमता में वृद्धि करना सम्भव है। मिट्टी संरक्षण की विधियाँ तथा उपाय मिट्टी की परिस्थिति दशा तथा समय के अनुसार पृथक–पृथक होते हैं। परिस्थिति का अभिप्राय–जलवायु, वनस्पति, धरातल आदि सभी तत्त्वों की विशेषताएँ है जिनका मिट्टियों पर प्रभाव पड़ता है। इसके तहत प्रचलित भूमि उपयोग पद्धति तथा परम्पराएँ भी सम्मिलित हैं। भूमि संरक्षण की विधि ऐसी होनी चाहिए जो इन सभी परिस्थितियों में उपयोगी हो सके। भूमि की स्थिति का यह मतलब है कि मिट्टी कटाव तथा उर्वरता के संदर्भ में किस स्थिति में है? समय का महत्त्व इसलिए अधिक है कि मिट्टी संरक्षण की दिशा में किसी विषम समस्या के उत्पन्न होने के पहले ही कदम उठाना चाहिए अथवा यदि समस्या उत्पन्न हो गई है तो सही समय से लाभ उठाना चाहिए।

मिट्टी की उर्वरता में गिरावट को रोकने की दिशा में सबसे पहला कदम भूमि उपयोग नियोजन है जिसका मूल तत्त्व भूमि उपयोग तथा भूमि उत्पादन–शक्ति का सामंजस्य करना है। इसके तहत भूमि के विभिन्न आवश्यक उपयोगों, जैसे–कृषि, वन, अन्य उपयोग आदि में समुचित आबंटन सबसे ज्यादा महत्त्वपूर्ण है। भूमि उपयोग नियोजन के कार्यान्वयन में सरकारी संस्थाओं के साथ ही साथ भू–स्वामियों का सहयोग भी आवश्यक है।

भूमि उपयोग के तहत मिट्टी की उत्पादन क्षमता के अनुसार उचित फसलों का चुनाव हो जाने के बाद समुचित भूमि व्यवस्था (भू–स्वामित्व Land-Land-tenure का स्थायित्व होना) किसान की अभिरुचि भूमि संरक्षण में बनाये रखना, मिट्टी की उर्वरा–शक्ति तथा इसके जरूरी तत्त्वों को संतुलित रखना तथा उनकी अभिवृद्धि करना भी है। भूमि के अनुचित उपयोग से मिट्टी में तीन तरह के विकार उत्पन्न होते हैं–1. भौतिक, 2. रासायनिक एवं 3. जैविक। यद्यपि तीनों परस्पर सम्बन्धित समस्याएँ उत्पन्न करते हैं तथापि इनमें प्रथम का संरक्षण के दृष्टिकोण से काफी महत्त्व है, क्योंकि इसके द्वारा अन्य दो भी नियन्त्रित होते हैं। भौतिक विकार का अर्थ मिट्टी में एक या अन्य तत्त्वों की कमी अथवा मिट्टी का कटाव होता है।

मिट्टी के रासायनिक तथा जैविक विकारों को दूर करने के लिए भी कुछ ठोस एवं दीर्घकालिक उपाय अनिवार्य होते हैं। इसके लिए कृषि पद्धति इस प्रकार की होनी चाहिए, जिससे मिट्टी में प्रमुख तत्त्वों की कमी नहीं बल्कि अभिवृद्धि हो। कम–से–कम जिस मात्र में इन तत्त्वों का कृषि–प्रक्रिया में मिट्टी से शोषण होता है उतनी मात्र की पुनः आपूर्ति होना जरूरी है।

मृदा संरक्षण में भारतीय अवधारणा

मृदा की समस्याएं–भारत एक कृषि प्रधान देश है। कुल राष्ट्रीय आय का 30÷ कृषि से प्राप्त होता है तथा कृषि में ही 75÷ कार्यशील जनसंख्या संलग्न है। The State of india's Environment 1982 A Citizen Report के अनुसार, भारत के कुल कृषिगत क्षेत्रफल (14 करोड़ हेक्टेयर) में से 60÷ को मिट्टी संरक्षण के लिए जरूरी उपायों की नितांत आवश्यकता है। पठार की काली मिट्टी के क्षेत्र से प्रतिवर्ष प्रति हेक्टेयर 40 से 100 टन मिट्टी का अपरदन हो रहा है। शिवालिक क्षेत्र में प्रतिवर्ष 6 सेमी. गहरी परत का अपरदन हो रहा है। मालूम हो कि 1 सेमी॰ गहरी मिट्टी का निर्माण होने में मूल चट्टानों में अन्तर के अनुसार 500 से 1000 वर्ष का समय लगता है। आंकलन के अनुसार मात्र 1972 ई. में 600 करोड़ टन मिट्टी का अपरदन हुआ जिसे यदि कुल क्षरित पोषक तत्त्वों के संदर्भ में मापा जाय तो 700 करोड़ रुपये का नुकसान हुआ। संक्षेप में, प्रतिवर्ष हम जितने रासायनिक उर्वरकों की मिट्टी में आपूर्ति करते हैं उससे ज्यादा का अपक्षरण हो जाता है। केन्द्रीय मिट्टी एवं जल संरक्षण शोध एवं प्रशिक्षण संस्थान (CSWCRTI) देहरादून का अंदाजा है कि भारत में वन के अन्तर्गत भूमि के एक–तिहाई, कृषिगत भूमि के दो–तिहाई तथा कृषि लायक बंजर एवं चरागाह के अन्तर्गत आने वाली सम्पूर्ण भूमि के संरक्षण की तात्कालिक जरूरत है।

इस बड़े पैमाने पर मिट्टी अपरदन का नतीजा यह होता है कि बा धों द्वारा निर्मित बड़े जलागार तथा नदियाँ एवं झीलें शीघ्र ही अवसाद से पट रही हैं। इससे उनकी जलधारण क्षमता तेजी से घट रही है जिससे वर्ष–प्रतिवर्ष बाढ़ की संभावना

बढ़ती जा रही है। गंगा नदी की पेटी विगत कुछ ही वर्षों में करीब–करीब आधा मीटर उथली हो गई है, जबकि तराई क्षेत्र की नदियाँ 15 से 30 वार्षिक सेमी. की दर से उथली हो रही है। बड़े बहुउद्देशीय जलागारों के सर्वेक्षण से मालूम हुआ है कि पूर्वानुमानित मात्र की तुलना में 3 गुना ज्यादा विशिष्ट अवसाद भर रहा है जिससे निर्मित बांधों का जीवन कम हो गया है।

मृदा अपरदन का सबसे बड़ा दोष यह है कि इसमें लवणता और क्षारीयता तेजी से बढ़ती है। जब नहर द्वारा सिंचाई की जाती है तब मृदा का अपरदन बहुत ज्यादा होता है।। आंकलन है कि कुल 4 करोड़ हेक्टेयर नहरों द्वारा सिंचित भूमि में से कम से कम एक करोड़ ज्यादा जल प्लावन एवं लवणता वृद्धि से ग्रस्त है। एम. एस. स्वामीनाथन का अनुमान है कि चम्बल घाटी में नहर सिंचाई के तहत आने वाली भूमि का 25÷ जल प्लावन का शिकार है। भाखरा नहरों से सिंचित क्षेत्र में 10 वर्षों में जल आठ मीटर ऊपर उठाया गया है। इसी प्रकार पठारी भाग में काली मिट्टी, समुद्र–तटीय क्षेत्र तथा शुष्क क्षेत्र में भी जल–प्लावन अथवा सिंचाई के कारण लवणता वृद्धि की समस्या से ग्रस्त सम्पूर्ण भूमि करीब 70 लाख हेक्टेयर है। हालांकि भारत प्राचीन काल से कृषि सम्पन्न देश रहा है, लेकिन विगत कुछ वर्षों से अव्यवस्थित औद्योगिकरण एवं नगरीकरण के कारण यह सम्पन्नता विपन्नता में बदलती जा रही है।

मृदा की अनुर्वरता–365 जिलों के 92 लाख मिट्टी नमूनों के परीक्षण से यह पता चलता है कि हिमाचल प्रदेश तथा उत्तर पूरब में स्थित कुल 18 जिलों की मिट्टी में पर्याप्त नाइट्रोजन उपलब्धता साधारण स्तर का तथा 228 जिलों में अति अल्प है। उसी तरह 46 प्रतिशत जिलों में फास्फोरस की मात्र अत्यल्प तथा 55÷ में मध्यम स्तरीय है। अधिक उर्वरक तत्त्वों का ज्यादा शोषण हो रहा है। डॉ. कॉबर गणना करके बताया कि प्रतिवर्ष पौधों द्वारा मिट्टी के 18 करोड़ टन उर्वरक तत्त्वों का शोषण हो रहा है, जबकि कुल जैविक एवं रासायनिक उर्वरकों द्वारा मात्र 1.5 करोड़ टन की आपूर्ति हो रही है। मालूम है कि मिट्टी से जितने उर्वरक तत्त्वों (नाइट्रोजन, फास्फोरस, पोटाश) का शोषण हो रहा है उनकी क्षतिपूर्ति नहीं हो रही है। विरल तत्त्वों का पुनर्विनियोग तो बिल्कुल ही नहीं हो रहा है। पंजाब जहाँ पर सर्वाधिक हेक्टेयर उपज होती थी (खास तौर पर लुधियाना जिलो में), वहाँ की मिट्‌टी में विरल तत्त्व बहुत तेजी से कम हुए है।

नियंत्रण विधि–प्रकट है कि मिट्टी का अपरदन रोकना सबसे जरूरी कदम होना चाहिए तथा इसके लिए प्रत्यक्ष एवं अप्रत्यक्ष दोनों प्रकार के उपायों का सहारा लेना होगा। प्रत्यक्ष उपायों में हिमालय तथा पठारी क्षेत्रों से निकलने वाली नदियों की प्रत्येक सहायक नदी पर छोटे–छोटे बाँधों का निर्माण मिट्टी अपरदन एवं ज्यादा अवसाद प्रवाह को रोकने में कारगर होगा। नहरों से सिंचाई एवं अन्य कारणों से जल–प्लावन को नियन्त्रित करने के लिए नहरी सिंचित क्षेत्र में नलकूपों का निर्माण एवं उनका ज्यादा उपयोग करना होगा तथा समुचित जल–प्रवाह निकास के लिए

नालियों का निर्माण करना होगा। जो क्षेत्र लवण एवं क्षार से ग्रस्त हो चुके हैं, उनका पुनरुद्धार करना श्रेयस्कर है। क्षारीय मिट्टी के पुनरुद्धार हेतु करनाल में स्थित संस्थान ने यह प्रविधि विकसित की है। गंगा मैदान में जिप्सम के प्रयोग तथा विशेष प्रकार की ज्यादा उपजाऊ चावल एवं गेहूँ की किस्मों के उपयोग से क्षारीय मिट्टियों के पुनरुद्धार में सफलता मिली है। मिट्टी में लवण की मात्र के आधार पर 2 से 15 टन प्रति हेक्टेयर जिप्सम के प्रयोग के साथ–साथ पर्याप्त एवं समुचित मात्र में सिंचाई एवं उर्वरकों का उपयोग सोडियम साल्ट को मिट्टी की निचली परतों में ढकेल देते हैं। मिट्टी की अनुर्वरता के साथ समुचित मात्र में जैविक उर्वरकों का उपयोग आवश्यक है। सिर्फ पौधों के अपशिष्ट पदार्थों (पत्ती, पुआल) को जलाने के बदले उन्हें मिट्टी में सोडा–गला कर जोतने से ही विरल तत्त्वों की क्षतिपूर्ति हो सकती है। NCAER के अध्ययन से पता चलता है कि देश में 19.4 करोड़ टन गोबर का वार्षिक उत्पादन होता है जिनका सिर्फ 25 प्रतिशत ही खाद के रूप में प्रयोग होता है। यदि सम्पूर्ण गोबर का खाद के रूप में प्रयोग हो तो इससे 27 लाख टन नाइट्रोजन, 13 लाख टन फास्फोरस तथा 20 लाख टन पोटैशियम की उपलब्धि हो सकेगी। इनके अलावा नगरों से निकलने वाले अपशिष्ट पदार्थ (1.1 करोड़ टन) भी कम्पोस्ट खाद बनाने के काम आ सकते हैं। फसलों के अपशिष्ट पदार्थ से करीब 56 लाख टन नाइट्रोजन, 23 लाख टन फास्फोरस तथा 1 करोड़ 7 लाख टन पोटाश की प्राप्ति हो सकती है। अस्तु, देहात एवं नगरों से प्राप्त अपशिष्ट पदार्थों के सम्यक् उपयोग से उतनी खाद मिट्टी को प्रदान की जा सकती है जितनी अभी रासायनिक उर्वरकों से प्राप्त नहीं होती। इसके अलावा ऐसी फसलों की खेती का समावेश फसल चक्र में करना अत्यंत जरूरी है।

पर्यावरणीय आपदाएं तथा प्रकोप

पर्यावरणीय आपदाओं से कोई एक देश ही नहीं पूरा विश्व परेशान है। इससे जहाँ एक तरफ मनुष्य को जानमाल की हानि उठानी पड़ती है वहीं दूसरी तरफ पर्यावरण में अवनयन भी होता है। भारत में प्राकृतिक आपदाओं का प्रकोप कभी–कभी होता रहता है। ज्वालामुखी का प्रकोप यहां सबसे कम है, लेकिन नवम्बर–दिसम्बर, 1991 में अंडमान के एक द्वीप पर सुषुप्त ज्वालामुखी का विस्फोट हुआ। यह सीमित था फिर भी इसके लावा प्रवाह से द्वीप की वनस्पति, समुद्री जल–जीवों का विनाश हुआ एवं स्थानीय वायुमण्डल पर प्रभाव पड़ा। इसी प्रकार बिजली गिरने की घटनायें यदा–कदा होती रहती हैं। इसका प्रभाव अति सीमित होता है, लेकिन यदि इससे वनों में आग लग जाती है तो वह प्रभाव और अधिक हो जाता है। भूस्खलन समस्या, जम्मू–कश्मीर, हिमाचल प्रदेश, उत्तर प्रदेश के पर्वतीय क्षेत्रों में अधिक है। चक्रवात एवं तूफानी हवाओं से पर्यावरण प्रभावित होता है, वृक्षों के विनाश के अतिरिक्त पशु–पक्षियों एवं मनुष्यों की भी मृत्यु हो जाती है और यही चक्रवातीय तूफान जब सागरीय तट पर आते हैं तो विनाश का कारण बनते हैं, जिससे तटीय क्षेत्र जलमग्न हो जाते हैं। साथ

ही पर्यावरण प्रदूषण में वृद्धि होने से अनेक बीमारियों का जन्म होता है। भारत में बंगाल की खाड़ी के चक्रवातों से प. बंगाल, उड़ीसा, आन्ध्र प्रदेश, तमिलनाडु अत्यधिक प्रभावित होते हैं। इस पूर्वी तट पर सर्वाधिक विनाशकारी समुद्री चक्रवात वर्ष 1737 में आया था जिसमें लगभग तीन लाख लोगों की मृत्यु हुई थी। 1864 में आये चक्रवात से लगभग 50,000, 1977 के चक्रवात से 55,000, 9 मई, 1990 के चक्रवात से लगभग 600 व्यक्तियों की मृत्यु हुई। जून, 1998 में गुजरात तट पर आए समुद्री तूफान में सैकड़ों व्यक्तियों की जानें गईं। अभी हाल में आए सूनामी के कारण भी जनमानस की बहुत अधिक हानि हुई है। मानव हानि के अतिरिक्त क्षेत्रीय पर्यावरण प्रदूषण से लम्बे समय तक हानि होती रहती है। भारतीय परिवेश में प्राकृतिक आपदाओं में विशेष उल्लेखनीय हैं–भूकम्प, बाढ़, अकाल और सूखा।

भूकंप

भूकंप एक आश्चर्य तथा महाविनाशकारी प्राकृतिक घटना है। बाइबिल में भूकंपों में अभिलेख प्राप्त होते हैं। पिलनी, हैरोडोटस, लिवी, वराहमिहिर (बृहत संहिता) आदि विद्वानों के लेखों तथा ग्रंथों से भी इस सच की पुष्टि होती है। इन महारथियों ने भूकंपों से होने वाले नुकसान हानि व भूकंप के संभावित कारणों पर प्रकाश डालने का प्रयत्न किया है। किन्तु भूकंपों का वैज्ञानिक, सुनियोजित तथा सुव्यवस्थित अध्ययन वर्तमान समय की देन है। हकीकत में भूकंपों का वैज्ञानिक अध्ययन भूकंप विज्ञान के अंतर्गत किया जाता है जो 19वीं सदी से प्रारंभ होता है, जबकि 1840 ई. में प्रो. ए. पैरी ने विश्व में आने वाले भूकंपों की एक सूची तैयार की। इस महान काम को डबलिन के एक प्रसिद्ध इंजीनियर आर. मैलेट ने अपने हाथ में लिया। उसने सन् 1852 से 54 ई. के बीच आए भूकंपों की, जिनकी संख्या 7000 से भी ज्यादा थी, एक विज्ञप्ति प्रकाशित की। यहीं से भूकंपों के वैज्ञानिक अध्ययन का प्रारम्भ होता है।

भूकंपों के प्रलयकारी असर से सन् 1773 ई. में भारत में 300000, सन् 1923 ई. में जापान में 1430000 व 1920 ई. में 20000 व्यक्ति कालकवलित हुए। लिस्बन भूकंप जो 1775 ई. में पुर्तगाल में आया, से 60000 व्यक्ति मृत्यु को प्राप्त हुए। भारत में ही कांगड़ा भूकंप की वजह से, जो 1905 में आया था, 20000 व्यक्ति मृत्यु के मुँह में चले गए थे। हाल ही में 1976 ई. में चीन के महाविनाशकारी भूकंप ने जो तांगशान नगर में आया, 750000 लोगों की जान ले ली, इसी भूकंप के प्रकोप से 780000 लोग घायल व 500000 लोग घर से बाहर हो गए।

शहर का कोई भी बहुमंजिला भवन इसके प्रकोप से बचा न रह सका और धन–जन का जो नुकसान हुआ, उसका वर्णन करने में हाथ काँपने लगता है। संस्कृत भाषा का शब्द 'भूकंप' अंग्रेजी के अर्थक्वेक (Earthquake), फ्रेंच के ट्रम्बलमेंट डी टैरे (Tremblement de Terre), स्पेनिश के टैरीमोटो (Terremoto) और जापानी भाषा के जिशिन (Jishin) शब्दों से पूर्ण रूप से मेल खाता है। इन सभी का एक ही अर्थ है

"पृथ्वी, या इसके किसी भाग का कंपित होना"। भूकंप भू–गर्भ में शैलों पर पड़ने वाले **प्रतिबल** तथा विकृति की वजह से इनके टूटने–फूटने के फलतः उत्पन्न होता है। शैलों के भ्रंशित होने और इसके प्रवाहित होने से भू–गर्भ में भूकंप की उत्पत्ति होती है। भू–गर्भ में जहाँ भूकंप की उत्पत्ति होती है, उस जगह को उद्गम–केंद्र कहते हैं। उद्गम–केंद्र से अगर भू–तल पर एक लंब खींचा जाए, तो इस तरह जो बिंदु भू–तल पर आएगा, उसे अधिकेंद्र कहा जाता है। उद्गम–केंद्र की गहराई भू–गर्भ में किसी भी जगह पर हो सकती है। पर साधारणतया उद्गम–केंद्र भू–तल से 700 कि.मी. की गहराई तक स्थित होता है।

1. माध्यमिक भूकंप–उन भूकंपों को, जिनके उद्गम–केंद्र की गहराई 60 से 300 कि.मी. के बीच होती है, माध्यमिक भूकंप कहते हैं।

2. उथले भूकंप–उन भूकंपों को, जिनके उद्गम–केंद्र की गहराई भू–तल से 60 कि.मी. तक होती है, उथले भूकंप (Shallow earthquakes) कहा जाता है।

3. गहरे भूकंप–उन भूकंपों को, जिनके उद्गम–केंद्र की गहराई 300 से 700 कि.मी. के बीच है, गहरे भूकंप कहते हैं। गहरे भूकंपों को वितलीय भूकंप भी कहते हैं। भूकंपों के वर्गीकरण का दूसरा आधार भूकंपों के कारणों से संबंध रखता है। इस आधार पर भूकंपों को दो प्रकारों में विभाजित कर सकते हैं :

(i) नैसर्गिक भूकंप–ऐसे सभी भूकंप जो किसी प्राकृतिक कारण से उत्पन्न होते हैं, प्राकृतिक भूकंप कहलाते हैं। यथार्थ में यही सच्चे भूकंप हैं और यही भूकंप हमारे अध्ययन के क्षेत्र हैं, क्योंकि इनका आना मनुष्य के हाथ में नहीं है और न ही वैज्ञानिक ऐसे भूकंपों का आना रोक पाते हैं। प्राकृतिक भूकंपों के दो मुख्य कारण हैं। पहला कारण ज्वालामुखी–क्रिया (volcanic activity) है और दूसरा कारण शैलों पर प्रतिबल एवं तनाव पड़ने पर उनका चटकना तथा टूटना व भ्रंश के साथ गमन करना है। अतः प्राकृतिक भूकंपों को दो भागों में विभाजित किया गया हैं–

(a) ज्वालामुखीजन्य भूकंप

(b) विवर्तनिक भूकंप

(ii) मानवीय कृत्रिम भूकंप–वे सभी भूकंप जो किसी मानवीय क्रिया द्वारा पैदा होते हैं, कृत्रिम भूकंप कहलाते हैं। वर्तमान में वैज्ञानिक बारूद की मदद से कृत्रिम भूकंप उत्पन्न करके भू–गर्भ में छिपी धातुओं व खनिजों का पता लगाते हैं। कुएँ खोदने व खानों में शैलों को तोड़ने हेतु सुरंग लगाकर बारूद भर दी जाती है और आग लगा दी जाती है। जब बारूद में आग लगती है तो बड़ी–बड़ी शिलाएँ धड़ाम से टूटती हैं जिससे आस–पास का क्षेत्र कापने लग जाता है। इसी विधि द्वारा बड़े पैमाने पर वैज्ञानिक बारूद लगाने से बड़े–बड़े भूकंप के धमाके पैदा होने लगता है जिन्हें कृत्रिम भूकंप की संज्ञा दी गई है और खनिजों की इस खोज को भूकंपी विधि

कहा जाता है। भारत तीन भौगोलिक प्रदेशों में बँटा हुआ हैं–इसे देखने से पता चलता है कि दक्षिण का पठारी भाग, हिमालय व गंगा–सिन्ध का मैदान भारत के तीन मुख्य भौतिक भाग हैं। दक्षिण का पठार ऑस्ट्रेलियाई प्लेट का एक मुख्य अंग है। यह कठोर भू–भाग है जिसकी शैल 3.5 से 3.8 अरब वर्ष पुरानी है। यह एक स्थिर एवं शांत क्षेत्र है, इसीलिए भूकंपों के प्रकोप से स्वंतत्र है। पर 1974 ई. के कोयना भूकंप ने भूकंप वैज्ञानिकों को चौकन्ना कर दिया है और इस भूकंप के कारणों को समझना बड़ा मुश्किल हो रहा है, क्योंकि यह भूकंप आस्ट्रेलियाई प्लेट के ठीक भीतरी क्षेत्र में आया है ताकि इसके कारणों को समझने में काफी मुश्किलों का सामना करना पड़ रहा है। अब रुड़की विश्वविद्यालय के कुछ भूकंप विशषज्ञों ने यहाँ भी भ्रंशों की स्थिति खोज निकाली है जिनके सहारे शैलों के प्रवाहित होने की वजह कोयना भूकंप की उत्पत्ति को समझाने का प्रयत्न किया गया है। भारत का अन्य क्षेत्र हिमालय पर्वत क्षेत्र है जो भू–वैज्ञानिकों की दृष्टि से नये क्षेत्र होने के साथ–साथ नये अवसादी शैलों से बना है।

यह विश्व का एक अशांत व अस्थिर भू–भाग है। इस भाग पर अभी भी दक्षिणी भारत के लगातार ऊपर की ओर सरकने के कारण महान विकृति या तनाव पड़ रहा है। शैलों पर तनाव पड़ने के कारण तनाव बढ़ता रहता है और अंत में शैल चटक जाती हैं और गमन करने लगती हैं। इस क्रिया से ऊर्जा का निर्मोचन हो जाता है। यही ऊर्जा भूकंपी तरंगों को पैदा करती है जो शैलों से होकर यात्र करती हैं और धरातल को कंपित करती है। इसीलिए हिमालय प्रदेश एक सक्रिय भूकंपी क्षेत्र हैं जहाँ भूकंपों का आना एक स्वाभाविक घटना है। गत अभिलेखों से भी यही बात स्पष्ट होती हैं। भूतकाल में आने वाले अनेक प्रचंड भूकंप भी इसी तथ्य की पुष्टि करते दिखाई देते हैं। 1737 ई. का कलकत्ता भूकंप, 1934 का बिहार भूकंप, 1935 का क्वेटा भूकंप, 1950 का असम भूकंप व 1976 का किन्नौर भूकंप हिमालय की भूकंपी पट्टी से जुड़ी हैं। यहाँ भारतीय प्लेट उत्तर–पूर्व को संचरण करके एशियाई प्लेट को धकेल दे रही है। हिमालय की असंख्य भ्रंशों की स्थिति का भी पता लगाया गया है। इन भ्रंशों के साथ शैलों का गतिशील होना भूकंप का मुख्य कारण है। इसीलिए हिमालय क्षेत्र में कश्मीर से असम राज्य तक का भू–भाग भूकंप के प्रकोप का कभी भी शिकार हो सकता है।